- 国外城市规划与设计理论译丛 -

都市生活世界

——形成，感知，表象

[丹麦]彼得·马德森
[美]理查德·普伦兹 编著

赵炜 杨矫 译

中国建筑工业出版社

著作权合同登记图字：01-2008-1387 号

图书在版编目（CIP）数据

都市生活世界：形成，感知，表象 /（丹）彼得·马德森，（美）理查德·普伦兹编著；赵炜，杨矫译．—北京：中国建筑工业出版社，2020.2
（国外城市规划与设计理论译丛）
书名原文：The Urban Lifeworld：Formation，Perception，Representation
ISBN 978-7-112-23103-4

Ⅰ.①都… Ⅱ.①彼… ②理… ③赵… ④杨… Ⅲ.①城市规划 Ⅳ.①TU984

中国版本图书馆CIP数据核字（2019）第286795号

责任编辑：李　东　董苏华
责任校对：李美娜

国外城市规划与设计理论译丛
都市生活世界——形成，感知，表象
[丹麦] 彼得·马德森
[美] 理查德·普伦兹　编著
赵　炜　杨　矫　译
*
中国建筑工业出版社出版、发行（北京海淀三里河路9号）
各地新华书店、建筑书店经销
北京点击世代文化传媒有限公司制版
北京中科印刷有限公司印刷
*
开本：787 毫米 ×1092 毫米　1/16　印张：26¼　字数：497 千字
2020 年 10 月第一版　2020 年 10 月第一次印刷
定价：99.00 元
ISBN 978-7-112-23103-4
（35270）

目　录

撰稿人名单

彼得·博厄斯·詹森(Peder Boas Jensen): 建筑师，哥本哈根皇家丹麦美术学院建筑学院建筑学教授。

赫勒·博格伦·汉森(Helle Bqgelund-Hansen): 比较文学与现代文化硕士；哥本哈根皇家丹麦美术学院建筑学院博士生。

M·克里斯汀·博伊尔(M. Christine Boyer): 城市规划博士；普林斯顿大学建筑学院城市规划教授。

比吉特·达戈(Birgitte Darger): 比较文学与现代文化硕士；哥本哈根自由高中教师。

迈克尔·伊格维(Michael Eigtved): 音乐与现代文化硕士和博士；哥本哈根大学戏剧史系助理教授。

安德烈·卡恩(Andrea Kahn): 建筑学硕士；哥伦比亚大学建筑学、规划与保护研究生院兼职副教授。

延斯·克沃宁(Jens Kvorning): 哥本哈根皇家丹麦美术学院建筑学院建筑师和高级讲师。

彼得·马德森(Peter Madsen): 比较文学硕士；哥本哈根大学比较文学系系主任，教授。

彼得·马尔库塞(Peter Marcuse): 城市规划博士；哥伦比亚大学建筑学、规划与保护研究生院城市规划教授。

琼·奥克曼(Joan Ockman): 建筑学学士；哥伦比亚大学建筑学、规划与保护研究生院美国建筑研究所坦普尔霍恩·布埃尔中心主任，建筑学兼职副教授。

汉斯·欧文森(Hans Ovesen): 哥本哈根皇家丹麦美术学院建筑学院建筑师和高

级讲师。

安妮・R・彼得森（Anne Ring Petersen）：艺术史硕士；哥本哈根大学比较文学系城市与美学中心博士。

理查德・普伦兹（Richard Plunz ）：建筑学硕士；哥伦比亚大学建筑学、规划与保护研究生院建筑学教授和城市设计项目主任。

亨里克・里赫（Henrik Reeh）：历史与文学硕士；哥本哈根大学比较文学系高级讲师。

格雷厄姆・谢恩（Grahame Shane）：建筑学博士；哥伦比亚大学建筑、规划与保护研究生院建筑学兼职教授。

罗伯特・斯奈德（Robert W. Snyder）：美国历史博士；纽瓦克罗格斯大学视觉与表演艺术系新闻与媒体研究项目主任，兼职副教授。

格温多林・赖特（Gwendolyn Wright）：建筑史博士；哥伦比亚大学建筑、规划与保护研究生院建筑学教授。

马丁・泽朗（Martin Zerlang）：比较文学硕士，比较文学系高级讲师；1993-1998年任哥本哈根大学城市与美学中心主任。

致谢

这本文集中的大部分文章源自1977年11月在哥本哈根大学举办的“都市生活世界——形成，感知，表象——哥本哈根和纽约比较”大会，由来自哥伦比亚城市与美学中心和哥本哈根大学城市设计项目的编写者们合作组稿。大会和本书的出版，只有在哥本哈根大学人文学院的鼎力支持下才成为可能。

对于协助会议和编写本书的工作，编辑们特别感谢哥本哈根大学的麦肯·德尔诺、佩尼尔·费尔兹、安妮特·贾勒伯格、雅歌·苏维托，以及哥伦比亚大学的秋子·克依奥巴格、史蒂芬·林奇、萨拉·莫斯和梅兰妮·泰勒。我们还要感谢以下机构的档案工作人员，他们协助查找了本书的大部分视觉材料：哥本哈根城市博物馆；哥本哈根市政府（档案馆）；埃弗里建筑与美术图书馆；纽约公共图书馆；布鲁克林博物馆；美国国家艺术馆；美国国立博物馆；阿第伦达克博物馆；基恩谷博物馆协会。

最后，我们必须提到2001年9月11日的事件，以及它们对纽约市和其他城市生活产生深远影响的可能性。我们希望本项工作能够为这个城市未来生活的决定性时刻提供重要的话语。

彼得·马德森，理查德·普伦兹

引言

彼得·马德森（Peter Madsen）

I 城市，欲望，知识

狄德罗（1713—1784 年，法国哲学家，批评家，百科全书编者）在他的讽刺作品《拉摩的侄儿》开篇里写道，他在王宫花园的长凳上坐着：“关于政治、爱情、饮食以及哲学的见解，我与自己展开了讨论，让我的想法彻底自由遨游，无论是会产生智慧或是愚蠢的观点。就像我们在阿莱·德·福伊看见的那些年轻浪子，张张笑脸上眼光闪烁，翘着鼻子去追逐眼花缭乱的事物，到手之后马上换取下一个目标，全都追个遍，最后一无所获。”[1]

将思想运动与城市相联系的方式（就像小伙子追求心仪的姑娘），与柏拉图对理想“城邦”问题的处理截然不同，除了运用类比思考。柏拉图认为，理性、意志力和欲望都是人类心灵的模式，一个正直的人会通过意志力去理性地控制欲望。一座好的城市应该有恰到好处的规模，才能比人的灵魂更容易读懂。[2]

一方面城市是社会公平的体现，另一方面城市也是欲望和哲学思考之场所。一方面它被认为是探寻正义的方法，另一方面也被认为是欢乐的体验。“对我而言，我的想法受制于我自己”，没有比狄德罗的思考方式更远离朴素的柏拉图式态度了，他的“思路”（Gedankengang）——德语里意指步骤，即是指哲学思考的过程。

然而，狄德罗的类比所包含的欲望是洞察欲、求知欲。弗洛伊德认为，所有求知欲的基础都是欲望，即性。狄德罗在《百科全书》中把阅读比作城市漫步。因为一步步的游览就像是无止境地寻求知识，没有任何计划，漫无目的地从一个城市的某地移动到其他地方。思考、渴望、学习，城市就是这些活动交融的地方。

狄德罗暗示在沃尔特·本雅明（Walter Benjamin）的后期作品中有一种决定性原则。正如他的回忆录《1900 年前后柏林的童年》序言中所说，就是试图要“保护城市中资产阶级早期的形象”。[3] 历史，而不是个人经历正面临危机，但只有通过个人经历，本雅明才抓住了重大历史意义之所在：

> 我生存于19世纪，就像是一只软体动物躲在贝壳里，这个躯壳现在在我面前就像是一只空海螺。我抓起它放在耳边倾听，听到了什么？既没有野战炮声或奥芬巴赫舞会的音乐声，也没有工厂鸣笛声或正午时刻回响在证券大厅的呼喊声，就连在人行道上烦躁的马匹或者卫兵换岗时挥舞武器的声音也没有。不，我听到的是无烟煤从铁桶掉进炉子里时短促的咔嗒声，是煤气灯点燃时发出的低沉的噼啪声，是车辆经过街道时带铜套的球形灯发出的叮当声。（IV.1, 261–2）

这篇文章在主题和表现方式上都是很典型的。柔弱的软体动物得到了保护，同时也被封闭在了内部。在其他地方，本雅明描述了孩童如何离开故土和家乡。同时，海螺的意象——渔民最喜爱的纪念品——与熟知的空壳现象相关联，仿佛包含着海螺来源地的声音，就像来自七大洋的低语声。

这里的意象从空间转移到了时间：空壳似乎保持着过去的声音。本雅明的研究就以这些意象作为媒介。海螺是这类意象之一，还有过去一个世纪成对出现的、借由记忆行为涌现的意象：战场和歌剧院，也就是死亡与狂喜——德法战争与美好时代；工厂车间的管道声音和证券市场的尖叫声：两者都反映出金融时代的繁荣景象。当然，还有马匹和繁华的喧闹，是帝国的象征。威尔姆森化装舞会中，现代性的老式伪装即将被世界战争和德意志帝国的崩溃所摧毁。战场和歌剧院、工厂和证交所、游行和繁华构成了19世纪末期的意象群。这不是本雅明的个人记忆所提供的，而是本雅明对历史境遇的成熟重构。他自己的记忆与内在相关，不过内在世界依然是历史性的：在汽车、电灯出现之前，在集中供暖到来之前。他对这本书的兴趣常常集中在内部，内在的历史过程。电话代表着技术革命对内部的、个人世界的入侵："在今天使用它的人当中，很少有人意识到电话在家庭中的出现引发了怎样的骚乱。当一个学校的朋友想使用电话跟我聊天时，它在下午2点到4点发出的声音简直就是一种警报，不仅打扰了我父母的午睡，也扰乱了他们所沉浸其中的整个世界历史时代。"

本雅明所阐述的城市地形，不仅仅是街道、广场、建筑的问题，也是功能的问题。在"克鲁姆梅街"（Krumme Strasse），即弯曲街，一个孩子同往常一样去澡堂，但发现它关门了，于是他就转身去了一家文具店。"毫无经验的目光被窗子里便宜的尼克－卡特小册子所吸引，但我知道在后面可以找到暧昧的出版物……我以通行证件、指南针和小卡片作为借口，长久地盯着窗户后面，然后突然就捕捉到了这个纸制品。欲望会猜出什么是我们里面最持久的。"没有过多解释，然后就介绍了市政阅览室，对本雅明来说，那是他的“关键地带”。离开浴池，受欲望的指引来到下流小店的怀中（in den Schoss），再从那儿到达阅览室——阅读和欲望纠缠在一起，不论阅读是否与文本或城市有关。本雅明最后的简短记忆是关于性觉醒的速描。此时犹太教盛行，年轻的本雅明是排斥的。他被打破宗教规范的焦虑、全然的冲动鲁莽和良心自觉同时压垮了：“在我初次对欲望的感觉中，两种浪潮相互撞击，对神圣日子的冒犯混合着街上拉皮条的气息。在这种情形下，它第一次向我暗示了，这些服务一定会给予正在出现的欲望。”

新型电子设备、官方场景和家庭内部、可疑的小巷、宗教和公共机构：在历史进程中，与个人参与相关的城市现象范围是巨大的。本雅明对作为 19 世纪首都的巴黎未完成的沉思仍然是复杂的，在《拱廊计划》这本书中，他试图以一种历史的角度“阅读”城市。对理解城市的文化角色，这是一种最激动人心的贡献，但也是最复杂的认识论之一。[4]

II 标志性建筑

不同于本雅明笔下的柏林和巴黎，海德格尔从多个角度对黑森林中的农民农舍进行了描写。他的“建筑居住思想”[5]一文中最突出之处，也是在建筑理论中非常受关注之处，可能就在于它激发了对海德格尔式方法的内涵的思考。尽管这篇文章没有直接涉及城市分析的问题，但它间接地阐述了城市生活的问题。

对亚里士多德而言，人本质上是一个城邦人（政治人），而海德格尔的路径则完全不同，他是以农地为本：“成为一个人就意味着作为一个凡人存在于大地上”，因为德语的“bin”（意为：是）与“旧词”“建筑”相关。“那意味着，只要他居住着，‘建筑’这个词同时也意味着珍惜和保护，保存和照顾，特别是土地和培植葡萄藤。”“构建”、“居住”，“培育”和“成为”均起源于农业。也就难怪，从词汇和语言的印欧语根源来看，“人类的主人”会和古代的典型活动而不是现代生活方式相关联。

海德格尔对民主政治的漠视，如果不是敌视的话，他对整个交流体系的不同认识（忽略了公共领域和沟通手段对于民主政治和开明视野的重要性），以及他持续的反现代立场，使得许多读者难以接受他的分析。然而，全盘否定他的文字也是不明智的。无论是文本的注释或引申意义，还是对“思想真实性”的一个简单批判都切中要害。从对海德格尔文章的批判性解读中能获取什么吗？仔细地看看他具体的分析，也许可以得到些提示。

他的黑森林农舍，是大约二百年前的农民住宅。首先，是完全形而上学的描述："在这里，让大地和天空、神灵和凡人进入简单合一的那种自足的能量，给房屋以秩序。"这句话不仅重申了本文的整体框架（"四重基本元素"——大地、天空、神灵和凡人），也为下面的描述提供了一个作为语法主题的非人媒介：

> 它（即"自足的能量"）将农场置于朝南的避风山坡、靠近溪水的草地之中（很容易想到，不能仅仅把这溪水当作水源地，它其实也是一种"源头"的隐喻。[6]进一步说，源头可谓是大地的本质，从地下深处而来）。它有着宽大的木板屋顶，屋面适当的坡度承受着雪的重压，低低地垂下，在漫长的寒冬保护着房间不受风暴的侵袭（并因此与天空相呼应）。它没有忘记共用的桌子背后的祭坛角落（代表着与神灵的关系），它在房间里创造了一个出生与死亡的神圣场所——他们称之为棺材：死亡之树（Totenbaum）——并以这种方式为同一屋檐下的几代人预先勾勒了他们时间之旅的特征（也就是四重元素中的第四个，死亡的命运，已经就位）。

然后，海德格尔又加上一句话来进一步解释这种"力量"："一种起源于住所的工艺，仍然像有生命的事物（而不是物体）那样使用其工具，建造农舍。"换句话说，不论谁是这些具体活动的开展者，技艺的传统是源头。在天空下，农舍出现在自然环境中，同时包含有死亡和神灵——棺材和祭坛，由不知名的原生力量创造。在中心，则是共用的桌子。在文本中没有提及人，只有他们住所的重要特征，他们的房子和生活（当然，这与海德格尔的反人文主义相一致）。[7]

农舍是文章中的最后例子，而"桥梁和飞机库、体育场和发电站，火车站和公路、水坝和市场大厅"是最早的例子。这些都是现代建筑，没有一个作住宅使用。然而，"住宅建筑"确实在后面的几行出现，"但是，在自己的房子里有居住的任何保证吗？"这仍然是一个问题。问题的焦点从现代世界及其为了"最大收益"而产生的无意义交流和争吵，转移到了桥梁的例子上。它的基本特征和目的很简单：穿过河流。"它连接了河流分开的陆地和河堤，让两者成为彼此的邻居。这座桥把大地聚集为环绕溪流的景观。"但它也以多种方式将一个地方连接到另一个地方："城市桥梁将城堡区和教堂广场相连接；乡村小镇附近跨河的桥梁把马车和马队带到周围的村庄。简陋的老石桥穿越小溪，把收获的马车从田野里引入村庄，又把木材车从田间小路领到大路上。"这显然是往日的形象，而提及马是为了强调前现代的语境。另外值得注意的是，这一移动方式——不是从村庄到市镇与喧闹的商业市场，而是从另一个方向——分别引出了大教堂和村庄。宗教和农田以“神圣的桥”的形象结合在一起，这引出了海德格尔关于“四种元素”的“汇聚”的结论。但在其中，有一些对现代世界最后的回忆，在一切都退回到边远省份和死亡之路之前：“公路桥被连接到长途交通网络中，以速度来计算最大收益。”这一形式与前现代的形式形成了对比，似乎表明这些桥梁和公路并不通往任何地方，它们只是设置了“加速和延迟人们来往方式”的一种场景。农舍的最终意象，因此成了对现代世界排斥的高潮，这一排斥同时从可能损害它的特征方面“清洁”着前现代世界，并潜在地强调了与现代世界的相似性（如和市场相关的活动）。这更是一个为死亡而准备的世界，一个赞成传统、工艺和语言的净修之人的世界。

但是，如果这两个历史图片相叠加，会发生什么呢？如果将海德格尔在前现代语境下强调的意向置于现代语境下考虑，最好以一种世俗化的方式，会发生什么呢？海德格尔的散文通常强调了他对位于自然环境中房屋状况的关注（或者完全抽象的“四种元素”的问题），包括气候条件。一系列基于海德格尔文章的论点，就这样激发了关于场所精神的思想。然而，还有与城市环境问题有关的另一个有趣的方面：海德格尔集中关注人类生存环境的重要方面，以及他在文章中提出的、在生产和传播模式上作为核心的一种情景图像的方式。

这启发了皮埃尔·布迪厄（Pierre Bourdieu）将海德格尔的农舍与柏柏尔人房屋（图 I.1）相比较的著名分析。[8] 长方形的房子分为两个部分，一部分为动物所用，较大的另一部分供家庭成员使用。在较长的东墙中间的门朝向升起的太阳，向外部世界开放，这是男人们的活动领域。门的对面是织布机的位置，那里有烤炉，还有女人的空间。在主室和马厩之间有一个隔墙，在马厩里有一个阁楼。这是房子的“黑暗部分”：

> 那是房屋中属于黑暗和夜晚、地势较低的地方，是属于那些潮湿和粗糙之物的地方，水罐置于板凳上，要么安放在固定的入口旁，要么在黑乎乎的墙边（也就是隔墙），属于木材和青饲料，也是自然的造物牛、羊、驴、骡进行各样自然活动的地方：睡眠、交媾、生育后代以及死亡，相对于明亮的、高贵的上面部分。上面是属于人类，特别是宾客的地方，属于火及相关事物，如灯、厨房用具和来复枪——象征男性的荣誉也保护女性的荣誉，以及织机和所有保护性的象征。它也是纺织和烹饪这两种文化活动在房屋里具体开展的场所。

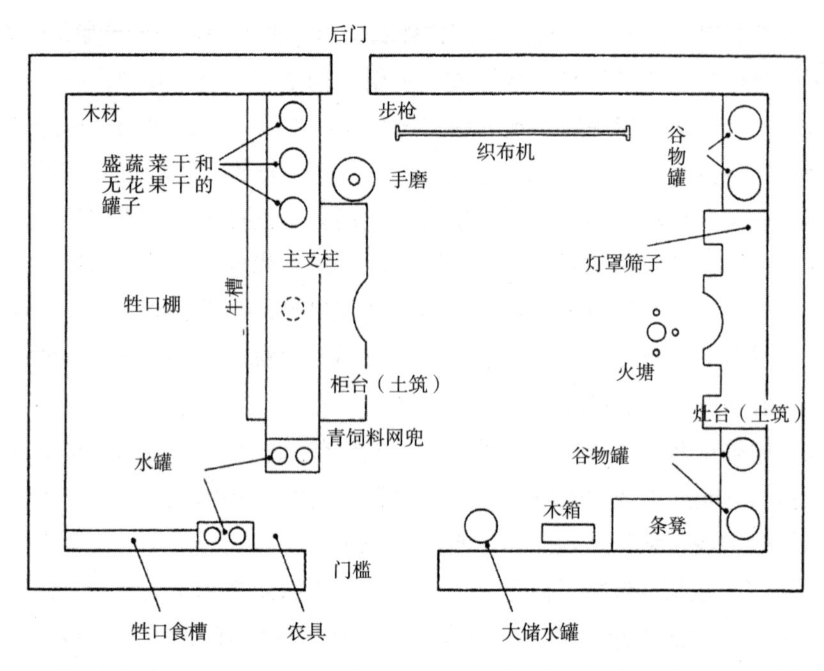

图 I.1 柏柏尔人房屋的平面图。图片来源：皮埃尔·布迪厄，《实践逻辑》，第 272 页。布莱克威尔出版有限公司（Courtesy of Blackwell Publishers Ltd）提供

房子的组织是基于人类、动物、农业活动和自然之间特定的相互关系。布迪厄的分析清楚地表明，这样的组成不仅基于技术上的考虑，也依赖于想象的图景：一方面，织布机的位置考虑到光的进入，但另一方面，这一位置也产生了相互对立的格局。布迪厄的分析是古老的结构主义。虽然在某种程度上，他的分析对象与海德格尔的分析对象可以类比，但在方法上是根本不同的：在海德格尔的现象学分析中，一切都返回到本质；而在布迪厄那里（如同在列维-斯特劳斯那里），一切都被置于一个同时是物质性、实用性也是象征性的结构模式中。

房子的结构中心也是符号和仪式图景的中心：

> 在隔墙的中央，在“人类的房子”和“动物的房子”之间，矗立着支撑“主梁”和整个房屋框架的主支柱。主梁（阳性词）将房屋中男性部分的保护延伸到女性部分，明确确认了房屋的主人；而主支柱，叉形树干（阴性词），是主梁依托的部件，则依据妻子而确定……他们的连锁象征着性的关系……

“因此”，布迪厄说，“对房屋的这一象征性总结——主干和枝干的结合，可延伸至对全人类的婚姻施以保护——就像耕作一样，是天空与大地的联姻。”

这些图案不仅是象征性的，也是仪式性的。用来命名主梁承载的词语与命名阁楼（它属于房屋黑暗的部分，死亡的国度）的词语，以及“用来搬运尸体的担架”都是相同的,这一承载“产生了一种社会仪式,其意义与葬礼完全类似”。婚姻、生育、死亡象征性地和房屋的符号空间或仪式有关，或者换种说法，房屋的象征性结构与生命周期、宇宙空间及祖先相关。另一方面，这些模式也支配着日常生活。男人必须在黎明时离开家，一般都会出现在“存在于公共生活和农业工作的男性世界”。他的一生是追寻荣誉和在开放的男人们中间的生活，而女人则留在家庭内部，这是她特属的，或者某种意义上的秘密场所。就像男人让房子朝向东方——“向着高高的、明亮的、好的和繁荣的方向”，他“会从西向东建造”。一句话表明这些不同层次生活的相互关联：“这足以表明，动词 qabel 不仅意味着面对，面对荣誉和获取有价值的生活方式，也要面对东方（lqibla）和未来（qabel）。”[9]

这些只是让布迪厄产生丰富和引人入胜的分析的很少一部分因素。但这足以说明，它以这种方式展示了房屋的物理结构如何与祖先的记忆相关联，整体性地解释了存在（宇宙学方面）、礼仪、生活的主要阶段和限制，以及日常生活的象征。具有象征性和仪式性的结构不仅关系到房屋及其内部，而且关系到外部——尤其是内外之间的界限：门槛，它有特别丰富的象征意义和仪式表达。这些象征性和仪式性结构提示的不仅仅是物质上的（如物件、人和动物在房屋内的空间布局）或源自行为，而且还取决于语言（如主梁的承载，或者“qabel”一词）和更具体的语言证据，像俗语、谚语、格言等。

III 城市生活世界中的人类学

布迪厄在柏柏尔人房屋的研究中使用了人类学方法，他将这一目光投注到海德格尔的农民房屋，对其进行了重新考虑，这产生了一种疏离的效果。分析可以如下展开：基于一个特定语言材料的集合，圣经，其重要性在几个世纪以来维持和变迁，带有一位死亡男性形象的十字架（另一个著名特征）在屋子里的位置清楚地表明，房屋中发生的活动是以一种先验的视角来理解的。轮回的压力通过摇篮和棺材的位置显示出来——通过反复观察而显示的一种特定的仪式特征——从救赎的超验角度来看，是叠加的（就像我们从基本的书写传统中所获悉的），这暗示着存在评价的模糊性、它的临时性，等等。

海德格尔神话如何与城市生活世界发生关联？让我们看看生活世界的三个方

面:（1）直接的感知视域: 审美角度下生活的物质框架（“审美”即感知);（2）作为有意义活动的日常生活的实际组织，这是实用的视域;（3）一般的解释框架: 文化的视域。为什么是“视域”？[10] 现象学的传统强调联系:一方面是整体视域,另一方面，主旨是什么，焦点就是什么。在对与理论知识相关的哲学问题的研究中，这些概念得到了发展，但在一个更普遍的用途上，它们用于对城市生活世界问题的分析。日常生活是基于对各类活动顺序的直接考虑。每一项活动，或多或少，在某些时刻成为关注的焦点。大部分这类活动是常规的，因此不具有主题，但不论是常规性的还是主题性的，都发生在一个更广泛的背景和视域之下。交通方式是最经常的日常选择，但在某些时刻，选择也是主题性的: 雨下得很大时能使用自行车吗？有些饮食可以给人提供必要的营养，但展示在街角的新鲜蔬菜给人带来想要做些特别饮食的冲动。青年人的自主观念面临挑战，当他们靠近毒品群体时，考虑社会化的整体框架就成为焦点。一个朋友从 16 层跳下自杀这样引起争议的行为，使我们开始专注于自己的重大选择和人生观。任何东西都可以成为主题，一项实验性的调查显示了，有太多东西可提供或理所当然地成为视域。

根据海德格尔的分析，黑森林农舍提供了一个生命整体框架，从眼前的景象到对生与死的普遍理解的一种视域。他的文字里有趣的方面是，从屋顶到棺材都是物质性的。如果归纳起来，文本可能会有更多含义。在现代房屋中什么可以取代祭坛和棺材？书柜和绘画作品？还是电视机？比起海德格尔所指称和依赖的事物，生活的主要部分已经通过其他方式主题化了。在完全不同的背景下，在完全不同的语境的阐释中，它们的存在或缺席并未否定海德格尔对它们关系的坚持，即日常生活是有组织和框架的。没有从推理层面对房屋位置和结构进行描述，这使得普通的关注点——也就是位置与建筑的关系不再有效。[11]

在布迪厄的分析中引人注目的是，日常生活的组织嵌入了一个框架，这个框架不仅与附近环境有关，同时在更宽广的意义上，与对生存状况以及对技术和象征性组织交织的解释相关（就像在海德格尔的解释中,实际上的水源地同时也是一种“诞生之地”)。虽然布迪厄的结构符号学分析与海德格尔的解释学分析截然不同，他们的相似性却是不容忽视的。然而，即使在这两种情况下，整个的生活视域是隐含的，对比带来了在海德格尔案例中所没有的焦点: 实际工作活动和人际关系（在海德格尔的农舍描述中没有出现床，只是暗示了临终前所躺的床和摇篮）。另一个应该强调的区别，就是布迪厄明确地意在从外部使柏柏尔文化的固有解释模式显性化，海德格尔的解释状况是什么则完全不清楚，尽管他可能会认为他的“四重含义”实际上是在农民的手艺和生活中提出的，但他把分析与所分析事物的视域看作是兼容的。

聚集在农舍和其“场所”[12]中的事物首先在城市范围内传播。餐桌可能仍是现代住宅或公寓的中心，但几乎所有的东西都会或多或少变得遥远和改变，或者在其他地方出现更重要的等价物。祭坛出现在教堂或者任何替代宗教场所的机构中。死亡的界限可以划定，一端是医院或者类似机构，另一端是教堂和坟墓。[13]水会通过复杂的技术性构造从水龙头流出。

眼前的生活世界，换句话说，是完全不同的，但它依然是一个生活的世界。建筑结构和空间组织仍将有助于公民的解释视域——连同所有其他因素参与社会化、形成和定位。现代城市的日常生活有它的仪式、它的语言、视觉和听觉媒介，以及它的显著机构——城市因而提供了一种生活的框架，或者说是多种生活方式的选择。

IV 生活世界的现象学概念和城市分析

> “生活世界”的概念在当代思想中有一个令人震惊的共鸣。一个单词经常就是一个答案。这个新词——“生活世界”的答案是什么？针对这一问题，这一词语提供了一个已被普遍语言意识所接受的答案……一种客观的关注，坚持不懈地被许多人所追求和分享，尚未表达但却长期以来一直在寻求适当的表达，是允许个人主观性的概念成为一个词语。[14]

伽达默尔（Gadamer）回答了他自己的问题，指出与生活世界相对的概念就是“科学世界”。

生活世界这个概念，成为埃德蒙德·胡塞尔（Edmund Husserl）直至生命尽头一直在研究的重要哲学问题，特别是在欧洲的科学危机与超验现象学中。他的关注是双重的，一个方面是对自然科学的作用和技术态度的批判，另一方面涉及其他知识基础的问题。这两个问题是相互关联的：“欧洲的科学危机无非是现代技术世界的危机。”[15]1935年5月在维也纳举行的一个题为“哲学与欧洲人道主义的危机”的双主题演讲中[16]，胡塞尔认为，人文科学（精神科学）不应该放弃自然科学的领域。“近代科学精确发展的结果是自然技术控制的真正革命”，而人文科学没有信心对自身领域进行精确阐述。“但是，如果在以上陈述（即胡塞尔的演讲）中体现的整个思维方式，依靠的是一种装腔作势的偏见，而且在其影响下，它自身承担了欧洲危机的责任了吗？”在演讲第一部分的最后，胡塞尔提出了他对关于“欧洲的精神状况”的新兴哲学影响的看法，“…… 一种源于哲学及其特定科学的新精神，一种针对无限任务的自由批判和奉献精神，一再地通过创造新的、无限的理想来支配人类。”

胡塞尔并不单单排斥他用作哲学研究模型的自然科学和技术的理想，他参加了广泛的运动，这些运动中也包括海德格尔和许多其他反现代的知识分子。像海德格尔一样，他认为欧洲哲学传统被根本性的误解所渗透，这一误读远溯自巴门尼德（Parmenides）："科学，自现代开始就源于预设，能够以某种方式认识世界，这一方式取代了扎根于其中的感性经验与它所基于的观点（即 doxa）的相对性。此外，本质的理解要求一种自我存在的假设"［朗德格雷伯（Landgrebe）］。但此种假设——也就是康德的假设——胡塞尔说，是"在这个生活世界中构成人类生活的许多实际的假设和项目中的一个"。[17] 通过将该假设绝对化，科学和哲学就落入了朗德格雷伯的构想中：

> 当把真实存在置于一种形而上学概念的意味之下，也是对真实存在的倒置，把其当作在变化起伏的信仰（doxa）世界以及知觉错觉与偏见背后的、一个持久与永恒的自在的存在。现代自然科学深信，科学阐释的世界才是真实的世界……这种永恒不变的存在之预设，位于经历了运动、变化、持续流动的世界背后，为西方形而上学的发展奠定了基础。
>
> 正是针对这一点，胡塞尔表明了他的批判，以阐明他对技术决定论的现代世界危机的解决方案的贡献。关键的一步，就明确地集中于直接的感知世界，先入为主的世界，世俗成见的世界。
>
> 在生活世界的标题下，共同的经验世界由现象学得以修复，作为一种现实，所有其他存在领域的概念和结构从这里开始，而且也是这些领域的本质指向。因此，世俗成见恢复了它的权利。此外，基于一个广泛和包罗万象的意义，生活世界包括产品和各种文化活动的成就，因此也包括科学、科学成果和理论。[18]

用胡塞尔自己的话说："现在的科学世界……本身属于生活世界，正如所有的人类共同体，他们的个人和公共目标，以及他们所有的相应工作结构，都属于它。"

相较于在原则上无法即刻感知的理论建构，实际的直接经验发生在生活世界当中。胡塞尔的研究是对生活世界经验的分析，这最终也是科学知识可能性的条件。生活世界——相比于自然科学构建的世界——是一个拥有历史意义的世界。主体处于一个特定的历史时刻，拥有过去和可能的未来。这意味着，生活世界是不断变化的，因此这一主题的视域也在不断地变化。在这一点上，对生活世界的分析可以从两个方向展开。一个方向是超越历史的变化对生活世界结构的分析，这是胡塞尔首要关注的问题。另一个方向是对特殊生活世界或生活世界类型的分析。这是以历史学、社会学和人类学方法进行分析的方向，显而易见，该方向可能引出与城市生活世界相关的问题。“换言之，生活世界不过是一个具体的历史世界，以及它的传统和它正在变化中的‘自然’意象。因此，生活世界的构成问题，从其全方位出发，并非别的，只是作为历史世界的世界构成问题”（朗德格雷伯）。在某种程度上，生活世界的分析由自然科学的问题所支配，自然的意象一定是关注的中心，但只要关注的重点是文化史的问题，按照古维奇（Gurwitsch）的理解，则未必如此：

可以确定的是，世界包含自然。这一问题里的自然显然是直指的和直接经验的自然，而不是物理学中理想化的自然。然而，世界不仅仅是自然的存在。我们发现自己置身其中的这些存在中[19]，不仅有自然的事物，例如，可以详尽描述其颜色、形状、大小、重量等特征的对象，而且包括仪器、书籍、艺术品等等，简单说来，就是具有人的意义、服务于人的终极目的、满足人的欲望和需求的对象。因为世界包含这一类对象，并因此证明了我们于其中引导人类生存的框架，我们称之为我们的生活世界。

从城市研究的角度来看，上述观点可能会被推翻：事实上，在古维奇看来，围绕我们身边的现象很少是自然的：“人类关注自己，通过他们的意识行为与寻常的现实：如动物、房屋、田野等。”似乎城市语境在某种意义上被压制了，人们立即想到的要么是内在的东西：“仪器、书籍、艺术品等，”要么是一处景观：“动物、房屋、田地等。”“视域”这一概念本身借用自对景观的感性体验，时报广场或类似的城市“景观”会提供什么样的“视域”？在城市空间的语境里，“视域”又意味着什么？梅洛-庞蒂（Merleau-Ponty）在他的《感知现象学》里回答了这个问题：

就自然的态度而言，我没有感知。我不会将一个客体和另一个客体连同它们的客观关系，并置在一起。我有源源不断的经验，同时或相继暗示与解释它们彼此。对我来说，巴黎不是一个多面的实体、一个感知的集合，也不是统领所有这些感知的规则。正如一个人，用他双手的姿态、走路的方式和说话的声音，表达相同的情感事实。在我的巴黎咖啡馆之旅中，每一种感知都出现在人们的脸上、码头边的杨树和塞纳河的弯折处——在城市的整体存在中脱颖而出，只是证明了巴黎拥有某种风格或某种意义。当第一次到那里的时候，我离开车站看见的第一条路，就像一个陌生人说出的第一个字，只是一种模糊本质的简单表现，但已经不同于任何其他的东西。正如我们没有

> 看到一张熟悉面孔上的眼睛，而只是他的外观和表情，所以我们几乎感知不到任何对象。有一种潜在的意义，弥漫在整个景观或城市中，我们发现了一些感觉没有必要定义的特定和不言自明的东西。[20]

但是,作为对城市感知的一种描述,这几行字提出了许多问题。能在多大程度上，城市风貌可以一方面与景观相比较,另一方面与个体的人相比较，除了梅洛 · 庞蒂所关注的人类感知的基本层面这样非常高层次抽象的情况？就巴黎的情况来说：在何种意义上说社交聚会之处（咖啡厅）、人类、树木、河流具有同样的本质，“整个巴黎”是否具有“一种风格”或者“一种感知”？然而,什么更接近呢？比起詹姆斯 · 乔伊斯（James Joyce）在《尤利西斯》中的意识流，有很多经验可以同时成功地暗示和解释彼此吗？然而，在这部小说中，至关重要的并不是都柏林的“本质”，而是心灵与城市空间的互动。法兰克 · 莫雷蒂（Franco Moretti）分析了乔伊斯的意识流，作为一种文学形式它是适合城市体验的[21]，强调其基础是作为“思想接收”的库存，一种寻常的“拼凑”[22]，提供给城市居民一种解释异质性经验的手段，因此就把《尤利西斯》与福楼拜的《布瓦尔和佩库歇》联系起来，而不是与典型的当代小说如普鲁斯特的《追忆似水年华》或者穆齐尔的（Musil）《没有个性的人》相联系。共同信仰（doxa）的概念类似于平庸的概念。“《尤利西斯》是一个多中心的城市领域，在那里实体文化分为各种各样的情况和话语，没有一个能支配其他或取代其他、从而使其成为多余。”意识流是复调，“新的复调。大都市和劳动分工的复调。”但什么是交织成意识流的陈词滥调的来源？“如果乔伊斯的多重复调语言似乎是‘自说自话’，不再有任何具体主体的支撑，这是因为它们都被转化为制度化的语言，并且现在遵循‘完全客观规范’的教会、教育、新闻、全国广告……”这些都是城市心智地图的基本构成。乔伊斯成就的有趣之处不是他“创造了新事物”，很简单，作为被接受的前卫思想,可能会这样,但是创新要符合新的经验,“能够解决问题的创新”：“构建一个新视角和象征性视域：这是一个明智的计划，并且是一个具有明显社会价值的计划。”

“一个新的感知和象征性的视域——这个提法对应于对一个不断变动的生活世界的现象学分析的关注。”[23]

> 我们依据类型化与象征性区分社会性世界的几个阶层，解释其内容，决定我们在其中和其上的行为，以及它根据多种能力施加于我们之上的行为。即使这一类型化与象征性被预设为毫无疑问的社会环境的表达图式，或在我们

所属的群体中、我们常常称之为我们群体“文化”的流行解读。

阿尔弗雷德·舒茨（Alfred Schütz）对生活世界的研究方式是属于社会学家的方式，他关注的是社会成员所依赖的方式，以及社会化和其他文化形成实例所提供的解释“图式”的视域。出发点是胡塞尔面对生活世界的“自然态度”（而非科学态度）。这种态度意味着各种各样的“必然”：“因此，我们可以谈论对于生活世界的自然态度的基本假设特征，它们自身被毫无疑问地接受；也就是假设世界结构的稳定性、我们对世界的经验的稳定性、我们作用于世界和在世界中行动的能力的稳定性。”世界在我们可以“触及”的范围之内，不论是当下的、怀旧的或前瞻的，生活世界的结构因此是一种时间分异：“把世界划分为实际的、可恢复的、可获取区域的分层，已经指向了生活世界的结构，按照客观时间维度和主观关联维度，保留和保护的现象，回忆和展望，以及对应于现实多重维度的、对时间体验的独特分化。”这是一个涉及经验情境的结构实例，其图示提供了视域。所有这些概念都属于生活世界的分析。图式的起源是多样化的，但都属于社会化的过程，因此来源于个人的环境背景：“这些知识的绝大部分来源于社会，并且在漫长的教育过程中，经由父母、老师、老师的老师、各种亲戚、同胞、同代人和前辈们传递给个人。它借着洞察、信念、或多或少有根据或盲目的格言、使用说明、典型问题的解答等得以传递，即用典型方法的典型应用来获得典型结果。”所有这些“社会衍生的知识”，反过来“不仅形成了共同世界的共同解释图式，而且形成了一种相互认同和理解的手段”。

以这种方式看待生活世界的一个特点是它倾向于专门针对语言现象，从而保留在口头解释学领域。而米歇尔·福柯（Michel Foucault）补充说，它所涉及的话语模式与社会制度（如教会、教育、新闻学、民族、广告……如莫雷蒂所强调的）相互交织在一起。[24] 这意味着它们不仅通过口头指导传播，而且通过行为规范传播。此外，这些制度不仅仅是言论和行动的轨迹，它们也在物理结构、建筑物和建筑空间中运行。回想一下布迪厄对柏柏尔人房屋以及对与房屋组织相关的仪式的分析，是很有启发性的。布迪厄的分析清楚地表明：对日常生活的规范和解释，以及重大事件，是如何嵌入在房屋的物理结构和它的位置当中，并作为话语进行传播的。在城市语境当中，对生活世界概念研究的应用，以及现象学传统中结构分析的要素，必须考虑到这一方面。在柏柏尔人房屋的实例中，调控机构和日常生活领域在某种程度上是等同的——尽管房屋外部的男性领域不应该被遗忘。在城市语境中，生活领域以及机构越来越多地散布于不同地区。一种城市生活世界的人类学会遭遇一系列不同于布迪厄研究案例中的问题，以及与现象学传统问题的衔接。体验、阐释和行动的主题总是处于一种特定的情境当中：

> 对于经验主体的思维来说，从预先给定的世界结构中挑出的要素总是代表着观念的连接、方向的连接，以及思想或行动的把握。客观世界的因果关系是主观的经验，作为手段和目的、障碍或帮助、思想或行动的自发活动。它们将自身显示为复杂的兴趣、复杂的问题，以及作为项目系统和项目系统固有的可行性。

焦点决定了什么与主题的意图相关。当这发生在一个没有冲突的视域当中，会被认为理所当然，舒茨将谈论到"动机关联"，但不论出于什么原因，这种视域都可能富有争议，这意味着视域的具体方面变得主题化了（或"成为主题"）。"实际知识储备不过是对我们所有经历的先前情况的旧有定义的沉淀，"舒茨说，因此，新情境就是对某种"先见之明"的接近。[25] 我们将从前的适当图示运用到新情境下。"然而，可能会出现这种状况：并不是所有以充分熟悉程度预知的动机相关要素就够了，或者这一情境证明它不能经由综合识别被指认为典型地等同或类似于从前的某种情境。"

当然，这是城市语境中的一个关键点，既然它持续地发生变化，并且人口波动使人类常常面临未知或仅仅部分可知的情境类型。这就产生了舒茨所称的"主题关联"，因为相关要素进入意识的焦点，因此就不再是理所当然的视域。现在，要素可以被协商、讨论、修改、拒绝，或者被有意识精心设计的解决方案所替代，等等。它将具有第三种关联："解释关联"。

> 只要人以自然的态度来经历他的生活世界，并且在他的行为、思想和情感中不假反省地让自己直接进入生活世界，那么，他根本就不会考虑到不同关联系统的差别……生活世界的每个重要决策都使人直接面对一系列假想自然的主题关联，就他们进入生活计划的动机而言，这些关联必须得到解释和质疑。

只要生活世界视域的作用以这样的方式来表达，这一点就会变得很明显：各种话语和机构，它们提供有关新情况的识别和解释的图式，必须位于社会学分析的关注焦点（毕竟，社会学基本上是作为解释现代性形成的一种手段而发展起来的——滕尼斯、韦伯、齐美尔和涂尔干都关心这个问题）。当它涉及城市生活世界的分析，现代性经验的场景——也是把握手段的来源，情况更甚。文化框架不仅提供了理所当然的视域，它也是其他解释模式的来源。在一个永久挑战着人类期望、无限变化并且被冲突所渗透的生活世界中[26]，不同场景由内部和外部视域、由话语与制度以及人际关系所定义，这些定义方式就成为一个关键课题。城市研究的特别挑战来自于所有这些因素，它们并不仅仅是在狭义上源于某个特定组织的语言或制度：城市的空间、组织和构造——作为生活世界，与话语、象征系统、权力结构、社会经济组织和机构交织在一起，并且被它们所渗透。[27]

V 法兰克福学派：物化、自然与生活世界

从某种程度来说，生活世界的概念包含了以上列举的所有特征，它可能因为囊括太多，从而变得微不足道，有些像社会的某种可替代教派。但是，这个问题是被置于现象学诠释传统内的历史和背景所定义的概念当中的。它最初起源于科学世界的反概念，铭记了自狄尔泰（Dilthey）起的精神史传统中的概念。狄尔泰试图为人文科学（Geisteswissenschaften）定义一个特定的领域，从而明显地区分哪些属于物质领域、哪些属于精神领域，哪些可以根据因果和解释来处理，哪些又需要根据理解和含义（即解读）来对待。他指出，监狱是一个物理结构，是自然科学和解释的一个对象，但它也参与了司法机构这一对社会有意义的活动，因此它必须根据法律和司法机构的意图来理解。这种方法对社会现象不能完全描述，它不能被视为意图的表达，也不只是物质问题，正是该现象的这种特殊性促使了社会学的建立——准自然的但仍然是人类的现象——就像经济市场关系或马克斯·韦伯（Max Weber）称为"铁笼子"的官僚制度。生活世界语言表达方面的优势，将概念限定在对人文科学的解释学理解。反过来说，城市研究，必须包括"存在于两者之间"所有的现象，所有非自然的但仍然是物质的结构，人类活动所呈现出的所有客观特征，等等。米歇尔·福柯以激进的方式强调了该问题的一个方面，他主张无中心的权力这一概念，即权力不从一个中心"发散"（这是一个非常有争议的主张，尤其是在权力明显集中于巴黎的法国）。这种权力通过地方性的制度实践而"发生"，是权力的一种策略。可能会试图汇聚权力，并创建一种集中性的权力策略，但那可能只是一种事后行为，并非作为刻意行为结果的权力的最初意图。[28]尽管福柯的激进主义存在缺陷，但他的方法确实证明了这种局限性，特别是对于城市研究，生活世界的概念并没有包括现代社会规范功能的重要方面。[29]

在法兰克福学派的语境中，生活世界这一概念的引入，与该学派第一代的整体框

架相比，呈现出关于或然性的重要变化。乔治 · 卢卡奇（Georg Lukács）在《历史和阶级意识》（1923）一书中的启示具有非常重要的意义，对于阿多诺（Adorno）和霍克海默（Horkheimer）等第一代主要代表人。卢卡奇书中的重要概念是“Verdinglichung”，即物化。当然，这一概念出自马克思，但在卢卡奇这里，它融合了来自德国古典社会学的灵感，其中最初也是最重要的两个人是马克斯 · 韦伯和乔治 · 齐美尔（Georg Simmel）。在马克思的理论中，物化被分析为是一种关于商品生产与流通关系的效应。这个词语表示“使成为一件物品”，这可能带有欺骗性。变革、对象化及外化，是马克思在其早期著作中使用的词语，用于作为对“生产活动在某种意义上将人的潜能带至外部世界”这一事实的命名。本质力量（Wesenskräfte）的使用，如他在早期著作中所写的，会导致产品作为客体存在。这是所有类型的社会都有的情形。基于商品生产的社会，其特征就是：产品在某种意义上呈现出了自身的力量，就像原始社会里的神物——这就是为什么马克思采用商品拜物教这一术语来指代这同一类现象。人与人之间的关系呈现出事物之间关系（某种意义上，是事物之间的“社会”关系）的性质，也就是说，它们之间的价值、交换价值控制了人与人之间的社会关系。乔治 · 齐美尔的文化哲学有个中心主题观点，即文化的对象化是不断积累的，并因此逐渐建立起一种位于文化个体外部的力量。这个主题非常容易与物化的思想联系起来。齐美尔还着重强调了现代社会的抽象特征，以及与治理角色效应明显等同的价值关系：与使用价值的特殊性相对立的抽象概括。对于马克斯 · 韦伯而言，理性化是西方社会的重要特征，将其自身强加在所有社会层面，并创造了现代官僚制度。物化、客体化、抽象以及理性化——这些主题的统一，为朝向现代资本主义过渡的现代社会提供了一个异常有力的诊断，尤其是在德国的转型过程中。

西奥多 · W · 阿多诺，是早期法兰克福学派最有影响力的代表人物，他从这种分析构思中深受启发，物化也成为他整个作品的核心内容，尽管是处于一个不同的概念框架下：即与自然相对。在这里，两个主题相互交织。第一个事实是，工作不仅可以被定义为一般权力的外化，同样也是对外部自然的支配，即自然控制。第二，理性化，应对着现实原则及超我的影响，代表了对内部自然的支配。在这两种情况下，自然变成了对抗主体的力量：商品关系的准自主的社会力量，以及潜在心理因素的准自主力量。人的精神力量进一步自发地转化为自主的计算力量，而不是成为反射介质，或者最终成为黑格尔意义上的精神轨迹。“神话”被用来形容这种等价交换，这种“自然”与“精神”之间的转换。简而言之，在阿多诺看来，工人阶级本质上被当作反对力量，这暗示着，资本主义内在的辩证法被（内在和外在的）自然辩证法和相互关系中的启蒙辩证法所代替。[30] 作为反对资本主义逻辑的起源，只有自然、精神和审美领域似乎被遗弃了。不论阿多诺的著作有什么不可比拟的优点，但概念框架似乎并不适合应用在美学和哲学领域之外的具体分析中。

在哈贝马斯（Habermas）的交往行为理论中，他提出“我们设想社会同时也是一个系统和一个生活世界”。[31] 这一理论将是至关重要的，它整合了两个传统：卢卡奇所主张的物化概念所涵盖的，以及后来从系统论的角度去发展社会学的尝试和诠释社会学传统，舒茨是这一传统的核心代表。在现代社会中，生活世界的特征是由其不同领域和功能的日益分化来定义的。根据哈贝马斯的观点，这是一个过程，意味着个体日益增加的自主化和互动的理性化。“理性化”不应当被理解为工具性的理性，而是根据“Vernunft”（自觉自我反思），“共识的形成最终取决于能够更好论证的权威”韦伯使用术语“祛魅”（Entzauberung），即幻灭，来指出宗教解释统治的失落和世俗化进程，从对教会的制度性依赖中解放了科学、道德和（审美）文化，这个过程类似于从对中央政治权力的依赖当中解放出来。该历史过程或多或少具有“西方”社会的特征，并且带来了生活世界的结构变化。[32]“这些进化趋势最终朝向的是：对于文化来说，是这样一种状态：传统成为一种映射，建立并不断修正；对于社会来说，是合法的命令依赖于正式的程序，用于定位和调整规范；对于个人来说，则是一个高度抽象的自我认同通过自我控制来达到持续稳定。”这是哈贝马斯所强调的生活世界的三个方面：文化方面，用于解释来源（在现象学社会学中生活世界的主要关注点）；社会方面，互动和共识建构的领域；及个人方面，独特个体的形成。这三个方面显然交织在一起，但哈贝马斯的观点中所强调的是相互间的相对自主性，也是自反性、批判性态度的前提。只有在个体的人格自主时，才能够对文化体制中蕴含的规范制度持一种批判的态度。在政治层面上的含义显然至关重要——这也是哈贝马斯最终的主要关注点：

> 米德和涂尔干进一步强调了民主的进化意义：政治意志的民主形式——其形成并不仅仅是有利于资本主义经济体系中的领导阶层权力转移的结果；话语意志的形式——其成形即是建立于其上。上述这些以同样方式影响了传统合法统治的准自然状态，与现代自然科学、经专业训练的法律体系，以及自主的艺术摧毁了教会传统的准自然状态的方式相似。

现代生活世界的功能与相互作用的多个领域，正如哈贝马斯所构想的，汇总成了一幅图（图 I.2A），尽管没有一个对所有特征的分析，但它仍然显示出分析的复杂性。应当强调的是多种实例如何相互作用。在实际的社会中，所有类型的冲突和

结构组成 / 再生产过程	文化	社会	个性
文化再生产	适合于共识的解释性方案（“有效知识”）	合法化	社会化模式 教育目标
社会融合	义务	合法指定的人际关系	社会成员
社会化	解释性成就	符合规范的行为动机	互动能力（个人身份）

图 I.2A　尤尔根·哈贝马斯的三种模式，《交往行为理论》，第二卷，第 142–144 页，1989 年，波士顿。由苏尔坎普出版社（Surhkamp Verlag）提供。
图 A：对维持生活世界结构组成的再生产过程的贡献

干扰都会影响社会再生产过程，正如在第二幅图表所展示的（图 I.2B）。第三幅图表则将交际行为所有的潜在影响都进行了汇总（图 I.2C）。包括社会融合并作为个体形成的概念框架，是由哈贝马斯提出的，它作为现象学社会学视域的重要拓展，也“从文化学意义上削弱了生活世界的概念”[33]。在这一语境下，应当强调它是哈贝马斯关心的主要问题之一，从对个人主体的关注，转换为对集体经历的沟通过程的关注，也就是转向对社会、人类相互作用的关注，这也暗示了，社会不应当是在个人想象中构想出来的。[34]

哈贝马斯同时也拓宽了另一方面的视域。他指出这样一个事实，即“系统分化的过程（如涂尔干所分析的劳动分工）影响了生活世界，并且可能导致对其符号表征带来干扰”。在对现代城市生活世界进行分析的背景下，他进一步探索了一个打开各种视角的方向，于是就有了下面这一段相对较长的引文：

通过这种方式，物化现象也能顺着生活世界变形的路径进行分析。在法

结构组成 / 被干预的领域	文化	社会	人	评估的维度
文化再生产	意义的丧失	合法性的撤销	取向和教育的危机	知识的理性
社会融合	集体身份的不安	失范	异化	成员的团结
社会化	传统的破裂	动机的退缩	精神病理学	个体的责任

图 I.2B 再生产过程被干扰时引起危机（病理）

国大革命之后随即兴起的反启蒙运动，开始了对现代性的批判，并自此在不同的方向形成了分支。[35] 他们的共同点是坚信意义的失去、混乱和异化——事实上是后传统社会中普遍的布尔乔亚社会的病症——这可以追溯到生活世界本身的合理化。这种回溯性的批判实质上是对资产阶级文化的批判。相比之下，马克思主义对资产阶级社会的批判首先针对的是生产关系，因为它接受生活世界的合理化，并解释了物质资料再生产条件导致的异化。这种唯物主义方法阻碍了生活世界的符号再现，它需要一个理论，运行在一个比“生活世界”更广泛的概念性的基础上。它必须选择一种理论策略，既不把生活世界和社会当作一个整体，也不把其生活世界缩减为一个系统联结。

社会就这样通过系统和生活世界之间的相互作用得以规定，其产生的分析不仅远离一种生活世界的“文化主义”概念，也远离一种被物化和权力持续渗透的现代社会的理念。

对于阿多诺而言，这一转变至关重要，但是在感觉经验的审美领域（而不是哈

结构组成 / 再生产过程	文化	社会	人
文化再生产	传播，批评，文化知识的获取	合法化知识有效性的更新	与育儿，教育相关的再生产知识
社会融合	核心价值取向的免疫	通过主体间认可的有效性声明行动的协调	社会成员的再生产模式
社会化	教化	价值观的国际化	身份的形成

图 I.2C 引导相互理解之行为的再生产功能

贝马斯所设想、作为艺术的自治领域）中，“自然”发生了什么？或者换句话说，感知发生了什么？当然，在历史进程中，“自然”，就内在本质而言[36]，或多或少变得社会化了；就外部本质而言，转化为器物和各种产品，以满足人的需求——如果它不仅仅是被污染或是被彻底摧毁。但这并不意味着感觉经验消失了，也不像阿多诺所提出的问题，或者对他的这一类问题的来源产生重要影响的：西格蒙德·弗洛伊德（Sigmund Frend）。哈贝马斯在几个方面促成了根植于各种传统关系中的一个决定性改变，另外，从城市研究的角度来看，重要的问题被排除在争论之外。[37]上面谈及的这个重要问题，在1979年哈贝马斯对汉斯·格奥尔格·伽达默尔的赞美中就提到了。伽达默尔的智力成果被描述为“海德格尔省的城市化”。海德格尔“背离传统的所有相关代表”与伽达默尔通过将诸如“形成”、“共识”、“评判”和“品位”等基础人文主义概念现实化来更新传统的尝试形成对比。哈贝马斯的解释是，这些观点是属于一个城市及城市化的语境——与之相对的是前现代（因此也是反城市的）条件下海德格尔的反人文主义信仰：“人文主义在城市居民的经验范围内出现，并总是受到城市衰落的威胁。”[38]

VI 建筑作为人类实践的（再）展示

在一场关于“建筑与表现的诗学”[39]的复杂讨论中，达利博尔·维塞利（Dalibor Vesely）已经指出了建筑与实践之间的关系，在某种程度上，这可以阐明前面所提出问题。维塞利正在寻找现代时期之前的“更加真实的表现传统”，在这一传统中，像习俗和礼仪概念代表了一种“进入建筑现实深处的趋势，朝向就社会思潮而言仍然可以理解的一种秩序”。“社会思潮的转变将建筑带到人文文化的领域，直到17世纪都是不可分割的部分。”对西塞罗的引用将视点带回到古希腊：“在拉丁文中被称为礼仪（礼）的，在希腊语中被称为“prepon”，这就是它的本质，它同道德之善是分不开的，因为恰当的就是道德正确的，而道德正确的也是恰当的。”[40]立即得到赞赏的东西可能被认为是纯粹表面化的、对应于一些既定的规则，简单说来，它因此根植于与善的联系：

> 在重要的意义上，“prepon”属于事物的表层领域，仅仅意味着“可以被清楚地看到的、醒目的”。在其完全的意义上讲，这意味着和谐地参与现实的秩序和该秩序的外在表现。外在表现并不仅仅是对我们早已熟悉的秩序的模仿或呈现。它意味着秩序是以这样一种方式呈现出来的——它在感官的多样化中变得突出并得以真实地存在。

在维塞利关于古代哲学术语和概念的论述中，浮现出一种善、人类行为、表现与创造之间的关联。因此，情境的概念显得至关重要——正如在舒茨的论述中一样。“为获得更明确的理解，最好把实践看作是一种情境，在这样的情境下，人们不仅去做或是去经历一些事情，而且同时也包括了有助于满足人类生活的事物。”但维塞利的论点中更核心的内容是将神话理解为“为我们经验的统一和世界的统一开辟道路的文化纬度”。称这是一个微妙的讨论有几个原因。首先,在神话悲剧叙事的意义上,将神化定义为一个无可争议的解读框架,就无意中触及了这样一个事实：希腊悲剧更倾向于去质疑英雄的故事，而不是简单地接受它们。其次，争论只会在某种“原始”的社会中保留。但是,作为对布迪厄所分析的柏柏尔人房屋特征的另外一种表述,它是有意义的。维塞利现在认为，神话在本质上是对“自发形成的、并保存着我们与宇宙环境或者与我们的存在初次相遇的记忆的主要符号”的解释。如若这样，那么建筑可以被带入到讨论关于“主要符号的保留……肯定有利于次要符号，并且最终有利于范式情境的形成”。什么是范式情境？它们的本质“是类似于以不同的术语，如制度、深层结构或原型，所描述的现象的本质。”它立刻让人想起舒茨关于生活世界讨论的图示概念，但维塞利的目标不只是仪式或解释性的方面，这里有很长一段引文来说明一些主要特征：

> 那么到底是什么使得建筑、艺术以及实际生活能够以某种方式汇聚、构成一个有意义整体的基础条件呢？在先前关于情境的本质讨论中，我们已经强调了它们的合成角色以及建构我们经验的能力，但情境也可作为经验和事件的容器，这些经验事件在其中积淀意义，这意义不仅仅是幸存和残留的，也是未来经验的后续邀约。情境的接收方面主要是预反射和通感。视觉、听觉或触觉现象之间没有明显的区别，而这构成了隐喻生活的一个重要条件。主要是由于情境的隐喻结构，更具体地说是由于隐喻的模仿性质，从而形成了范式；范式不仅扮演合成的角色，也是容器的角色。

这里，需要再次强调，记住柏柏尔人的房屋，以及宇宙模式、仪式模式、建造模式、日常生活模式和语言模式的交织现象是有意义的。但是，这一切都会留下些什么呢？当我们没有生活在那些幸福的日子：

> 那时的星空是所有可能路径的地图—— 那些由星光照亮道路的年代。在这样的时代，一切都是新的，然而也是熟悉的，充满冒险，但也属于它们自己。这个世界是宽广的，但也像一个家，因为在灵魂之中燃烧的火焰有着与群星同样的本质；世界与自我，光与火，都如此的不同，但它们不会永远彼此陌生，因为火是所有光的灵魂，所有的火都将光芒覆盖自身。因此，灵魂的每一个动作都变得有意义，并且在这一二元性中循环：在意义中完整——在感觉中——以及因感觉而完整；循环，是因为灵魂在自身中安息，甚至在它行动时也是如此；循环，是因为行动从其自身分离，并且成为自身，发现自己的中心，并围绕自己画下一个封闭的环。

这段描述（出自乔治·卢卡奇的《小说理论》的第1页）或许可以被当作一段核心的经典论述，对于一个被认为失去了的，但其实从未存在过的和谐世界的怀旧梦想。[41]那种东西似乎隐含在维塞利对传统的描述中，这一传统自古希腊以来已逐渐消失在历史长河中。这些东西会再一次留存下来，当神话的领域不再是主要的参考（也没有被由荣格的原型理论所替代），什么时候符号和隐喻终于由特定的社会和文化进程所构成而不参考神话？在我看来，有很多。

隐喻是什么？有诸多的方法在尝试去解决这一问题，其中一种是认知的方法。这种隐喻现象的一个基本构成部分是对当下身体经验的强调，以及各种基本的、典型的情境，尤其是一种叙事性特点。简单来说：如果基于身体经验的隐喻（这意味着直接的感性经验）取代了维塞利所称的符号和隐喻，并且，如果基本叙事情境取代了维塞利所称的神话，那么，他的整个方法可能会被带至目前的辩论中。一种与之相似的方法可以提供一种基本的模式，该模式可以整合建筑（通过延伸）及城市情境体验的感知层面，以及提供一种方法去掌握所有情境的顺序和时间层面：范式情境和范式叙事，舒茨意义上的图示，但是在该语境下它与审美维度、感官知觉以及“意义”的构成都产生关联。

VII 机构的重要性

正如在舒茨的社会学研究中一样，情境的概念在萨特的社会哲学里至关重要，但其工作的重点转向个体问题。在他早期的哲学研究中，自由的问题是关注的中心，而他后来的工作重点则强调个人的约束，尽管还是以个人去对抗约束的视角来研究的——个体如何应对发生在自身之上的事情，萨特在他写的《福楼拜传》中提出了这个问题。对于个体的关注提供了一个关于城市生活世界图景的动态特征，该特征与本雅明所提的相似，但并不全然相同。现象学社会学关注已获知的常识话语、社会化进程的结果、成年个体的“视域”，萨特和本雅明都在寻找获取和应对这些知识的过程，从孩童和成人两个视角——为清晰起见，至少，这种比较可能具有一定的有效性。

孩童在城市中长大的过程，不单与父母以及周围人的言传身教有关，它还与社会制度、物质结构、交通方式、交往方式等体验有关。价值和意义正是来源于这些复杂现象之间的相互作用。

随着孩童成长，他会日益有意识地去获取不同能力以在这个世界上前行和快速应对冲突，然而，这只能在以后的生活中才变得可以理解，如果有的话。大众传媒、电视、电影与商店、吸引进入消费世界的广告、对金钱的需求相互作用，而家长们和学校则努力发展一种与亲属、同胞、未来相关的责任感。社会结构以多种方式被刻入城市结构中，这种刻写对未来的几代人而言是可读的，它成为他们视域的一部分，他们的生活世界。

学校提供了一个制度结构的样本，在社会性和物质性特征两方面。不仅是成人，儿童和青少年也会遇到其他这样一些制度，有助于他们了解自己的情境、他们的过去和未来。海德格尔所描绘的农夫农舍，铭刻了人从出生到死亡的存在的基本层面。

旧的乡村社区可能围绕着乡村教堂和其他乡村景观中的重要建筑。伊萨克 · 迪内森（Isak Dinesen）[凯伦 · 布里森（Karen Blixen）] 出色地重构了一种对丹麦 18 世纪末期风景的相似解读：

> 这个国家的小孩会如同读一本书一样阅读这样的开放景观。不规则镶嵌的草地和玉米田就像一幅画：有着浅浅的绿色和黄色，人们为了每日的面包而努力……在远处的山丘上，静止的风车翅膀像一个小小的蓝色十字，指向天空，描绘着为面包而努力工作背后的场景。茅草屋顶的模糊轮廓——像从地面上长出的低低的棕色草坪——那就是村里的小屋挤在一起的样子，讲述着农夫从出生至死亡的故事。他是最接近土地最依赖土地的人，他在饶沃的日子繁荣成长，在干旱和虫害连绵的日子死去。
>
> 往高处一点，渐淡的地平线上有白色的墓地围墙环绕，挺拔的白杨树笔直的轮廓矗立在旁边，镶嵌红色瓷砖的教堂表明，在目光所及之处，这是一个基督教国家……朴素而直接地体现着国家对正义的信赖和天堂的慈爱。但是，在果林和树木丛中，一个气派的、金字塔状的轮廓在石灰铺装的大道尽头耸立入云，那是一栋巨大的乡村房屋。
>
> 在这些模糊的蓝色几何密码中，这片土地上的孩子会读到很多东西。他们谈到权力……那决定了周围土地、人和野兽的命运，农夫抬起头用敬畏的目光望向绿色的金字塔。他们谈到尊严、礼貌和品位。丹麦的大地不会长出比悠长的林荫道所通向的豪宅那儿更好的花了。这个乡村房屋并没有像教堂那样耸立守望，也不会像小棚屋那样匍匐于大地：它比它们有更广泛的世俗视域，和遍布欧洲各地的贵族建筑有关系……
>
> 大房子矗立着，如同农民的小屋一样，深深扎根在丹麦的大地中。[42]

丹森对于此处风景的描述不仅显示了解读它的可能性，也显示了她的解读是一种阐释，并且通过揭示这种解读如何——同叙事一起——影响她的读者，并影响他们视域的形成。这两种视角都与城市生活世界的问题相关。丹森的描述中所包含的——除了狭义的景观外——是一种工作问题、权力问题和审美问题的结合。有四种类型的房屋被提及：农夫住宅、工作场所（磨坊）、超验的房屋（教堂），以及社会权力的房屋。在海德格尔和布迪厄的随笔中，前三种场所被合为一种，而权力的问题依然是隐性的或仅仅是暗示性的。在城市语境中，不同类型的建筑更加多样化，教育机构是明显的一种补充。但是从个体的角度以及从全面的城市分析的角度，多种类型建筑的整体形式和相互作用，以及分布和布局方式一定需要仔细考虑，在对城市生活世界的感知和阐释中，艺术和其他表现形式的塑造也要纳入考虑，而不只是电视里提供的那些。这些看法和解释在未来的城市发展中起到了至关重要的作用，至少有两个方面：个人选择受到观念和解释的影响——飞往郊区的航班是最明显的例子；公共的，或者专有的，视乎情况而定——决策和规划受到观念和解释的影响。

VIII 曼哈顿的心跳

一个现代城市以丹森式的描述解读起来会是怎样？首先让我以 1930 年左右的曼哈顿作为例子，然后举哥本哈根发展的例子。

根据这里所简述的方法，对曼哈顿的定义是什么？比如，怎样概括 20 世纪 30 年代纽约市的主要特征？曼哈顿结构的两个重要特征是其交通结构和流行文化场所，这两者都集中在市中心。大中央车站（1913 年完工）可以被看作一个巨型的劳动力分配机器，或者是“一个城市发电机”，为中心城区提供能源，它转型为“曼哈顿不容挑战的中心”[肯尼思·鲍威尔（Kenneth Powell）][43]，它可能被视为劳动力的大教堂，因为中央大厅是这座城市中最大和最高的日常内部空间之一。它最初不仅被认为是与地铁、高架火车、电车、出租车等相接的长途和联系近郊的枢纽，而且它也通过地下通道，例如与 1930 年左右的查宁大厦（10000 名员工）和克莱斯勒大厦（25000 名员工）周边相连接。这种复杂性因此形成了一种新的交通与工作的结合——不仅如建筑大亨查宁所说的，一个城中之城，也是连接郊区的城市。

使用这个枢纽站的不仅是长途旅客，而且有超过 500 趟列车载着住在城市北部和东北部的通勤者进出这个车站，同时在白天期间平均每 4 秒有三趟 IRT 地铁……在与终端相连的车站中接送乘客。一年中通过大中央车站的人数大概接近美国的总人口数。[44]

由于大中央车站这样的城市建设的存在，通勤者首先和主要被定义为劳动力。“在这里你可以看到最高和最现代化的建筑，交通变得更加紧张，这里是纽约的心跳……”——1931 年一位德国导游的描述。交通的脉动就是心跳。[45]

几个街区之外的定义则完全不同了。时报广场也是一个交通中心：“每 24 小时内，20 万乘客自 IRT 和 BMT 地铁涌出，到达从第 40 大道延伸至第 43 大道的各个地铁站的水泥通道。”[46] 但是，它早先是一个娱乐区：“这是伟大的白色大道（百老汇），美国的戏剧中心和城外人游荡的场所。在这里，午夜的街道比中午更加辉煌。”那本德语指南这样描述这条“伟大的白色大道”：“在夜间，无数的灯光与色彩留下了梦幻般的印象，它们在闪亮与熄灭之间无尽变换，如巫婆的扫帚一般穿梭的众多交通工具和无数小轿车，在拥挤的人群中，渴望尽情娱乐。”

工作和娱乐似乎是为大众所定义的这座城市的生活方式，生活方式由城市来定义，由城市的结构来安排。

第三个例子介绍了企业管理、新技术和高技术的融合。洛克菲勒中心就被设计成这样一种综合体，虽然结果与原计划有所不同。最初，人们考虑为大都会歌剧院建造一所新建筑，拟选址在公园大道第96街上：建筑师的想法是将歌剧院与严谨的中央车站形成一种文化对比。[47]后来，这里成为洛克菲勒中心的选址。歌剧院被认为能够提高场地的价值——正如约翰 · D · 洛克菲勒的公关代表写给他老板的信中所述，他住在所推荐基地北面几个街区的地方，该项目竣工之后，它将“使广场和周边区域成为世界上最有价值的购物区”。1929年，歌剧院项目从洛克菲勒项目中撤出，使那位洛克菲勒公司的项目负责人高兴的是，他并不相信歌剧院对于购物区的价值。通用电气（GE），包括美国无线电公司（RCA），成为新盟友，并从广播的角度对中心的文化角色进行了构思，通用电气董事长提道：“一个时代来临了，一个像无线电公司一样完全和有效地为国家服务的组织，不能再被视为远离歌剧、交响乐和教育……”“无线电城”在发展，作为主要针对上流社会观众的歌剧院项目，现在已发展成为一个面向大众的项目——结合该项目的主要方面：零售商店和办公空间。电子媒体时代已经产生了影响。两个巨大剧场建成，无线电城音乐厅和RCA乐声，都比先前的歌剧项目大，但它们都没有专用于歌剧：前者旨在“大型娱乐表演”，而后者是电影和现场音乐娱乐的混合。最初，剧院并没有获得很大成功，随后该中心更名为洛克菲勒中心。然而，在该地点建造文化机构的计划没有放弃。“市政艺术中心”的选址在中心的北部，包括一个歌剧院、一个交响音乐厅和其他机构。此外，现代艺术博物馆原计划位于第53街的南侧，靠近洛克菲勒广场的视域范围，因此包含在该中心的总体格局中。这一切都没有实现。现代艺术博物馆后来建在第53街北侧，与洛克菲勒中心没有任何联系，而且在二战后，林肯中心庞大复杂的音乐和戏剧机构建在了别处。

将零售店、写字楼、公共场所、天台花园、歌剧院、音乐厅和现代艺术博物馆集中在一个场所的想法没有实现，但作为一个概念，它确实代表了创造一个城中城的尝试，这应该预示着艺术与企业资本之间的联结，对城市美化的一种慈善关怀，以及对开发利润的兴趣。反过来，其结果带来了公司资本、商业管理、新媒体和流行文化的汇集，表现在无线电城音乐厅大量壮观的摇滚乐表演场景中，而不是他们自己在老式大都会风格的包厢中挑选出的少数作品。但无论是巨大的洛克菲勒大厦和小的现代艺术博物馆，都以自己的方式庆祝新风格、进步和对未来的展望。现代艺术博物馆的 WPA 指南写道，“醒目的现代化建筑……已经成为技术和想象力创新的象征，在过去的七十年中已经改变了艺术的特征。”关于中心的指南写道：“洛克菲勒中心在纽约的建筑中卓尔不群，正如卢浮宫挺立于巴黎。”在这里，一切都是巨大的：“世界上最大的办公楼”，“世界上最大的广播公司”，“世界上最大的室内剧场，无线电城音乐厅”，“一个 6 吨重的吊灯……被誉为是世界上最大的一个”，总之：“几乎所有关于音乐厅的东西都是巨大的。”

20 世纪 20 年代，引人震惊的一则评论出现在《芝加哥论坛报》的激烈讨论中，一位德国作家对自己国家摩天大楼的意义进行了阐释，令人想起了伊萨克·迪内森对丹麦乡村风景的解读：

> 这栋德国的摩天大楼在城市语境中有明确的作用：它集各种力量于一身，因而其价值不在其本身，而是在于它与城市的整体形象的关系。关于中世纪教堂的观点在这里复兴。教堂的功能——用自己巨大的体量控制着城市的形象，也是形而上的愿望和精神行为的象征——被摩天大楼所取代了，在现代术语中完成了这一转换。从某种意义上说，摩天大楼代表着工作的欣欣向荣。[48]

曼弗雷多·塔夫里（Manfredo Tafuri）将这种阐释称为“用回归乡村的乌托邦来反对大都市现实的尝试”，即以礼俗社会、社区、一种“复魅”的城市法理社会、现代社会来解释摩天大楼。然而，摩天大楼作为现代社会的大教堂，“劳动的大教堂”（塔夫里）提供了一种恰当的方法来理解洛克菲勒中心，作为曼哈顿精神景观的主要结构。集劳动、商业和娱乐于一体的现代大众社会的大教堂。所有这一切都基于一种技术创新想象力的发挥。用朱利奥·卡罗·阿根（Giulio Carlo Argan）的话来说，“摩天大楼作为一个象征性的形式，空间无限的图像，在其中我们能够凭借一栋建筑物而生存，它完全吸收了工业生产的手段、程序和节奏。”[49] 换句话说，是一种根据现代社会而来的符号形式，而非中世纪大教堂的符号功能的重现。即使摩天大楼的象征维度是垂直的，超越并不是精神上的，或任何宗教意义上先验的，现代性的精神是以时间为导向的，朝向进步。然而，在这个意义上说，意识形态的复魅正在起作用：进步的精神并非中立的现象。在公共关系小册子上官方关于该中心的报告强调，它是如何“旨在满足……我们多方面的精神文明”，并且它应该如何带来“美和商业更紧密的合作”[50]。

中央车站及其周边地区，“终端之城”（纽约 1930 年），洛克菲勒中心和时报广场等区域代表了一种基于劳动力大规模分布和人群高度集中的社会秩序，无论是人和建筑材料、大众娱乐、大众传播、大众消费，还是作为这一景象背后的组织因素的大型企业资本聚集。当然，对城市中心来说还有更多因素，但这三个因素是主要的，有助于定义生活世界的视域。罗伯特·穆齐尔（Robert Musil）在《没有个性的人》一书中提供了一种类似美国城市背景的启示录景象：

> 高架列车、地面列车、地下列车、载着人类货物的快递邮件，连绵的车流沿着水平线竞相追逐，升降电梯将人群垂直地从一个水平面的交通输运到另一个水平面。在交接处，乘客从一种交通工具快速地跃向另一个，瞬间就被吸入并被带进了它的节奏，这节奏有着切分音、暂停以及两段轰鸣的高速运行之间 20 秒的小小间隔，在这总体节奏的间隔中，人们慌忙地与他人进行几句言语交流。问题和答案如机器的齿轮一样相互嵌合。每个人都只有非常确定的任务。不同职业的人集中在特定的场所。人们边走边吃着东西。娱乐场所集中在城市的其他地方。别处也还是高层塔楼，人们回到那里去寻找妻子、家庭、留声机和灵魂。[51]

城市结构预定了我们在许多方面的行为，家庭和工作的关系、交通结构、日用品的来源地、休息时的活动场所、运动、娱乐，等等。我们对这些不同因素的理解不是先验的，即使周围环境已经预示了。我们需要“学会解读”它们必须说明的东西，我们也必须学会进行自己的解读。解读的能力是通过社会化，通过语言、视觉及其他感官表征交织在一起的情景和系列事件来获得。对于更普遍的状况而言，流行歌曲和音乐也许是最明显的例子。它们无休止地诉说着关于希望、满足和失落的平凡故事，以及人们对此的反应。在肯尼思·杰克逊（Kenneth T.Jackson）《纽约百科全书》[52]的“歌曲”条目中，关于纽约的歌曲有不下于 500 条。文学评论家肯尼斯·伯克（Kenneth Burke）曾提出过文学作为“生活装备”[53]的主张，这一点不仅仅与对文学的理解有关：各种艺术形式，流行的和高雅的形式，都或多或少以复杂的形式发挥着相似的作用——是好是坏要视情况而定。流行歌曲、电子媒介、电影和城市都属于这一类。许多标准首先在音乐剧中呈现，一种典型的城市形式的流行艺术；或者是成功的电影，另一种属于城市的受欢迎的艺术形式。

犯罪小说又是表现城市经验的另一种介质，常常成为电影的原始素材。但是，作为使更广泛的受众适应城市生活的“装备”来说，视觉媒体，包括摄影、电影、电视以及综艺节目和音乐剧也许是最重要的。在这些媒体中，身体的体验可以得以阐明，反应得以表现，应对方式得以展示。早期的无声电影总是充满教育情境，无论是英雄的陨灭还是成功，都不如对反应的识别，以及一系列舒茨所说的“范式”的形成更为重要。你要学会根据情境在适当的时候，以适当的力度来握手。这只是在身体行为这一广泛领域中的一个明显例子，它在不同的人相遇和靠近时是如此重要。电影一次又一次地演示了各种各样变化中的典型情境，它们挑选出城市环境的某些方面，外部的或是内部的。它们将城市情境的具体方面“主题化”了。叙述的设置不仅是背景，也是对语境的特定解读——或者在大多数情况下，是一种典型的重塑，因此“主题化”了电影工作室的环境。而后，叙事代表了与环境相互作用的一系列事件，城市语境因此被整合到可能的人类行为的一个有序版本中——与特定的一组条件和特定的观点相关。这也正是在电视连续剧和新闻报道里所发生的——可能是最重要的媒介——将文化因素传递到观念模式的形成和当下的行为中。在这里，城市意象和城市生活被组织、再造，偶尔被挑战。个人经历无疑是一个重要因素，但它是由不同的艺术形式和信息来组织、阐释和巩固的。根本没有“纯粹的”个人体验这种事。生活经验与调和性的解释、重组的相互作用就这样为城市的个人和集体行为提供了一个基础。个体对家庭和工作的选择会累积起来，并对城市产生影响——向郊区逃离是最明显、可能也是最重要的例子，中产阶级化是另一个例子。但是城市的形象和生活也影响着决策者、投资者、规划者、政治家，以及草根活动家。城市的形成当然是无穷因素相互作用的结果——在它们之中，城市表象以及受表象影响的对城市的感知和理解，以及实际的城市语境本身，决不是无关紧要的。生活世界不仅涉及，而且由形成、感知和表象这个三角关系所决定。

IX 哥本哈根城市景观的意义

哥本哈根最开始是一个海港，就像荷兰人在曼哈顿定居时的新阿姆斯特丹一样。在汉斯·克里斯汀·安徒生（Hans Christian Andersen）和索伦·克尔凯郭尔（Søren Kierkegaard）的时代，这个城市仍然基本上依赖于海洋。仅仅到19世纪下半叶时，这种情况才得以改变——然后就有了飞速变化。

安徒生和克尔凯郭尔时代的哥本哈根鸟瞰图显示，城市结构被古老的防御工事封闭起来。它在军事和海防方面，同时在贸易方面是这样定义的：由海军保卫的海港，供商船使用。对这个城市来说，海洋与农业部门一样，是最重要的经济因素，因而

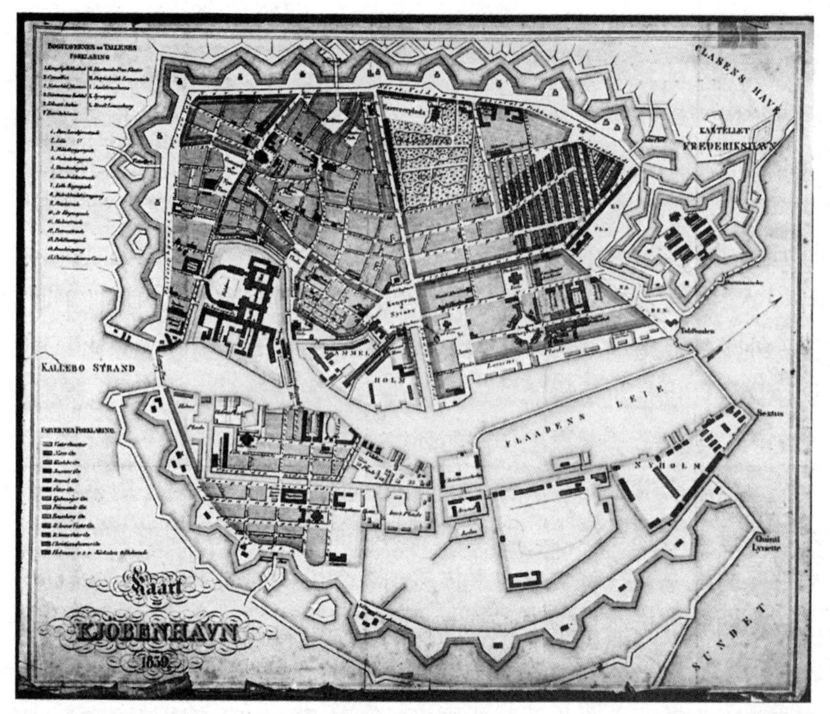

图 I.3　1839 年哥本哈根地图。由哥本哈根城市博物馆提供。注：图片右边的箭头指示南北方向

也是决定性因素。它不仅是一个行政城市，同时也是一个商业城市。如同这个城市一样，港口被封闭在城市西部，东部是建于 17 世纪的新城区（克里斯蒂安港），和海军占领的几个岛屿。这座中世纪的城市有着不规则的街道，不仅与通过海港的新城区的规整不同，且与该城市朝向东北方向（腓特烈斯城）的规整片区也不同。该片区建于 18 世纪，有着与大多数城市街区不同的布局：它是中世纪城市贵族气派的延伸。北部区域狭窄的街区包括一排排建于 17 世纪的低矮联排住宅，用作水手的住所。城市中心是皇家城堡（城堡岛），坐落在岛上是因为它由运河与城市其他部分隔开。这座中世纪城市的北面有一个宽阔的规整花园和夏季皇家城堡(罗森博格)。靠近这个城堡北面的岛屿也属于海军管辖（图 I.3）。

水平方向的视线揭示了城市的另一面——城市天际线。最明显的特征包括教堂和教堂的尖顶、城堡，还有城市的风车。天际线其余的部分则是由低矮的建筑构成。这会如何界定这个城市呢？无论从陆地或从海洋靠近这个城市，要塞、城堡和教堂都仍然是最显著的特点，即宗教、中央权力和武力的角色。而这实际上都是同一个层面的情境。鸟瞰景象强化了海军的角色和王权的中心地位。然而，它也展示了贵族和普通民众之间的对立景象，至少从历史观念来看是这样，因为资产阶级——这意味着首先是商人——在这个城市已经越来越多地拥有了自己的印记，并陆续进入贵族领域。一旦进入防御工事，海港和商船的重要性就显而易见了。

只有从街道上人的视角出发，才能更加细节化地审视这个城市的社会和文化结构。地图上的一个广场可能就已经吸引了游客的目光，这是位于城市西北角的矩形广场，原先是被小市政厅分隔的两个广场。在地图上显示的大型建筑是新的市政厅和法院综合体，其中还包括一所监狱。走在街上，穿过这个广场，人们可能会注意到这栋楼本身是一个出色的新古典主义建筑，但也可以看作一个赋予了自己重要意义的大厦。门楣上的铭文引用了丹麦最古老的中世纪法律之一，坚称“国家应建立在法律的基础上”。对于漫步通过广场的行人来说，这是一个提醒，即除了法律之外还有其他东西能够统治：权力。

1848 年，通过制定民主宪法解决了法律与权力的冲突，这部宪法在 1849 年被丹麦人称之为基本法（Grundlov, 即宪法）。在几百米距离之内，两所机构（皇家城堡和市政厅 / 法院大楼）代表两种相互冲突的原则，尽管负责执行法律的公务员在这一点上可能更偏向皇家城堡一方。公务员，即国王的仆人，是社会结构的重要组成部分，通常来说是一种保守的因素。这个广场的拐角处，步行者会路遇一所大学，这一机构主要培养公务员、牧师、教师、法律专家和医生等。自 15 世纪后期建立的这个机构是全欧洲最古老的大学之一。这所大学的位置需要仔细考虑，因为这所大学坐落于大教堂对面，和主教的房子相邻。这是由于在大学成立初期，主要在基督教信仰的框架内实施教育。1871 年，文学批评家乔治·布兰德斯（Georg Brandes）在大学发起了他突破性的、题为“19 世纪文学的主要趋势”的讲座，当时几乎引起了公愤。他讲座的主线是自由思想的命运，他对教会和家庭的态度令权力机构不放心。然而与此同时，一个现代的知识阶层正对丹麦社会产生自己的影响。布兰德斯有他的追随者——主要是工程师、医生和少数科学家。工业化正在酝酿之中。哥本哈根废除了包围中世纪城市的防御工事，新区迅速发展，从乡村到城市的大规模工业化运动改变了城镇人口的组成。

1848 年之前，哥本哈根街道的漫步者远离这些机构，他们将会很快意识到，这个城市的特点是各种社会阶层的贴近。贵族和资产阶级辉煌的高大建筑与低陋的房屋并肩而立。该城市过度建设，挤满了带后院的房子。然而，外部的直接印象仍然保持着非常均质化。部分原因是因为这个城市的大部分地区都经过 1728 年和 1795 年两次大火后的重建，以及 1807 年英国炮轰后的重建。多数房屋仍然是相对狭窄的 4 层建筑，而较大一点的建筑也大致都保持着同样高度，只是更宽一些。因此，一眼看过去，上层的建筑很合适，并不十分显眼——因为建筑的扩展部分被挡在前面大楼背后，从街道上是看不到的。当然，某些地区显然比其他地区更引人注目，而有些街区和地段（现在已清理干净的贫民窟）到 20 世纪为止一直都很糟糕。

在另一个层面，位于老城之外、繁荣时期新建的住宅区也发展成了相对同质的一类地区。这主要是大规模建设活动标准化的结果，而公共规章只关注街道的宽度。“即使有足够多的空间，”斯蒂恩 · 埃勒 · 拉斯姆森（Steen Eiler Rasmussen）在他关于哥本哈根的书中写道：

> 高大且密集分布的建筑物成了大桥区域的结构特色（即，湖外的新工人阶级地区）。街道变成法律所要求的同等宽度，与建筑的高度相对应……整个区域现在是为穷人所建造的。在伦敦，贫民窟逐渐发展起来，与此同时，古老的著名建筑任其衰落，并被下层阶级所占据，而不是为着它们本来建成的目的。但在哥本哈根，贫民窟地区进行了系统的建设。我不愿详述把这些社会遗留问题集中在这一区域会带来多大的问题。[54]

其结果是形成了规则开窗的 5 层建筑物，以及屋顶轮廓的缺乏变化。这并不排除公寓质量和规模可能存在相当大的差异。一般来说，较大的公寓面对着主要大街，而较小的公寓则通常占据了次要和平行的街道。规模大一些的店铺也是沿着主要街道，而次要街道则有许许多多小商店，其中大部分在 20 世纪 60 年代就消失了，因为当时超市接手了大多数日用商品的配送业务。在后院分布有一定数量的贸易和小工业。马拉街车以及 1900 年左右出现的有轨电车，是公共交通的主要方式，它们成为塑造城市发展的决定性因素之一。自行车的影响也值得关注。大约在 20 世纪初，哥本哈根共有 45 家自行车商店—— 一百年后，大约三分之一在哥本哈根工作生活的人通过自行车通勤。在“大桥区”，有很多的啤酒屋和沙龙，提供在狭窄公寓外的公共聚会空间，但同时也制造了一些社会问题。有舞蹈和各种表演的娱乐场所迅速发展起来。后来在这些地区，电影院也激增了，只有少数的电影院建在老城区。

20 世纪初，城市结构几乎完全发生了变化。老城区现在被一个新的边缘以内的部分所包围，且逐渐向南、向西、向北面扩展。城市新区的特征引起了人们的反响，早在世纪之交，私人协会就制定了地区发展规划，在新住宅区外，建造相对廉价、大致标准化并带小花园的别墅，供两个或两个以上的家庭居住。实际上，这些举措在内部繁荣时期的建设之前或同时就已经实施了。第一个实例是 1853 年霍乱疫情之后，在医生协会的倡议下，一系列中间带有绿地的两层联排住宅建造在离市中心不远处。各类工人协会遵循这一倡议，不断地修建作为典型结构的联排住宅，但很

图 I.4 哥本哈根的地块价格描述模型照片，以及按地块价格确定建筑物高度的天际线可能形状。照片来源：哥本哈根 - 总体规划草图，市政工程局，1954 年。由哥本哈根市政厅提供

少有户外绿地。自 20 世纪 60 年代以来，最靠近市中心的联排住宅开发区已经发展为一个对于“婴儿潮时代”而言很时髦的区域：房子原本包括两套两房的公寓和两个屋顶阁楼，现已变成高档的独家住宅（图 I.4）。

20 世纪城市的扩张产生了公寓、联排住宅和别墅的混合。应该提到的还有新哥本哈根下层居民的部分生活方式，在温暖的季节里，他们在 Schreber 花园（租赁小花园）里度过闲暇时光，这些花园围绕着城市中心的周边分布。值得一提的是，20 世纪 20 年代结束的时候，每 45 个居民中就有一人拥有这样一个花园。

在 1928 年关于哥本哈根的一本书中，也就是洛克菲勒中心计划建造的同一时期，这样介绍哥本哈根：“在晴朗的日子，我们会从西边乘火车前往哥本哈根。在距目的地还有一段距离时，我们就开始忙于找寻这座拥有众多高塔的城市；这座首都，拥有多达 70 万人（……）。”[55] 城市通过火车而不是水路前往，虽然它已成为一座拥挤的城市，但城市轮廓的特色仍然是由那些高塔所勾勒。“拥挤”这个词是波德莱尔用于描述巴黎的：“fourmillante cité”，艾略特在《荒原》一书中试图描绘伦敦时也援引了波德莱尔的这个词。哥本哈根被认为是一个大都会，中央火车站是城市的门户——以及与国外的连接点：作者在他的旅途中瞥见了柏林快车。靠近中央车站是新的市政厅广场，在这里，如尼加德（Nygaard）所说，我们在哥本哈根的中心——我们就是“在蚁丘的中心”。这里有 1905 年所建的市政大厅，并有众多的电车线路交汇。广场本身毗邻老城，位于曾经的旧城墙和朝西开的旧城门遗址上。从前是城市与开放景观之间边界的地方，在当时，也就是 1930 年左右，成了新的都市中心。

这就是现代哥本哈根。一则插在这本书中的（巧克力）广告赞美道“这座城市通过屋顶上的电子广告牌获得了新的美感。”

人们对现代化哥本哈根的态度是不同的。对于亨利克 · 彭托皮丹（Henrik Pontoppidan）的小说《死者的统治》中的某个人物来说，从 20 世纪的第一个十年起，新中央车站周围地区的人群、汽车以及电子广告牌看起来就像是“地狱”一般。对于有关哥本哈根繁荣时期的经典小说 [赫尔曼 · 邦（Herman Bang）1880 年间所作的《灰泥》] 中的主角来说，这座新城市，相反地，就是生活本身。他回顾总结他成为学生之前的生活时说道：“现在他开始——与新哥本哈根同在。”

“这个城市就像一部多章节的作品，由不同的作者撰写”——另一位丹麦作家 [约翰内斯 · 约根森（Johannes Jørgensen）写于 19 世纪 80 年代的著作] 指出，现在这座城市对它的居民而言不仅仅是一个实体。相反它是由表象所定义的，它其中的每一部分都可能吸引不同的读者或者说是观光者，但尽管如此，它们仍然共同一起来阐释这座城市。老城区与新居住区，包括市政厅广场、中央车站和各种娱乐场所之间的区域，已成为人们特别关注的中心，因此对于哥本哈根的意义形成来说，是一个决定性因素。[56]

到 19 世纪末期，哥本哈根已经经历了剧烈转变。如同德国的繁荣时期一样，工业化活动是决定性的因素。军事堡垒被推倒，工人阶级的住宅区新建在军事区域外部，就如同在维也纳一样。部分民意要求明确界定的社会分化成为普遍接受的可理解的社会状况。关于这些地区的早期有很多故事可讲，但哥本哈根和纽约之间最有趣的对比也许在于，它们自 20 世纪 60 年代后期起是如何发展的，这段时期也是中产阶级化广泛传播的时期。

欧洲城市繁荣时期的开发区域在很大程度上是工人阶级区域。在过去的几十年中，这些区域的建筑存量已经被证明特别适应不断变化的社会状况。哥本哈根北部边缘地带以内的部分可以作为一个例子。[57] 这是待开发的边缘地带中的一个。在 20 世纪 50 年代，特别是 60 年代，人口的社会构成发生了剧烈变化，大多数稳定的工人阶级家庭迁出了城市，进入郊区。留下来的主要是单身者、被遗弃者和失业者等。大多数边缘区内的公寓包含两个房间和一个卫生间，但是不能沐浴，也没有集中供暖设施。学生们搬了进来。为了创造一个干净、崭新、现代化的住宅区，市政府希望拆除破旧的建筑。然而与此同时，一项积极的社会运动已经开始构思一种替代开发方案，用于这一区域和其他类似区域。[58] 这一区域繁荣时期的工人阶级建筑意味着一排排的庭院建筑，采光和卫生条件通常都很差。如斯蒂恩 · 埃勒 · 拉斯姆森所写的，这些区域最初是作为贫民窟修建的。简而言之，市政府希望拆毁这些房屋。

图 I.5　1953 年和 1961 年的维斯特伯的内边缘区照片，显示出同一片街区在清理后院空地之前和之后的景象。照片来源：赫尔格·尼尔森（Helgen Nielsen），《变化中的城市——50 年的城市更新》，哥本哈根，1987 年，第 110–111 页。由哥本哈根和丹麦城市更新公司提供

这是一个历史问题：掌管市政府的一代人还记得这一区域所承受的社会苦痛，对于年轻一代人来说，这代表了一种建立自己家园的大好机会。社会活动家因此有了不同的想法：后院建筑应该拆除，院子里的空间开发成绿地；前面的建筑物应当重建，并安装中央供暖系统和浴室等（图 I.5）。

这种愿景的冲突，也是不同世代的冲突，在各个层面都表现出来了，某些层面可能比其他的更强烈。比如说，在这一区域的主要通道上甚至竖起了路障（1981 年）。然而，最终的结果是当局、市政府和国家，发起了一个重建计划，彻底改变这一片区及类似地区的、一个持续实施的题为“城市复兴”的计划。其基本思路是——如社会活动家曾建议的——取消后院建筑，同时保持街面上的建筑物。今天，哥本哈根的内边缘区充满了位于临街建筑后面的绿地空间。实际上，这一成果很类似于自两次世界大战中间起就在其他区域所修建的建筑类型，是作为拥挤的内边缘区的另一种替代方案。在 20 世纪 70 年代，出现了一种普遍的想法，类似简·雅各布斯在美国语境中的突破性思考，就是更为关注城市更新而不是清理贫民窟，即在建造新建筑物前清空整个街道和地区。

类似的冲突也发生在交通规划的前沿领域。最突出的例子就是新的城市西区规划。[59] 最早也最激进的规划始自 1959 年，这一在中央火车站以西的巨大区域，规划拟发展为一个壮观的新区，有着林立的高楼以及尺度完全超过城市其他部分的建筑群，其中甚至包括一间阿恩·雅各布森（Arne Jacobsen）的 SAS 皇家酒店。该规划包括了地下停车层，并详细阐述了一个沿着湖泊的庞大高速公路系统（类似于巴黎沿塞纳河畔的发展），接驳在建的南北结合高速公路。从这些计划来看，罗伯特·摩西（Robert Moses）可能很早就是一个敏感的文脉主义者。经过大概十年之后，公众的观念和经济考虑转向了一些没那么引人注目的方案，对类似方案的批评占据了上风。像这样的方案再也没有出现过。

然而，在同一时期所构思的另一个规划今天得以实现了，作为包括整个厄勒周围区域的愿景的一部分。穿越海峡的大桥在2000年完工，一个全新的城市区域，厄勒城区也正在建设当中，包括哥本哈根大学、一个信息技术教育和研究机构，以及新的丹麦公共广播和电视总部等部分。

如果注意中央车站的装饰和细节的话[60]，你会发现众多浮雕中有一位飞行员的雕像。这座建筑物建成的时候（1912年），J·C·H·埃勒哈默（J. C. H. Ellehammer）已经首次在欧洲论述了机动飞机的重要前景（1906年）；由此开启了一直到20世纪末的开发，机场成为厄勒规划的主要因素。厄勒城区的中心位于一条新的高速公路、丹麦与瑞典之间的跨桥铁路，以及市中心一条新的迷你地铁线的交界处。无论是高速公路还是铁路都通过机场。对那些经常依赖于国外联系的商业来说，这个靠近机场的想法将使新城区更有吸引力。但从交通的角度来看，哥本哈根的发展，经过铁路的冲击（之前是海港）之后，首要是由汽车所决定的。厄勒城区项目和通往瑞典的大桥这两种构想已经引发了激烈的争论。然而，如果不考虑对这些项目的评估，就航空和铁路重估而言，那么它们确实代表了一种新型的发展和对城市的新定义，虽然大桥也会在总体上提升卡车运输和机动车通行量（图I.6）。

几年之内，这里将会出现一个双城结构，瑞典的马尔默将会成为它的姊妹城市。马尔默以东15公里是隆德大学校区，该大学与哥本哈根大学有着大致相同的建校年代和规模。穿越海峡的连接会因此产生——或增强其潜力——以一个大型机场作为其核心的新区开发。正如已经指出的，从科学产出的视角考虑，该区域在欧洲居第六位；考虑到哥本哈根、马尔默和隆德的规模，这是一个令人惊讶的高水平。批评者鄙视整个项目，因为对增长和经济发展的盲目信仰，导致后来产生了像“城市西区规划”那样的项目。自安徒生和克尔凯郭尔的年代起，城市还被包围在防御工事之内、港口代表着与国外的主要连接，技术发展已经在更大的语境下以多种方式将这座城市整合起来了。在我们拥有机场和互联网的这个时代，哥本哈根生活的新定义将被添加到那些积累了几个世纪的生活之中，生活世界的改变，不仅体现在当前的城市情景，也体现在对外联系方面。

图 I.6 城市西区规划模型照片；在右上角是中央火车站和阿恩·雅各布森的 SAS 皇家酒店。照片来源:《城市西区规划》，1958 年由哥本哈根总工程师部城市规划办公室发展计划科编写（丹麦文与英文），哥本哈根市，1958 年。由哥本哈根市政厅提供

X 城市视角下的系统和生活世界

如果“生活世界”被理解为这样一种概念，它是为了把握对日常生活理解的视域，以及生活中的临界事件、生活中的不同观念而发展起来的，“系统”被当作干预日常生活的组织和理解的异化因素的名称，那么很明显，这个议题没有一个明确的边界，而是对影响我们生活方式的各种因素的识别，以及我们对它的理解。作为纽约心脏的大中央车站的例子即是一个证明。作为实体结构，它连接着周围的实体结构，这一城市结构不仅组织着日常生活，它也组织着对日常生活的理解。可以这么说，它作为一种通勤工作的动力而产生了意义。这意味着，它代表着工作的系统性和合理性对生活世界的入侵。生活世界由工作的合理性来定义。用哈贝马斯的话来说：系统关系是生活世界的“殖民化”。由于和帝国与殖民地之间的关系相呼应，使该术语听起来或许有些尴尬，但是它确实指出了这样一个事实：对情境的理解是由一系列复杂的或者说并不需要相互和谐的局部视域所产生的。另一方面，生活世界的概念可能表现出某种先验的积极氛围，因为正是生活世界需要为反对系统因素提供基础。尽管这并不能得到保证。关于对生活世界的决定性因素进行评估的相关标准应该是什么，是一个有争议的、需要质疑、辩论、讨论的问题，换句话说，城市中美好和公义的生活应该是怎样的，使欲望和公正共存的积极条件在城市语境中是什么样的……或者可能成为什么样。

注释

1. 德尼 · 狄德罗：《拉摩的侄儿》、《达郎贝的梦》，伦纳德 · 坦考克（Leonard Tancock）翻译，伦敦：企鹅图书（Penguin Books），1966 年，第 30 页。
2. 《共和》，第二卷，368D-E，1999 年春季，克劳迪娅 · 布罗德斯基（Claudia Brodsky Lacour）在哥本哈根的一次演讲中强调了柏拉图的这一观点："现代哲学话语中的建筑：从笛卡儿到尼采。"
3. 《柏林童年》，见《著作集》，第七卷，第 1 页，法兰克福：苏尔坎普出版社（Suhrkamp），1989 年，第 385 页。
4. 在这种背景下简述拱廊项目的内容有些过于偏离了，尽管它适用于对它的介绍的讨论 [参见克里斯汀 · 博伊尔（Christine Boyer）对本书的贡献]。对拱廊项目最好的延伸评论和分析是苏珊 · 鲍莫丝（Susan Buck-Morss）：《看见的辩证法》，剑桥，马萨诸塞州：麻省理工学院出版社（MIT Press），1989 年。《拱廊计划》英文版两卷本于 1999 年由哈佛大学出版社（Harvard University Press）出版。
5. 在马丁 · 海德格尔的《基础写作》中 [由戴维 · 法雷尔 · 克雷尔（David Farrell Krell）编辑]，1993 年（1977 年）——德文原版，"建立生活思维"，发表在海德格尔的《演讲与论文集》中，普富林根出版社（Pfullingen）1954 年出版。接下来一些评论的灵感来自雅克 · 荷姆（Jacques l'Homme）于 1994 年在哥本哈根的一次演讲："海德格尔或者城市遗忘"（Heidegger ou l'oubli de la ville）。
6. 参看克劳迪奥 · 马格里斯（Claudio Magris）的《多瑙河》（Donau），他在其中批判性地阐述德国传统的起源神话，并提到海德格尔绝对的最爱之一荷尔德林。
7. 他的态度的一个突出表现就是"怪异"："科学知识在其自身范围内、客体范围内引人注目，在原子弹爆炸之前很久就已经将作为事实的事物消灭了。原子弹的爆炸是长期以来事物湮灭的粗略确认当中最为严重的：确认作为事实的事物是空无的（《诗歌，语言，思维》，纽约：哈珀与罗出版公司，1971 年，第 170 页）。1950 年夏天在巴伐利亚美术学院的一次演讲中，持续提到事物的毁灭有某种内在的顽固性。这里不是要详细阐述海德格尔关于无家可归与"住房短缺"之间关系的特别讨论（这篇论文出自 1951 年，正是在战后几年，这次战争对德国城市造成了全面的破坏性影响），以及所谓更深层次的问题："如果人类的无家可归（Heimatlosigkeit）包含在其中，那个人仍然不会将住宅（住房短缺）的固有（实际情况）困境看作困境（Not）。" [英文中的“困境”（p.light）似乎既有“痛苦”的含义，又有“义务”或“承诺”含义，德语词“Not”，是海德格尔最喜欢的术语之一，具有类似的语义层面的意义]：不是情况，而是对情况的态度很重要。

8. 皮埃尔·布迪厄：“卡比尔之家或世界倒退”，引自《实践逻辑》，剑桥：政治出版社（Polity Press），1990年，后者[原始论文以“柏柏尔之家或世界颠倒”为标题印于《社会科学信息》，1970年4月（IX-2），第151—170页，以及1968年的一本克洛德·列维-斯特劳斯纪念文集中]参看肯尼思·弗兰姆普敦，《构造文化研究：论19世纪和20世纪建筑中的建造诗学》，马萨诸塞州剑桥：麻省理工学院出版社，1995年。
9. 该引文来自《社会科学信息》中的版本，第167页，在《实践逻辑》中省略了它，但在书中其他地方对“qabel”一词进行了更广泛的讨论，参见第268—269页及其他各处。
10. 汉斯·格奥尔格·伽达默尔在他的《真理与方法》（Truth and Method）一书中首先地使用了视域的概念，伦敦，1993年（1960年以德语出版，《真理与方法：哲学诠释学原理》）。
11. 参看克里斯蒂安·诺伯格-舒尔茨对“场所精神”的坚持，（参见他《场所精神：迈向建筑现象学》，纽约，1984年和其他地方），以及肯尼思·弗兰姆普敦关于“批判性地方主义”的讨论[参见：哈尔·弗斯特（Hal Foster）编著的《反美学》，1987年]。两者都受到现象学传统的启发。
12. 参看第359页：“就是说，人类即是在住宅中凭借在事物和场所之间停留而持续地经历空间。”
13. 参看福柯：“其他空间：乌托邦和异托邦”，作者：琼·奥克曼（Joan Ockman）编写：《建筑文化，1943—1968年》，纽约：里佐利出版社（Rizzoli），1993年。
14. 汉斯·乔治·伽达默尔：“现象学运动”，载于《哲学诠释学》，伯克利：加州大学出版社（University of California Press），1976年。
15. 路德维希·朗德格雷伯（Ludwig Landgrebe）：“生命世界先验的超验科学问题”，载于《埃德蒙德·胡塞尔现象学，六篇论文》，伦敦：伊萨卡出版社（Ithaca），1981年。
16. 《欧洲科学危机与先验现象学》，埃文斯顿（Evanston），1970年，第269—299页。德语原文：“欧洲人类与哲学的危机”，载于《欧洲科学危机与先验现象学》（《胡塞尔全集》第六卷），海牙，1962年，第314—348页。
17. 引自朗德格雷伯。
18. 阿伦·古尔维奇（Aron Gurwitsch）：“埃德蒙德·胡塞尔的最后一部作品”，载于《哲学与现象学研究》，第17卷，1956年9月至1957年6月，布法罗，第397—398页，古尔维奇关于“生活世界”概念的叙述，在有关“危机”的文章的第二部分。
19. 以现象学的说法，“存在”是指经验世界中的现象。
20. 莫里斯·梅洛-庞蒂：《感知现象学》，由科林·史密斯译自法文，纽约：Routledge & Kegan Paul出版社，1962年及以后，第281页；《感知现象学》，巴黎出版社，1945年及以后，第325页。

21.《现代史诗:从歌德到加西亚 · 马奎斯的世界体系》,伦敦和纽约:沃索出版社（Verso）,1996年。
22. 列维–斯特劳斯在《野性的思维》中的概念是莫雷蒂论证的核心。
23. 阿尔弗雷德 · 舒茨:“生活世界的某些结构”，载于:托马斯 · 卢克曼（Thomas Luckmann）编写:《现象学和社会学，选读》，哈蒙兹沃思:企鹅图书，1978年。同样见于《舒茨:论文集》，第三卷，海牙:奈伊霍夫出版社（Nijhoff），1966年，第118—139页。
24. 在福柯的著作中，对权力、制度和建筑之间交互关系的经典分析所关注的当然就是边沁的监狱计划，即圆形监狱（《规训与惩戒》，伦敦:企鹅图书，1991年）。受福柯的启发，约翰 · 班德提出了监狱改革之间错综复杂的联系——包括监狱建筑的组织及其与外部世界、18世纪早期的英国小说以及现代主题（思想）的形成之间的关系，见《监狱想象:18世纪英国的小说与建筑的精神》，芝加哥和伦敦:芝加哥大学出版社（University of Chicago Press），1987年。
25. 舒茨在他论文的英文译本中的术语，这个概念对应于伽达默尔所称的先入为主（Vorverständsniss），并且实际上以偏见（Vorurteil）的方式进行辩护，以反对启蒙运动对先入为主的批评（见《真理与方法》）。
26. 提供了“共同世界的共同解释模式以及相互协商和理解手段”的“社会衍生知识”这一概念（舒茨，第262页），只能作为一个临时步骤，目的在于对某些情况进行更加具体的分析，这些情况是冲突的，在个别情况下还会因其意想不到的特点而产生伤害。
27. 19世纪下半叶和20世纪头几十年迅速扩张的城市见证了数量巨大的移民（如纽约的情况）和迁出（如大多数欧洲城市的情况——在伦敦这种状况发生得更早）。从主观的角度来看，这意味着数百万人遇到了一个与他们的背景完全不同的生活世界，你也可以称之为差异，他们的内部视野与他们新栖居地、他们的新情况之间的差异。他们以什么方式处理这种令人不安的冲突？当然，这个问题非常广泛，但它提出了一系列与广义上的城市研究有关的特定问题:大众文学、犯罪小说的作用，电影的作用（无声电影对于有语言障碍的观众也是可以接受的），流行歌曲、杂耍、音乐剧等的作用，以及一般工会与政治组织的作用，宗教机构的作用等，城市特定部分的作用（例如种族聚集），出版业的作用（纽约移民也会以自己的语言进行出版印刷，如意第绪语、意大利语、瑞典语等）和广播等。参见下文。
28. 在福柯的《性史》第一卷中，以相当粗略的方式讨论了地方战术与中央战略之间的区别，纽约:年代图书出版社（Vintage Books），1988年。对于福柯的权力概念有一种充满同情，但尖锐和相对性的批评，并且讨论了其在尼采那里的背景，参见尤尔根 · 哈贝马斯《现代性的哲学话语:十二篇讲稿》，剑桥:政治出版社，1987年。
29. 当然，这里涉及的是社会学的整个认识论，而不是提供解决方案的地方，我也不是作者。本文的目的更是有限的:指出一系列问题，似乎与提升和透视相关，似乎与各种理论方法和分析实例相关，以阐明城市研究的方法。

30. 这并不是说在阿多诺的分析中资本主义的结构和动态是缺失的，它是持续暗示的。在《现代性的哲学话语》中，尤尔根·哈贝马斯似乎低估了霍克海默和阿多诺的《启蒙辩证法》（The Continuum Publishing Company 出版，1990 年）中这一历史唯物主义的层面。
31. 《交往行为理论》第二卷“生活世界与制度：功能主义理性批判”，波士顿，1987 年，第 120 页。一般而言，第六部分“中间反映：制度与生活世界”，第一部分：“生活世界的概念与社会学的诠释学理想主义”提供了对生活世界概念详细的批判性讨论。哈贝马斯的两卷大著包括了超过 1200 页的密集概念化的散文。在这种情况下，只有很少几个点可以讨论。
32. 就像“公共领域的结构转型”一样，这是哈贝马斯第一本书的主题（剑桥：政治出版，1996 年）。
33. 第 139 页，“文化缩短的生活世界概念”（原文为德语）（第 210 页）。然而，舒茨在文章中的表述说明他的概念实际上具有更广泛的蕴意，即使它是真的，它主要关注个体有意的主体视角。
34. 这也是哈贝马斯对早期马克思主义社会概念的批判方向，作为现代性哲学话语中与自然的相互关系的一种宏观主体。
35. 在一篇文章中，哈贝马斯提到了海德格尔，并指出，传统“在相对层面上只在法国后结构主义中得以延续”。在这里，这是一个只能暗示的主题，但要记住的重要一点是：本文论述或提及的各种理论和分析文献是如何深入地包含在这一辩论中。理查德·沃林（Richard Wolin）《文化批评的术语：法兰克福学派、存在主义、后结构主义》（1992 年）以接近哈贝马斯的观点就这些问题进行了几次讨论。哈贝马斯的《现代性的哲学话语》是对这场辩论的一个主要贡献，虽然在某种程度上极具争议。
36. 我们可以参考诺贝特·埃利亚斯（Norbert Elias）《文明的进程：礼仪、国家形成和文明的历史》，牛津：布莱克威尔出版社（Blackwell），1994 年。
37. 这不是一种批评，而是一种关于城市经验对社会理论挑战程度的指示。
38. 尤尔根·哈贝马斯和汉斯·乔治·伽达默尔，《黑格尔的遗产》，法兰克福：苏尔坎普出版社，1979 年，第 23 页。
39. 《代达罗斯》，1987 年 9 月 15 日，第 24—36 页。
40. 引自《西塞罗全集》，第 29 页。
41. 乔治·卢卡奇，《小说理论》，安娜·博斯托克（Anna Bostock）译自德语，伦敦：梅林出版社（Merlin Press），1971 年，第 29 页。
42. 《冬日故事》，哈蒙兹沃思：企鹅出版社，1983 年，第 72—73 页。
43. 《大中央车站》，伦敦：菲登出版（Phaidon），1996 年，第 4 页。
44. 《WPA 纽约城市指南》，联邦作家对 20 世纪 30 年代纽约的项目指南，纽约：新出版社（The New Press），1992 年（原版 1939 年），第 222 页。
45. 《格里本旅行指南：纽约》，柏林，1931 年，第 122 页。

46.《WPA 指南》，第 171 页。

47. 斯特恩（Stern）、吉尔马丁（Gilmartin）、梅林斯（Mellins）:《20 世纪 30 年代的纽约》，第 628 页。

48. 格哈德 · 沃勒（Gerhard Wohler）、曼弗雷多 · 塔夫里（Manfredo Tafuri）的文稿“魅惑之山：摩天大楼与城市”，第 404 页，乔治 · 丘奇（Giorgio Ciucci）等人的“美国城市”。出自《从南北战争到新政》，马萨诸塞州剑桥：麻省理工学院出版社，1983 年。

49. 引自塔夫里，同前，第 405 页。

50. 引自塔夫里，同前，第 469 页。

51.《没有个性的人》，第一卷，由伊芙妮 · 威尔金斯（Eithne Wilkins）和厄恩斯特 · 凯泽（Ernst Kaiser）翻译，伦敦：瑟克瓦伯格出版（Secker & Warburg），1961 年，第 30 页。

52. 耶鲁大学出版社（Yale University Press），1995 年。

53. 见肯尼斯 · 伯克：文学形式的哲学，《符号行为研究》，第 3 版，伯克利和伦敦，1973 年。

54.《哥本哈根》，1969 年，第 106 页。

55. 弗雷德里克 · 尼加德（Fredrik Nygaard），《了解哥本哈根》，第 11 页。

56. 参看克沃宁、格伦德 · 汉森（Bøgelund-Hansen）、泽朗和马德森的贡献。

57. 这里碰巧是本引言的作者所居住的地方。

58. 事实上，类似的规划已被提议作为 20 世纪 50 年代著名规划者们彻底清理和更新整个区域的发展的中间阶段。参看《哥本哈根——总体规划草图》，城市工程师理事会，哥本哈根，1954 年。“即便后院已经被清理，建筑存量在第一阶段已经被消化，但从长远的考虑来看，世纪之交的大部分建筑都必须被替换”（第 85 页）。大多数内部边缘部分都是在 20 世纪之交以前建造的。到 21 世纪之交，这已不再是官方政治。

59. 参看奥恩 · 戈德曼（Arne Gaardmand），《丹麦城市规划，1938—1992 年》，Arkitektens forlag 出版社，哥本哈根，1993 年，第 169 —171 页。戈德曼的书是丹麦最新的规划综合报告，提供了丰富的可视化文档。

60. 正如约尔根 · 邦德 · 延森（Jørgen Bonde Jensen）在一篇关于中央车站的文章中所阐释的，参见《现代性在实践中的美学》，哥本哈根：居伦达尔出版社（Gyldendal），1984 年。

第一篇 形成

第一章

城市；文化；自然

纽约的荒野和城市的宏伟

理查德·普伦兹（Richard Plunz）

莫顿和露西娅·怀特曾在为1977年版的《知识与城市的对抗》（1962年）所做的序中试图证明，美国所面临更为严重的危机是艺术和文学的“矛盾与对立”。如今重读怀特的文字，却并不一定得到他们在1962年达成的相同结论。当美国二战后的逆城市化进程以最快的速度加速发展时，随之而来的城市衰落和郊区扩展，在人们的视野和印象中仍然很新鲜。事实上，当我们步入新的时代，我们可以用一些不同的视角看待怀特的结论，这是由新史学所带来的自罗斯福新政开始以来对逆城市化战略的巨大规模和强度的重新认识所铸成的，受到我们由第一次后工业危机发展到今天的第二甚至第三次危机的影响。现在，我们能更加清晰地看出，到1950年代末，反对城市规划专家的修正主义业已渗透到学术界，以至于城市史学开始贬低城市在国家文化发展中的角色。

20世纪30年代，后工业时代的经济补救措施引发了空前规模的消费文化出现，这种文化与城市的分散和郊区化有着不可分割的联系。在政治意识形态推动的这一重构下，老城的密度与间距从功能上已不能作为新型社会的孵化器。必须找到新的史学研究来重新定义美国的文化，以证明新的意识形态是逆城市化的。《知识与城市的对抗》这样的作品恰恰有意无意地契合了这个目的。现在，重新审视这个时期是很重要的，重申大大小小的城市都是美国文化的重要孵化器；也证明了与城市和乡村的优点相关的历史论述，远比二战后修正主义者所引导我们相信的要复杂得多。在这方面，重新解读许多白人城市“主角”的文本，为我们提供了一种关于19世纪和20世纪早期美国文化性质的复杂理性思考。考虑到美国城市的规模像工业化世界的任何地方一样，以指数级的速度增长，而在此过程当中，人们会对城市所具有的活力提出质疑，因而产生有关城市活力的重要辩论。然而，值得我们注意的是，直到20世纪末，人们都几乎没有认识到城市排斥的问题。

重新阅读的要点之一是城市、文化、自然之间的关系。或许，欧洲和美国对工业城市观点的较大区别正是与其对待自然的态度有关。一种推理认为，如果欧洲人拥有“文化”，美国人就拥有“自然”，这呈现出一种非常真实的心理分歧。然而这并不确切，更准确地说，美国拥有的是“荒野”。在 19 世纪美国城市文化的形成时期，这种荒野被视为城市发展中的一种共生力量。美国的自然环境并没有被置于与城市化相对抗的境地。自然环境既不是早期欧洲现代运动影响下的美国城市的解药，正如它也并不是后现代主义所影响的城市风格的对立面。

本章将集中阐述纽约市与纽约州阿第伦达克地区壮观的荒野之间的关系。从 1868 年至第一次世界大战，那里是大量城市知识分子的聚集之地，特别是在基恩谷。它的规模和多样性在美国的历史上独一无二。在这六十年中，基恩谷的知识分子社区发生了演变，紧随同一时期知识分子对待自然和城市的情感变化，更准确地说，是紧随纽约发展成为北美大都会期间，城市知识分子自我形象的变化。

至 1810 年，纽约市拥有超过费城的人口数量，并毫无疑问地成为北美最大的城市。比之费城更甚，纽约市呈现出所谓“城邦”某些方面的特征，实际上纽约州的人口数量也超过了宾夕法尼亚州。[1]“帝国州”的称谓变得流行。因为纽约市位于 350 英里长的大都会走廊之首，在当代的思想意识上来说很像一个“帝国”。从哈得孙河一路延伸至特洛伊，然后沿着莫霍克河向西至布法罗和五大湖，这是远洋航行的轮船可以到达的范围。这条自然的流域廊道因 1825 年修建完成的伊利运河、1842 年建成的铁路以及后来于 1846 年接通的电信而加强。[2] 这样，北美第一个“大都市带”沿这一线路发展，组成了一系列相对于 19 世纪早期标准而言的大城市。这条走廊的形成发展，尽管只占纽约州面积的 20%，但在 1875 年它的人口占据了纽约州的一半，到 1920 年，其人口数量已超过纽约州总人口的 80%。[3] 走廊沿线的城市是富裕的、富有文化的工业中心，与纽约的交通和通信干线紧密相连，理所当然地成为这种构架的主要催化剂。纽约市突出的商业地位也被尚普兰运河所加强，这条运河在 1823 年向北连接奥尔巴尼和尚普兰湖，并于 1843 年延伸至圣劳伦斯。如此一来，至 19 世纪中叶，通过这条内陆线路，纽约港与圣劳伦斯盆地、蒙特利尔以及北大西洋战略性地联系在一起。

然而，令人难以置信的是，迟至 19 世纪 50 年代，在这个“帝国州”的领土内仍然有着美国东部最大的、无人涉足的区域，它的自然环境虽然与遥远的西部荒野不同，但在壮观的景色上却可以轻易与之匹敌。这片区域如此偏远，直到 1838 年，它才有了一个欧美名字“阿第伦达克”。这个名字起源于美国土著的称呼，由 1836 年对此地区进行了第一次地质勘测的纽约州地质学家埃比尼泽 · 埃蒙斯（Ebenezer

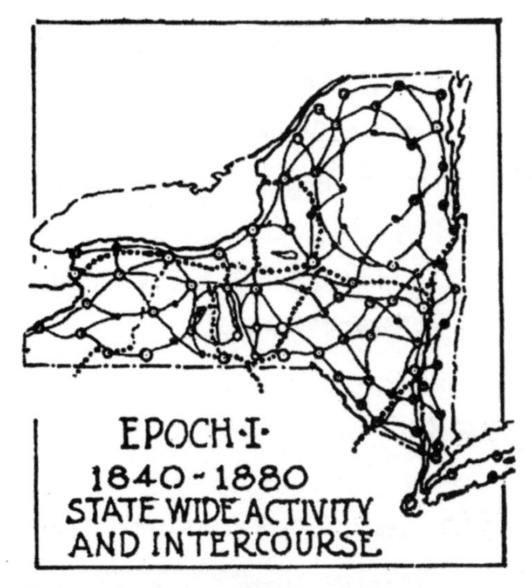

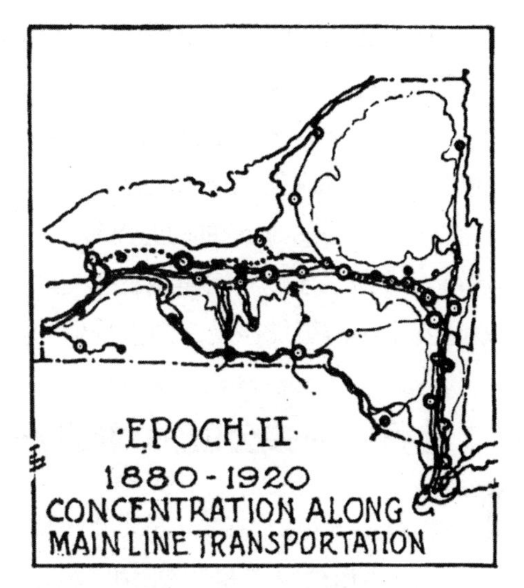

图 1.1 住房和区域规划委员会的报告中公布的纽约州城市化的两个阶段，1926 年

Emmons，1800—1863 年）音译而成。[4] 事实上，直到 19 世纪下半叶，这片区域对纽约而言仍然只是像遥远的西部一样。然而，它的情况随着大都会走廊交通运输的改善而迅速改变。此后不久，随着新城市文化的出现，知识分子发现了阿第伦达克地区。现在，这里是阿第伦达克保护区—— 一个占地超过 600 万英亩（约 2.4 万平方公里）的州立公园,其本身相当于或超过 13 个最初的英属殖民地中 6 个的总面积，或者说，超过丹麦一半的国土面积。

尽管阿第伦达克与世隔绝，但在 19 世纪早期依然有自给自足的聚落存在，他们大部分隐藏在遥远的山谷里，完全依赖于当地的农业、伐木业和采矿业生存。这些早期的人口主要是 19 世纪早期新英格兰的“洋基入侵”时留下来的。[5] 到了 19 世纪中期，洋基文化相较于新的哈得孙–莫霍克大都市走廊文化而言，被边缘化和孤立了。一两代人之后，稀少的洋基人与城市化的地区失去联系，更重要的是，与工业革命和城市化所引起的文化变迁失去联系。1837 年,《纽约镜报》简要地总结了这一现象：

> 在“13 个老的殖民地”、“帝国州”的纽约，竟然发现了还存在如此荒芜的地区，似乎是很奇怪的。但是，伊利运河运载移民西迁，至少延迟了这一地区 30 年的发展；不仅转移了新的移民潮，而且阻止了原有地区的人口增长；年轻人刚刚长大，就被引诱离开自己的家园。然而，一些人似乎如此依恋他们的原生山林，以至于没有任何诱惑可以吸引他们到大草原去。[6]

这样，洋基入侵之后遗留下来的人群开始呈现出一种古老的人文景观，对知识分子而言，这同“探索”阿第伦达克的自然景观一样至关重要。

的确，并不是所有最先到达的洋基人都留了下来。至 19 世纪中叶，阿第伦达克地区已有人口流失至城市化地区。纽约市惊人的增长，不仅源自国外的移民，而且来源于随着乡村地区的衰退而带来的内部人口重新定居。[7] 那些落后的文明使新的都市人着迷，他们开始重新探索这些乡村地区。城市知识分子发现的人文和自然景观比几十年前更加原始，因为早期的定居和对自然资源的开发都是较少的。

I “世界的中央公园”，1837—1875 年

知识分子发现阿第伦达克可以追溯述至 1835 年，即画家托马斯·科尔（Thomas Cole，1801—1848 年）最初到访斯克伦湖的时候。纽约市国家设计学院在 1838 年展出了他的画作《斯克伦山》，为接下来十年间许多艺术家关注这片不为人知的、广袤的东部荒野地区的存在树立了一个先例。1837 年，在画家查尔斯·克伦威尔·英厄姆（Charles Cromwell Ingham，1796—1863 年）陪同地质学家对马西山进行的第一次有记录的攀登中，在山上创作了《伟大的阿第伦达克关隘，创作于原址》来描绘印第安关隘。这幅画于 1839 年在国家设计学院展出。[9] 对于前城市社会来说，对这种原始景观的兴趣超越了浪漫主义或怀旧。新的画作与自然和社会科学的发展交织在一起，旧的边界被打破，使得地质、景观绘画和道德观念成为同一项研究的一部分。[10] 而这种景观只能来自不断发展中的新城市文化。都市人都对阿第伦达克的“发现”表示怀疑。对英厄姆的画作而言，作家查尔斯·费诺·霍夫曼（Charles Fenno Hoffman，1806—1884 年）在 1837 年以后去了印第安帕斯，以核实是否确实存在这样的景观。他在他的一系列《纽约每日镜报》上的文章证实了这一自然现象：

> 我必须采取一种简单易懂的办法来描述这里岩石的大小和它们散乱分布的面貌；不过，你可以想象一下，松散的巨砾，像你城市里高大的住屋大小，从山顶上落入近千英尺深的裂缝中，彼此挤在一起，仿佛是昨天才掉落的。[11]

因此，在第一个新闻报道中，阿第伦达克的“发现”就与城市的隐喻有关，这样，城市的读者就能够理解这一不同寻常的景观：以同样的方式，地质学家可以恰当地将其描述为科学知识；或者神学家将其作为道德表征。有了这个先例，在 19 世纪的文化范式中，城市与荒野隐喻的复杂互换就开始了。最终，城市本身就代表了自然

图 1.2 查尔斯·克伦威尔·英厄姆，《伟大的阿第伦达克关隘，创作于原址》，1837 年，48″×40″。纽约蓝山湖，阿第伦达克博物馆提供

的壮丽。[12]

“第二次发现”与城市之间的关系高度依赖于新兴的城市文化机构，可以为了新的城市人口的需要，将自然商品化。科尔和英厄姆的“发现”立即在国家设计学院展出。霍夫曼的新闻报道被立即刊登在《纽约每日镜报》上。于是，就出现了一种拥有甚至开拓新自然的趋势，而不是单纯地窥视自然。1858 年 8 月，在福伦斯拜湖边，靠近萨拉纳克湖，最著名的早期阿第伦达克知识分子（也被称为“哲学家阵营”）与来自波士顿周六俱乐部的几个组织成员不期而遇。[13] 包括拉尔夫·瓦尔多·爱默生（1807—1873 年），当时美国的主要文人；路易斯·阿加西斯（1803—1882 年），著名的瑞士博物学家，他自 1846 年以来定居于美国；杰弗里斯·怀曼教授（1814—1874 年），一个美国博物学家；约翰·霍姆斯（1812—1899 年），著名大法官奥利弗·温德尔·霍姆斯的弟弟；埃斯蒂斯·豪博士（1814—1887 年），著名的医生；法官埃比尼泽·罗克伍德·霍尔（1816—1895 年）；詹姆斯·拉塞尔·洛威尔（1819—1891 年），东部知识分子的桂冠诗人；威廉·斯蒂尔曼（1828—1901 年），他是一位著名的画家和记者，他著名的画作记载了这一事件。

周六俱乐部组织从尚普兰湖通过奥斯布尔河，然后穿过威尔明顿西下到萨拉纳克湖进入阿第伦达克地区。从那里出发，乘独木舟航行了两天，到达了由斯蒂尔曼预先布置好的福伦斯拜营地。几天后，举办了另一场会议，描述了他们的发现：洛威尔划船，阿加西斯在船尾，爱默生在船头；怀曼试图把一只雄鹿的胃弄干来做一个标本；爱默生对圣母树欣喜若狂；阿加西斯与怀曼讨论关于蛇的母性；一位导游和阿加西斯关于鳟鱼的交配产生意见分歧。[14] 斯蒂尔曼现场描绘了一个典型的早晨，后期由爱德华·瓦尔多·爱默生，（他是拉尔夫·瓦尔多·爱默生的儿子），刻画完成（1844—1905 年）在接下来的一年他又拜访此地：

> 斯蒂尔曼当场画了一幅绝美的早晨工作或娱乐的图画，在乘船或步行游览开始之前，阳光透过苍松、枫树和铁杉粗壮的树干和浓密的枝叶。有两组人；一边，阿加西斯和杰弗里斯·怀曼博士仔细分析在树桩上的一条鱼，约翰·霍尔摩斯幽默地评论，埃斯蒂斯·豪博士则作为观众；另一边，洛威尔、霍尔法官、阿莫斯·宾尼博士和伍德曼在高大的堂吉诃德式的斯蒂尔曼的指导下练习步枪射击；在两组人之间，爱默生以感兴趣的样子单独站在一边，似乎对大家的才能感到满意。这个狩猎派对的图景延伸至画面边缘，有两三个导游聚集在一起，仿佛在无声地评论。[15]

对斯蒂尔曼的绘画进行图解研究是有意义的，尤其是对人群的分类及爱默生与其他人关系的研究。在他的分类中，爱默生变成了诗意的窥视者，而不是土著樵夫或忙碌的博物馆学家。从这个意义上说，他与自然的关系在美国人的语境中是一种新事物，在接下来的几十年里，他参与了精英话语的演变。[16] 爱默生在福伦斯拜湖的经历受到他所在城市形成的影响；他曾经了解的新英格兰的大自然是很高雅的。虽然他曾写了旷野的经历，但直到他访问福伦斯拜湖，才发现他以前从来没有见过真正的荒野。他对他的荒野幻想和城市幻想进行了辩证。[17] 爱默生的自然观倾向于浪漫，使用诸如“理想主义”、“优雅”、“调和”。自然被视为“完美的创造”和“神的显现”。[18] 然而，在萨拉纳克的原始森林，爱默生看见另一个自然远不同于波士顿郊区修剪整齐的树林。在爱默生的旅途中明显地对这个“神圣之山”的新世界充满狂喜。事实上，爱默生以前从未见过斯蒂尔曼画作中描述的“15 英尺胸径”的洁白白松或者“8 英尺的枫树”。[19]

利奥·马克思根据在美国的经历提出了“原始”和“田园”自然之间的区分。[20] 在爱默生时代，“原始”的荒野景观被新英格兰教徒所知，但是在东部却消失殆尽，一方面使得阿第伦达克山脉像是一个古老的幽灵；另一方面，他们为新城市文化背景下，“原始生态”的连续景观的消逝提供了戏剧性的（强有力的）证明。美国如同欧洲一样，工业化正在改变城市。正如众多学者所观察到的，如果美国不能确切地说有“历史”，但确实拥有“自然”，在这一时期，这将成为一种替代“历史”的优势。[21] 这种感性的政治维度是值得关注的。缺乏历史导致了美国人也缺乏历史的高贵。因此，欧洲 19 世纪工业文明的历史便一再被美国的自然环境所取代。对于美国人来说，上帝能取代贵族的地位。有人认为，上帝的手所创造的自然是完美的，所以美国不需要“历史”。

对于爱默生而言，这次在福伦斯拜湖的经历，似乎揭晓了一个与他的城市经历不可分割的理想主义矛盾。在阿第伦达克游历结束时，他问了些显而易见的问题：

> 我们逃离城市，却带来了
> 我们城市中最好的，这些习得的分类分析，
> 人们知道他们在寻找什么，有专家武装过的眼睛。
> 我们赞美这个向导，我们赞美森林的生命：
> 但我们会牺牲掉
> 从书籍、艺术和训练中习得的珍贵知识吗……[22]

斯蒂尔曼是《蜡笔》杂志有影响力的创始人，1858 年，在之前访问了阿第伦达克之后，再次组织了福伦斯拜湖的旅行。[23]1859 年，他建立了短期存在的“阿第伦达克俱乐部”，包括了大部分“哲学家营地”的团队。当时，这个实验的名声仍然局限于波士顿的知识分子群体，但是随着时间的推移，里面的很多人都是由“哲学家营地”所组成，因为人们对这一区域的兴趣越来越浓厚。在 1867 年，爱默生出版了他第一本关于经验的长篇描述：一首名为《阿第伦达克》的史诗。伴随着阿第伦达克文学的迅速发展，这一回忆毫无疑问地在爱默生的脑海中被美化了。

在“哲学家营地”经历之前，最早的关于阿第伦达克旅行的报道发表于 1849 年。它是约翰·泰勒·海德里的《阿第伦达克》或《生活在树林中》。这个报道可能启发了斯蒂尔曼的兴趣，也引发了很多早期艺术家的兴趣。1860 年是《阿尔弗雷德·比林斯大街的森林和水》或者《萨拉纳克和球拍》，随后是 1869 年牧师威廉·穆雷的《在荒野的冒险或在阿第伦达克山脉的露营生活》。后者广受欢迎，掀起了第一波阿第伦达克大众旅游。1870 年代城市向基恩谷的迁移被穆雷的著作所强化。1869 年之前，因为该地区可达性的不足，城市游客经常只能参观卡茨基尔和怀特山脉。之后由于其可达性的提高，阿第伦达克山脉部分开放，但除了这个因素，新一代“穆雷傻瓜”的出现，代表了新城市时代休闲业发展与自然消费的升级。在这个夏季大规模迁徙

的新时代，“自然”成了城市生活的延伸。[24]

到 19 世纪 60 年代，阿第伦达克地区，保持着东方最壮观的荒野景象，因为改善了水路和铁路，交通运输夏季通勤变得相当容易。1864 年，《纽约时报》就预言将会有一套更好的铁路系统的联系“……阿第伦达克地区将成为纽约郊区”，一个作为公园保护的“郊区”。在很大程度上，这是出于怀旧的目的，重新发现“对自然的古老激情，永远不消失殆尽”；这种保护区的建立，提供了一种如同在广漠中追逐猎物的“猎鹿者”，突然之间看到了一所学校屹立在眼前，这样神奇的景象，正如同封建时期的感情一样真实。[25]

《纽约时报》的独白中，阿第伦达克山脉的庞大尺度被用来比喻帝国的野心。纽约被认为是一个全球化的城市，阿第伦达克也不仅仅是作为一个郊区。他们是最后的城市公园：“世界的中央公园”，提供一些不为欧洲大城市所知的便利设施：

> ……各种高山景色美不胜收，甚至囊括了世界任何类似大小的地区……数百个湖泊，提供清凉的泉水，主要通过水系连接，这使得他们成为一个完整的网络，瑞士可能会努力争取与之匹敌，……我们民主主权国家的公民不能通过狩猎和捕鱼来换取基督教世界最强大的加冕君主的保护。

值得注意的是，《纽约时报》并没有发现这个伊甸园的受益者是美国贵族而不是平民：“商人和金融家，或者文学家，或政治家等……”，事实上，只有这些精英才能到达这个地区，这就是为什么弗雷德里克 · 劳 · 奥姆斯特德在中央公园的实践中，试图将阿第伦达克山脉带到城市，而不是相反。

> 公园修建的一大目标是服务于成千上万没有机会在乡间度过夏天的疲倦的工人，上帝的杰作，将属于他们，相比花费巨大地在怀特山或者阿第伦达克山脉待一个月或两个月，这是廉价的、更易到达的环境。[26]

奥姆斯特德把阿第伦达克景观的许多特点融入他的公园设计中：比如中央公园的漫步，或者展望公园的峡谷。

1837 年至 1869 年间，许多艺术家和作家多次重复英厄姆、霍夫曼或爱默生的经历，他们把阿第伦达克山脉的许多不同位置做了报道，发回城市。最有名的地点是东部和中部地区，那儿更容易从城市到达（然而还是会花几天的旅行时间）。在 19 世纪 60 年代，知识分子对阿第伦达克东部高山地区的基恩谷产生了兴趣。它的自然环境被许多人认为是阿第伦达克山脉最壮观的地方：一个与世隔绝的幽谷，被开辟为生活农场，四周围绕着山脉，由奥赛布尔河东支流及其支流组成，这些支流都是湍急的溪流，从周围的高原上随着跌落的瀑布而降。在基恩河谷最南端的高地上，则镶嵌着奥赛布尔湖。在这一环境中，一大批杰出的艺术家、作家、哲学家和神学家从城市到来。从没有如此多的人在此聚集。他们在美国内战之后开始到达基恩谷，第一波与纽约和哈特福德显著相关。1869 年，《普特南杂志》发表了《基恩谷的乐趣》，由纽约作家、法国和意大利学者凯特·希拉德（1840—1915 年）第一次为大众读者描述了“世界上最可爱的山谷”的魅力。[27] 希拉德很早就将基恩谷作为夏季避暑胜地。她的文章，尤其是紧跟而来的穆雷的《荒野冒险》，对于增加“城市狂热者”的数量起到了非常重要的作用。她在纽约的关系帮助了别人，包括她的表妹塞思·罗（1850—1916 年），布鲁克林区的区长，后来成为哥伦比亚大学校长。她也是威廉·A·怀特的嫂子。怀特（1843—1927 年）是著名的布鲁克林商人和公民领袖，他最终在圣休伯特山谷南端修建了一所房屋。

艺术家们是第一波到达基恩谷的城市游客，英厄姆和科尔跟随着，寻找更壮丽的景观和可以超越“哈得孙河学校”限制的可能性。[28]19 世纪 60 年代末期，美国著名的风景画家在基恩谷创作了大量的作品带回到纽约艺术品市场。这些画家包括（按出生时间排序）：亚瑟·B·杜兰德（1796—1886 年）、威廉·特罗斯特·理查兹（1833—1905 年）、威廉·哈特（1823—1894 年）、贺拉斯·沃尔科特·罗宾斯（1842—1904 年）、荷马·马丁（1836—1897 年）、威廉·泰勒（1825—1896 年）、约翰·李·慧茨（1836—1910 年）、约翰·亨利·多尔夫（1835—1903 年）、亚历山大·劳里（1828—1917 年）、罗斯威尔·舒特莱夫（1838—1915 年）、塞缪尔·科尔曼（1832—1920 年）、詹姆斯·斯迈利（1833—1909 年）。[29] 其他的还包括，特别是在接下来的几十年：约翰·肯西特（1816—1872 年）、约翰·凯瑟尔（1811—1893 年）、亚历山大·韦纳礼（1836—1892 年）、J·奥尔登维尔（1852—1919 年）、小罗伯特（1839—1904 年）、乔治·英尼斯（1825—1894 年）、温斯洛·荷马（1836—1910 年）。有许多名气较小的艺术家，被这个地方响亮的名气和不断增长的声誉所吸引，也陆续到来。

多年来，一些艺术家回到基恩谷，而其他人转移到新开发的西部；或者去完全未被开发的地方。然而，直到 20 世纪，基恩谷中的艺术家仍维持着相当的数量，成为美国最著名的艺术家根据地。那些留下来的人包括谢特雷夫、韦纳礼、迈纳、威廉·哈特、罗宾斯和威尔，都建了避暑别墅和工作室。至少在表面上，艺术家们的追逐是显而易见的。蓬勃发展的艺术市场需要永久的新材料、成功的新技术，在很短的一段时间内，基恩谷为美国风景画的变化提供了素材。最偏远的东部荒野的可

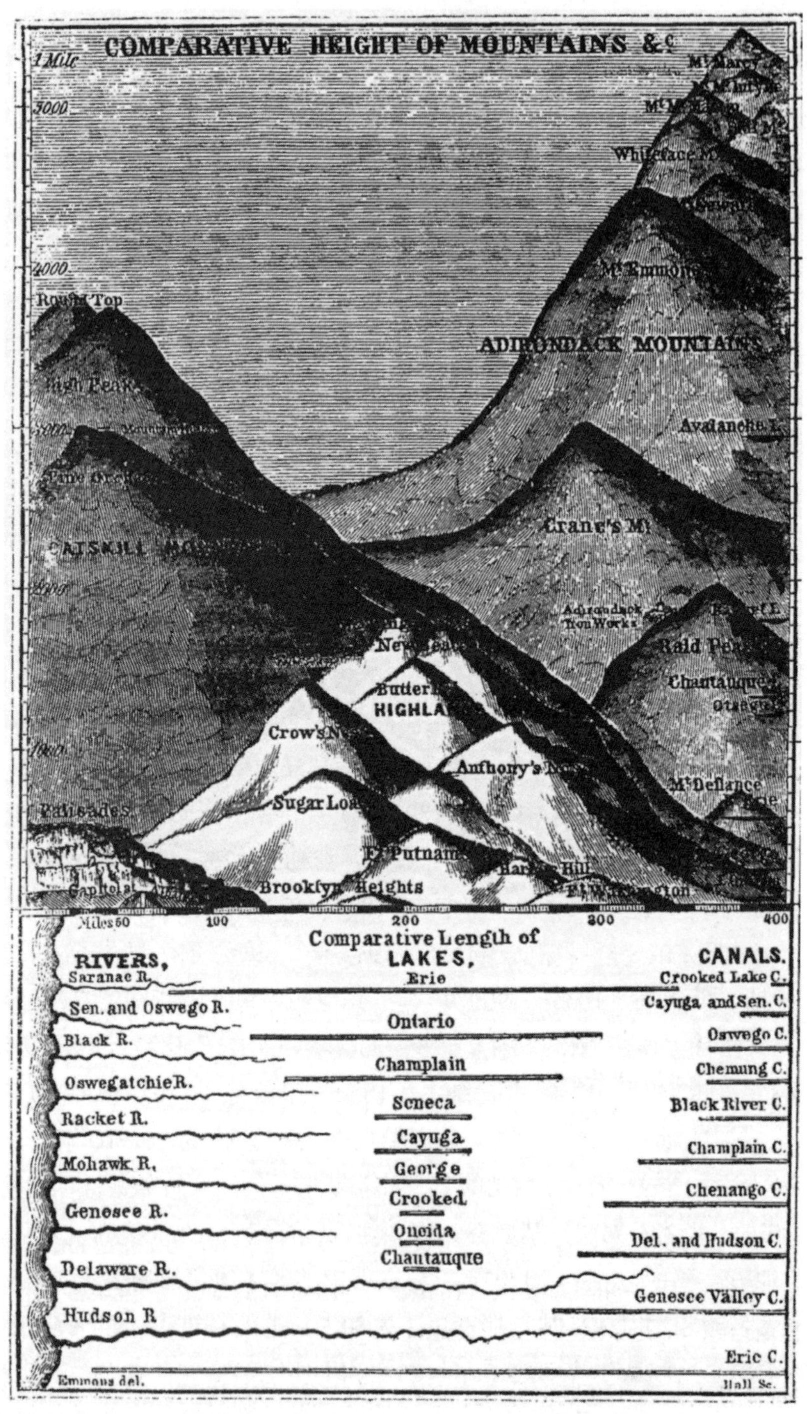

图 1.3　纽约州的竖向剖面，图片来自：约翰· 迪斯特纳尔著，《纽约州地名录》，1842 年。由纽约州立图书馆提供

图 1.4 “纽约与周边”的全球化全景，1859 年，巴克曼出版社。由纽约公共图书馆的珍藏馆提供

达性突然改善，开启了城市观众的新景观。城市文化机构对其宣传起到了至关重要的重用，特别是在纽约市：主要是国家设计学院、世纪协会和第十街工作室。[30]

艺术家开启了在基恩谷定居的先河，接着是知识分子，下一批是神学–哲学家。他们是新一代城市神职人员的领袖，在意识形态上团结在反加尔文主义的基础之上，并且至少部分是受到必须解决东北工业化地区大都市聚集的现实的驱动。尤其包括那些向城市选民推销“游玩，休憩，充实”药剂的神学家，这在一定程度上是对工业社会制度的一种打击。[31] 随着这种新观点的出现，人们对自然环境的看法相对于上帝的概念有了变化。上帝不再被视为自然的主导，而是与自然界共存。[32] 这种根本性的偏差符合城市生活的实际现实，它需要对一位更平易近人而务实的神的信心：“我们当中的一员”，而不是一个难以接近的独裁者。而爱默生则认为自然是一个平衡和封闭的领域，“是木神在树叶间的低语”[33]，对于一些新一代的神学家，上帝、自然、城市之间的关系相当复杂。

几个主要人物在神学的新历史时期被吸引到到基恩谷，在贺拉斯·布什内尔

（1802—1876年）[34]时期，布什内尔的著名文章《论基督徒的培养》，备受爱默生等人的推崇。[35]布什内尔是哈特福德知识圈的成员，由马克 · 吐温和角落农场同时代的人领导。在这种环境中，在19世纪60年代，布什内尔创立了“周一晚间俱乐部”作为分享思维的论坛，让人想起爱默生和波士顿的“周六俱乐部”。[36]在他生命的最后时光，1868年初，布什内尔在过去二十年（1833—1853年）完善了他的想法，在哈特福德市区北教堂任牧师工作期间在基恩谷度过了夏日时光。布什内尔加入了基恩谷，他有些年轻的追随者，康涅狄格神学家诺亚 · 约翰 · 波特（1811—1892年），道德哲学教授、耶鲁大学校长。他提出的观点被广泛地使用在美国心理学发展的一部开拓性的著作——《人的智力》（1868年）中。布什内尔和波特在全美的声望带来了许多年轻的神学家，就像艺术家一样，他们建造了早期的基恩谷避暑别墅。[37]

与艺术家相比，由于神学家的兴趣，他们给予了荒野景观等同于自然环境和人文环境的关注。布什内尔最恰当地阐述了自然与城市的关系。与爱默生的和谐平衡理想不同的是，布什内尔看待自然是一个“畸形状态”的普遍存在。因此对于布什内尔，自然是一个“无序、黑话和死亡”的国度，和有着“破败音色”管风琴的错位的大教堂。在同样的苦难中，自然和城市都是一样的，都充满了对“罪恶”的“神秘赞美”。[38]自然并没有因为城市的“功能失调”而更加“完美”；自然也会错位。城市和野外环境的可互换性反映了人们对两者看法的变化。由于城市居民的需要，自由主义神学家不得不重新解释自然和神的观念，将“自然”的观念扩大至包括“人的自然”。马科斯 · 伊斯特曼的强调要晚得多，正是这些神学家发起了美国哲学研究：“哲学教授是福音的牧师，他们发现讲授比布道更容易。他们是一种便衣牧师，大学雇佣他们去使科学不致从学生的思维中消失。”[39]

布什内尔、波特和其他人发现基恩谷的“人文景观”和自然景观具有相同的美感，这是合乎情理的，因为，生活如此紧密地与当地严酷荒野的变幻莫测联系在一起。正是由于这些神学家和哲学家，在20世纪末，这些景观变为美国城市经历中的哲学论述发展的一部分。布什内尔的女儿，玛丽 · 布什内尔 · 切尼后来描述了她父亲对基恩谷人们的怀念：

> ……他常常以一种特殊的柔情对待卑微的基督徒灵魂，这是来自于他自身的经历，人在大山深处内心生活的宁静，与上帝相同，只是没被人类发现。在他的屋顶下，他找到了一个安宁的避难所。他说，“这样的生活是多么的美好，默默地成长，隐藏在这里，就像森林中的苔藓！”[40]

同样的感情有人已经表达过了。凯特·希拉德在她1869年的《基恩谷的乐趣》中提到“这个与世隔绝的地方的居民，和他们的山川一样值得探索。”一位居民引起希拉德的特别注意，他这样描述道：

> 一个55岁左右的男人，矮小且干瘦如同冬天的梨，但是，用他自己的话说，“像猫头鹰一样坚韧。”他那双锐利的小眼睛被一片杂乱、铁锈色的头发遮去了一半，他不愿意每年多梳两次络腮胡须，特别小的、短而尖的嗓音从那里挤出来。[41]

希拉德对向导描述了《丁尼生》，向导是基恩谷居民奥尔森·斯科菲尔德·菲尔普斯（1817—1905年），也叫“老山上的菲尔普斯”。他拥有被认为是研究人类与自然环境之间的连通关系的完美性格。早期知识分子，尤其是布什内尔，和他发展了一种特殊的亲密关系。菲尔普斯是位非凡的人物，聪明且善于表达，提供了与古老事物联系的桥梁，这是超越其他当地居民的能力。

菲尔普斯在“洋基入侵”结束后从新英格兰移居而来，是当地的前工业文化的象征性人物。他独特的风格和在公众中出名的天赋使他在城市游客中声名远扬。他建立起与早期知识分子最有趣的关系。玛丽·布什内尔·切尼描述菲尔普斯和她父亲的关系：

> 他在那美丽的山谷里交到了一些真正的朋友。他欣赏一些导游的品行，感受到了“老菲尔普斯”的沉稳，并且非常享受与他们在一起散步和聊天。[42]

菲尔普斯迷住了众多的早期游客，不仅仅是温斯洛·荷马，他在1877年创作了将菲尔普斯作为两个英雄人物之一的著名画作——《两个导游》。菲尔普斯也相继在荷马后几年的画作中出现，强调了这一事实：像基恩谷的神学家一样，荷马对“人文景观”有对自然一样的兴趣，一种逃脱了同时代其他艺术家相同的兴趣，至少在关于基恩谷的作品中是这样。[43]

1874年，塞涅卡·雷·斯托达德在他的《阿第伦达克山脉的插画》中以菲尔普斯作为主要亮点，不像以前的旅游指南一样充斥着城市的气氛。[44]因此，就像风景一样，菲尔普斯的名气也帮助他将基恩谷的重要性提升到了艺术家和神学家无法做到的层面。这种提升再次被查尔斯·杜德利·沃纳（1829—1900年）关于基恩谷的作品所加强，尤其是他关于菲尔普斯的文章在1878年5月在《大西洋月刊》首次发表。[45] 沃纳很早就在基恩谷修建了避暑别墅。他是纽约哈特福德文学圈的一位重要成员。沃纳与吐温合著了《导引时代》，关于菲尔普斯的文章使他成了全国瞩目的作家。关于谁创作了《老菲尔普斯山》是一个难以回答的问题，因为不清楚其中所展现的菲尔普斯到底是其本身还是城市游客所期望的样子。沃纳的文章很有启发性，强化了菲尔普斯的特质，把他提升为一种"发现"，作为一个"原始人"，脱离了现代生活。沃纳把"原始人"的概念给了他的城市观众。例如，他将菲尔普斯的原始主义与"原始的"区分开来，而把他看作是"幸存者"，或者是"我们这个时代到处都是的"。[46] 对菲尔普斯的描写满足了民粹主义的需要，重新夺回快速消失的前都市和前工业化时代。然而，现实中的菲尔普斯是一个现代城市的发明者：他虔诚地和成千上万的城市居民一起阅读贺拉斯 · 格里利的《论坛》。沃纳不得不承认，这样的矛盾"使得问题复杂化"：

> ……到目前为止，没有科学依据能证明我们能观察到原始人的发展，仅仅只能依靠每周发行的《格里利每周论坛》。老菲尔普斯在树林里受教育是一项引人入胜的研究；在森林和论坛报的教育下，他成为一个现象级的人物。[47]

对于菲尔普斯在"城市化"中的角色，沃纳也承认"当原始人成为文学著作，他也就不再原始。"[48] 菲尔普斯特征的模棱两可，可能真实，抑或是想象，代表着大都市在国家文化生活中兴起的这一关键时期，城市、自然与知识之间的对话。

II　威廉 · 詹姆斯和他的同道，1875—1910 年

由于新兴城市的知识活动，基恩谷从由神学家和哲学家们非正式统治的时代，过渡到更加制度化的公共社会。在 19 世纪 70 年代早期，类似的知识机构在基恩谷如雨后春笋般发展起来。从非正式的交易机构到正式的教育组织，都有这些知识机构存在的痕迹。第一个这样的组织叫"普特南营地"，因为哲学家威廉 · 詹姆斯（1842—1910 年）隐退（于此）而广为人知。1874 年，威廉 · 詹姆斯和他三个前哈佛医学院的同学，詹姆斯 · 杰克逊 · 普特南（1846—1918 年）、查尔斯 · 皮克林 · 普特南（1844—1914 年）以及亨利 · 皮克林 · 鲍迪奇（1840—1911 年）徒步旅行经过基恩谷。他们寄宿在基恩谷东南尽头的一个农场，在第二年夏天，他们再次回到那个地方，从农场主那儿购买了一块很小的土地并建造了名叫"陋居"的营地。在

图 1.5　与威廉·詹姆斯在普特南营地合影留念（局部）。1896 年 9 月。由基恩谷图书馆协会提供

接下来的几年里，他们购买了更多的土地甚至包括破旧的农舍，当然这个农舍依旧是“普特南营地”的核心。[49] 经过多年时光的打磨，逐渐形成了一种较为混合的乡村建筑风格:“鸡笼”是鲍迪奇家族的，护婴室和家长护理是普特南家族的，“聊天室”是单独的小木屋，而“小门廊”则是室内向室外空间的延伸。[50]

在福伦斯拜湖，普特南营地是按哲学家营地的精神来营建的。实际上，它实现了斯蒂尔曼曾经尝试过，但并没有在“阿第伦达克俱乐部”项目中实现的计划。可以肯定的是，在 1867 年，四个哈佛学生通过爱默生出版的作品“阿第伦达克俱乐部”了解了哲学家营地。毫无疑问，詹姆斯从两家关系亲密开始，就听说了爱默生的第一手经验。[51] 事实上，拉尔夫·爱默生的儿子爱德华·瓦尔多·爱默生（1844—1905 年）作为物理学家和詹姆斯的室友兼朋友，在哲学家营地兴起的时候参观过福伦斯拜湖。另外，出生在福伦斯拜湖的路易斯·阿加西斯和杰弗里斯·怀曼对哈佛的威廉·詹姆斯、普特南兄弟和亨利·皮克林·鲍迪奇都产生了很大的影响。[52] 无论如何，普特南营地都是爱默生和斯蒂尔曼在哲学家营地经验中所推行的理想而合乎逻辑的继承者，当然，在这几十年里，城市和像阿第伦达克这样的山区都发生了巨大的变化。

在哈佛，詹姆斯、普特南兄弟和鲍迪奇对胚胎神经学及其相关领域都有相同的兴趣。1890年代普特南营地成为推动"波士顿学派"发展的催化剂，值得注意的是，这些心理学家、哲学家、神经学家和精神科学家的非正式合作，成了"英语世界里最复杂、最科学的心理疗法"中心。[53] 这些是新城市时代的科学，不仅在医学上得到了发展，而且在社会科学上也得到了发展。[54] 对"波士顿学派"尤其重要的就是威廉·詹姆斯和詹姆斯·杰克逊·普特南的工作。在暑假，普特南营地成为詹姆斯、普特南兄弟和其他主要成员对新兴科学进行交流的中心。这些常客包括詹姆斯的密友、神学家乔赛亚·罗伊斯（1855—1930年）和美国社会心理学研究分部的秘书理查德·霍奇森（1855—1905年）。[55]

在这些最早形成的圈子的刺激下，一连串的来访者包括发展生理学、心理学和哲学新学说的专家纷纷前来参观普特南营地。其中包括英国政治学家和历史学家詹姆斯·布莱斯爵士（1838—1922年）、约翰霍普金斯大学和后来牛津大学的主治医师威廉·奥斯勒爵士（1850—1919年）、著名的伦敦咨询医生和生理学先驱拉伍德·勃隆顿爵士（1844—1916年）、都灵大学生理学教授安吉洛·莫索（1846—1910年）、英国生理学家迈克尔·福斯特爵士（1836—1907年），德国生理学家卡尔·雨果·克罗内克（1839—1914年）和移民美国的苏格兰哲学家托马斯·戴维森（1840—1900年）。甚至还有其他领域的专家来造访普特南营地，包括著名的英国戏剧家爱德华·诺布洛克（1874—1945年）、动物学家和波士顿美术博物馆日本艺术收藏的创始人爱德华·西尔维斯特·莫尔斯（1838—1925年）及后来成为鲍迪奇女婿的多产作家亨德里克·范隆（1882—1944年）。[56]

这些造访普特南营地的客人带来了不同的异国情调，经过多年的发展，使这里变得十分奇特。西格蒙德·弗洛伊德（1856—1936年）、瑞士心理学家卡尔·荣格（1875—1961年）和匈牙利精神分析学家桑德尔·费伦齐（1873—1933年）在1909年对普特南营地进行了为期5天的参观拜访。弗洛伊德在给他维也纳家人的信中对此次观光这样写道：

> 在美国所经历的事情可能是最奇怪的：需要你尽可能地发挥想象，一个坐落在荒无人烟的高山草甸上的营地，它就像被碎石、青苔、凹凸不平地面和丛林环绕的破败客栈一样。这里有一排以首次发现者命名的小木屋，其中由书架、钢琴、桌子和茶几组合而成的客厅叫"斯图"（Stoob，原文如此），另外一个叫"骑士大厅"的房间有很多有趣的老物件，沿着墙的中间就是壁炉

和长凳，这看起来非常像农民的餐厅。剩下的就是卧室。我们只有三间房间，被称为“聊天室”，所有的物件都是原始自然的，看起来像是人工的，但实际上不得而知。搅拌碗可以用作洗漱盆，水杯可以用作酒杯等等，由此，没有什么东西是缺乏的，因为都可以用其他的物品来替代。我们发现了关于露营的特别书籍，详细地介绍了所有这些原始设备。

在2点30分的招待会上，我们被邀请去另一座山，在这过程中我们有机会彻底了解美国乡村的荒野风情。我们沿着崎岖的山路和陡峭的斜坡行走，我感觉用上我全部的手脚都不够。

幸运的是今天下雨了。森林里面有很多的松鼠和豪猪，但是到现在为止还没有一头豪猪露面。在冬天，黑熊也是这个森林的常客。到晚餐时，就有许多女士们出席。其中有一位来自莱比锡的女主人非常有影响力。普特南兄弟的未婚姐姐，一位保养得很好的中年妇女和一个英国女孩合唱英语歌曲，接着是荣格唱德语歌曲。

普特南兄弟因为经常去德国和维也纳，因此能听懂一些德语。他们还教会了我玩一个非常有趣的游戏，这个游戏是和费伦齐还有另外两个女孩在桌上一起玩的。超级好玩！今天早上我极度想让理发师给我理发，幸运的是这儿所有的人穿着都很随意，虽然这很可能是一个不好的印象。早餐十分丰富并且不同寻常。当我回去之后还有很多有趣的事情慢慢给你们聊。[57]

弗洛伊德因阑尾炎发作并没有加入那个艰苦的攀岩。[58]取而代之的是他想去观察区别于其他哺乳动物的豪猪，因为它们自身有刺的原因使得它们不能扎堆驻巢。他没有找到一个活标本，但是在导游的带领下沿着小径找到一头死豪猪。[59]

威廉·詹姆斯把他在普特南营地的合伙份额出售给了詹姆斯·杰克逊·普特南，并在新罕布什尔州 Chocorua（塔姆沃思镇附近的一个村庄——译者注）建造了一座避暑别墅。他在余生中也经常去普特南营地，基恩谷的经历对他后来想法的形成有很大的影响。在人生尽头来临之前，詹姆斯给刚从普特南营地回来的哈佛哲学家拉尔夫·巴顿·佩里（1876—1957年）写了一封关于基恩谷的信。信中写道：“我爱基恩谷就像爱上一个真实存在的人一样，如果卡莱斯（Calais）被铭刻在玛丽·都铎的心上，那么基恩谷也必定会铭刻在我心上，让我永生难忘。”[60]终其一生，基恩谷是他人生中最大的乐趣和个人经历最辉煌的地方。从他最早的游访中，他在基恩谷中发现并强化了他精神和工作的核心——“粗犷的个人主义”。[61]在1876年，出售比德农场时，詹姆斯写道：

……在此之前从没有如此深沉地爱上享受自然的过程。我切身地感受到，我应该买些土地成为一个隐士，在冬夏两季，把一切知识什么的抛于云霄之外，过一种如同自然界的动物般原始的生活。[62]

终其一生，詹姆斯将“像动物一样自然地生活”的理想镌刻在他在基恩谷的著作中。而基恩谷正好强烈地刺激了他内心深处的想法。他能一头扎进融合自然和知识而不加区分的环境中去。1877 年，普特南兄弟的艺术家祖母莎拉 · 戈尔 · 普特南（1851—1912 年）描述过什么是典型的詹姆斯式场景，当她到达普特南营地的时候就立即前往奥斯布尔湖：

我们躺在树荫下的湖岸，在午餐后詹姆斯博士加入一个关于自杀权利的讨论当中，就是说当一个人认为他自己对于整个世界没有任何用处的时候，他有选择自杀的权利。我被他的观点激怒了，不管他是认真的还是开玩笑的。[63]

詹姆斯的作品取得重要进展的时期就是 1878 年，他在普特南营地度蜜月的时候，并且这个时期开始写他的《心理学原理》（1880 年）著作。在书中他写道：“在山间度过了一个轻快的夏天……不用说我们的心理反应就是满意的——或许就是人类最喜欢的一种。”[64]

基恩谷成为詹姆斯的工作场所至关重要的延伸，不仅是写作也包括教学和社交。他的作品均是源于他的荒野经历带来的灵感。1885 年，他在给法国哲学家查尔斯 · 勒努维耶（1815—1903 年）的信中提到普特南营地和其重要性：“我至少需要两个月像动物一样自然的生活，才能让我度过一年的教学时期。”在同一封信中，他强调基恩谷的自然风光和欧洲城市之间的差异所带来的不同：

原始森林紧挨着我们的房屋，我经常在里面散步，溪水和山峰无限绵延。我怀疑这里和欧洲是否还有类似的地方？欧洲的群山更加雄伟，但是却没有这向整个地平面无限绵延的纯正的原始森林。[65]

亨利 · 詹姆斯（1843—1916 年）大部分时间虽然是在欧洲度过的，但还是经常通过他在基恩谷的哥哥，来提醒他基恩谷的重要性。在 1895 年威廉写给亨利的信中这样写道：“在基恩谷的 10 天几乎让我重获新生”[66]，亨利回复道：“‘基恩谷’（在哪儿）？”[67] 毫无疑问这是开玩笑的，因为他在 15 年前就了解了基恩谷。在 1907

年给威廉的回信中写道："我在挚爱的基恩谷度过了9月份温暖的3个星期。"[68]亨利承认：

> 在你每年去基恩谷（我不是经常去的）以及你对它的自然风情提及的时候，就如同今晚我心里面充满的是渴望和痛苦，我指的是嫉妒的痛苦：基恩谷在我生命中留下的东西太少了。[69]

詹姆斯经常描写关于美国自然风景和美国文化之间微妙的关系，虽然他不能给出确切的因果关系。1898年，在靠近马西山的潘瑟峡度过一夜之后，给他妻子的信中写道：

> ……它变成了一个普通的沃尔帕吉斯之夜。我在森林里度过了很长一段时间，月光如河流一般倾泻，以一种神奇的方式点亮所有的事物，并且仿佛所有的自然神祇和我心中的道德之神在我胸膛里进行了一次完美的会面。这是两种并没有任何交集的神明……整个场景有着某种强烈的意义，如果有人能讲得清的话；它的内在生活中一种强烈的非人性的冷漠，然而具有强烈的内在吸引力。它拥有永恒的新鲜度，同时也有无法追忆的古老和腐朽；这是彻头彻尾的美国精神，也就是从某种意义上说的爱国暗示。[70]

他到欧洲的频繁旅居只能让他更加坚定这些情感，特别是在以后的岁月里。1901年在德国瑙海姆他写道：

> 我一生最渴望的就是野性的美国乡村。这是从内心深处散发出的心理需求。与欧洲景观的社会关系是完全不同的，这里的一切都是被栅栏围起来的，你都不能躺下和伸展。吉卜林隐晦地提到了一些我们的郊外住区的"原始血统"外观，他说，"美国人现在还没有和他们的风景融合在一起。"但是我们比欧洲人具有更加宽广的视野，我们每一个有机体都能在自然中和平相处，我们的露营地与野生动物之间建立起了和谐的关系。感谢上帝！因为这些自然风光是如此不可多得！[71]

詹姆斯和布什内尔分享了很多他们在基恩谷的经历，但对于下一代的詹姆斯来说，这种经历转化为了更自觉的表述。詹姆斯和布什内尔在现代城市生活和自然之间的关系存在分歧，但詹姆斯相比布什内尔更难逾越这个鸿沟，以至于他后来产生越来越强烈的偏见，而在他因为健康问题而越来越限制他在基恩谷活动的时候更变本加厉。[72]或许违背他自己的意愿，但在布什内尔主义者看来，詹姆斯是一个现代社会的“原始野人”，与他脱离时代和不负责任的先辈一样固执。同样，在布什内尔之后，詹姆斯也据理力争说道，自然是多姿多彩的，那么城市也应当是。詹姆斯对惠特曼类似于自然浪漫主义的城市文化感到愤怒，就像他在《穿越布鲁克林的渡轮》的评论中写道:“当一个普通的布鲁克林人或是纽约人，对于他的日常事务感到疲惫时，他只会乘坐渡轮去百老汇，而不会幻想着‘穿行在落日的余晖中’，惠特曼也是如此……这里的生命与死亡只有一步之遥而已。”[73]

不像布什内尔，詹姆斯似乎对除了基恩谷的自然环境之外的事物都不感兴趣，当然也要排除在普特南营地的知识分子圈子。很显然，詹姆斯和布什内尔对当地社会环境的关注点并没有共同的地方。詹姆斯在基恩谷的经历正好解释了他在19世纪80年代对社会关系认知的转变，以至于第二代知识分子群体变得比之前的人更加内向。实际上，基恩谷真正吸引人的一个地方是相对隔离的自然特质，这使得内敛的社会知识分子更能适应这里的生活。在日益复杂的城市里面，工作的限制和其他日常事务使得同事们很少会面，甚至来自不同学科的重要人物根本不会见面。在这方面，约瑟夫·特威切尔讲述了约翰·波特和威廉·詹姆斯的首次会面，不是在一个学术会议或在纽黑文或剑桥的社交聚会，而是在普特南营地南边的小路上偶然遇见的，这显然比在纽黑文或剑桥碰面的机会大多了。很多年后，特威切尔回忆道:“非常快地，在共同的冲动下，两人陷入了精神物理学的讨论中。”[74]

对于威廉·詹姆斯而言，很多基恩谷的人都对他的个人生活和思想产生着重要影响。例如，他和菲利克斯·阿德勒（1851—1933年）首次在1883年的基恩谷碰面，并且都参加了一个为期一周的高山露营活动。阿德勒在纽约发起了民族文化运动，并且他已经成为城市社会改革的杰出人物。[75]在一封威廉写给亨利的信中，阿德勒被强调为犹太人，这封信描述了包括“陪伴几位来自纽约的上流希伯来人”这样的事件。[76]这次会议在哈佛和剑桥的绅士派文人的气氛下也显得异常，与早年间詹姆斯明显的反犹太主义倾向不一致。[77]詹姆斯和阿德勒很快就因为共同的信念和组织而相互结识。基恩谷有它自己的方式来抚平各自观念不同带来的区别，并且见证了詹姆斯晚年对波林·戈德马克（1874—1962年）的迷恋。[78]戈德马克是做实业的维也纳医生约瑟·戈德马克的五个女儿之一。波林的妹妹，即阿德勒的妻子海伦，在1889年说服戈德马克家族在去往普特南营地的路边建造他们自己的房子。1883年阿德勒在休伯特街造了自己的房子。[79]通过阿德勒，詹姆斯会发现自己置身于位于山谷南端的几个著名犹太家庭之中，包括纽约金融机构的创始人马库斯·戈德曼（1853—1938年）和塞缪尔·萨克斯（1851—1935年）。多半是他们被马库斯·戈德曼的儿子尤利乌斯·戈德曼介绍到基恩谷，他后来也和阿德勒的女儿莎拉结婚了。

像所有在他之前的那些知识分子，特别是威廉·詹姆斯，阿德勒把基恩山谷的自然景观归因为一种灵性，有助于个人的康复。在他返回基恩谷三年后，1882年阿德勒从比德农场写给他妻子的信中的一些段落，透露了三年后他重返基恩谷时的敬畏：

> 我又再一次来到这些美丽的山上！每一次呼吸都给身体和灵魂带来极大的享受。站在这满山都充满着自由荣光的基恩谷，此时的我内心感到十分愉悦，今天下午我很满足，踏上三年前同样的土地，而且它在我的记忆中依然是那么鲜活动人。[80]

詹姆斯在给他妻子的信中也表现出了相同的感受。1885年，他这样写道：

> 我站在这儿已经30个小时了，它的魅力和古老的印记让我感动得痛哭流涕。从没有感觉到它是如此的美丽动人！披着庄严的绿色外衣的群山在沉睡，夹杂着小溪永恒的声音，又混合着充沛的雨水，神奇的深红色树木！我百分之百确认这是我从没见过的美景，就像浓郁醇香的陈年葡萄酒一样——然而这一切让我感到非常伤心！[81]

在基恩谷南端的知识分子社区的发展都能追溯到威廉·詹姆斯和阿德勒的出现。在外面的世界，他们的活动环环相扣，形成一个单一的非正式圈子。例如，詹姆斯对那些超自然现象的兴趣，使得他在1884年美国社会心理学研究协会的建立中扮演着重要角色，这些创始人里面还包括阿德勒、普特南、鲍迪奇、罗伊斯和与普特南营地相关的人。[82]詹姆斯紧随阿德勒伦理文化运动的发展，事实上，他加入了这个在1885年刚刚起步的费城社会组织。阿德勒作为伦理文化运动的创始人拥有突出的贡献，他在布什内尔和詹姆斯的范围之外扩大了基恩谷知识分子社区的范围。与大部分是医学和心理学专家的普特南营地不同，阿德勒直接或间接地促成了另一组“露营者”的产生，他们或多或少与哲学和神学有关，但更多来源于城市行动主义而不是医学科学和心理学。伦理文化运动的倡导者在比德待了几周，为纽约、费城、芝加哥、圣路易斯和其他地方膨胀的城市制订城市计划。

高度紧张的政治背景下，伦理学会的问题主要集中在社会同化以及新都市经济和大规模移民上。在基恩谷，尤其重要的是毕业于哈佛神学院的塞缪尔·伯恩斯·韦斯顿（1855—1936年），他曾吸引了阿德勒的注意力，并在1885年成为费城民族文化的社会领袖。另一个早期伦理文化的“露营者”，毕业于哈佛神学院的威廉·M·塞尔特（1853—1931年），成为成立于1882年的芝加哥社会伦理文化运动的领袖。1885年塞尔特娶了詹姆斯妻子的妹妹玛丽·吉本斯，成为威廉·詹姆斯的妹夫。沃尔特·谢尔登（1858—1907年）是另一个毕业于普林斯顿的“露营者”，于1881年第一次在柏林见到阿德勒。阿德勒在脱离神学的情况下帮助维持了谢尔登对宗教的兴趣，尤其是在与儿童教育相关的方面。他也是塞缪尔·伯恩斯·韦斯顿的姐夫。到1886年时，谢尔登已成为新成立的路易斯社会伦理文化运动的领导者。而塞缪尔·伯恩斯·韦斯顿的孪生兄弟斯蒂芬·F·韦斯顿（1855—1935年），也是一个“露营者”。他指挥由费城社会组织发起的工人学校运动，并且后来成为安提阿学院院长。[83]

最终除了詹姆斯和阿德勒外，三分之一的人都是基恩谷知识分子活动中富有感染力的人。其中一个是苏格兰古典移民学者托马斯·戴维森（1840—1900年），到1890年他变成和詹姆斯、阿德勒一样重要的关键人物，他成了基恩谷北端的知识分子社区群体里的一员。詹姆斯和戴维森在1874年已经成为挚友，在同一年，戴维森搬到波士顿，并在后来进入了詹姆斯“形而上学俱乐部”和“激进俱乐部”的圈子。他们这样亲密的关系使戴维森在1876年将詹姆斯介绍给了他未来的妻子爱丽丝·豪·吉本斯（1849—1922年）。[84]戴维森是当时最博学的学者，也是一流的古典主义者。他爱交际和旅游，他从来没有自己建立学术机构，但是他在学术界仍然拥有很多很大的影响力。在詹姆斯1903年那篇著名的纪念文章里面，称戴维森有着“侠客的精神生活”。[85]

直到19世纪80年代，戴维森都采取自己的方式追寻城市主义。然而，他又是一个极端的个人主义者。[86]1881年，他在伦敦组织了一个名为“新生活联盟”的团体，以推动集体社会向更高层次发展为目标来考虑个体生命的重组。戴维森很快以相似的思路创建了“纽约联盟”。[87]然而几年后，“伦敦联盟”中的一派开始追求更多的集体主义政治思想的观点，而戴维森认为这太类似于接受“病态的国家社会主义”。到1884年，“伦敦联盟”一派已经演变成为“费边社”——在下个世纪的大部分时间里，在英国政治生活中扮演着重要的角色。[88]虽然戴维森在19世纪后期英国道德社会主义的兴起和“费边社”的开创中起着至关重要的作用，但他坚决否认有任何联系。他的一些对伦敦和纽约联盟的愿景，在他于1890年创建于基恩谷北端东山的格伦莫尔科学与文化学校中得以流传下来。在格伦莫尔学校学术发展的同时，1898年在下东区，出于能让工人养家糊口的目的成立了一所大学，为穷人通过自我教育

图 1.6　格伦莫尔文化科学学校教师在山顶小屋的影像，1892 年。由基恩谷图书馆协会提供

增加他们的社会政治力量提供一个平台。[89] 因此看出，戴维森对社会进化的设想涉及各种社会阶层。

格伦莫尔的先例有几个，首先是与哲学家阵营有关的爱默生理想，或者是乔治·里普利的小溪农场，在那里，爱默生很活跃。然而与格伦莫尔相反的是于 1879 年由爱默生最亲密的朋友 A·布朗森·奥尔科特建立的康科德暑期学校。奥尔科特在新英格兰文坛上是一位关键人物。当戴维森移居美国时，他帮助了戴维森，并邀请他在康科德暑期学校举办讲座。当康科德暑期学校于 1888 年倒闭的时候，戴维森在马萨诸塞州的法明顿创办了一所类似的学校，致力于哲学和伦理学。[90] 早些时候，戴维森的城市主义与阿德勒的伦理文化运动几乎是同一步调的。[91] 伦理文化运动强调另类的教育模式。那时，在美国的城市文化中，学术界已经形成了“夏季学院”的理念 [92]，随着城市性质的不断变化，这种“城市自然主义”成为学院的一个明显选择。

当戴维森想把他的学校建在一个“不会受到太多的干扰，附近有太多的城市，众多不务正业的人……”[93] 的地方，他便看中了詹姆斯和阿德勒都对其充满热情的基恩谷，最终他毫不犹豫地将校址定在基恩谷。阿德勒的追随者——居住在纽约的哥伦比亚大学博士生斯蒂芬·F·韦斯顿，曾与戴维森同住一间屋子，并在 1889 年陪他在基恩谷活动。韦斯顿给戴维森指出，在基恩谷的北端东山的考克斯农场是个好地方。作为阿德勒“露营者”的成员之一，韦斯顿知道确切的位置 [94]，因为 1885 年，他们已经探究了在东山建立另一个学校的可能性，但最后他们还是为了露营的方便，而决定接近阿德勒扎营。[95] 戴维森发现了他喜欢的孤立和崎岖的原始主义，并立即买下了农场，运用约瑟夫·普利策基金改造它。约瑟夫·普利策是戴维森的终身密友和支持者，在圣路易斯遇见的时候，普利策还是一个年轻的移民。[96] 在接下来的一年，也就是在 1890 年的夏天，格伦莫尔科学与文化学校开设的第一次课正式开始，学校以他在苏格兰的出生地命名。[97]

戴维森很快把格伦莫尔科学与文化学校建设得比普特南营地更有组织性，成为一所充满着精致乡村生活气息的校园。1890 年学校对外开放，旧农舍和谷仓进行了新的装修，拥有四间以上的客房。到 1893 年，围绕着这个核心，大量的建筑兴建起来。最大的要数"山顶小屋"，其结构包括戴维森的一个私人演讲厅、七间客房和精致的门廊。在这里，戴维森还有他自己的图书馆，显然詹姆斯会尽可能地使用这个图书馆来完成他的著作《宗教多样性》（1902 年）。附近两间房的小屋是戴维森第一次和珀西瓦尔 · 丘伯（1860—1959 年）同住的地方，珀西瓦尔 · 丘伯是一位来自伦敦的"费边主义者"，是戴维森的亲密伙伴，也来到了法明顿。这儿有斯蒂芬 · 韦斯顿扎营的几间小屋和帐篷。布鲁克海湾和一条支流穿过这个建筑群，小岛上面被清理得干干净净，有为户外聚会安置的座椅。上游有方便洗澡的水池。[98] 许多游客都被格伦莫尔的原始主义深深吸引，尤其是詹姆斯，他甚至发现格伦莫尔比普特南营地更有异国情调。他曾经写道：

> 在 4 月份，我和戴维森一起到这个地方来了两次。我很清楚地记得，在一个 8 ℉，伴随着狂风的晚上，我们和三位先来的女士离开了壁炉。戴维森很喜欢这类暴戾的气候变化。在刚开始的几年里，对于他来说从没有因为溪水太冷而不能洗澡，并且还会花上几个小时在群山和森林中漫步。[99]

格伦莫尔在知识分子的圈子里很快成了一种主要的力量，他们的情感在某种程度上是詹姆斯、阿德勒和戴维森所共有的。在格伦莫尔的时期，基恩谷知识分子群体的数目爆发式增长，名气也与日俱增。从地理上看，新来的人比以前更多样化，尽管纽约来的人占大多数，众多来者从哈佛大学转移到哥伦比亚大学。詹姆斯和阿德勒几乎每年都在有限的基础上开设讲座。其他常客如斯蒂芬 · 韦斯顿在 1900 年戴维森死后成为该学校的管理者。后来常来的访客包括耶鲁大学的哲学教授查尔斯 · M · 贝克威尔（1867—1957 年）和哥伦比亚大学哲学教授兼研究生学院院长弗雷德里克 · J · 伍德布里奇（1887—1940 年）。格伦莫尔的存在提高了基恩谷整体的知识分子比例。1892 年的招股说明书显示了教师的数值。哈佛的罗伊斯定期在普特南营地进行《近来伦理主义的一些倾向》的报告。美国教育专员威廉 · 托里 · 哈里斯在过去数十年间都是美国哲学研究的先驱[100]，做了关于

《A·布朗森·奥尔科特、爱默生哲学和新英格兰先验论者》的报告。还包括后来成为密歇根大学教授的哲学家约翰·杜威，作为在现代认知和教育理论领域最有影响力的人，他在格伦莫尔讨论了《19世纪英国思想的倾向》。还有贝鲁特的伊本·阿里·苏莱曼（艾伯特·J·里昂）刚刚从约翰霍普金斯大学获得了博士学位，做了关于《古兰经》、《伊斯兰教的发展》和《现代东方》的报告。麦克吉尔大学的心理和道德哲学教授约翰·克拉克·默里，讨论了《康德哲学》、《知识的进化》和《社会道德》。希伯来语《圣经》的英文翻译主编、语言学家马克思·马戈利斯做了关于《犹太文学》的报告。诗人兼剧作家路易斯·J·布洛克做了关于《文学哲学》的报告，托马斯·戴维森做了《希腊哲学》、《埃斯库罗斯》、《莎士比亚》和《基督教及其与犹太教之间的关系》的报告。

像阿德勒和詹姆斯一样，杜威、哈里斯和默里年复一年地返回格伦莫尔，直到1910年学校关闭。约翰·杜威是年轻的一代，但他对格伦莫尔教育系很感兴趣：他的演讲以19世纪英语思维为主题，最后引用爱默生的《希望》来结束。杜威的著作《心理学》（1891年）打算以较新的想法作为诺亚·约翰·波特的著作《人类智力》（1868年）的延续。[101] 他们已经相识了很久，哈里斯和戴维森是杜威的导师，1882年哈里斯的《思辨哲学杂志》发表了杜威的第一篇学术文章[102]，并且戴维森请他去法明顿教书。[103] 到19世纪90年代中期，戴维森阅读了杜威的作品并给予了相应的建议。到19世纪90年代早期，杜威结识了支持他工作的威廉·詹姆斯，他很欣赏杜威的《伦理学概述》（1891年）。

反过来，杜威发现詹姆斯十年前就在基恩谷完成了作品《心理学原理》（1890年）。[104] 杜威在心理学方面的造诣要很大程度归功于詹姆斯。对于杜威来说，格伦莫尔提供的与其他知识分子的非正式接触机会非常重要。与哈里斯一样，杜威在格伦莫尔沿着布鲁克海湾和营地稍稍下游的位置建了一所房屋。[105]

在这三人组中，杜威早期的房屋最接近格伦莫尔的环境。不像哈里斯和戴维森，杜威是出生和成长在佛蒙特州伯灵顿市尚普兰湖的本土人，他还在那里就读了佛蒙特大学。他在位于格伦莫尔附近阿第伦达克山脉的夏洛特教过书，那里是阿第伦达克的侧面，包括阿第伦达克山后的飓风山也令人称奇。在夏洛特，有渡轮沿固定路线穿越湖泊往返于埃塞克斯到阿第伦达克山中。值得一提的是，随着杜威声望的增加和他在城市活动中作用的凸显，他却回到了他熟悉的自然环境。在这里，他与之前的神学家一样，被"自然景观"的巨大魅力所吸引，他的工作就如同历史的延续：尤其是像布什内尔和波特，甚至菲尔普斯那样。

杜威和哈里斯很可能是20世纪认知科学发展中两个最重要的先锋，毫无疑问也是美国20世纪上半叶两个在应用教育方面最具影响力的人物。他们在布鲁克海湾多年的共同生活中，思维被戴维森营造的环境深深影响，这无疑增强了他们的思想力和行动力。尽管现在戴维森少为人知，但在那个年代是比哈里斯和杜威更广为人知的名人。很遗憾，戴维森在1900年早于他们去世了。菲利克斯·阿德勒在他于格伦莫尔举办的葬礼上追忆道“即使是我们都幸存下来，他也不可能消失。他在很多人心中播撒的思想种子，未来肯定要长满漫山遍野。那些他帮助塑造过的人生，不可能抹去他在其中留下的印记。”[106]其中一个就是威廉·詹姆斯，他就戴维森的死写下对他深刻的个人影响：“幸运的是在历史的长河中像他这样的人是一代接一代的。但对于我们来说了解一个这样的人却又是一件奢侈的事情。我非常庆幸我认识两个这样的人。有关戴维森的记忆总会加强我对个人自由和对信仰的信心，让我不得不比以前更加尊重‘文明’。”[107]

通过格伦莫尔得到戴维森帮助的众人当中，有一个人在延续另类社群的传统中脱颖而出。她就是约翰·普雷斯顿·马丁的女儿普雷斯多尼·曼·马丁，教育家霍瑞思·曼的表妹，纽约的医生。她曾参加过夏季哲学学校和戴维森的格伦莫尔文化学校。[108]大概在1895年，她从约翰·杜威那里，或他弟弟戴维·R·杜威的手中购买了一块格伦莫尔的土地，这是他们俩其中的一位近期才购买下来的。[109]曼深深地受到格伦莫尔的影响，她开始了自己的实验。她创建了一个营地，迅速成为一个非正式夏季社会改革者的集中地，这些参与者与之前的格伦莫尔成员不同。早期，在她的努力下，她被邀请参观了查尔斯·达纳的妹妹索菲亚·达纳·里普利所在的东山，她是小溪农场创始人佐治·里普利（1802—1880年）的妻子，《纽约太阳报》的老板。在和里普利商讨后，小溪农场成为曼的思维实践的重要前设，甚至为它的经历取名“夏溪农场”，到后来直接将“农场”去掉，变为“夏溪”。[110]

1899年，曼在格伦莫尔遇见从英国移民到美国在哥伦比亚大学教书的政治科学家约翰·马丁博士（1864—1956年）。马丁曾和戴维森在伦敦非常积极地投入到创办“新联盟”的组织中去，并且后来他成为美国“费边社”的领袖，他同样也是伦敦费边社执行委员会的委员。[111]他依然活跃在美国社会中，值得注意的是他在20世纪20年代加入费利克斯·阿德勒创办的城市住房公司董事会。1900年戴维森去世的同一年，曼和约翰·马丁结婚。由于他们俩的结合，夏溪迅速成为在东边的山谷上城市知识分子和活跃者的第二个催化场地。曼创造了一种他们热衷的由城市积极者组成的“社会营地”。很多成员都是私下的朋友。与格伦莫尔相反，夏溪更类似于早期的小溪农场，不是一个正规的学术机构而是一个非正式的集体讨论和娱乐场所。唯一的系统活动涉及一些杂活，例如伐木和洗衣，以此来支付房费和乘船的费用。[112]

虽然夏溪并没有出过课程或纲领性的材料，但确实存在着一些访客和游客的记录。其中包括追随社会正义的美国诗人爱德华·A·马卡姆；著作《丛林》（1906年）的作者、知名作家、社会正义先驱厄普顿·辛克莱，该书的发布促使了一群城市社会正义改革的十字军的产生；亨利·D·劳埃德，纽约关注劳动和政治经济问题的著名作家和律师；著名刑事律师克拉伦斯·达罗，当时夏溪正面临劳动方面的纠纷；于1889年在芝加哥创办了赫尔馆的社会福利工作者和倡导者的诺贝尔奖获得者珍·亚当斯；莉莉安·沃尔德，著名的社会活动家，尤其是以1895年在下东城创立了亨利街调解组织而著名；詹姆斯·格雷厄姆·菲尔普斯·斯托克斯，称为"百万富翁的社会主义者"的慈善活动家；W·D·布利斯，因所撰写的《社会改革百科全书》（1897年）而出名的社会活动家；雷·斯坦纳德·贝克，记者（曾使用笔名戴维·格雷森）；作家、诗人和关注女性及其他社会活动的夏洛特·洛蒂·吉尔曼。[113] 其中，最著名的访客就是马克西姆·高尔基，领导反沙皇运动的俄国作家，于1905年在纽约为俄国革命筹集过资金。[114]

III　1910年后城市的宏伟

基恩河谷直到20世纪还在吸引着著名的知识分子。詹姆斯于1910年逝世；鲍迪奇于1911年逝世；普特南于1914年逝世：但普特南营地仍然存在，他们的家庭成员及其他人的下一代仍然在这里度过夏天。虽然状况已经改变，普特南营地至今仍然留存。[115] 戴维森死于1900年，但在斯蒂芬·韦斯顿的管理下，格伦莫尔继续作为正规学校直到1910年才关闭。然后，它被用来作为一些前知识分子留下来的家庭成员的非正式营地。[116] 普雷斯多尼·曼死于1945年，多年来她继续在夏溪开展教育活动。[117] 费利克斯·阿德勒作为基恩谷的重要人物直到1933年去世；一些伦理文化领袖的后代依然存在。

总的来说，早期知识分子的后代留下来了，而他们在山谷创造的传奇还在继续吸引着各地的知识分子，继续在拓展这个圈子。例如，在1908年，哈莫尼·特威切尔，神父约瑟夫·H·特威切尔的女儿，嫁给了作曲家查尔斯·艾夫斯（1874—1954年），经常能够在夏天的山谷里遇见他们。亨利·斯隆·科芬（1874—1954年），协和神学院院长，在休伯特街买了斯蒂芬·韦斯顿的房子，给休伯特街社区注入了新的活力。作为一个著名的自由主义神学家，亨利·斯隆·科芬跟随波特和布什内尔，延续了城市神职人员的血统。保罗·J·萨克斯（1878—1965年），开创了对现代艺术批判的接纳，是纽约现代艺术博物馆和哈佛福格艺术博物馆的创始人。夏季他长时

图 1.7 “纽约的悬崖民居”,《时尚》杂志，第 15 期，1893 年 7 月。由纽约州立图书馆提供

间居住在休伯特街，他的父母塞缪尔·高盛和路易莎·高曼在这里有一所房子，由于与阿德勒家族的联姻他们结合在了一起。

当然，早在 20 世纪初，有许多其他的学者在山谷里定居下来。来自哥伦比亚大学哲学系的代表得到了弗雷德里克·J·伍德布里奇的支持，最早通过介绍来到格伦莫尔，后来在圣胡伯茨建造了一所房子。其他的，例如艾伦·P·马昆德（1853—1924 年），普林斯顿大学艺术与考古系系主任，在休伯特街买了舒特莱夫的房子。詹姆斯·柯南特（1893—1978 年），哈佛大学的校长，他是休伯特街的名人，特别是在他当奥萨布尔俱乐部的主席的时候。还值得注意的是亨利·巴雷特（1868—1931 年），历史学家和美国政府的权威人物，他在耶鲁大学和其他地方教学，他和贺拉斯·布什内尔的孙女——艾米丽·切尼结婚来到了山谷。也有富裕的商人，他们是新的城市文化运动的赞助者：例如，罗伯特·德福雷斯特，纽约慈善事业最有名的关键人物，由于长期担任大都会艺术博物馆的馆长而出名。他是阿第伦达克早期的投资者，并且是休伯特街夏季社团的重要人物。

到 20 世纪 20 年代和 20 世纪 30 年代，在纽约、波士顿和费城的一日车程内，呈现出一幅关系优雅的画面，这是经过第二、第三代人工化的景观，郊区不再是城市的荒野，而是如同田园诗般的地方。从某种意义上说，城市知识分子的共治仍在继续。

图 1.8 “在洛克菲勒中心大楼之上的屋顶，云中”，约摄于 1935 年。由纽约市博物馆提供

但也有一些新的东西。休伯特街 20 世纪 30 年代的社会环境，比起 50 年前具有独特的荒野社会景观的普特南营地，更容易转化为城市的社会景观。旧的地方文化几乎已经消失。最新一代于夏季在此聚集的人都是都市支持者，而不是布什内尔时代的怀疑论者。荒野成为城市构架的一部分。据说，罗伯特曾经在他的慈善活动中宣称，他并不会区分“为公共利益而保留的艺术杰作”和“为生态环境而保存的杰作”的效果。[118] 在这种心态中纠结的是权力的问题，是城市权力游戏以一种轻松的感知被转译到荒野环境中。

值得注意的是，20 世纪 20 年代在山谷的南部，例如，阿德勒、亨利·斯隆·科芬、罗伯特、亨利·巴雷特·勒尼德、艾伦·马昆德、朱利叶斯和保罗·萨克斯、阿尔弗雷德·T·怀特、威廉·A·怀特和弗雷德里克·伍德布里奇，都成为纽约世纪协会的成员[119]，这表示权力精英建立起来的城市和荒野的环境是可以互换的。它的范围仅限于投机，但同样的社会权利现在可以存在于任何地方，甚至在艾默生以前称为神圣不可侵犯的“神显现的地方”。在思想观念上，美国文化的天平向城市倾斜。到了这个时候，美国的文化和创造力已经成了城市考虑的范畴：如同查尔斯·马尔福德·罗宾逊恰如其分地形容它是一个从“荒野的呼唤”到“城市的呼唤”的发展。[120] 随着阿德勒在 1933 年去世，包括詹姆斯和戴维森在内的最后的老一代都消失了。对荒野的知识利用进入了一个新的时代，越来越多的人认同了城市的现实政治和权力。

到了 20 世纪初，知识分子对大都市与荒野的态度发生了变化。对这个城市的反应充满了惊奇和敬畏的感觉，正如一两代人之前对自然的反应一样。有趣的是，20

世纪早期，对都市的典型的情感描述常常借用19世纪早期的自然主义词汇：现在城市的宏伟取代了自然的壮丽。[121] 尤其是纽约摩天大楼正是这种描述的重要来源。例如，游客们将会用“像喜马拉雅山般高耸”的山峰来描述“摩天大楼的林立”。[122] 当然，纽约人用了夸张的手法，但有趣的是，欧洲观察者也是如此描述。如果他们不能在纽约准确地找到“文化”，他们至少可以在新科技城市找到自然的象征。从某种意义上说，“城市”与“自然”和“文化”可以互换。在基恩谷的知识分子圈子里，这种新的情感体现在第三代人的方方面面。相比以前，纽约市更加明显地对自然和城市环境都进行了重新的界定。

和他们的继承者不同，老一辈的力量在于思想领域。在山谷知识分子圈子中，与新都市相关的人没有比威廉 · 詹姆斯更强大更持久的思想了，也许比他能够想象的还要强大。在詹姆斯死后，约西亚 · 罗伊斯，他的哈佛同事经常拜访普特南营地，称詹姆斯可以被看作“民族的先知”[123]，那是完全正确的，至少在20世纪上半叶可以这样说。据说乔治 · 桑塔亚纳（1863—1952年），詹姆斯在哈佛的学生，在詹姆斯死后不久来到了格伦莫尔，并清晰地阐述了詹姆斯的重要性。桑塔亚纳猜测，詹姆斯是20世纪美国城市人民的新的精神导师。最近安 · 道格拉斯写了相同的话：对于曼哈顿文化来说，特别是詹姆斯和他的两个学生，格特鲁德 · 斯泰因和W · E · B · 杜波依斯，与西格蒙德 · 弗洛伊德一起，“他们讨论并确定了心理和文化生存的机会，并为大都市现代人提供了斗争的武器。”道格拉斯进一步指出：“如果弗洛伊德是欧洲的创始人，或者相反，是美国现代主义的继父，那么詹姆斯和斯泰因才是美国的亲生父亲。”[124]

在美国人的生活中，加尔文主义逐渐衰落，而詹姆斯则提供了思想的运作机制，尤其是在文化成为城市主导的情况下。詹姆斯对实用主义的定义，用他自己的话来说，“源于希腊语，意为行动，源自词汇‘实践’和‘实际的’”，是能对现代都市文化带来“具体后果”的必要性认知。“理论成为工具，没有答案的谜，我们栖息在其中。”[125] 早期，桑塔亚纳发现，“詹姆斯的思维方式和感觉代表了真正的美国，并代表整个超现代化的部分，一个原本的世界。这是“事件背景下的根源及其问题”的智慧；随着对“想法不是镜子，而是武器”的深刻理解；它们的功能是让我们迎接事件的发生，因为在未来，经验可能会使他们不那么做。”对于桑塔亚纳而言，詹姆斯的思想是包容的，并体现了新的城市文化：

> 威廉 · 詹姆斯成为美国到处都有的、在暗中探索的、紧张的、受过一些教育、精神上无所依托、热情四溢之人的朋友和助手。同时，成为他们在受

> 到良好教育前的发言人和代表；他将这一事业作为他使命的主要部分，重塑了习得的世界所能提供的东西，以此来尽可能地满足这些人的需要。[126]

在该评论性文章里，桑塔亚纳对詹姆斯的自然观与实用主义关联性的评论富于洞见："有关心灵的实用主义者的理论越是唯物主义，他的自然理论就越有生命力。"他为詹姆斯辩护：

> ……自然必须以拟人的方式并从心理学的角度来考虑。它的目的不是不变的和谐，密集的自我彰显，精神的逻辑，逻辑的精神，或者任何其他形式方法和抽象法则；它的目的是要成为一种具体的尝试，为灵魂的栖居做些有限的努力，在一个会改变也会受到影响的环境当中。[127]

怎样都不会高估基恩谷荒野对詹姆斯灵感的重要性：在将近 40 年的时间里，他对自然的高度敏感的响应，以及它所形成的非常特殊的社会交往方式。詹姆斯总是很快承认这对他的心理状态有影响。在他拥有最广大影响力的作品《实用主义》（1907 年）中，他把那篇开创性的文章《实用主义意味着什么》放在开头，"几年前，山上的一个野营聚会……"[128] 在基恩谷的荒野，詹姆斯开始了桑塔亚纳所说的"超现代，激进的世界"的奇幻历险；同样在这里，通过推理，他诠释了他培育起来的城市生活。

注释

1. 伊尔·罗森维克（Ira Rosenwaike），《纽约市人口史》，锡拉丘兹：锡拉丘兹大学出版社（Syracuse University Press），1972 年，第 16 页。
2. 莫霍克走廊向西发展对于提升纽约的战略地理位置至关重要。参见卡罗尔（Carol Sheriff），《人工运河：伊利运河与进步的悖论》，1817—1862 年，纽约：希尔和王出版社（Hill and Wang），1996 年。
3. 哈得孙-莫霍克大城市的优秀历史载于《纽约州——住房和区域规划委员会报告》，1926 年 5 月 7 日，奥尔巴尼：JB Lyon 印制，1926 年。该委员会由克拉伦斯·斯坦（Clarence Stein）主持，并得到亨利·莱特（Henry Wright）和本顿·麦卡耶（Benton Mackaye）的大力支持。
4. 艾尔弗雷德·L·唐纳森（Alfred L. Donaldson）引用了埃蒙斯在称谓中的重要性，《阿第伦达克的历史》，第二卷，纽约：世纪出版公司（The Century Company），1921 年，卷一，第 36 页。
5. 关于这一现象，请参阅戴维·马德温·埃利斯（David Maldwyn Ellis），"洋基队入侵纽约，

1783—1850 年”，《纽约历史》，第 32 卷（1951 年），第 1—17 页。早期阿第伦达克土地开发的一个很好的来源是布伦达·帕恩斯（Brenda Parnes）著的，“纽约州北部阿第伦达克森林地区土地利用政策史，1789—1905 年”（博士论文），文理学研究生院，纽约大学，1989 年 5 月。

6. 参见查尔斯·F·霍夫曼（Charles Fenno Hoffman）“哈得孙河源头的景色”，《纽约每日镜报》（1837 年 10 月 14 日），第 124 页。

7. 罗森斯瓦克（Rosenswaike），同前，表 9；戴维·马德温·埃利斯（David M. Ellis）等，《纽约州历史：伊萨卡》，纽约：康奈尔大学出版社（Cornell University Press），1967 年，第 278 页；《住房和区域规划委员会的报告》，同前。

8. 帕特里夏·C·F·曼德尔，《公正的荒野：阿第伦达克博物馆美国绘画收藏》，蓝山湖，纽约：阿第伦达克博物馆，1990 年，第 44 页。

9. 曼德尔，同前，第 73 页。

10. 芭芭拉·诺瓦克（Barbara Novak），《自然与文化：美国风景画，1825—1875 年》，纽约：牛津大学出版社（Oxford University Press），1980 年，第 58 页。

11. 霍夫曼，同前。

12. 霍夫曼，同前。关于在美国文学中获得升华的卓越的城市发展研究，请参阅克里斯托弗·D·邓·坦特（Christopher Den Tandt），《美国自然主义文学中的崇高城市》，芝加哥：芝加哥大学出版社（University of Chicago Press），1998 年。

13. 哲学家营地的同时代描述是由附近露营的路人自己提供的。见 F. S. Stallknecht：“1858 年 8 月的体育巡回演唱会”，弗兰克·莱斯利（Frank Leslie）的插图报纸（1858 年 11 月 13 日），第 379—380 页。然而，大多数叙述要晚得多。爱默生以史诗“阿第伦达克”为题写下了第一部受欢迎的记述，见《五月节及其他》，波士顿：Ticknor and Fields 出版社，1867 年，第 41—66 页。斯蒂尔曼后来代表周六俱乐部撰写了关于哲学家营地的广泛报道及随后的阿第伦达克活动。参见威廉·J·斯蒂尔曼（William J. Stillman）“哲学家营地”，见于《旧罗马与新研究及其他》，伦敦：格兰特·理查德出版社（Grant Richards），1897 年，第 265—296 页。斯蒂尔曼在这里广泛引用了爱默生的描述。后来他还将一些详细的描述写进了他的一本书——《一位新闻记者的自传》，两卷本，伦敦：格兰特·理查德出版社，1901 年，卷一，第 200—239 页，第 242—246 页。爱德华·瓦尔多·爱默生在阿第伦达克俱乐部的第二年陪同斯蒂尔曼到现场，也写下了一些见闻。参见爱德华·瓦尔多·爱默生《周六俱乐部的早期年代（1855—1870 年）》，波士顿：哈考特出版社（Houghton），1918 年，第 169—179 页。此后又有许多的记述。特别参见保罗·F·杰米森（Paul F. Jamieson），“阿第伦达克的爱默生”，《纽约历史》，第 39 卷（1958 年 7 月），第 215—237 页。

14. Stallknecht，同前，第 379—380 页。

15. 爱德华·瓦尔多·爱默生，同前，第 170—171 页。

16. 杰米森，同前。
17. 在他 1836 年著名的研究《自然》中，爱默生宣称："在旷野中，我发现了一些比街道或村庄更加亲切和更为复杂的东西。" 拉尔夫 · 瓦尔多 · 爱默生（Ralph Waldo Emerson），《自然》，波士顿：James Munroe & Company 出版社，1836 年，再版，纽约：Scholars' Facsimilies & Reprints 出版社，1940 年，第 13 页。
18. 同上，见第 78.9，6.6，25.4，50.20，77.12 行。
19. 拉尔夫 · 瓦尔多 · 爱默生，"阿第伦达克"，第 45 页，保罗 · F · 杰米森（Paul F. Jamieson）提出了："阿第伦达克的爱默生"，《纽约历史》，第 39 期（1958 年 7 月），第 214—237 页。
20. 利奥 · 马克斯（Leo Marx），《花园里的机器：美国的技术与田园理想》，纽约：牛津大学出版社，1964 年。
21. 诺瓦克，同前，第 59 页。
22. 爱默生，"阿第伦达克"，第 60—61 页。
23. 关于斯蒂尔曼的流行著作，请参阅安妮 · 埃伦克兰兹（Anne Ehrenkranz）等的《诗性场所》。威廉 · J · 斯蒂尔曼，《阿第伦达克影集：剑桥、克里特、意大利、雅典》，纽约：光圈图书出版（Aperture Books），1988 年。
24. 关于这个主题，请参见汉斯 · 诺思（Hans Nuth），《自然与美国：三个世纪的态度变迁》，林肯，内布拉斯加：内布拉斯加大学出版社（University of Nebraska Press），1957 年；同时见于戴维 · 施特劳斯，《迈向消费文化：阿第伦达克和荒野假期》，美国季刊，第 39 期（1987 年夏季），第 270—286 页。
25. "阿第伦达克"，《纽约时报》（1864 年 8 月 9 日），第 4 页。
26. 小弗雷德里克 · 劳 · 奥姆斯特德（Frederick Law Olmsted）和西奥多拉 · 金鲍尔（Theodora Kimball）编辑，《景观建筑 40 年：中央公园，弗雷德里克 · 劳 · 奥姆斯特德》，马萨诸塞州剑桥市：麻省理工学院出版社，1973 年，第 46 页。
27. 露西 · 芳登（Lucy Fountain）（Kate Hillard 的笔名），"基恩喜悦"，《普特南杂志》，XIV（1869 年 12 月），第 669—674 页。
28. 诺瓦克，同前，第 6 页；约翰 · I · H · 鲍尔，"美国光色主义"，《展望》，第 9 期（1954 年），第 90—98 页。
29. 基恩谷的大多数著名艺术家曼德尔都提到过，见前文。任何有关该主题的研究都必须从玛格丽特 · 古德温 · 奥布莱恩（Margaret Goodwin O'Brien）的研究开始。近年来，罗宾 · 佩尔（Robin Pell）深化了她的工作。特别参见"杜兰德在阿第伦达克"，《阿第伦达克生活》，第 2 期（1971 年夏），第 36—39 页；"捕捉大北方森林：亚历山大 · 怀恩，1836—1892 年"，《阿第伦达克生活》，第 3 期（1972 年春），第 38—41 页；"舒特莱夫"，《阿第伦达克生活》，第 10 期（1979 年 11/

12月），第40—43页；“山谷中的艺术家”，伯恩（编辑），同前，第116—126页。罗宾 · 佩尔延续了奥布莱恩的工作。参见“吸引人的山谷”，《阿第伦达克生活》，第27期（1996年7/8月），第44—51页；《基恩谷：景观及其艺术家》，展览目录，纽约：Gerald Peters画廊，1994年。对于舒特莱夫在基恩谷参与的活动，也见艾尔弗雷德 · L · 唐纳森，《阿第伦达克的历史》，2卷本，纽约：世纪出版公司，1921年，第40—43页；罗斯韦尔 · M · 舒特莱夫：“基恩谷的回忆”，基恩谷图书馆协会手稿，未注明出版日期。

30. 纽约新兴艺术市场的政治与这些机构密切相关。见艾略特 · 坎迪 · 克拉克（Elliot Candee Clark）:《国家设计学院的历史：1825—1953年》，纽约：哥伦比亚大学出版社，1954年；A · 凯悦 · 迈耶和马克 · 戴维斯，《本世纪的美国艺术》，纽约：世纪联合出版社（Century Association），1977年；以及安妮特 · 布劳格兰德 Annette Blaugrund，《第十街工作室大楼：从哈得孙河学校到美国印象派的艺术家-企业家》，纽约南安普顿：帕里什艺术博物馆（Parrish Art Museum），1977年。
31. 参见丹尼尔 · T · 罗杰斯（Daniel T. Rodgers）《工业化美国的工作伦理（1850—1920年）》，芝加哥：芝加哥大学出版社，1974年，第4章。另见施特劳斯，同上。
32. 威廉 · G · 麦克劳格林（William G. McLoughlin）强调了这一变化，《亨利 · 沃德 · 比彻（Henry Ward Beecher）的意义：关于美国在维多利亚中期价值观转变的论文，1840—1870年》，纽约：诺普夫出版社（Alfred A. Knopf），1970年，序言及第5页。
33. 拉尔夫 · 瓦尔多 · 爱默生，同前。
34. 对于布什内尔的工作和意义，请参阅玛丽 · 布什内尔 · 切尼（Mary Bushnell Cheney），《贺拉斯 · 布什内尔的生平与书信》，纽约：哈珀兄弟出版社（Harper and Brothers），1880年；芭芭拉 · M · 克罗斯，《贺拉斯 · 布什内尔：改变美国的部长》，芝加哥：芝加哥大学出版社，1958年；安 · 道格拉斯（Ann Douglas），《美国文化的女性化》，纽约：诺普夫出版社，1977年；戴维 · 哈多夫（David W. Haddorf），《依附与自由：贺拉斯 · 布什内尔的道德思想》，马里兰州拉纳姆：美国大学出版社（The University Press of America），1994年。
35. 小罗伯特 · D · 理查森（Robert D. Richardson），《爱默生：燃烧的思想》，伯克利：加州大学出版社（University of California Press），1995年，第467页。和这篇文章同时出现的还有布什内尔于1860年再版的早期著作《基督徒养育观点及其他》（1847年）。
36. 努克农场圈包括马克 · 吐温（1835—1910年）、哈丽叶特 · 比切 · 斯托（1811—1896年）、亨利 · 沃德 · 比彻的女儿以及大西洋月刊的编辑威廉 · 迪恩 · 豪威尔斯（1837—1920年）。对于布什内尔的角色，见肯尼斯 · R · 安德鲁斯（Kenneth R. Andrews），《努克农场：马克 · 吐温的哈特福德圈》，马萨诸塞州剑桥市：哈佛大学出版社，1950年，第102—103页。周一晚间俱乐部成员包括威廉 · H · 哈默斯（1838—1920年）——哈特福德的律师和法官，以及更外围的人士，如奥斯汀·邓纳姆（1833—1917年）：哈特福德的实业家。这两个家庭的女儿是基恩山谷的第一批夏季居民之一，他们于19世纪60年代初抵达。见唐纳森，第二卷，第44页。另一名俱乐部成员约瑟夫·H·蒂切尔（Joseph H. Twichell）牧师（1838—1918年）也似乎早已到这里，与约翰·李·菲奇（John Lee Fitch）一起，这些人似乎为布什内尔和追随他的知识分子们铺平了道路。

37. 第一个似乎是费城的哥伦比亚大道长老会的威廉·H·霍奇（William H. Hodge，1838—1919年），他在1873—1874年设计并建造了一个质朴的"营地"。霍奇之后是一系列著名的神学家，包括：哈特福德庇护公理会的约瑟夫·H·特威塞尔（Joseph H. Twichell，1838—1918年）；三一教堂和后来的波士顿圣公会城市使团的弗雷德里克·贝利斯艾伦（Frederick Baylies Allen，1840—1919年）的；特拉华州威尔明顿的加略山主教教堂的乔治·华盛顿·杜波依斯（George Washington Dubois，1822—1909年）；纽约中央长老会教堂及中国华元使团的创始人威尔顿·梅尔史密斯（Wilton Merle-Smith，1856—1923年）；纽约市西区教堂的约翰·巴尔科姆·肖（John Balcom Shaw，1860—1935年）；费城第一教堂及后来的罗切斯特砖砌长老会的威廉·里弗斯·泰勒（William Rivers Taylor，1856—1941年）。最后，还有罗马的圣保罗美国教会的沃尔特·洛瑞（Walter Lowrie，1868—1959年）和一位在普林斯顿大学任教的克尔凯郭尔研究专家；纽约市麦迪逊大街长老会教堂和后来的联合神学院院长亨利·斯隆·科芬（Henry Sloan Coffin，1877—1954年）。
38. 贺拉斯·布什内尔，《自然与超自然，共同构成上帝的整套系统》，纽约：Charles Scribner's Sons出版社，1858年，第192—193页。布什内尔的城市主义思想的含义见戴维·哈多夫，同前，第72—77页。
39. 马科斯·伊斯特曼（Max Eastman），《伟大的同伴：一些著名朋友的重要回忆录》，纽约：Farrar, Straus and Cudahy出版社，1959年，第258页。
40. 切尼，同前，第498页。
41. 芳登，同前。
42. 切尼，同前，第497页。
43. 霍默关于阿第伦达克经验的有价值的研究，请参阅戴维·塔瑟姆（David Tatham）：《温斯洛·霍默在阿第伦达克》，雪城，纽约：雪城大学出版社（Syracuse University Press），1996年。
44. 西尼加·瑞·斯托达德（Seneca Ray Stoddard），《阿迪朗达克斯画报》，奥尔巴尼和格伦斯瀑布，纽约：由作者本人印制，1874年。
45. 查尔斯·达德利·华纳（Charles Dudley Warner），"阿第伦达克经查证的众多艺术家及人物研究"，《大西洋月刊》，XLI（1878年5月），第636—646页。同年晚些时候，这篇文章发表在华纳的书《在荒野》中，波士顿：哈考特出版社，1878年，第5章。

46. 华纳，《阿第伦达克……人物研究》，第636页。
47. 华纳，同前，第639页。
48. 华纳，同前，第646页。
49. 农夫史密斯·比德（Smith Beede）搬到了基恩谷的西南侧，在那里建了一家新酒店。参见伊迪丝·皮尔彻（Edith Pilcher）:《滨湖路，阿第伦达克山脉保护区基恩谷的第一个百年》，纽约：阿第伦达克山脉保护区，1987年，第20—22页。
50. 理查德·伦约恩（Richard Upjohn）记录了普特南营地的实际环境演变，“普特南营地，第一个百年”。见Margaret M. Byrne（编辑），《基恩谷的历史，纽约基恩谷二百周年系列讲座》，在基恩谷图书馆协会的主持下于1975年及1976年7月和8月进行，基恩谷，《基恩谷图书馆协会》，1978年，第154—155页。
51. 这些家庭的友谊始于1842年，当时詹姆斯住在纽约市，此外，爱默生的儿子小爱德华记录了哲学家的营地，他当时是威廉·詹姆斯在哈佛医学院的亲密朋友，也是普特南营地的常客。参见拉尔夫·巴顿·佩里（Ralph Barton Perry），《威廉·詹姆斯的思想和品格》，马萨诸塞州，剑桥：哈佛大学出版社，1948年，第2章。
52. 佩里，同前，第67—68页。
53. 内森·黑尔（Nathan G. Hale），《詹姆斯·杰克逊·普特南与精神分析》，马萨诸塞州，剑桥：哈佛大学出版社，1971年，第6—12页。
54. 这是安·道格拉斯（Ann Douglas）细致探讨过的一个问题，见《可怕的诚实：20世纪20年代的混合曼哈顿》，纽约：Farrar, Straus, and Giroux出版，1995年。
55. 这些人被查尔斯·普特南（Charles W. Putnam）描述为“常客”，“普特南营地素描”，未注明出版日期的手稿，KVL档案。
56. 詹姆斯·杰克逊·普特南（James Jackson Putnam）的女儿伊丽莎白·普特南·麦克维尔（Elizabeth Putnam McIver）单独挑出了这一组。参见“普特南营地的早期时光”，1941年9月基恩谷历史学会的谈话手稿，KVL档案。摄影文档存于《普特南营地摄影集》，KVL档案。
57. 1909年9月16日，西格蒙德·弗洛伊德和他的家人一起在普特南营地聚会，翻译打字稿，阿第伦达克博物馆，蓝山湖，纽约。
58. 荣格也曾参与其中，他抱怨“疯狂的美国想要创造纪录”，哈罗德·鲍迪奇（Harold Bowditch）如此对沃德纳·吉百利（Wardner Cadbury）讲述，记录于1962年3月23日，阿第伦达克博物馆，蓝山湖，纽约。
59. 索尔·罗森茨威格（Saul Rosenzweig），《弗洛伊德、荣格和国王制造者霍尔：美国探险史（1909年）》，西雅图：Hogrete & Huber出版社，1992年，第202—203页，第322页；小乔治·E·吉福德（George E. Gifford, Jr），“弗洛伊德与豪猪”，《哈佛医学院公报》（1972年3月至4月），第 28—32 页。

60. 威廉・詹姆斯写给拉尔夫・巴顿・佩里，记录于 1900 年 1 月 2 日，见弗雷德里克・J・唐斯科特（编辑）的《威廉・詹姆斯于 1885—1910 年间的未发表通信》，哥伦布，俄亥俄州：俄亥俄州立大学出版社（Ohio State University Press），1986 年，第 213—214 页。
61. 见基姆・汤森（Kim Townsend），"坚持个人主义的威廉・詹姆斯"，见奥斯丁・萨塔（Austin Satat）和达纳・维拉（Dana R. Villa），《自由现代主义与民主个人》，普林斯顿，新泽西州：普林斯顿大学出版社（Princeton University Press），1996 年，第 12 章。
62. 1876 年 12 月 25 日，威廉・詹姆斯写给凯瑟琳・伊丽莎白・海伦斯，记录于 Ignas K. Skrupskelis 和 Elizabeth M. Berkeley 所编辑的《威廉・詹姆斯书信集》，第 4 卷（1856—1877 年），弗吉尼亚州夏洛茨维尔：弗吉尼亚大学出版社（University Press of Virginia），1995 年，第 550 页。
63. 普特南日记，28 卷，1860—1912 年，存于马萨诸塞州历史学会。罗宾・佩尔（Robin Pell）于 1997 年 3 月转录的摘录副本藏于基恩谷图书馆档案馆。
64. 1878 年 8 月 16 日威廉・詹姆斯写给弗朗西斯・J・查尔德（Francis J. Child），记录于亨利・詹姆斯所编辑的《威廉・詹姆斯书信集》，2 卷本，波士顿：大西洋月刊，1920 年，卷 1，第 197 页。
65. 1883 年 8 月 5 日威廉・詹姆斯（William James）写给查尔斯・雷诺维尔（Charles Renouvier），见亨利・詹姆斯所编《威廉・詹姆斯书信集》，卷 1，第 232 页。
66. 1895 年 9 月 19 日威廉・詹姆斯写给亨利・詹姆斯，见 Ignas K. Skrupskelis 和 Elizabeth M. Berkeley 所编《威廉・詹姆斯书信集》，第 2 卷，《威廉与亨利（1885—1896 年）》，夏洛茨维尔：弗吉尼亚大学出版社，1992 年，第 377 页。
67. 1895 年 9 月 30 日亨利・詹姆斯写给威廉・詹姆斯，见 Skrupskelis 与 Berkeley，同前，卷 2，第 379 页。
68. 1907 年 10 月 6 日威廉・詹姆斯写给亨利・詹姆斯，见 Ignas K. Skrupskelis 和 Elizabeth M. Berkeley 所编《威廉・詹姆斯书信集》，第 2 卷《威廉与亨利（1897—1910 年）》，夏洛茨维尔：弗吉尼亚大学出版社，1994 年，第 345 页。
69. 1907 年 10 月 17 日亨利・詹姆斯写给威廉・詹姆斯，见 Skrupskelis 与 Berkeley，同前，卷 3，第 347 页。
70. 1898 年 7 月 9 日，威廉・詹姆斯写给爱丽丝・吉本斯・詹姆斯，亨利・詹姆斯（编辑），同前，卷 2，第 76—77 页。沃尔帕吉斯之夜是指 5 月 1 日前夜，根据古老的德国民间传说，女巫此时会聚集在哈茨山脉的最高峰布洛克伯格（Bloxberg）。
71. 1901 年 7 月 10 日，威廉・詹姆斯写给弗朗西斯・莫尔斯（Frances R. Morse），亨利・詹姆斯（编辑），同前，卷 2，第 158 页。

72. 詹姆斯在与保罗 · 戈德马克（Pauline Goldmark）的长篇通信提出了一个深刻的观点，即他对自然重要性的思考，特别是在晚年。戈德马克是基恩谷的夏季居民，他的家庭住宅靠近普特南营地。见约瑟芬 · 戈德马克（Josephine Goldmark），“阿第伦达克友谊——与威廉 · 詹姆斯的通信”，大西洋月刊，第 154 期（1934 年 9 月和 10 月），第 265—272 页，第 440—447 页。
73. 威廉 · 詹姆斯:“关于人类的某种盲目性”，载于《与心理学教师的谈话，以及与生活理想中的学生谈话》，纽约:亨利 · 霍尔特出版（Henry Holt and Company），1899 年，第 252—253 页，第 257 页。
74. Joseph H. Twichell:“在阿第伦达克”，见乔治 · S · 梅里亚姆（George S. Merriam）编，《诺亚 · 波特（Noah Porter），对朋友的纪念》，纽约：Charles Scribner's Sons 出版，1893 年，第 159 页。
75. 有关阿德勒如何界定道德文化运动的概述，请参阅菲利克斯 · 阿德勒，“道德文化运动”，载于：霍勒斯 · L · 弗里斯（Horace L. Friess）编辑，《我们在这个世界中的角色》，纽约：国王皇冠出版社，1946 年，第 57 页。另见菲利克斯 · 阿德勒，《道德生活哲学，总体概述》，纽约:D · 阿普尔顿出版社（D. Appleton and Company），1918 年。
76. 1883年8月12日威廉 · 詹姆斯写给亨利 · 詹姆斯;1883年8月17日亨利 · 詹姆斯写给威廉 · 詹姆斯，见 Skrupskelis 与 Berkeley（编辑），同前，卷 1，第 368—370 页。
77. 关于詹姆斯的反犹太主义，请参阅:Skrupskelis 和 Berkeley（编辑），同前，卷 4，第 41—42 页，以及录于其中的通信。
78. 约瑟芬 · 戈德马克（Josephine Goldmark）所整理的他们的通信摘录，“阿第伦达克友谊”，《大西洋月刊》，第一卷，第 154 期(1934 年 9 月)，第 265—272 页;(1934 年 10 月)，第 440—447 页。另见 Rosenzweig，同前，第 182—195 页。
79. 关于阿德勒与基恩谷关系的背景由海伦 · 戈德马克 · 阿德勒（Helen Goldmark Adler）所记录：“菲利克斯 · 阿德勒博士，基恩谷的早期先驱之一”，打字稿，日期不详。
80. 1882 年 8 月 18 日菲利克斯 · 阿德勒写给海伦 · 戈德马克 · 阿德勒，《阿德勒论文集》，哥伦比亚大学稀有书籍图书馆，专栏一。
81. 1885 年 9 月 10 日威廉 · 詹姆斯写给爱丽丝 · 豪 · 詹姆斯（吉布斯），《威廉 · 詹姆斯论文集》，哈佛大学霍顿图书馆，# 1418。
82. 关于詹姆斯和 ASPR，请参阅琳达 · 西蒙:《真实的现实：威廉 · 詹姆斯的生活》，纽约：哈考特教育出版公司（Harcourt Brace & Company），1998 年，第 190—195 页。
83. 霍华德 · 拉德斯特（Howard B. Radest），《走向共同：美国道德社会的故事》，纽约：Frederick Ungar Publishing Company 出版社，1969 年，第 62—72 页、69 页、99 页、100 页、159—160 页、166 页。
84. 琳达 · 西蒙（Linda Simon）总结了这些早期岁月:《真实的现实:威廉 · 詹姆斯的生活》，纽约：

哈考特教育出版公司，1998 年，第 149—155 页。

85. 威廉・詹姆斯，“智慧生活中的游侠骑士”，《McClure 杂志》，25 期（1905 年 5 月），第 3—11 页。另一个版本发表在威廉・奈特（编辑）的《纪念托马斯・戴维森：流浪的学者》，波士顿：Ginn and Company 出版，1907 年，第 15 章。同一篇文章也收录在威廉・詹姆斯（Henry James Jr.）的《回忆与研究》，纽约：戴维・麦凯出版公司（David McKay Company），1941 年，第 5 章。

86. 在这一点上，他受到意大利人安东尼奥・罗斯米尼・塞尔巴蒂尼（Antonio Rosmini-Serbatini，1797—1855 年）的影响，并在 1882 年完成了一本关于后者的著作，《安东尼奥・罗斯米尼・塞尔巴蒂尼的哲学体系》，并由托马斯・戴维森（Thomas Davidson）翻译了作者的简要生平、参考书目、介绍和笔记，伦敦：K. Paul，Trench & Co. 出版社，1882 年。

87. 关于伦敦和纽约奖学金的更多信息见《骑士》一文（编辑），同前，Chs 3,4,8,9。

88. 关于伦敦费边社的起源，请参阅 Edward R. Pease，《费边社的历史》，纽约：Barnes & Noble，Inc. 出版，1963 年。相比于在美国发表的评论，这一评论通常弱化了戴维森的作用。参见《骑士》文（编辑），同前。

89. 见《骑士》文（编辑），同前，第 13 章，附录 A。

90. 看起来戴维森在 19 世纪 80 年代中期在比德农场露营时就认识了阿德勒、韦斯顿，以及谢尔顿和索尔特。戴维森在法明顿的成员代表了伦理社团的人，包括威廉姆・M・索尔特（William M. Salter）、斯蒂文・F・韦斯顿（Stephen F. Weston）和珀西瓦尔・丘伯（Percival Chubb），他们帮助组建了伦敦伦理协会。正是在格伦莫尔，阿德勒第一次见到丘伯，随后他被邀请加入纽约伦理文化学院。

91. 有关康科德（Concord），Ledleicker 有描述，同上，第 18 章，在《骑士》一文中也有对法明顿学校的详细描述，同前，第 55—59 页。

92. J・克拉克・默里（J. Clarke Murray）在他对格伦莫尔的描述中提供了一个有趣的视角来看待美国另类夏季学院的发明，参见“夏季哲学学院”，《苏格兰评论》，第 19 期（1892 年 1 月），第 98—113 页。1889 年，伦理文化年会提议开创一个“应用哲学与伦理学院”。它从未实现过，拉德斯特提到过这一点，第 100 页。

93. 这种联系由米尔德里德・贝克韦尔・胡克（Mildred Bakewell Hooker）提供，“米尔德里德・贝克韦尔・胡克关于托马斯・戴维森和格伦莫尔的社会文化暑期学校的文章摘录”，由玛格丽特・埃米特・奥布莱恩（Margaret Emmett O'Brien）转录，1967 年 9 月，第 3 页，阿第伦达克博物馆，蓝山湖，纽约。

94. 韦斯顿的角色由 S・伯恩斯・韦斯顿（S. Burns Weston）在期刊文章“现代苏格拉底和对个人主义的挑战”中确认，论文见于 1947 年 4 月 6 日的《哲学俱乐部》（无地址），KVL 档案，

VF “格伦莫尔”。

95. 海伦 · 戈德马克 · 阿德勒，同前，第 6—7 页。

96. 普利策的支持在当地晚报中的一篇文章“格伦莫尔的殖民地”中被提到（1906 年 8 月 10 日）。KVL 档案，Loomis 剪贴簿，卷三，第 35 页。有关普利策与戴维森关系的各种参考文献，请参阅：W · A · 斯旺伯（W.A. Swanberg），《普利策传》，纽约：Charles Scribner's Sons 出版社，1967 年。

97. 1890 年的招股书摘录于《骑士》一文，同前，第 55—58 页。基恩谷图书馆的档案馆持有 1892 年、1902—1906 年、1908—1909 年的招股说明书。参见 KVL 档案，VF “韦斯顿”，小 S · 彭斯（S. Burns, Jr）。麦吉尔大学档案馆有 1893 年和 1908 年的副本。作者没能提供其他年份的信息。

98. 格伦莫尔的学生玛丽 · 福斯特（Mary Foster）很好地描述了这里的物理环境，见《骑士》一文，同前，第 11 章。

99. 詹姆斯，《骑士》文，同前，第 113—114 页。

100. 对哈里斯在格伦莫尔所参与工作的最佳描述见库尔特 · 莱德克（Kurt F. Leidecker）《扬基教师，威廉姆 · 托里 · 哈里斯的生活》，纽约：哲学图书馆，1946 年。哈里斯是格伦莫尔的一个强有力的人物，他于 1889 年成为美国教育专员，任职 17 年。他是戴维森的老熟人，可以追溯到在圣路易斯时，二人都在公立学校任教之时。1866 年，哈里斯是北美黑格尔主义的滩头阵地圣路易斯哲学学会的组织者，戴维森也是其中一员。见佩里，第 166—167 页。哈里斯也是《哲学思辨杂志》的创始人，该杂志具有广泛的影响力。哈里斯参与格伦莫尔的工作多年，在该综合体内拥有一所房子。哈里斯是格伦莫尔获得成功的关键人物，他在 1879 年至 1888 年间曾经协助奥尔科特在康科德夏季哲学学院的工作，戴维森在法明顿开创自己的学校之前也定期在这里授课。康科德项目每年在《哲学思辨杂志》上发表，特别参见“康科德夏季哲学学院”。1879—1880 年，“哲学思辨杂志”，第 14 期（1880 年 1 月），第 135—138 页，哈里斯写了关于奥尔科特的几乎最早的传记，富兰克林 · B · 桑伯恩和威廉 · T · 哈里斯，《A · 布朗森 · 奥尔科特：他的生活和哲学》，2 卷本，波士顿：罗伯特兄弟出版社（Roberts Brothers），1893 年。另见：Leidecker，第 18 章。戴维森和哈里斯将奥尔科特在康科德和法明顿的先例演变为格伦莫尔的，哈里斯提供了这一工作连续性。哈里斯最有效地阐述了格伦莫尔与美国学术演变传统之间的关系及其与自然主义的关系。

101. 参见安得烈 · J · 雷克（Andrew J. Reck）：“威廉 · 詹姆斯对约翰 · 杜威心理学的影响”，《查尔斯 · 皮尔斯学会汇刊》，第 20 期（1984 年春季），第 91 页。

102. 这种相关性由马科斯 · 伊斯特曼（Max Eastman）提到，同上，第 258 页。这些文章是：“形而上学的唯物主义假设”，见《哲学思辨期刊》，第 216 期（1882 年），第 208—213 页；“斯宾诺莎的泛神论”，第 16 期（1882 年）；“感知的知识和相对性”，第 17 期（1883 年），第 56—70 页。

103. 哈里斯和杜威在法明顿的活动记录在《骑士》，同前；韦斯顿也提到：“现代苏格拉底和对个人主义的挑战”，手稿日期为 1947 年 4 月 6 日，KVL 档案，纵向文件“格伦莫尔”，第 6 页。

104. 杜威与戴维森和詹姆斯的这种关系被史蒂文 · C · 洛克菲勒（Steven C. Rockefeller）所关注，《约翰 · 杜威，宗教信仰与民主的人文主义》，1991 年，第 182—183 页。另请参阅迈克尔 · 巴克斯顿（Michael Buxton）：“威廉 · 詹姆斯对约翰 · 杜威早期作品的影响，”《思想史》，第 45 期（1984 年 7 月至 9 月）：第 451—463 页。

105. 虽然杜威使用这所房子多年，但他生活和工作的层面却很少有传记资料。在简 · 杜威（Jane M. Dewey）（编辑）的“约翰 · 杜威传记”中曾提到，在保罗 · 亚瑟 · 希尔普（Paul Arthur Schilpp）的《约翰 · 杜威的哲学》中也有提到，纽约：都铎出版公司（Tudor Publishing Company），1939 年，第 30—31 页。

106. 见《骑士》，同前，第 36 页。

107. 见《骑士》，同前，第 261 页。

108. “约翰 · 马丁太太”，讣告，《纽约时报》（1945 年 4 月 3 日）。关于普雷斯多尼 · 曼在东山活动的一般描述，请参阅：马丁，同前；希尔，同前；罗伯特 · J · A · 欧文：“尊重更大的辉煌”（Ad Majorem Amicitiae Gloriam），见布法罗专家俱乐部的谈话记录，纽约，1987 年 10 月 12 日，KVL 档案，VF“夏溪”。

109. 关于“夏溪”的开篇，请参阅马丁，同前，第 2—3 页；希尔，同前，第 12—13 页；欧文，同前，第 4—5 页。

110. 马丁，同前。

111. 皮斯，同前，第 158 页。几十年来，马丁一直活跃在纽约市的自由主义事业中。

112. 马丁，第 3—4 页，详细介绍了洗衣仪式。

113. 马丁，第 3—4 页；希尔，第 13 页。

114. 高尔基困难的美国之行被杰伊 · 奥利维亚（L. Jay Olivia）所描述：“马克西姆 · 高尔基所发现的美国”，《纽约历史学会季刊》，第 51 期（1967 年 1 月），第 45—60 页。“夏溪”的相关内容，请参阅：马丁，同前；希尔，同前；欧文，同前；斯帕戈，同前。另见史蒂夫 · 巴内特（Steve Barnett）：“夏季的马克西姆 · 高尔基，俄罗斯作家在基恩谷”；“高尔基在基恩谷的日子里的实验生活”；巴内特描述了高尔基住的避暑别墅；《阿第伦达克日报》（1958 年 9 月 9 日、10 日、11 日）。阿第伦达克博物馆，夏溪档案。

115. 有关普特南营地近期活动的说明，请参阅厄普约翰（Upjohn），同前。

116. 有关格伦莫尔最终消亡的说明，请参阅 S · 伯恩斯 · 韦斯顿，“格伦莫尔”，同前。

117. 马丁，同前。

118. 哈罗德 · 韦斯顿（Harold Weston），《荒野中的自由：阿第伦达克传奇》，休伯特街，纽约：阿第伦达克道路改进协会，1971 年，第 103 页。

119. 基恩谷夏季社区内还有许多世纪协会的会员。参见《世纪，1847—1946 年》，纽约：世纪联合出版社，1947 年。
120. 罗宾逊是世纪之交的城市价值观的重要代言人，也是“城市美丽”运动的倡导者。罗宾逊以杰克 · 伦敦的《荒野的呼唤》作为自己著作的基础，参见查尔斯 · 马尔福德 · 罗宾逊（Charles Mulford Robinson），《城市的呼唤》，纽约：保罗埃尔德出版公司（Paul Elder & Company），1908 年。
121. 邓 · 坦特（Den Tandt），同前。
122. 关于在 1900—1930 年期间纽约在文学作品中如何被看待，请参阅贝尔德 · 斯蒂尔（Bayrd Still）：《从荷兰时代到当代人所看到的哥谭之镜》，纽约：纽约大学出版社，1956 年，第 9 章。
123. 约西亚 · 罗伊斯（Josiah Royce），《威廉 · 詹姆斯及其关于生命哲学的论文》，纽约：Macmillan Company 出版，1911 年，第 45 页。
124. 安 · 道格拉斯，同前，第 129 页。
125. 威廉 · 詹姆斯，《实用主义：某些旧思维方式的一个新名称》，纽约：Longmans, Green, and Company 出版，1907 年，第 28 页。
126. 乔治 · 桑塔亚纳（George Santayana），《学说之风：当代观念研究》，纽约：麦克米伦出版公司（Charles Scribner's Sons），1913 年，第 204—207 页。
127. 桑塔亚纳，第 207 页。
128. 威廉 · 詹姆斯，《实用主义》，第 27 页。

第二章

制定城市发展的框架

选择：政策、规划师、市场、参与

彼得·博厄斯·詹森（Peder Boas Jensen）

哥本哈根是由两个复合结构组成的城市：一个是哥本哈根中心区结构，从市中心向西北和西南的郊区辐射；另一个则是线性结构，沿着厄勒海峡海岸扩展了80—100公里，该结构位于从斯堪的纳维亚到中欧的车辆交通和铁路路线，以及俄罗斯西部与波罗的海其他国家的航运路线的交叉路口。哥本哈根的人口数量在170万到180万之间，相当于丹麦人口总数约550万的三分之一。大约有850000个住宅单位，包括220000栋独栋住宅或别墅，100000栋排屋或类似的低密度类型的聚居点，以及位于以3—5层建筑为主的公寓街区中的530000套住宅单位，很少有更高的楼房了。

I 富人、穷人和外籍劳工

在所有的公寓中，有20%—25%为社会非营利住宅组织所拥有。有10%—15%是合作住宅或者公寓，为私人拥有，但却被明确排除在投机性房产交易之外。有60%—70%是私有，也能够在市场上不受限制地进行自由交易。社会住房和合作住房的建设由国家和地方政府补贴，而私人单户住房和公寓部分由有利的税收条例资助。丹麦人口构成相当匀质，文化和种族背景，以及家庭收入没有显著差异。然而，有一个显著的趋势存在，即最富裕的人群聚集在最美丽的北部地区，即具有绵延起伏的森林景观地区的厄勒海峡海岸。没那么幸运或贫困的人群生活在靠近市中心的破旧不合标准的住宅里，这些区域现在正在进行城市更新，否则他们就得生活在乏味的位于市中心西南的郊区。下面的统计信息说明了哥本哈根市中心与周边城市相比的住房条件：

· 哥本哈根市中心 70% 的公寓都建造于 1940 年之前，在郊区则只有 25% 的公寓建于此前；

· 哥本哈根市中心 85% 的公寓都是 1 至 3 个房间的小公寓，在郊区这样的公寓则仅占总数的 50%。

社会住房制度正处于危机之中。相当多的社会住宅区的住户以外来工人、外籍劳工、移民和难民、社会保障对象或智障的租户为主。他们根据当地政府的指令搬入居住区，租金通过公共福利项目支付，这导致了恶性循环。

比较幸运（也更有能力）的租户搬出去，摆脱面临社会崩溃的社区的不利因素。这些公寓仍然空着，直到更多的租户，甚至不如之前有能力的租户，在市政援助的帮助下迁入。

II 缺乏全面治理的首都

丹麦公共行政组织由一个三级系统构成：国家政府、地方政府、再往下划分的县（或者区）和自治市。哥本哈根有 5 个县级单位和 52 个自治市。地方政府发挥着强有力的政治作用。因此，地方政府预算包括了 25%—30% 的国民生产总值，与其他国家相比这是一个十分突出的占比份额。

20 世纪 70 年代初期，当地政府机构的改革进一步加强了地方政府在政治舞台上的力量。对所有县区进行规划成为一种强制性的要求。城市议会确立了对大都市哥本哈根的四级治理。它的任务是对整个地区，即 5 个县级单位，进行区域规划，对公共交通进行计划与管制，对医疗与健康服务进行规划以解决特定的环境问题。不幸的是，城市议会成为了一个软弱的组织，其一是因为参议员们并非由直接选举产生，其二是因为议会没有了自己的经济支持，只有在这个经济支持的前提下，它才能够管理各县市，不管是作为他们的伙伴还是竞争对手。

因此，在 1990 年这新的一年里，城市议会作为一个多余的、没有实权的组织被解散了。但矛盾的是，它存在期间的一些举动的确造成了各县市的冲突，也是放松管制的统治思想时期的牺牲品。在国家政府的引导和控制下，这些任务被转移到了包括国家环境空间规划部在内的 5 个历史上著名的县级单位。

国内事务部部长于 1995 年提出了对哥本哈根大都市进行整体治理的新提案，但因为它碰到了政治对立派的强烈反对而被立即放弃。但是，该议题仍然持续受到热议。

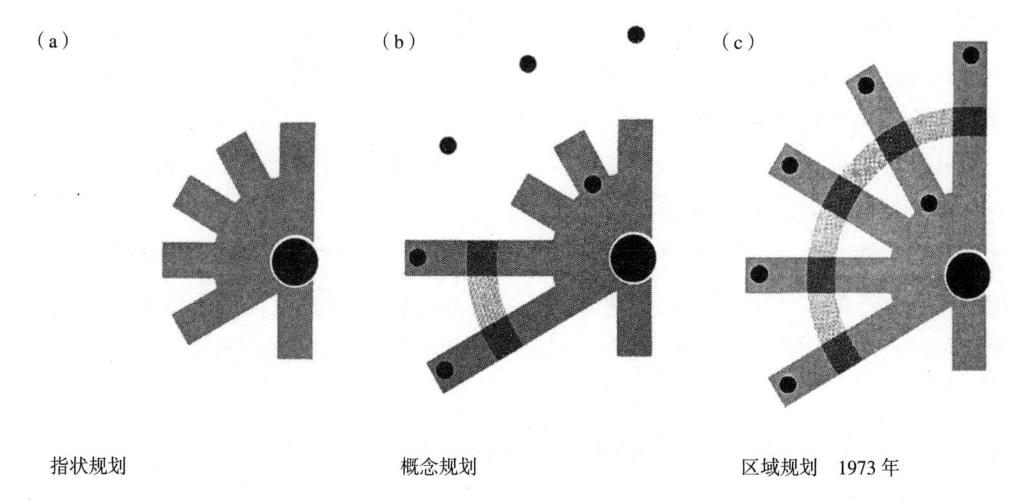

图 2.1　区域规划（“指状规划”）的三个阶段，图解

III　哥本哈根市中心与郊区之间的矛盾及冲突

第一版区域规划被称作“指状规划”（图 2.1），曾是第一个尝试设计城市发展框架的方案。这项计划的提出是基于一种假设，增加的居民数量有限，而住宅存量和城市用地需求则是以战前的欧洲城市人口发展经验为基准的。

这一规划的目标是要适应有限的增长，从而去完成并改进现有的城市结构。城市规划最终所表现出的形态就像一只手，这只手是以城市向周围扩张的哥本哈根市郊铁路（郊区火车和地铁路线）为手指，这些铁路从郊区运行到市中心，连接着居住地和工作地区。

具有讽刺意味的是，20 世纪 50 至 60 年代的十年中，是哥本哈根及许多其他欧洲城市加速增长的时期。城市用地的消耗超过了到目前为止在指状规划中所预设的量。第二版区域规划（图 2.1b）是 20 世纪 60 年代初为了面对这些新的挑战而准备的。规划师们提出了一项基本打破城市现有结构的规划。他们提出了一项未来的建设计划，大力发展以霍耶–塔斯楚普（Høje-Taastrup）为中心的新的郊区区域，这个区域位于连接哥本哈根到西南地区和丹麦其他地区的最重要的铁路线上。

规划的目标是减缓城市扩张以保护北部地区最具有价值的景观，抑制高层办公建筑的开发以保护具有历史纪念意义的地区，控制车辆增长以保护城市中心及其周边地区（内城），并为西南郊区不断增长的人口聚居区提供就近的工作和城市服务；在当时的语境下，这些措施都是为了避免形成卧城区域。

因此，第二版规划方案中隐含着彻底改变现有城市结构的建议，并引发了激烈的争论。西南地区的发展中城市、北部地区的富裕城市以及哥本哈根市中心之间的矛盾变得更明显了。北方的城市和哥本哈根市中心希望它们在城市增长中占据空间，或者在纳税人数量方面占有份额。

第二版区域规划为了使各个地区都能够接受和适应改革而做出了修改。然而，由于政治和专业上的分歧不断产生以及公共资本投资迟迟不到位，第二版区域规划整改的实施也被推迟了。仅举一例来说：早在1963年，霍耶–塔斯楚普修建了一座新的国际火车站用于承担国家和地方的公共交通运输，其规模相当于哥本哈根第二大火车站。但是这个车站直到25年后的1998年才第一次投入使用。

IV 社会崩溃状态下的哥本哈根中心区

在20世纪60年代，哥本哈根市的市中心及其他大部分地区已经面临着十分严重的经济和社会问题。这些问题到现在仍然存在。在1950年的时候人口数量达到75万的峰值，但是到今天为止已经降至不到50万。更加富裕的家庭搬至能为他们的孩子提供更好环境的郊区，那里有更多最新式的公寓、排屋或被绿色植物环绕的开放式家庭住房。体弱、患病和失业者则被遗忘在老旧破败的住宅。

首先，市中心和并行的郊区人口增长放缓是城市人均消费需求增多所导致的直接结果，这些都是第二版区域规划已经预见的情况。汽车数量的高速增长和有利的税收管理条例因为底层/低密度房屋住宅而引发了一次非凡的城市扩张，即实施指状规划的城市被分散的独栋住宅分层迅速占领。

由于郊区能够提供足够的室内和室外空间，从而导致诸如技术大学（丹麦技术大学）、罗斯基勒大学中心（RUC）等公共机构、国家政府部门和国家研究活动都搬迁至郊区，这也是大型购物中心和大型服务业庄园位于市区之外的原因。

V 现在，应对社会崩溃有些什么办法？

至少有以下几种应对：

·改变国家政府为地方政府提供的固定拨款制度，从尚未专门拨给贫困城市（包括哥本哈根市中心区）的基金之中转移更多的财政手段；

·在哥本哈根都会区建立一个新的大都会县，作为一个财政单位，将更多财政手段从北方更为富裕的城市地区转移至西南地区相对贫穷城市和中心地区；

· 投资新的大规模的商业地产，开发大规模的住宅小区，并支持大规模基础设施建设，促进经济发展。

中央政府更倾向于上述对策中的最后一项。在 20 世纪 60 年代至 70 年代，大量的规划和项目将购物中心、会展中心、酒店和写字楼规划在毗邻市中心的位置。在这中间包括所谓的“城市西区规划”，导致城市肌理延伸部分的破坏。

在哥本哈根南部的一个岛屿维斯塔格尔（Vestamager）的填海土地上，为新的大规模住房计划准备了新的规划和项目，这片地区由国家政府和市政府共同所有，后来被称之为奥莱斯泰德。“住宅、住宅、更多的住宅”的口号，在大市长第一次竞选的时候就已经被提出。

哥本哈根基础设施新的资本投资已经做好了项目和计划的筹备，例如，修建一个新的城市高速公路系统和一个新的大规模地铁系统，包括一条具有争议的从北部地区到城市西区规划的贯入式道路（从灵比维恩道路和周围的环湖道路接入管道），这些按照当时的立法应当由国家政府资金资助。

实施这些计划和项目肯定会导致更多的交通堵塞，城市中心会有更多的商业活动，当然可能对历史城市环境造成破坏。狭窄的道路上有更多的车辆，像在其他欧洲城市的恐怖经历一样，比如斯德哥尔摩，然而上述计划和项目并没有被实施。这些提议在市议会进行初审，并在市议会上提出了相关数据，但直到今日也没有颁发任何赞同或反对的政治决议。

VI 基层民众和停滞不前的经济

首选的城市战略遇到了来自政治对手联盟的阻力：来自新左派运动的政党（不是共产党，至少不完全是），各住宅地区的活跃居民，非暴力政治主张的年轻一代，国家其他政党的政客，国会中那些最有可能反对几乎所有发展项目资金的所谓的绿营阵线，甚至还有工党和保守党派别的人。然而，经济停滞才是最具有决定性的因素。资金不足难以提供大型项目的投资，而如果能够争取到这些资金，它们最有可能是用在丹麦的边缘而不是首都。哥本哈根市中心的许多项目和计划被搁置。但是，规划过程中利益相关者的一些基本活动被掩盖了：

· 当然，县和市都尽了最大可能在满足它们自身需求的同时维持稳健的经济，以吸引更多尤其是更富裕的纳税人，更重要的是，在某种程度上避免那些可能成为社会福利项目负担的人。毕竟关心整个大都市的福祉并不是他们的直接责任。

· 哥本哈根中心区的市议会，出于同样的原因，经常会反对整个地区完全合理的发展规划和项目，也经常与郊区政府及其规划工作作斗争。

· 例如市政工程部之类的国家线路部门，投入大量的资金补助用于区域和地方发展，比如主要路网的基础设施系统，但在许多情况下，与城市整体发展的总体目标相比，它们更倾向于追求自己的利益。

· 各县市会采取一切必要措施以获得国家拨款中的最大份额，从而冒着扭曲的风险在整个城市或各部分的资本投资中获得平衡。

· 地方政府的官员由选举产生四年任期的职位，他们想要在下一次选举结果公布之前做出显而易见的政绩，然而规划师应该是有长远发展计划的职业。

· 地方政府官员们往往更倾向于关心经济增长，而越来越多的市民们则关心对城市现有结构和环境的保护。

总而言之，哥本哈根规划中的利益相关者都自然而然地在游戏中扮演他们的角色，不论他们是在国家政府或各县市政府内部还是在住宅区。但是在需要代表整个大都市需求的时候，这些利益相关者就不见踪影了。

VII 首都和偏远地区

20 世纪 40 年代到 60 年代，上述地区计划中的前两个是没有任何合法地位的。为了应对这一点，第三版区域规划从 20 世纪 70 年代中期（图 2.1c）就被市议会的规划师所提出，根据地方政府改革后新的规划法令，委员会多数都通过了该计划。

第三版区域规划展望了未来的城市发展和城市结构的根本变革。其中心思想是以大量的商业活动为中心，使公共和私人服务横穿指状规划中的各手指画一个半圆的轨迹。新的住宅区则沿着这条轨迹发展。

但是，再一次地，实际情况在实施该计划的时候又产生了变数，随即，规划中的城市增长因为经济衰退和能源危机几乎停止了。预期的城市发展并没有在哥本哈根实现，却在丹麦西部地区各省份的小城镇中蓬勃发展，与欧洲其他国家的发展相比这是一个出乎意料的情况，而导致这一情况的发生有很多原因，比如：

· 丹麦社会从工业社会，甚至更准确地来说主要是以农业产业化为基础的经济，转变为一个以信息与服务为主导的后工业社会的根本变化；

· 因为丹麦商界的结构非常特殊，是由许多小企业和少量的大型企业所组成，其中，小规模的商业活动也许觉得在各省的小城镇更舒适，从而哥本哈根的大型工业园区被拆除了；

· 丹麦国家规划的目标在议会的地区规划报告中被归纳为，多年来一直在促进国家的进一步发展，举例来说，为了促进偏远地区的经济发展，把哥本哈根作为资本主导以反对“单面的丹麦”发展；

· 20 世纪 70 年代初期的地方政府改革包含了对政府工作和服务的分权，也就是说将国家政府权力分散给各县政府，再分权到各自治市，使得全国各地的市政府和一些城市雇员的工作待遇更为优厚更有保障；

· 丹麦在 20 世纪 70 年代初期加入了共同市场，西部各省的大部分地区整合成为汉堡更具综合性的腹地，相反哥本哈根腹地的集聚性变小了。

VIII　城市更新与公民参与

同样在 20 世纪 70 年代，哥本哈根的中心区城市政府改变了它的政策，以应对上述经济衰退和能源危机。已经安排的有关商业活动、住宅区、基础设施系统的大规模规划和政策都被叫停了。针对之前的目标制定了全新的政策，也就是说要对城市经济和社会发展进行重新整改：

· 为了提高哥本哈根中心区政府处于劣势的财政状况，展开了关于非专项国家政府拨款新系统的谈判，但没有任何作用；

· 政治家对在未开发土地上进行大规模城市发展的计划和项目不那么感兴趣了，他们把注意力转移到了对前工业用地和空置建筑的再利用，以及位于城市内部的前海港地区的再开发方面；

· 总的来说，城市发展规划和项目变得不那么令人关注了，因为政客和规划者们开始花更多的时间在毗邻市中心的老旧住宅区的城市更新上了，例如，诺布罗和韦斯特布罗的城市更新项目。

事实上，诺布罗的黑色广场城市更新的进程就像是一出戏剧，在居民与有警察协助的市政府之间几乎爆发了一场真正的战争。更新项目导致大部分激进的居民不接受改变城市现有的结构，认为这是在使哥本哈根中心地区变成像乏味郊区的转变。但是对市政府许多上了年纪的政治家和公务员来说，新鲜的空气和现代的卫生设施，这些改变被认为是显而易见的城市福利的精髓。

包括城市更新计划在内的丹麦所有的规划，都受到根据规划立法得到社会认可的条款的支配。但是，根据黑色广场的戏剧或者其他城市更新计划的实施经验，使许多公民认为公众参与是一种模拟裁决或仅仅是空口承诺。

尽管随后在市区重建立法，以及在管理韦斯特布罗另一个大型城市更新项目中实施了租户友好和以参与为导向的变革，但互不信任却是普遍存在的。

IX 大哥本哈根市议会的意愿

第四版区域规划（图 2.2）从 20 世纪 80 年代末期开始筹备，并在 1990 年伊始被废除，成为大哥本哈根市议会的最后一项决议。[1] 该计划是在人口略有下降的前提下，以增加有限的住房建设和有限制但增长更为明显的办公场所的提供，来作为一个从工业或农产品加工业经济向通信和社会基础服务经济转化的指标的变化。首都的政客和规划者们表达了他们非常悲观的观点：

· 大哥本哈根已经不再位于丹麦最富裕的城市之列，由于哥本哈根的生活成本较高，它的生活标准已经处于全国平均水平之下了；

· 每年有 50 亿丹麦克朗（8 亿美元）从丹麦首都投放到其他地区，按照美国经济而言这并不是大数目，但在丹麦的大环境下来看是相当可观的，在哥本哈根地区，国家政府的投资远远低于其他地区的平均水平，比如国家在主要交通系统的投资上；

· 在 20 世纪 80 年代初期，丹麦的人口增长就停滞不前了，实际上是大都市哥本哈根的人口在减少；

· 丹麦一半的破旧住宅都位于哥本哈根。

从战略方面来说，丹麦人口如此有限的增速非常可能是因为指状规划的原因。就像指状规划一样，其目的是通过本地化政策和土地利用规划来培养和完善原有的城市结构以减少城市居民的出行时间和支持大众交通工具与汽车运输的竞争等，然而，第四版区域规划比指状规划更加复杂，因为它带来了许多其他问题，比如非城市用地规划和环境规划。

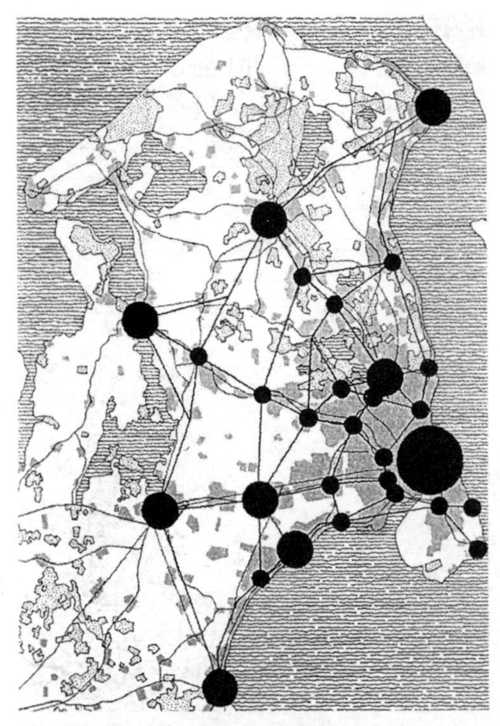

图 2.2　源于第四版区域规划的两张地图

举例来说，第四版区域规划提倡在价值较高的地区大规模植树造林，因为这可以有助于欧洲共同体削减农业剩余生产的政策，同时为哥本哈根居民提供特别的娱乐机会。

X　国家和区域规划的新标志

大都市议会的废除导致区域规划的任务在国家政府的指导和控制下，交由五个县级单位来执行，特别是国家空间规划署。责任转移的初步结果可以在图纸上看到（图 2.3），那些地方与新近的区域规划一起得到展示。

在北部的县，腓特烈堡县，希勒罗市看上去是该区域发展的中心，像是网络中心的蜘蛛。指状规划中的小手指和中指的外端部分在某种程度上就像是被切断了，在区域外围自在生存。西部县罗斯基勒县的规划与腓特烈堡县呈现同样的图景，但却有罗斯基勒和葛城镇两个卫星镇。在哥本哈根县中间部分，所有手指的中间部分都被从手掌上去掉了。

有关组织规划、城市发展和城市更新的大量创新想法几乎同时出台。计划的目

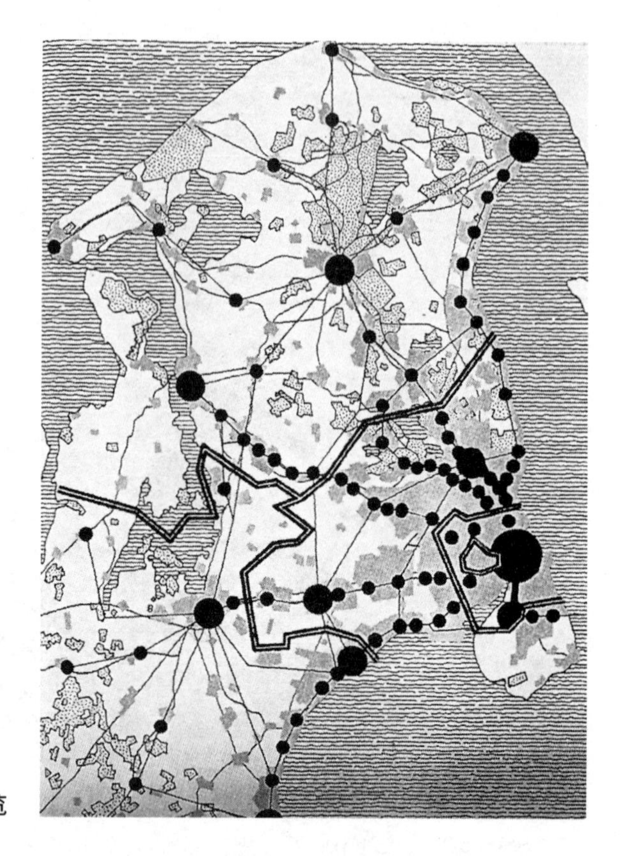

图 2.3　西兰岛北部新近的区域规划总览

的是在规划和实施过程中，包括投资者和房地产业主与当地政府机构能够处于平等地位。新的合作已经开始创立了。一家以 Ørestadsselskabet 为名的开发公司，计划推动阿玛岛上的一个新城开发，就是一个好的案例。

并且政府改变了国家和区域的规划政策。以前的目标旨在向更均衡的国家发展，直接反对“单面丹麦”计划并将其放弃。现在的目标则是强化城市结构以面对来自欧洲其他城市的竞争，主要是强化厄勒海峡两岸的哥本哈根和马尔默这两座城市的结构。

XI　一个拥有 250 万人口的厄勒海峡新城市

在丹麦和瑞典之间的固定链接（桥和隧道），位于丹麦哥本哈根和瑞典厄勒海峡边的马尔默之间，多年来一直遭受公众的争论，但现在仍在建设之中。一个新的厄勒海峡城市，由哥本哈根、马尔默以及其他城市聚居点构成，作为北欧增长轴与柏林和汉堡竞争，同样遭受类似的公众争论。支持者认为：

·固定链接建成后，将会出现一个新的紧密结合的城市，有 250 万城市居民，其中 170 万在大都市哥本哈根，80 万在瑞典南部；

·这个增长轴在地理位置上位于从斯堪的纳维亚到中欧的车辆和火车交通的交叉路口，也是从西方世界到波罗的海国家的航运中心点，并且靠近欧洲最重要的机场之一；

·在欧洲的竞争和额外的城市服务的背景下，该地区商业活动的潜力将得到充分加强，在文化、教育和研究中心方面，将使同样的人口能够享受到更多的城市服务。

怀疑论者，其中的环境保护人士正在为其他目标而行动：一个友好的、开放的、绿色的城市，干净、交通不堵塞、公共交通不晚点、房地产价格较低。他们还质疑一个单一的固定链接是否足够，毕竟，这是为这个拥有 250 万居民的新的、更大的城市而创造。

这个仍然非常开放的构成能够以某种方式同像汉堡一样的紧凑型城市进行比较吗？

XII　城市翻天覆地的变化

无论如何，正在建设的固定链接（桥和隧道）肯定会使哥本哈根的城市结构发生翻天覆地的变化。因为目前国际公路和铁路交通的主要推动力从城市的北部地区穿过，无论是从埃尔西诺（赫尔辛格）镇或者海港的北部，通往南部或西部地区都会穿过一些人口最稠密的城市地区。

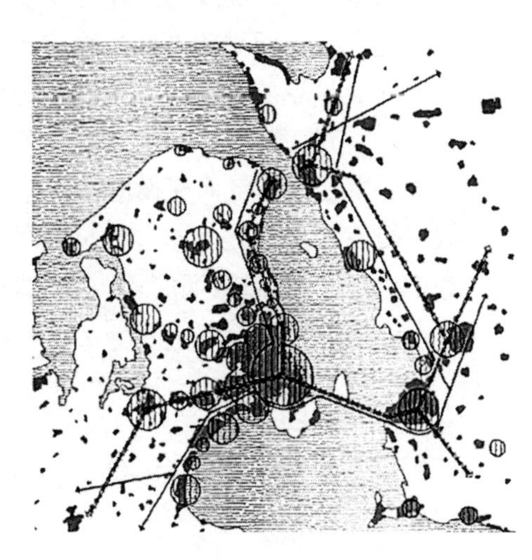

图 2.4　厄勒海峡地区的城市聚居点和发展规划

这幅图景将在建成固定的链接后被颠覆，将来大量的跨国交通将移向南部和周边城市的郊区。

正如本节开始所述，目前的线性城市结构或许可以被一个从北部到西部和南部的三角形结构的发展走廊取代——像今天一样，从东到西—城市的南部—从北部到东南地区—沿着厄勒海峡海岸发展。新的城市拓展范围的可达性将会明显增加：

· 新的城市有一些规划，厄勒海峡（一个为吸引国际投资者而设计的城市），将会在维斯塔玛填海造地，规划一块非常接近城市中心和机场的、完全属于丹麦和哥本哈根市的空地。该城市将根据特别立法制定，部分地不受一般规划立法规定的常规规划程序的干扰。已经按英国的传统为新的城镇而建立了一个特别开发公司。在 20 世纪 90 年代中期，举办了一场建筑竞赛，并提出了最终的总体规划；

· 几乎所有前海港区域都已准备好重新开发。这条水线延伸约 10 公里，横穿哥本哈根市中心。城市的发展潜力独特，融合了城市和前海港可能的娱乐价值；

· 此外，一些前工业区被空置下来以进行重建，例如沿着厄勒海峡海岸从市中心到机场的区域。

XIII 再一次的城市蔓延？

城市结构的这种潜在变化自然会影响大哥本哈根的整体发展，而不仅仅是中心地区的再开发。然而，整个地区的发展目标尚未明晰。曾经提到的城市发展项目，在整个大都市区的区域规划中都没有进行评估，引发了一些问题的产生。

对如此大规模的城市新区的供应，是否存在需求？是否有必要为了一些政治家和规划者显而易见的野心，为大规模通信和服务活动提供如此大范围的布局？能否和过去一样，在大都市中还有着较小的、完整的城市单元或城中城的适当阶段，为吸引外国和丹麦投资者而建设城市？

或者更有可能的是，这些有问题的中心和有吸引力的地区，会像在 20 世纪 60 年代和 70 年代的狂热时期的郊区城市那样，受到随意而分散的城市蔓延影响吗？

注释

2000 年 7 月，在这一章写完之后，建立了一个新的大哥本哈根都市发展委员会。新委员会负责该规划范围的区域规划。

第三章

分层的城市

彼得·马尔库塞（Peter Marcuse）

> 恩格斯指出了工人阶级、中产阶级和上层阶级不同的城市视野。那些“金钱贵族”，他们将自己限制在自己的“生意或娱乐之路上”，可能永远也不知道劳动人民的住处，也永远不会“看见……他们正处于肮脏的苦难之中”，大道两旁商店的立面“足以遮蔽胃口巨大但神经麻木的富人们的双眼，他们对源于自己财富积累的各种悲痛视而不见。”[1]

I　碎裂的城市

当今城市居住的情况，根据寓所（quarter）这个词几个方面的含义，已经造成了真正的碎裂城市（quatered city）。当谈到当今世界的某一个主要城市时，想要将它描述准确几乎是不可能的，更不用说像纽约这样的城市了。在纽约或任何其他大城市里，人们所看到的、感受到的、体验到的，将与另一个人所看到或感受到的截然不同。

城市的碎裂沿着若干维度运行，但是：对于像纽约这样的城市，最关键的维度可能就是沿着种族、阶级、职业、民族几条线路。这些线路彼此之间相互联系，在空间结构上有相互重叠之处。其结果不仅造就了一个碎裂的城市，而且是一个分层的城市，其中的一条线与另一条线相互重叠，有时产生出和谐的居所，有时则不。碎裂会随着时间的变化而变化：同样的空间占地早晚用处不一，在人们工作的场所更是必然如此。下午晚些时候，当年轻的白人男性雅皮士会计师离开市中心的办公大楼时，年迈的女性黑人清洁员工开始工作。把多重空间划分加在一起，叠加时间维度，我们可能不仅要谈论碎裂的城市，还要讲分层的城市。

首先，让我们从碎裂城市的概念开始。可以说这种概念融合了居民生活的空间安排和商业活动的空间安排。

我们或许可以从分离的居住城市说起……

在城市的高档住区，富人的住宅，位于明确界定的居住区域，同时没有空间束缚。就住宅区位而言，大富豪的住宅往往不与城市的其他居所相接，如同人们驱赶马匹将犯人五马分尸，不再关联。对于富人来说，城市和住宅的区位都不如权势和利益来得重要。

城市的重构导致了房地产价值的提高，而这些地区的富人已经获得了不成比例的收益。乔尔·布劳（Joel Blau）引用的数据显示，从 1973 年到 1987 年[2]，额外的物业收入占据了排名前 1% 人口收入增长的 45%。对于他们而言，这是最首要且最重要的盈利机制。他们从城市发生的活动中盈利，或是从这些活动所创造的房地产价值中盈利。他们也许也很乐意住在城市里，但也还有许多其他选择。如果他们住在城内，那也是在一个与世隔绝的世界里，隔离了与非本阶层人员的接触，且拥有休闲时间和满足感的仔细保证。如果城市不再提供利润或享乐，他们可以放弃它；1975 年，纽约市 75% 的企业首席执行官将公司总部设在城外。[3] 对他们来说，纽约是个可以随意处理的城市。多年以前，他们曾考虑要通过公共手段，例如分区，来保护他们的独立空间。[4] 西摩·托尔（Seymour Toll）生动地描述了第五大道的富人们利用 1916 年纽约第一部分区法来保护他们的豪宅免受"不一致的邻近用途"的趣事。如今，每栋私密的高层公寓都有自己的安保，并且还有围墙保护免受打扰。新建的购物商场、人行天桥和警卫保护的步行者购物中心都是社会隔离的鲜明写照。例如，在市中心的人行天桥上，无论是象征意义上还是物质空间上的，都允许商界的男男女女走过穷人和底层百姓的头顶。[5]

城市中奢侈区域与其他区域出现明显隔离的原因竟是为了谄媚富人。类似纽约这样的大城市，急切地驱逐街道和交通运输中心的无家可归者，只为了服务有钱人，将流浪者从富人的视线和感官中移除，移到穷人所在的遥远内城中去——甚至于制造有人居住假象的假窗，粘贴有植物和威尼斯百叶窗的贴画，制造了一个波将金村，供富人们在驱车上班的路上欣赏。恩格斯本可以发现这种模式似曾相识。然而奢侈区域依赖其他区域为其提供服务与支撑，同时在空间上与其相分离。

中产阶级化的城市[6]服务于专业人才、经理、技术人员和 20 多岁的雅皮士及 60 多岁的大学教授。他们在城市中过得不错，但却为他人工作，最终受人摆布。这些人令人沮丧的伪创造性行为[7]导致了对其他满足感的探求，并在消费、特定的文化形式及自身原有的历史性"文雅性"内容的缺失中找寻，这种情况相较于知识生产力和政治自由，更多的是和消费有关。[8] 对于居住地，他们更多考虑的是环境和

图 3.1　布鲁克林世界贸易中心前被遗弃的房屋。丹·威利（Dan Wiley）摄

社会设施，以及安静与否、历史情况、是否时尚等方面；中产阶级化的社区，老的中产阶级地区，现代且设施完备的新开发公寓都能满足他们的需求。由于漫长且不可预知的工作时间安排及频繁的交际，他们对于服务设施的可用性和交通联络都有一定的要求，因此居住地靠近工作地点是很重要的。

传统家庭所在的郊区城市，即便不在结构或位置上的实质上的郊区也是如此，会被那些高薪工作者、蓝领和白领雇员、"下层中产阶级"、小资产阶级所寻求。郊区城市提供了稳定、安全并且舒适的消费环境。独立的家庭住宅更受业主的欢迎（依据年龄、性别和家庭构成而定），但合住、成套的公寓住宅或是出租公寓也是可以接受的，特别是有补贴或是地点靠近交通站点的住宅。家是自我领域的象征，可以将身份较低者排除在外，保护人身安全免受侵扰，政治上的保守主义，舒适并且能够逃离工作的世界（因此经常与工作的空间分离）是其特征。住宅物业价值的保护（兼具财产安全和遗产继承以及居住的功能）是很重要的。阿奇·邦克（特指头脑顽固且自以为是的工人）给人以贬义的刻板印象；骄傲而独立的工人 / 市民则是硬币的另一面。[9]

租赁城市必须为那些较低收入、挣最少工资或略多一点、频繁换工作、没有

图 3.2　布朗克斯的夏洛特花园。理查德·普伦兹摄

福利和保障、工作没有安全感、没有升迁机会的低收入工人着想。他们所处的城市保护性很低或是孤立的。以前，他们居住的社区被称作贫民窟，里面的居民被认为不守规矩和没有教养，他们是贫民窟清理和城市“升级”的受害者；如今，他们处于被遗弃的状态和/或流离失所、服务削减、公共设施恶化、政治上被忽视的境况。

因为城市作为一个整体运作需要他们，然而，他们可以利用政治压力来获得公共保护：在很大程度上，租金调节、公共住房等政策得以通过得益于他们的活动，虽然当压力过后更高阶层的人群会从中得利。当他们的住所由于城市更新或改造被作“更高端用途”的时候，他们只能被迫搬出去。与那些打着保护他们社区的旗号进行拆迁活动的抗争已经引起了我们这个时代最激进的社会运动，尤其是当他们的富裕邻居们为了保护家园而参与进来之后。

在美国，从经济和种族方面来说，废弃的城市是那些极度贫困、被排挤者、从未就业和永久失业者、无家可归者和收容所居民所居之地。破败的基础设施、日益恶化的住房条件、外界冷漠力量的支配、街道上直接的压榨、种族歧视和隔离、刻板的女性，这些都是日常生活中的现实。公共政策加强了穷人的空间聚集度；公共（社会，委员会）住房最后越来越像隔离房（更好的单元被尽可能的私有化了），毒品和犯罪都集中在这里，而教育和公共服务则被忽视。

II　多重的商业城市

同样的，人们可能会谈论不同城市的商业和工作。商业城市及其分区在空间上与居住城市及其分区是不同的。经济活动在空间格局中的分界线定义了相近的多种职业、阶级、身份及工作的范围。然而，如果我们通过部门的主要活动定义经济区划的话，可能会再次得到一个由四或五个部分组成的分区。

支配型城市（The controlling city），也就是起重大决策作用的城市，由高层办公楼、知名区位的上流社会或古老大厦组成，越来越不受区位的限制。这个网络中有某些人的游艇，某些人加长豪华轿车的后座，另一些人的飞机和分散的住所。但这些在空间上并非固定不变。占支配地位的城市不受空间约束，虽然在不同时间进行活动的地点是确定的，并且通过围墙、护栏、限制进入等方式，比城市其他任何部分都更加重视防卫。

然而，支配型城市往往位于拥有高端服务的高楼中心（顶端，物理和象征意义上），因为那些在命令链顶部的人希望他们的下级在他们附近而且得到响应，并且以此类推下去。我们采访了负责规划法兰克福银行新高层办公楼的负责人，揭示了专业人士得出的结论是功能分离，即高层管理人员在市中心，而所有其他人在后台办公地点是银行最有效的模式，但被上级引用前述的唯一优势作为理由推翻了。与此类似的，纽约的花旗银行希望它们的下级职员可以直接联系到上级决策者；信用卡数据录入业务可能会搬到南达科他州，但那些需要行使自由裁量权的银行活动则不会挪动地点。这些地方，无论它们在哪里，都是通过通信和交通通道紧密地联系在一起的，如果依靠它们的话，这些通道可以隔离城市所有其他地方。

支配型城市与居住城市的奢侈区域在住房率和特征上有相似之处，但在时间和空间上则并不一致。

高端服务城市（The city of advanced services），专业机构紧密聚集在城市的中心，高层办公楼内部还有许多配套服务，严重依赖广泛和先进的通信网络。摩天大楼中心是典型的模式，但不是唯一的。城市中心边缘的区域，如法兰克福 / 梅因，城市外围一些的，像巴黎的拉德方斯、罗马外围或投资者希望选择的伦敦码头区；或者分散在城市内外交通和通信都很好的位置，例如阿姆斯特丹。社会、“意象”等因素也将发挥作用；“地址”以及位置对于商业来说也很重要。然而，在特定的城市中，无论是一个或几个位置，高端服务城市都能发现很强的聚集性，并且一眼就能被识别。

高端服务城市与经济城市相似，具有中产阶级化的居住城市的特征。

直接生产城市（The city of direct production），不仅包括制造业，而且还包括高端服务，用萨斯基亚 · 萨森（Saskia Sassen）的话来说，政府机关、大型企业的后勤部门等，不论是否与其管理部门相邻，都位于大都市区的集群之中，只不过位于不同位置。位置不同，但不是任意或混乱的：顾客 / 客户（本身就是一个有趣的二分法！）希望快速和便捷的联系，内城的位置是首选之地（就像在曼哈顿中城和印刷业金融区之间的工业谷，或者在纽约的唐人街和纺织生产的服装区）。

对于批量化的生产，区位则不同。自工业革命开始以来，格局发生了巨大的变化。起初，工厂靠近城市的中心；事实上，这在很大程度上带动了城市的发展，如美国新英格兰或中西部地区的制造业城市，或英格兰的工业城市。但更多的现代制造方式需要更多的单层空间，需要为汽车提供更多的停车场而不是工人步行的路径，并且更多的操作被内在化了；因此，土地成本变得比当地的集聚经济更重要，郊区或农村地区更受青睐。

直接生产城市与居住的郊区城市在时间和空间上相似但又明显不同。

非技术工作城市（The city of unskilled work），以及非正规经济、小规模的制造业、仓储、血汗工厂、技术不熟练的消费服务、移民产业等，与拥有制造业和高端服务的城市紧密交织在一起，区位靠近它们，但却是独立的，处于分散的集群中。[10] 区位部分地由经济关系决定，部分则是按居住城市的模式决定的。由于劳动力供给的性质决定了这些活动的盈利能力，因此居住地点对那些愿意做低收入和 / 或非技术工作的工人有重大影响。因此在纽约，血汗工厂一般位于唐人街或华盛顿高地多米尼加地区，在迈阿密则位于古巴飞地，或在遍布世界各地的城市贫民窟之中。

非技术工作的经济城市与租赁城市相似，尽管时间和地点又有所不同。

剩余城市（The residual city），也就是更缺乏合法性的非正规经济城市，承载邻避设施（NIMBY——“不要建在我家后院”）以及废弃的生产建筑的所在地，一般而言与废弃的居住城市相似。但政治抗议多是针对城市基础设施产生的严重污染和对环境有害的成分，这些设施对于经济运行而言是必需品，但却没有直接与任何经济活动紧密相接，这些设施一般是：污水处理厂、垃圾焚烧厂、公交车库、艾滋病患者住宅区、流浪汉的住所、青少年拘留中心、监狱等。纽约最近通过了条例，旨在各区“均衡”地布局邻避设施（像监狱或废物处理设施等不受欢迎的设施，而引发的“不要建在我家后院”的运动），就是这个问题的延伸及其政治波动性的反映。

但是，这种情况下，剩余城市与废弃的居住城市非常相似。

把这些线路上的居住和商业部门合在一起，一个总体的模式就浮现了。在这个模式里，看似相互分离的线路或多或少存在着一致性，社会、经济、政治和文化部门有很大程度的（但不是全部）重叠。因此，可能会有一种说法是五个不同的城市共存于一个共享边界和大众参照的单一"城市"。但是，分离的界线比这五部分的划分要复杂很多。随着住宅城市和经济城市在规模上的不断发展，美国的黑人、西班牙人和移民家庭的比例在不断增加。同时，女性主导的家庭比例也在增加。种族、阶级、民族和性别造成了分化的重叠模式——令人厌恶的差异，因为毋庸置疑，这些差异不仅仅是简单的"生活方式"或"特殊需要"，而是折射出权力和财富的等级制度，一些人做决定而另一些人被决定的地位。

为上文提到的复杂分区提供一个可视化的表示方法是图示住宅的位置。如纽约，图 3.3—图 3.10 四对地图反映了主要类型的划分：民族，种族，收入，职业。

1 个点 =5，总计 =80497

图 3.3　亚裔的贫困人口分布图

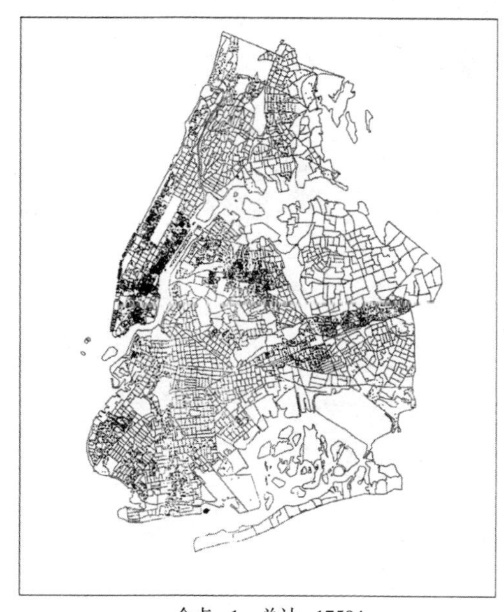

一个点 =1，总计 =17504

图 3.4　收入在 7.5 万美元及以上的亚裔家庭分布图

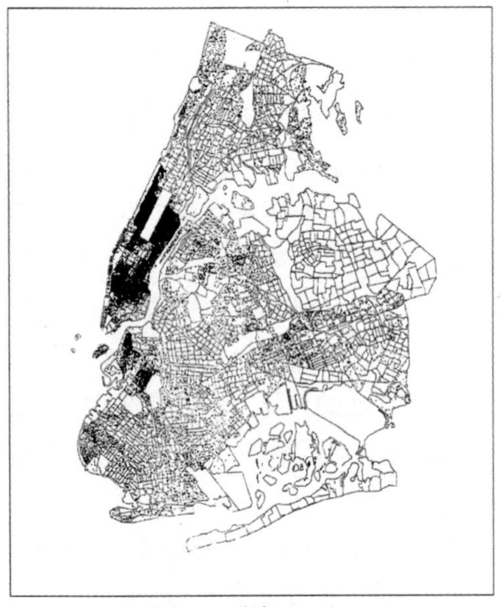

1 个点 =3，总计 =103942

图 3.5　地图：有英国血统的人的分布图

一个点 =20，总计 =613642

图 3.6　地图：有意大利血统的人的分布图

1 个点 =20，总计 =513168

图 3.7　生活中在贫困中的黑人分布图

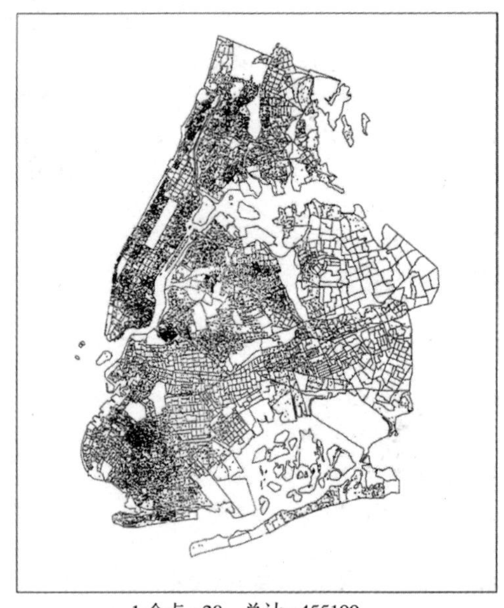

1 个点 =20，总计 =455199

图 3.8　生活中在贫困中的白人分布图

图 3.9　制造业工人分布图

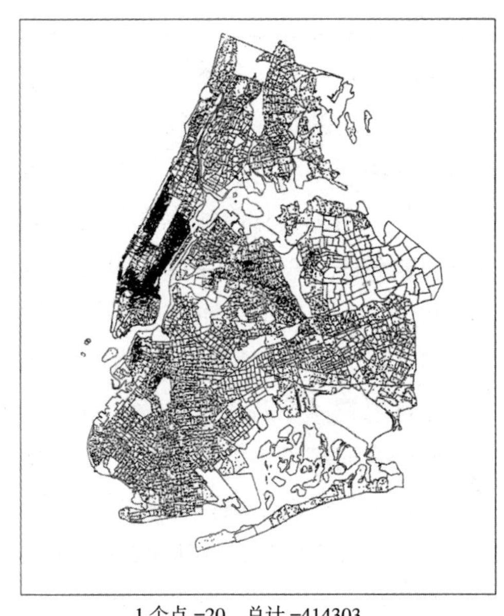

图 3.10　行政人员分布图

III　集群的形式

这种集群的复杂模式是城市的特征，沿着多个维度进行聚集，其中一些维度与其他维度相关并相融合，另一些则独立于所有其他维度。集群本身的强度也没有提供一个对那些凝聚在一起或各自分开的特点统一的描述。首先，在每一种情况下，群体内所有成员都没聚集在一起；群体与群体之间聚集的程度差别很大，最大差异出现在种族上，也就是我们地图上的黑色和白色，最小的差异是民族，因为现今的有些民族已经在城市中存在了很久，并且很好地整合到了经济生活之中，如意大利人。此外，集群的模式各不相同，所有的集群也是不一样的。可区分出来的至少有五种不同的模式，包括贫困而排外的贫民窟，到传统上完整但现状空间分离的贫民窟，从飞地、移民、文化、排外等不同类型，到富人的避难处。表 A 显示了每种形式的关键特征，作者会在其他地方更详细地定义每一个细节。[11]

上述的五个特征，每一个都需要定义。

1. 空间形式：从定义看，“分离”是所有飞地聚居区及贫民窟的特征之一，我们只是以分离作为本文研究对象的定义特征。但分离的物质形式，反映了它的经济和社会特征将有很大不同。“孤岛”在这里被用来指代众所周知的、一般可见的界限：

它们可以是实际的墙，就像许多中世纪的贫民窟的情况，或物质的界线，如公路、河流、陡峭的山坡、高楼，或法律界限，例如种族隔离的南非的群体边界。[12]

这里列出的每一个空间结构都与它们所在的城市 / 大都市地区各种不同的整体空间格局相一致，它们具有很大的多样性，取决于规模、内部边界、社会融合的可能性等等。用美食作隐喻也许是恰当的：像在一个炖锅里混合，没有一种单独的成分可以被识别；或者像在炖煮的菜中或一份沙拉中，其中不同的成分仍可以检视，但相互作用，成为不是原有成分的混合物；或是一碗水果，每样都保存自己的果皮，虽然相互接触，但不影响彼此单独的味道。

2. 自愿是一个程度的问题。可能有一些人能从生活在有防御的飞地中得到快乐，他们在居高临下的环境中，享受城堡似的地位；但可能有更多的人，他们的第一选择是更自由的生活，没有那么多城墙环绕。同样，贫民窟的一些居民可能会发现，他们无力搬出去，事实上是一种庇护，消除了挑战，不可避免地就带来了团结。但在大多数情况下，自愿是一个程度的问题；飞地和贫民窟都有一定的优点和缺点。然而，在极端情况下，区别是显而易见的。

贫民窟、飞地和城堡：初步分类

	范例	1 空间结构	2 是否自愿	3 经济关系	4 社会关系	5 识别特征
贫民窟						
典型的贫民窟	犹太贫民窟：哈勒姆，1920 年	孤立，有围墙	否	分散但相互联系，被剥削	区别对待	种族，肤色，宗教
被遗弃的贫民窟	今天的南布朗克斯	孤立，有围墙	否	排外的	区别对待	种族，颜色，阶级（底部）
飞地						
移民飞地	古巴迈阿密唐人街	集中但混杂	是，视为过渡	分散但相互联系	开放的	民族主义，种族主义
文化飞地[13]	威廉斯堡，Soho	集中但混杂	是，视为永久	多样的：普遍较完整	非等级歧视	文化，语言，宗教，生活方式
排斥性飞地	贝弗利山	孤立，物理保护	是	完整的，剥削的	区别对待	阶级（上层），地位
城堡						
皇家城堡	坎顿，特朗普大楼	孤立的，物理上占主导地位	是	完整的，剥削的	区别对待	阶级（上层），政治，军事权力

3. 一个粗略衡量该地区和那些地区外的经济关系的方法是该地区就业的位置：居民是否主要或完全在该地区内就业，或他们是否住在该地区内，但寻找区外就业的机

会？威尼斯犹太人聚居区或是哈西德派的威廉斯堡是与外界联系地区的案例。古巴迈阿密在很大程度上是面向内部的，并且目前的特区立法[14]明确地考虑了内部的联系。

4. 社会关系的目的或多或少是为了掩盖等级体系，以及区域内外人们之间的压迫关系。环绕豪华花园式住宅的飞地和公共住房项目的围墙可能有点类似；决定性的区别在于在围墙不同侧边的社会（经济和政治）关系。

“少数”和“多数”似乎是这里第一个主要的近似差别，但前提是这些术语不是定量而是定性界定的。一般来说，那些被隔离的人也会是少数人，那些形成排他性“飞地”的人占多数。但关键问题是关系；如果使用英杰（Yanger）的定义，“一个少数民族被定义为一个群体，无论其在阶级阶梯上的位置如何，都面临追求生命价值的障碍，这些障碍大于其他同等资格的人面临的障碍”，那么少数 / 大多数的区别在这里变得直接有用。[15]

文化差异不必联系到社会等级的差异——但人们可能会质疑，是否这两个因素真的可以分离。因此，路易斯·沃思（Louis Wirth）在谈到中世纪的犹太人聚居区时，说“地理上分散的、社会上孤立的社区似乎为遵循他们的宗教戒律提供了最好的机会。”[16]可能有人会质疑这样的“机会”是否是自由选择的，或者它是不是代表对周围非犹太环境的等级关系的妥协和适应。通过上文我们看到了关于“自愿”意义的讨论及其定义的含糊不清。另一方面，许多建构良好和经济整合的群体使用“住宅集群作为保护民族特色的援助手段”[17]；这些例子多到难以一一赘述。

5. 与那些显而易见的结论相反的是，作者不认为一个群体的识别特征和任何他们占据的独立区域的本质之间存在系统关系。在美国似乎一提到“种族”或肤色，如黑人，就与排外的贫民窟完全联系在一起；但是，正如之前讨论过的一样，作者认为只有将收入或经济地位结合在一起考虑时这些观点才能成立，而且并不是肤色单独发挥作用。有宗教的贫民区和宗教区；在河内或雅加达，华人可能生活在隔离的外围区域并且有着与纽约或旧金山不同的关系。事实上，应从根本上反驳根据在世界上的地位对种族、民族或出身进行严格区分；这是一种归咎于受害者的种族主义形式。

贫困或权力，从另一方面，是社会制造的差别[18]，与由这些特征主导的特定空间的分离形式直接相关。

IV　经验的分层城市

这个碎裂城市的隐喻描述了作者试图阐明的分歧的关键方面，但它并没有充分捕捉到这些分区的居民和使用者的生活经验。原因有三：

第一，个人对城市的体验既是他们生活的一部分，也是他们融入经济世界的一部分。城市的居民和用户不一定是同一个人，即使当他们是同一个人，他们也用相当不同的能力来体验城市。有一个突出的例子，就是在最近几年我们看到的关于纽约规划的政治冲突的差异，在曼哈顿从事房地产企业的人士和开发商，他们的经济活动有力地支持了分区限制的松动、高密度的建筑、街区的改造，而后受益于房地产，与此同时，作为城市居民，他们反对在自己家附近建造房屋，反对过高地评估他们的住宅，因为这将会增加他们的纳税，他们反对开发的提议，担心会影响他们工作以外的个人生活。他们用一种方式使用城市，而用另外一种方式作为居民去体验它。这个矛盾其实是缺乏一致性的问题，城市是住宅的城市，也是经济活动的城市。

第二，封闭、分区城市的比喻更进一步误导，暗示着个人被限制在他们的住所进行活动，并且一直都这样。但是，正是因为城市住宅和经济分区的不一致，所以有通道从一个区到另一个区，这条通道几乎每天都被大部分人所使用。理想城市（在过去经常被规划师信奉的）是生活和工作在同一个地方——最大限度地减少通勤时间去工作，这个概念以前是理想城市制定的标准，而现在没有实质性的含义。工作通勤是理所当然的，但让工作变得短暂和舒适才是我们的目标，并不是去消除工作时间。只有在奇怪和可疑的情况下，一个人生活的地方才会提供就业的机会。映入脑海的两个例子，在纽约市授权区的规划中，贫穷的非裔美国人将在他们已经生活的地方得到工作岗位，而且所谓的“边缘城市”，也试图提供工作空间、大型办公室，并在郊区开发住房。在美国社会背景下，种族在两个概念中都扮演着主要的角色：在一个案例中，让黑人留在内城，另一个案例则为了防止白人中产阶级与他们有联系。否则，即使社区存在经济和住宅发展的机会，两者也会保持空间分离。在家工作仍然是例外而不是惯例。只要在高峰时间看一下东京中央火车站就会明白。

因此，一个人不同的活动占据不同的空间，碎裂城市的隐喻必然映射其中的动向。

第三，这让作者想到了第三个维度，即分隔和碎裂的静态隐喻不充分之处：时间维度。人们不仅占据了自己的家庭并去不同的地方工作，他们也在不同的时间这样做。在约翰内斯堡富裕的白人郊区，白人业主在早上上班，而黑人仆人进来，住宅小区由白人至黑人的变化是早上八点开始的。在纽约市中心的摩天大楼里，律师在晚上 5 点或 6 点离开办公室；清洁人员在律师走后进入办公室进行工作，当律师

第二天早上回来的时候他们才能离开，他们的收入仅是律师的百分之一。最近东京和曼哈顿的研究都表明白天关键位置的人口远远大于夜间，当然人口的组成也是不一样的。相同的空间被不同的人在不同的时间所占据。在最近对空间重要性的重新发现中，时间关系常常被忽视。

所以分隔和碎裂的城市意象必须考虑到居住和经济活动的不同空间结构；这种想象必须考虑到个体在这两项活动中的运动；也必须反映时间的因素：不同空间被不同的人在不同时间所从事的不同目的所占据。

作者建议将分层城市的隐喻作为一个开始，去捕捉这些复杂维度划分的概念。这里所展示的地图，如果可以视为能够彼此叠放的透明胶片，则可能使这种图像具体化。不同层次的分离反映了现实世界中的实际分离；纽约市的种族隔离程度，就像大多数美国城市一样，是相当显著的。一个城市甚至可以因种族而进一步分裂，这样在城市里可以清晰地看到黑人和白人专业人员生活在城市的不同地方、不同的层次。但是他们工作场所的地图会显示较小的差异，这种差异发生在不同层次和不同时间。因此，在另一个透明的层次上，可以将同一个空间通过用途的区分可视化，如分区代码所示。在第三个层次上，可以将交通运输模式可视化，表达出每一天、每一个小时的使用情况。一个层次或许会显示孩子上学的地方，另外的层次则会显示娱乐设施或者商业设施的分布。每一层次都显示了城市的整个空间，但没有一个层次能够展示一个全面的城市。每一个层次都反映出分区和隔离，正如上文讲到过的，但是大多数在空间配置上与其他层次都是不同的。

V　全球化及其空间模式的决定因素

产生城市内部结构的力量可以分为两大类：（1）来自一个超城市层次（全球的、国家的、区域的），超出了个体城市的控制，并作为当前的趋势存在于所有的城市中；（2）那些特殊、具体的城市，基于其独特的历史、特殊的建筑环境和自然条件、城市内部的力量平衡，以及以往的经济、社会和政治发展的特殊形式。在此作者想更多地聚焦于一般的模式，认为像纽约这样的全球性城市的发展与世界上其他城市的发展并无不同。[19]

城市内部变化的原因可以追溯到更高的空间层次的发展，至少是区域性的[20]，但更关键的是国家和世界层面。后者伴随的国家和区域影响，在今天被普遍纳入全球化的概念下，这是一个经常使用的术语，但定义不明。全球化可以包括许多进程，如经济活动空间结构的变化、资本以及人员的流动、价值观和规范在世界范围内的传播。我们这里提及它是为了说明全球化的构成[21]，即，（1）新技术；（2）增加贸易和流动性；（3）增加控制集中度；（4）减少福利国家的监管权力（至少这是作者的意思；如果我们自己不去定义，我们就不应该抱怨别人没有定义）。

全球化显然与商品、资金、人员的流动有关。例如生产的全球化导致造船厂和纺织生产从西方欧洲国家向环太平洋国家转移。这个过程可能会影响这两个区域劳动力市场的地位。迁移的影响当然也是双向的。劳动力输出国往往是那些贫穷国家或存在剥削的国家，会流失人口，而人口输入国主要是更富裕的国家，会接收那些不得不找地方安家的人或家庭。人口涌入一个国家可能会改变城市和邻里的特征，因为这些地区成了外来人口的居住地。讨论这个新分区的城市的主要问题之一是：为什么有些地区确实会接收来自其他国家的人，而另一些地区却没有。移民涌入的地方性后果通常是（但并非总是如此；见例子）（White，1998）与贫穷家庭的涌入联系在一起的，他们往往从属于不同的文化或种族。针对这些话题有数以千计的研究。

全球化如何影响社会的不平等？更具体地说，我们已经在本章描述了纽约的全球化，它如何能影响城市内部的划分和邻里的生活？基本上，从两条推理线可以看出端倪（博格斯等，1997）。第一条线索在罗伯特 · 赖希（Robert Reich）的著作《国家的作用》（1991 年）中提及。他认为，由于全球化进程的不断加剧，当地社会团结的形式变得不那么重要了。精英们越来越不依赖于社区下层群体的服务。人的生活越来越独立。富人的生活世界显然比他们的生活社区大。梅尔文 · 韦伯（Melvin Webber）的“疏离社区”的老观点在今天似乎变得对那些位于经济环境高端的人更重要了；“城市领域”成为“非空间”的概念。对于非常贫穷的人，同样的原因，他们在空间定义上的社区变得越来越与主流的经济功能不相关。两种社区的位置关系相对对方的重要性都大幅下降。

第二种推理聚焦于全球化在一个日益分化的社会中导致了一种社会经济共生现象，这种现象可以在越来越多的高学历和富人家庭，以及越来越多的低收入人群中看出。第二种推理的关键在于它们彼此依赖，其中一个群体拥有购买另一个群体所提供的产品和服务的资金（见萨森，1988，1991）。两条推理线对城市的空间划分，以及对特定区域内的生活影响可能会非常不同。强调非空间的发展可能会导致一个社会和空间越来越脱节、破碎和两极化。强调共生关系可能（但不一定会）最终导致社会两极化更强、相互依赖更多。城市地区可能会因此包括不同收入、种族、技能、教育水平的居民组成的邻里（萨森很模糊和 / 或不清楚是否所有人都是相互依赖以及它有什么样的城市空间影响）。或者，两极化对不同的群体有不同的影响，导致其中一些形成飞地，而另一些则变为贫民窟。

全球化可能会导致邻里、完整社区、隔离社区或三者结合形成的社区的重要性下降。至少对美国来说，其答案是明显的，其原因也是如此。

无论其最终的理论结果可能是什么，全球化导致的持续增强的沙漏形（更实际地说是保龄球形）收入分配结构是人所共知的。[22] 正如对德国“三分之二社会”[23]（三分之二的人享受富裕，而三分之一的人陷入贫困甚至接近贫困——译者注）的讨论一样，最近对美国 1990 年人口普查结果的研究反映了这一点。部分原因是生产技术方法的改变而产生工作需求的变化：对更高技能的更大需求和对低技能的较少需求。但这只是一部分原因，因为并没有内在的原因解释为什么那些技能较低的人是无法升级的，以及那些顶尖的人群与低技能人群的能力差距比他们之间的收入差距小。日益明显的分化大部分是由于控制权更加集中，及其伴随财富的增加所导致的，正如那些控制资本的人通过国际化衍生的资本流动可能性来不断增强议价能力一样。毕竟，工作岗位从高工资到低工资国家的转移与更高的物质生产率无关，而是只与更大的经济利益相关：运输成本加上较低的技能使得第三世界生产技术效率更低，但这样的转移既增加了转移地的利润，同时也对其他没有发生这种转移的地区构成威胁。澳大利亚模式已被详细描述。[24] 集中化、国际化和技术进步，这些我们的模型中的第一要素，导致模型中第二要素中的资本家与劳动者之间穷者愈穷富者愈富。

“三分之二社会”理论难以把握这种变化的本质，因为它暗示了一种双向的划分，把每个人都划分到两个极端中的一个。但实际情况却不是这样。作者在上文提出过一种五项划分的方法。其他人还有更复杂的分类方法。当务之急不仅在于社会分裂的程度，而是以往我们称之的“工薪阶层”和比他们还要贫穷的人之间的分歧越来越大，他们大多被主流经济排除在外，越来越贫穷，甚至沦为流浪者。作者停止使用“底层阶级”这个术语，这一点已在其他地方充分论述了原因[25]；但这个词的直观意义已经表明，它指的是一个被广泛接受的新现实。让作者用“排除”这个术语来代替，接着作者会论证财富和贫穷的新变化对至少五类人有不同的影响：对于富人和权力决策者而言，是财富和权力的增加；对在经济变迁过程中的专业人士、技术人员、管理人员、赢家（连同大多数老板）而言，是在人数总量上的增加，往往还有收入的提高和特权增长，但也伴随着一些社会地位的不牢靠[26]；对于老的中产阶级、公务员、熟练工人、半专业人士，影响则是人数下降、地位和安全的损失；对于老的工人阶级，是他们生活水平的持续下降以及经济和政治权力不断被侵蚀；对我们的研究最为重要的：对于那些被排除以及边缘化的阶层来说，他们是经济变迁的受害者，这些非常贫穷的人，越来越被经济活动的主流排挤在外，可以推断出即使是“失业的后备大军”都不再需要他们了，没有通过常规经济渠道改善自身境况的长期前景，并且将自身贬低为那些富裕阶层的威胁。每个群体将如何以及在何种程度上受到影响，取决于权力关系和相关的财富分布，以及每个群体处理它们之间不可避免的冲突的方式。在这些冲突中，空间和种族在美国扮演了关键角色。

受害者是经济变迁过程产生的必然结果，从福特主义到后福特主义都是如此。如何对待这些受害者，包括他们将住在哪里，以及政府将如何处置他们，取决于他们是谁以及他们如何反应。

挑选受害者成为国家决定如何对待受害者的政策核心决定因素。有两个极端选择，在任何特定的社会中，实际情况将包括两者不同比例的混杂。有时候，受害者似乎是根据其特定的经济地位随机选择的，无关群体特征。他们可能是那些碰巧在一个行业，可能是那些在某一特定时间进入工作市场的人，他们的资历和工作经验较少。他们可能是居住在国家某个区域而非另一个区域的人。因此，他们可能看起来像所有其他人一样，大多数人能够充分地认同他们、同情他们，然而，那只是出于上帝的恩典，那就是过去，例如在美国大萧条时期的情况。

正是这种情况导致了福利制国家的应对机制。如美国所拥有的福利国家立法，实际上是在大萧条时期通过的。无家可归的有孩子的中产阶级家庭唤起了人们更大的同情心，对他们的慈善捐助比单身的年轻失业黑人自由得多。在国会，失业救济的提案比福利待遇更容易通过，因为不管是谁，工作和面对失业是大多数人在不同程度上必须面对的。受害者人数越多，他们得到的待遇就越好。

如果受害者成群地被驱逐，例如种族，情况则完全不同。美国的非洲裔美国人、德国的土耳其人、法国的阿尔及利亚人、英国的巴基斯坦人，在过去都曾遭受非难；在美国，有压迫和种族歧视的长期传统，其中非洲裔美国人遭受比任何其他群体更猛烈的诘难，并在社会地位、正式法律或者贡献方面都遭受了不公正的待遇。这种非难与阶层无关，虽然它增加了经济变迁带来的伤害的脆弱性，尤其是对工薪阶层和年轻的非裔美国人以及非裔美国女性而言。[27]

在这样一个遭受非难的群体存在的地方，比起那些随机挑选的受害者及其他普通民众，镇压和隔离对当权者来说是一个更容易找到的替代方法。非难受害者是一种普遍的倾向——把穷人区分为应得的和不应得的。福利国家与其他制度相比是一种昂贵且不受欢迎的方法。如果增加非难可以省钱且不会失去社会控制，那么它是一种可行的选择。

空间隔离的可能性，比如贫民窟，增加了对变革受害者进行压迫的可能性。

贡纳尔·默达尔（Gunnar Myrdal）在50年前简洁地描述了这样的场景："种族隔离创造了一个虚假城市……允许部分公共官员的任何偏见在不伤害白人的情况下肆意发泄在黑人身上。"[28]最重要的一点是，从何时起受害和受隔离成为相同的含义。这是不是威廉·威尔逊（William Wilson）的从"底层"到"贫民窟的穷人"转变的终极含义——把这两者等同起来，使得空间位置由于可识别的受害者而成为定义特征（众所周知，在美国的语境中，"种族"和"贫民窟"也是密不可分的两个概念）。但非贫民窟或非种族的底层阶级不是讨论的重点。[29]被抛弃者是由其与被抛弃的贫民窟之间的联系所定义的。在美国，正是种族主义的历史（即，种族主义被忽视）促使这种极端的空间贫民窟成为可能。然而，即使没有种族主义（例如，种族主义被忽视），空间隔离的倾向仍然会存在，会以明显削弱的形式出现。这就是华康德（Wacquant）所谓的边缘人的"领土固定和非难"、"非难之地"、"惩罚的空间"。[30]边缘化和排斥，作为经济关系的产物，最终被演化成空间形态："集体消费领域的社会两极分化。"[31]

目前，选择正在发生的经济变迁的受害者将有助于确定政府将如何对待这些受害者。社会——更具体地说，是国家——有两种可能的方式处理这些变化的受害者：通过国家的福利分配，或通过镇压和严格的外部控制来实现。虽然这两者通常能够一起使用，但在概念上和政治上它们的差别很大。

福利国家的代价很大。他们都是由税收支付，而税收，那些在经济阶层上层的人士总是想尽可能少缴纳，在经济阶层下层的人士也很抗拒缴纳。人们可能会认为，如今福利国家的福利仅仅只是应对经济变迁的受害者问题的一种手段，在某种程度上与19世纪快速工业化的国家里形成福利制度的力量类似。

然而，排斥和压制为福利制国家提供了一个备选方案。隔离是排斥和压制的一种形式；贫民窟的围墙作为对一个群体的约束在功能上很像监狱的隔离墙。种族隔离，正如作者在这里使用的术语，是不自觉的，是那些掌权者强加于人群的；它是监禁和压制的一种形式。如何处理经济变迁的受害者问题的另一个可能答案是：隔离他们，限制他们，压制他们可能对任何他人造成的危险。

对经济变迁受害者的压制性方法在经济和空间层次上产生了派生影响。工人阶级与被排斥者之间的界限是不固定的；如果对于被排斥者的隔离由于其自身的弱势及弊害而被合法化的话，工人阶级将会寻求脱离他们。看到普通工人与被排斥者之间的不固定性，中产阶级也将如此寻求分离。在阶级结构顶部的人和专业人员、技术人员、管理人员、他们的上司，都会关心他们下层阶级的分离；为了寻求自身的安全，他们可能并且也将尽力将自己与下层等级的人区分并且隔离。分层城市的模式就是其结果。这至少在美国历史和现存社会关系的背景下，是国家的结果。作者相信，在世界各国，这都是一种处置的趋势。

VI 结论

回到本章开头的论点：谈到“城市”的危险就好像它原本就是一个整体和有机的实体。这个城市的有机隐喻源于20世纪20年代的芝加哥社会学派，它将城市看作有机增长和/或有机衰落的城市，其生命周期可以被描述为任何有机体都有的。但这是错误的。“城市”不是演员，而是一个被许多角色占领和使用的场所。一个城市不会突然繁荣或衰落，她里面的特定群体却会，而且通常是以完全不同的方式。在纽约，贫富差距在加剧，一个群体的危机对另一个群体来说可能是福利。发展对于一些群体来说可能意味着利润，而对另一个群体则可能是流离失所。公司总部迁出对当地的雇员来说可能是一场灾难，但对其股票持有者来说会带来其股票价格的飙升。中产阶级化对于一些人来说是生活品质的提高，但却是另一些人的负担。“城市”不是全球性的；对于一些在其中在做生意的人是全球性的，但其他人则喜欢他们在其他“非全球”的城市做类似的生意。那些在全球范围内开展业务的人，将对他们做生意的城市的空间产生类似的影响，无论他们在哪里。这种影响可能集中在一些城市，但那是因为这些行为者在其中所做的事情，而非“城市”做了什么。充其量，作为演员的城市就是一个市政府的城市；作者认为，有证据表明，市政当局对那些最终落户于城市之中的企业，具有最大的边际影响。

因此，这是纽约作为一个在空间、居住和经济上被划分为多个部分的城市图景；完全不同的空间在不同的时代被不同的群体所占据，而且经常地、越来越多的壁垒隔离在他们之间。简而言之，这是一个碎裂的、隔离的、分层的城市。

注释

1. 马丁·泽朗（Martin Zerlang），引自“19世纪的城市盛况”，《都市与美学的中心》，哥本哈根，第8页。
2. 《蓝色》，第85页。
3. 史蒂文·布林特（Steven Brint），《莫伦科夫和卡斯特尔》（Mollenkopf and Castells），第155页。
4. 《分区化的美国》，格罗斯曼（Grossman），纽约，1969年。
5. 见彼得·马尔库塞（Peter Marcuse）“城市–开发地区”，载于《民主社区》，1988年11月，第

115—122 页，以及乔纳森・巴奈特（Jonathan Barnett），"重新设计大都市：一个新方法案例"，《美国规划协会杂志》，第 1 卷，1989 年春季第 55 卷第 2 期，第 131—135 页。

6. 我在这里使用了术语，但不是狭义上的，作为城市的一部分，上等阶层群体取代下层阶级（参见彼得・马尔库塞的定义："绅士化、遗弃和流离失所：纽约市的联系、原因和政策反应"，《城市与当代法律杂志》，第 28 卷，圣路易斯：华盛顿大学，第 195—240 页），而是在更广泛的意义上，被专业人士、管理人员、技术人员已占据或打算占用的区域，这可能包括新建的住宅以及狭义上的"绅士化"住宅区。
7. 这里的参考不是创造性的艺术家，而是早期被称为波希米亚人的人们，他们通常不能承受绅士化城市的价格，而且更有可能生活在城市废弃地和出租区之间。这意味着，如果他们倾向于聚集在特定的社区，他们很可能成为高档化的前身［参见萝丝・达默里斯（Rose Damaris），"重新思考高档化"，《环境与区域规划：社会与空间》，第 2 卷，1984 年，第 47—74 页，她在不同类型的绅士化之间进行了明显区分］。
8. Hartmut Häusermann 与 Walter Siebel，《新城市》，法兰克福：苏尔坎普出版社，1987 年。又见彼得・马尔库塞，"分裂城市中的住房市场和劳动力市场"，见约翰・艾伦（John Allen）和克里斯・哈米特（Chris Hamnett）《住房和劳动力市场：建立联系》，伦敦：昂温・海曼（Unwin Hyman）出版社，1991 年，第 118—135 页。
9. 我还是找到达默里斯・萝丝（Damaris Rose）的"重新评估英国家庭所有权的政治意义"，"住房政治经济学研讨会"，社会主义经济学家会议，1980 年 3 月，《住房建设与国家》，伦敦，第 71—76 页，这是处理房屋所有权与政治立场之间模糊关系的最佳作品之一。
10. 例如，参见萨斯基娅・萨森（Saskia Sassen），"纽约城市经济的社会空间组织新趋势"，载于：罗伯特・A・博瑞德（Robert A. Beauregard）所编《经济重组与政治反应：纽伯里公园》，加利福尼亚州：赛奇出版公司（Sage），1989 年。里面对她所描绘的城市内部空间层面的趋势有简短但具有挑战性的评论。
11. 请参阅"贫民窟、飞地和城堡"，《城市事务评论》，即将刊出。
12. 每个飞地和每个贫民区都有文化认同的层面，这里所指的主要是文化的层面。 这种区别经常被忽视。请参阅下面关于自愿性和社会特征的讨论。
13. 彼得・马尔库塞，"墙壁作为隐喻与现实"，谢默斯・邓恩（Seamus Dunn）编辑的《管理分裂的城市》，基尔，斯塔福德郡：赖本出版社（RyburnPublishing），1994 年，与伦敦富布赖特委员会合作。
14. 彼得・马尔库塞，"赋权区有什么不对？"《城市限制》，1994 年 5 月。
15. 博阿尔，第 43 页，引自 Yinger。因此，根据地位而不是人数来定义，南非的黑人是少数，盎格鲁-撒克逊人不是。在这个意义上，"少数民族"实际上意味着一个被压迫的群体。

16. 路易斯 · 沃思(Louis Wirth),《少数民族居住区》,芝加哥:芝加哥大学出版社,1928 年,第 19 页。
17. 博阿尔，第 49 页。
18. 当然，就人种和族群的含义而言，在此处的相关内容中是另一种含义。 如果“人种”被解释为社会定义的优越感或自卑感，则文本评论不适用。我只想说，没有任何物理特征是任何特定空间处理或选择的“原因”。
19. 见即将出版的《分区城市》一书，伦敦：布莱克威尔（Blackwell）出版社，来自全球多个城市的稿件与罗纳德 · 范 · 肯彭（Ronald van Kempen）一样，都支持（虽然经过修正）这一普遍观点。另见《美国行为科学家特刊:一个新的城市空间秩序》,1997 年秋季由罗纳德 · 范 · 肯彭和彼得 · 马尔库塞编辑，从中提取了部分论点。
20. 越来越多的文献呼吁关注区域结构和联系在解释当代城市空间进程中的重要性，有些研究表明，在经济上,区域已经成为比城市或国家更合适的分析单位;“欧洲群岛”的比喻说明了这个概念。虽然在大都市化过程中经常产生各种问题，但在这一问题上它对城市空间结构的影响没有得到详细探讨。在我们看来，简 · 戈特曼（Jean Gottman）首先提出的特大城市概念并没有发展成为城市空间结构的重要决定因素,即华盛顿特区、巴尔的摩、费城,特伦顿、纽瓦克和纽约市的发展。在我们看来，如果受到同样的区域和国家力量的影响，似乎都仍然走在各自的轨道上。
21. 参见一般性讨论，彼得 · 马尔库塞，“澳大利亚与众不同吗？全球化与新城市贫困”，澳大利亚住房与城市研究所，墨尔本，不定期报纸，# 3，1995 年 12 月，以及彼得 · 马尔库塞:“光鲜的全球化”，见彼得 · 德勒格（Peter Droege）编辑的《智能环境》，阿姆斯特丹：Elsevier Science 出版社。该定义与 Saskia Sassen 和 Manuel Castells 使用的定义一致（尽管没有像在此处提议的那样进行分解），尽管后者倾向于强调信息技术作为全球化关键动力的作用。
22. 例如，参见詹克斯（Jencks），同上第 7 页和第 254 页；萨森，1990 年，同前第 477 页。
23. 见奥斯曼（Hauserman）和西贝尔（Siebel）。
24. A · 戴维（A. David）和 T · 威尔莱特（T. Wheelwright），《第三份工资：澳大利亚和亚洲的资本主义》，悉尼：左翼图书俱乐部（Left Book Club）出版，1989 年。
25. 最引人注目的是赫伯特 · 甘斯（Herbert Gans），“从‘下层阶级’到‘下层种姓’：关于后工业经济及其主要受害者的未来的一些观察”，《国际城市与区域研究期刊》，第 17 卷，No. 3，1993 年 3 月。他认识到结构定义的必要性，但拒绝将“下层阶级”看作一个在行为上越来越紧密联系的定义。
26. 关于这一群体的收入与财富增长的最新报道——尽管与相邻群体相比显得模糊——来自德里克 · 博克（Derek Bok），《人力成本:高管和专业人士的支付方式以及它如何影响美国》，纽约：自由新闻。他指出，摩根大通“认为这是一个原则问题，在他的公司中，没有收入超过薪水最低工人的 20 倍以上的首席执行官，而今天这个数字是 200 倍或更多。”参见理查德 · 帕克

（Richard Parker）在《国家》中的评论，1994 年 1 月 3 日，第 28 页。

27. 在最近几篇文章中，诺曼 · 费恩斯坦（Norman Fainstein）在解析美国当前城市背景下的种族主义因素方面走得更远。

28. 贡纳尔 · 米达尔（Gunnar Myrdal）:《美国困境：黑人问题与现代民主》，纽约：Harper and Brothers 出版，1944 年，第 618 页。洛根（Logan）和莫洛奇（Molotch）在两人合著的书中详细并雄辩地阐述了相同的观点，《城市财富：地方的政治经济》，伯克利：加利福尼亚大学出版社，1987 年。

29. 参见甘斯（Gans）关于使用该术语的评论，回到米达尔（Myrdal），根据结构性的经济地位而不是种族或空间来定义下层阶级。

30. 华康德（Loic Wacquant），“城市中的高级边缘性：对其性质和政策含义的注释”，专家会议记录，经济合作与发展组织（OECD），巴黎，1994 年 3 月，第 8 页。

31. Christian Kesteloot，“布鲁塞尔社会空间极化的三个层次”，论文发表于 ISA 国际大会，比勒费尔德，德国，1994 年，第 2 页。

第四章

哥本哈根

形成、变迁和城市生活

延斯·克沃宁（Jens Kvorning）

I 永恒与变迁之间

城市动态是在已经形成的结构和后期变化的需求之间的紧张关系中观察到的。城市是在与景观、后来是在景观和城市所在的前沿区域的竞争中、在自然地区和人工场所之间产生和发展的。正是在传统与更新、永恒与变迁的冲突中，城市成熟了，集中和包含了许多关于文化的描述和经历，形成了城市本身的复杂性。正是通过这种进程，每个城市形成了自己的个性。

现代主义见证了这种变化，层层累积的过程，也是衰退的过程。今天，它被普遍认为是一个改进的过程。

对历史和城市历史场景的高度关注是我们这个时代的特征。现代主义城市宣言以其简单而理想化的图景和其无限进步的信念抹杀历史，或者将历史重置归零。

由于不允许添加对我们自己的时代完全有效的表述，我们如今对城市历史的关注往往是冰封或轻视的。

正是由于这个原因，我们才着眼于景观与城市、永恒与变化的冲突，试图理解和把握传统与更新之间的摩擦，在作者看来这是当前城市讨论的一个重要途径，而且如果有人要探讨城市特质，这也能成为一个重要的切入点。

所以作者对哥本哈根这个城市的研究会着眼于其城市的形成、变迁的过程和城市不同地区为居民的日常生活设置的各种条件。

II 形成

城市和景观构成了辩证关系。环境服从于城市，城市以景观为主体，把它作为自然的环境，但同时又在建成的形式中吸收它。

这种辩证关系的平衡是由时间和地点决定的：一种强烈的景观能明确无误地决定城市的形式。一个脆弱的景观则以一种几乎无法定义的方式渗透到这个城市。一个缓慢建设的城市会对景观的许多方面做出反应，而快速的城市化会平抑景观的大部分特征。

哥本哈根是在一个脆弱的景观——温和而柔顺的景观中建立起来的。哥本哈根中部地区的景观是在水与土地融合的关系中建成的，这种景观能够建立在形成城市的基础之上。这是一个被建构或建造的景观。尽管在城市的主体范围内，最初的景观无法以明显的形态或类别被追溯，但它就在那里，虽然不能够以任何方式，或者说，以立即可见的方式显现，但作为情绪、光、视域，作为传统——以及不引人注目的、令人放松的存在。

在最初的450年，哥本哈根是作为一个靠近开放海域的城市而发展起来的，它前面的一座城堡庇护着这座城市不受大海的威胁。1617年克里斯蒂安港（Christianshavn）被设立为一个新的行政区，它建立在一片新填海区的土地上，对面是一座中世纪的城市，也由此形成了如今我们所知道的双城及其内部受保护的海港的基本格局。

不管是最初单一的城市结构还是后来的双城结构，哥本哈根的规划结构及其与海洋的联系与很多当代的欧洲城镇都很类似。

17世纪后半叶，防御工事的扩张让这座城市有了新的几何形式与逻辑。这种新的结构据说是大部分同时期欧洲城市的原型，而且展示了其结合文艺复兴的理想城市主义与实用主义的一致性。

哥本哈根环形防御工事的一个特殊特征是它内含了一个很大的水体，几乎占到被包围区域的四分之一。这为这座城市与海洋的关系、也为我们所说的它的生长逻辑创造了新的条件与可能性。

与海洋的功能联系——在装卸船运货物中具体表现出来——迄今为止是由城堡——在尼布罗大街（Nybrogade）和被命名为维德斯特兰登（Ved Stranden，意为“在海边”）的街道上。外面的海岸被用作许多次要的功能，在城墙内没有足够的空间，也不被认为是一个特别吸引人的景观。

随着防御工事的扩张建设，出现了环城和受控的水域，这些水域改变了这座城市与水的联系，并且从建筑和防御两个方面改变了以往对这座城市的理解，即护城河内是安全的，而且其围合展现了比开放海湾更多的可能性。

第二个影响就是围合必须响应城市的生长。由于围合的区域很大，产生了城市

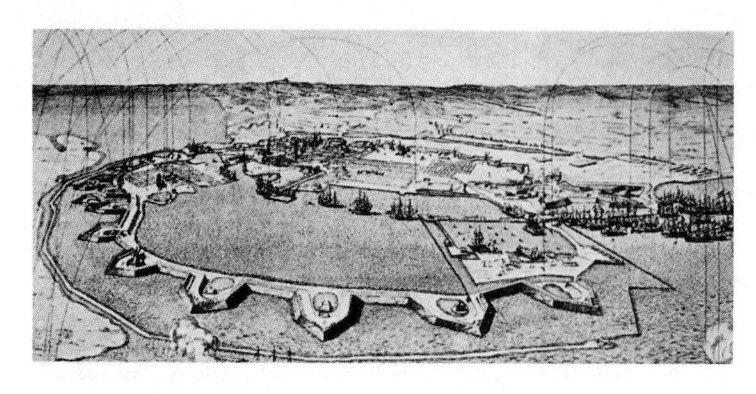

图 4.1 扩展防御工事的描述，由哥本哈根皇家图书馆提供

对新环境二元性的响应方式。

作为军事堡垒的哥本哈根，有一点很显著，那就是，因具有很大的发展区域而表现出自身的矛盾——新建地区建筑很稀疏。长期以来，这个地区一直没有在巨大的水体周边进行建设，是因为将其作为受保护的锚地——天然海港和按规定修建的港口的混合体。在哥本哈根的发展过程中，缓慢成了一个特征。

增加密度的压力意味着在城市发展过程中，重新考虑并创造新的建筑群体构成方式，以便为在指定区域内不断增加的人口和活动创造空间。在这一过程的不同阶段，一系列类型学合并在一起：城市结构类型学和建筑类型学。

这座被围合的城市建设速度太缓慢，以至于除了中世纪的城市之外，它也包含了文艺复兴式的城市、巴洛克城市和历史主义者后来添加的早期工业城市。

这个中世纪的城市通过直接应对不同的景观来确定其形态，城市道路系统和建筑体系为即便是微小的地形差异或者困难而做出让步。自然环境和人工场所之间是有直接联系的。在中世纪的城市里，一个共同居住的市民城市结构和一个纪念碑式的结构在几何意义上并不是等级分明的。相反，纪念碑式的结构会从与市民结构的有机联系中浮现出来。

文艺复兴时期的城市有一种抽象的、先入为主的理想，基于笔直的街道和简单的几何秩序，景观和建筑的物质形态相互穿插。这不仅在克里斯蒂安港纯粹的形态中能发现,在新哥本哈根（Nykøbenhavn）的大部分地方和布雷默霍姆（Bremerholm）地区也能看到。

相比于文艺复兴时期城市的几何系统，巴洛克时期的城市也建立了高度发达的等级体系，有序系统建立在强力组织的轴线及交汇点上。它最纯粹的形式体现在腓特烈斯城（Frederiksstaden）中，在构成的中心有阿美琳堡宫（the Palaces Amalienborg）和弗雷德里克教堂（Frederikskirken）。

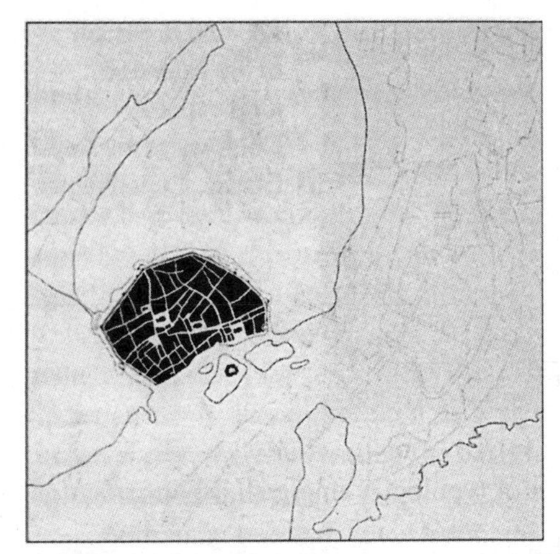
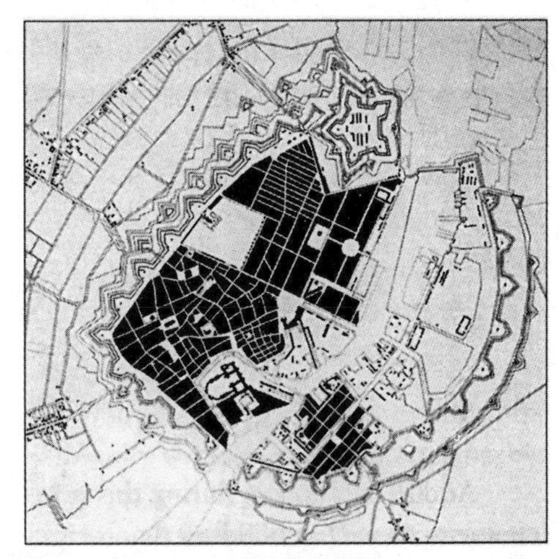

图 4.2　哥本哈根早期发展的两个阶段。中世纪城市及扩张的城市，包括文艺复兴和巴洛克片区。图片来源：哥本哈根市政府

城市广场的基本意义和形态类型是凭借它们在这些结构类型中所处的位置或关系而派生形成的。

国王新广场（Kongens Nytorv）占据了一个特殊的位置，位于三种不同时期类型建筑的中间，作为吸纳中世纪城市、文艺复兴城市和巴洛克城市精神的交汇点。与此同时，它通过尼哈芬（新港）与港口相连，这是城市的基本构成要素。

阿美琳堡宫广场也与海洋有联系，而且也是登峰造极的作品。但是它是位于内部的，被同样类型的城市结构包围着——周围都是宏伟的巴洛克风格城市，也因此被赋予了不同的角色和特征。

克里斯蒂安堡占据了一个特殊的位置，并且在城市内展示了一个固定的或镶嵌的边界。尽管城堡和斯洛茨尔门的建筑都发生了变化，但它们仍然见证了最初的功能，保护了它们身后的城市，同时保留了城堡所具有的特殊象征价值。城市的结构尽可能地延伸，沿尼布罗大街和维德斯特兰登街与城堡交会，具有一种优雅的建筑形态。到过城堡的人通常会有这种感觉：脚下这片土地才是城市的顶点。原始海岸线和城市与城堡之间的最初关系被清晰地镌刻在这里。

城市的房屋形成了相应的清晰类型。很明显，因为大火灾留下了远远少于最初构成城市的类型，从而对城市建筑的类型学产生了影响。

1728 年的大火灾过后，哥本哈根在一整套范例的基础上进行了重建，范例展示了在狭窄建筑基地上设计的平淡的巴洛克风格住房，其特点是在三角形山墙周围的厚重的飞檐。

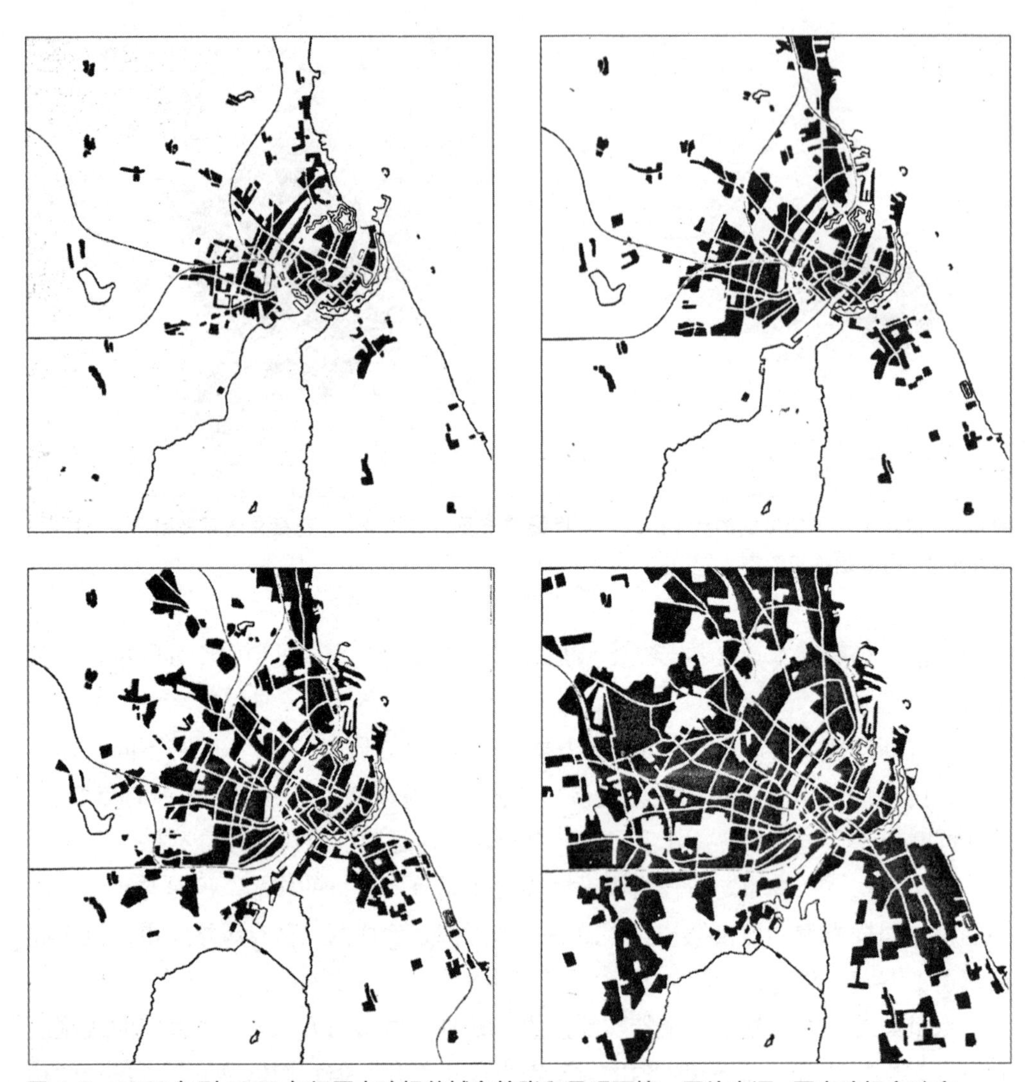

图 4.3　1870 年到 1950 年间哥本哈根的城市扩张和景观环境。图片来源：哥本哈根市政府

经历了 1795 年又一次大火灾之后，哥本哈根又根据一套范例进行了重建，一些建筑形式树立了典范并形成了古典主义类型。这些建筑就像巴洛克住宅那样平淡，但是其水平的线条走向和建筑物表面的凸出明显是受了新古典主义的影响。除此之外这些建筑上还有切角，遵循 1795 年火灾之后法律的规定，目的是为了保证交通的畅通。尽管如此，这些切角上常常出现各种特定风格的装饰，因此打破了房屋的均衡。重建的城市中每个十字路口的建筑都形成了四个切角，精美装饰的凸窗在对角线间彼此呼应。

可以说，正是这些类型的建筑管控着整个过程的最后阶段，使重建的哥本哈根达到了最大的密度，以致能够承载在19世纪上半叶城市经历的相当可观的人口增长。

重建过程在水平和垂直方向同时开展。房屋越建越高，经常有一个附加的建筑贴在房子面向街道的一侧，因此形成了非常狭小局限的院子，让博格大街（Borgergade）地区和克里斯蒂安港（Christianshavn）变得臭名昭著。1853年，城市的拥挤程度随着霍乱的流行而达到极限。市议会决定允许在城墙外建造房屋，但是这个决策直到疾病开始流行时才开始生效。

这个决策开创了城市发展逻辑的新阶段。固定防线内的集聚被城市扩张所取代。城市的扩张像是一片滚烫的岩浆覆盖了周围的土地，但当其遇到实体的或是具有重要意义的“障碍物”时，就会避让。城市外围的景观没有被大规模开发，但具有相当的重要性。

北面的海岸线以那些夏季住所而闻名，主要是富人住所或者是国王的避暑山庄。海岸和北西兰岛的自然风光曾在油画作品和文学作品中都有过描述和阐释，这些作品以浪漫的视角来描述这些景观，并将它们与国家认同感联系起来。

然而，其他地方也被赋予了特殊的重要性。腓特烈斯贝（Frederiksberg）山的皇室避暑山庄，既吸引了富人的夏季住宅，也吸引了皇家公园外受欢迎的娱乐花园。

在17世纪和18世纪，护城河的供水需要通过重新梳理若干河道来确保，因此在堡垒外部建设了一座有充足水源的大水库。在这种情况下，未来城市最重要的建筑特色之一已经在这种景观中建立起来了。

在那些被赋予特殊重要性的地方，城市就预先形成了特别专属区。在这两者之间，在没有那么多重要遗址的地方，形成了工人和中下层阶级的新区。这是一个简单的景观叠加的问题。所有分区已经出现在土地上，这让他们自己感觉身处新郊区的结构中。在韦斯特布罗街（Vestrbrogade），街道的模式是许多长方形的农场样式的重复，它从目前的韦斯特布罗大道延伸到海岸。诺布罗街（Nørrebrogade）拥有不同的街道系统，反映了该地区土地所有权的不同模式。

在霍乱流行期间，在防御工事的土地上搭建了帐篷营地。看看它们的照片，人们可以把它们看作是未来城市里最大的创新——独栋住宅。在富裕的地区——尤其是沿着海岸，但也在腓特烈斯贝建造了许多家庭别墅。别墅和住宅小区成了城市建筑的新类型。堡垒之外的工人阶级区也形成了新的类型，虽然不同于堡垒中已有的类型，但也是同一种组织和社会互动的发展。

一种由医学协会赞助的模范房屋被修建，试图加入到对新兴工人阶级区域住房的讨论中。但是关于低密度和充足开敞空间的居住区理念直到20世纪初才开始对城市规划和建筑立法产生影响，并且到了第一次世界大战之后，它的影响才真正显现出来。

在市政厅广场的扩建阶段，随着城市构成逻辑的转变，形成了伟大的纪念性。比如国王新广场就坐落在中世纪城市和新的郊区这两种城市类型的交汇处。而它也连接着一些当时宽敞的林荫大道（如今的哥本哈根最繁忙的几条道路），同时也与海湾和新郊区有联系。凭借其规模和与城市最重要的交通线的联系，国王新广场成了哥本哈根开创新纪元、面向世界的重要交通干线的象征，当然在其他很多方面也保留了这种角色。

韦斯特布罗忠实地沿用了之前就已经存在的自然分界线，这在某种意义上，是对中世纪城市布局的一种再现。但是现在这种逻辑遵循了新的自由主义，反对君主专制遗留的任何规则。当文艺复兴城市代替了中世纪城市，一幅更加理想的画卷再次出现在了城市待建区和已建区之间。城镇规划的目的是使其成为城市形成过程中一个决定性的因素，成为讨论不同观点和调解各自利益的重要场所。

哥本哈根城市的首次扩张是从远离城墙一边的湖泊开始的。该工程仍然存在并且保持着娱乐的功能。当城市开始在城墙地区建设时，正是维也纳、巴黎的规划经验及德国的第一个城镇规划理念为城市建设提供了借鉴之时。最终建立了一个新的区域，就像维也纳的环城大道，提供了所有的设施来支持新的中产阶级社会文化发展：公园附近独立的房屋。一些被旧工程所占据的地方变成了公园，作为新兴资产阶级散步的场所；在公园及附近都设有支持点，这些支持点是为了新时代的教育和文化熏陶而建，历史博物馆发挥文化熏陶作用，协会发挥专业技术的培训作用；且集休闲和教育作用于一身的植物园也被搬到了新的公园。

城墙区，由于它们被认为关乎景观，因此取代了景观，成为一个以不同方式观看自然景观和城市景观之间妥协的例子。自然景观被看作娱乐资产，应该属于新城市景观，但与此同时它也是潜在的建设用地，能创造可观的利润，因此应该尽可能集中地进行开发。总之，它是集经济效益和社会效益于一体的城市用地。堡垒地区协调了这两种景观，形成城市建成区和公园的交替。

时代的发展越来越快，自然景观的诉求越来越无力，建筑景观越来越占据统治地位。

具有讽刺意味的是，这种对景观结构的影响和削弱同时发生在伟大的现代主义运动中，目的是将现代城市塑造为文化和自然的新集合体，并构成主导的思想宣言。但另一个伟大的现代主义原则是对理性的祈求，包括对理性的建筑过程的祈求和对有能力组织经济和政治过程的理性政府的祈求，它变得越来越强大，且逐渐成功地克服了自然环境的阻力，渗进了城市化的结构中。

从第一次世界大战的最后一年开始，市议会逐渐介入城市新区的结构规划，通过编制当地规划，以及借助公寓街区拥有自己内部大庭院的要求。在同一时期，维也纳的大部分房屋都带有公园式的私人庭院。20 世纪 20 年代，受到早期社会民主党重大影响的市议会和由社会民主运动其他部分形成的社会住房协会之间开展了良好的合作。韦斯特布罗、诺布罗和奥斯特布罗城市外围的建设成了那个时代的丰碑。这些地区由建造精良的方形街区、像公园一样的庭院和许多小型广场组成，在街景中创造出空间和变化，展示了与同时期欧洲的许多大城市（特别是柏林和汉堡）相同的规划思想。

20 世纪 30 年代引入了丹麦所谓的“公园式住宅区”。公园被看作室外景观，住房在其中作为一个自由元素，拥有最好的朝向。街道成了一条通往公园的通道。公园式住宅区以一种纯粹的形式出现是在 1930 年左右，在过程当中，首先实验性地开放了街区的一侧，后来用独立的公寓街区代替，但仍然从属于有组织和有方向的街道影响。

当时德国建筑在组织和建筑方面的创新已经统治了丹麦建筑师和部分政治与行政系统。在公园式住宅区开发中，先后来自德国和法国的现代主义教义，则受到明显的独立和有所怀疑的重新考量，从而塑造了这些自 20 世纪 30 年代独特的丹麦声明以来的最佳建筑项目。

莱帕肯（Ryparken）和布利达（Blida）的新建住宅区直接反映出，以包豪斯学派为出发点的观念已经发生了改变。但是那些建筑主体部分仍保留着丹麦的砖和古典的感知。

比斯贝格（Bispebjerg）的新建住宅区和其他 20 世纪 30 年代后半期的大型住宅区摒弃了住宅需朝向太阳的严格规定，取而代之的是住宅区应围绕大面积的绿地而修建。

这些开发延续了在给定的景观下进行建设的传统，对现代主义所提供的建筑和城市规划宣言进行了适当的阐释。两次世界大战之间，住宅区成了城市规划讨论的核心。好家庭的标准就是容易接近绿色空间，孩子们能接受良好的教育，托儿所、幼儿园和课外辅导机构一应俱全，居民公共设施齐全，每栋楼都有便利店或集中的购物中心，这明确阐述了丹麦工人对让人心动的社会民主新未来的幻想（直到今天也是），他们正走在通往福利国家的道路上。但他们也正走向有着突出的城市功能和社会分裂的道路上，这是一个可能还未被意识到的结果。

在二战后对现代主义思想的阐释和实践中，强调了理性地转型为宏大的工业化建设的计划，这些计划最初就设定好了日程并使用预制的构件。自然景观被摧毁，新的人工城市环境出现。自然环境的抵抗力、耐受力和适应力也随之被摧毁。

图 4.4　哥本哈根的三种城市结构：右上角的图片是堡垒城市和由密集的城市街区组成的第一条郊区环线的一部分；左下角的图片是从 20 世纪 20 年代到 30 年代的城市结构，以开放的街区和别墅区为特征；右下角的图片是从 20 世纪 60 年代到 70 年代的城市结构——巨大的工业化生产的住房方案和大面积的别墅区域。图片来源于土地清册，哥本哈根

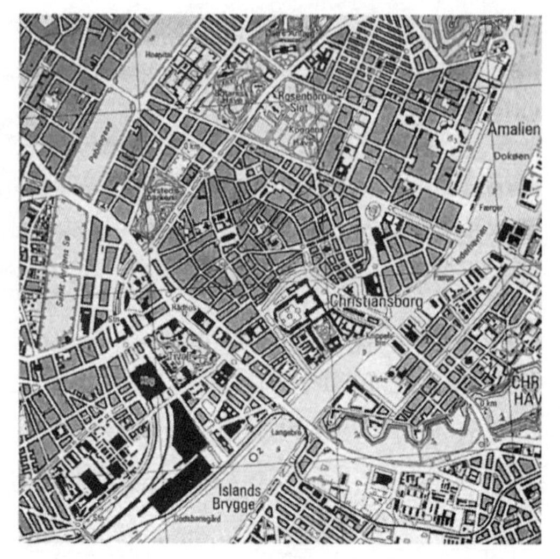

二战后的哥本哈根新区就是国际现代建筑协会宣言迟来的再现：城市划分为大型居住区、专门的工业园区、大型购物中心和体育中心，它们通过宽阔的道路与当地发达的铁路系统相互连接并且发挥作用。福利国家让这一切变为现实，并且将它看作是社会和政治计划的一部分，用来干预建筑部门，目的是让工厂实现现代化并由此建设大量的住宅。住房问题是 20 世纪 30 年代巨大的社会和政治创伤，消除住房问题的愿望在二战后的发展政策中占据了非常中心的位置。

但是，日益繁荣的城市对国际现代建筑协会宣言所关心的现代理性城市，以及柯布西耶后来关于垂直城市的设想提出了质疑。20 世纪 60 年代后半期到 70 年代的前半期，对工人阶级的家庭来说，拥有自己的房屋，得到迄今为止一直为富裕群体

独享的独立住宅和花园逐渐成为可能。建筑产业成功地为这种形式的住房创造了高度标准化的构件，并随着他们的独栋住宅——基于这一生产——的迅速发展，在丹麦城镇和城市的急剧扩张中构成了最重要的组成部分。二战后的哥本哈根新郊区的人均城市土地消费水平在整个欧洲地区是最高的。

城市的标准化生产方式和功能专业化意味着这些新地区形成了一个非常简单、内向和脆弱的逻辑，缺乏满足新时代的需要和利益的潜力。

具有讽刺意味的是，出于对其自身意识形态宣言的绝对信仰，那段经历了前所未有的城市活力的时期，产生了最静态的城市新区和最强的持久性，以及对于创造这些地区的理念进行修改或补充的最大阻力。

城市的极度繁荣和建造流程明显的工业化使得二战后的城市建筑迎来了爆炸式的发展阶段，但其也被一种扩展的规划形式所控制，即区域规划。

始于 1947 年的“指状规划”引发了一场讨论，这场讨论是关于在一个大规模区域内的自然环境和城市环境之间的关系，规划提出让建筑集中，呈带状布置，靠近当地铁路系统并且靠近开放的自然环境。

私人汽车的出现消除了在铁路旁边修建房屋的必要性，区域规划必须采取应对措施，使其在组织和控制方面变得更具战略意义，规划立法也不得不更加严格，以便控制那些不再通过铁路相连的郊区的建设。通过建立一些可达性好的城市次中心，老城区中心的压力得到了缓解，而且这些规划的城市次中心能够满足私家车的需求。

随着规划流程的改进，成立了一个特别的国家规划办公室，协助城市指状规划之一的 Køge 海湾指状区域的建设发展。

讽刺的是，二战后区域战略的重心之一是高塔斯特鲁普（Høje Tåstrup），这个郊区今天看来历史短暂并且仍在持续演变。高塔斯特鲁普的建设明显受莱昂·克里尔（Leon Kirer）观念的鼓舞，目的在于还原由街道和广场形成的经典城市。但这只是表象。本应该给街道带来活力的商店被安置到了一个大型的购物中心内。街道两旁不是公寓而是办公大楼，在如此大的单元内，建筑间的内部交通联系远比街道紧密。看上去高塔斯特鲁普意在还原城市中心，但其各部分和空间的专业化仍与现代都市工程相契合。在其自身的矛盾中，高塔斯特鲁普成为长期和片面的城市扩张时期最后的纪念碑。从思想上来说，这个城市从城墙被推倒那一刻，就已经将目光投向外面的世界了，面临着可能被殖民的威胁和城市承载的极限，向外扩张，形成新的形态。

20 世纪 80 年代，情况发生了变化。思想焦点重新回到了城市中心，回到了传统的城市和传统的城市生活。经济停滞促使从城市边界越来越深入乡村的建设热潮也出现停滞。老工业区和其他的中心区域需要一个新的结构上的转变，让城市满足国际化与城市间的竞争所带来的需求，这也已经成为十年以来城市议程的关键点。现在的焦点已经从城市的扩张和外围的限制，转移到已经成形的城市景观的变化过程。

III 变迁

这座城市一直在改变，处于持久的变迁状态。它通过在新文脉中放置现有组件的添加方式来改变，它借助现有结构中新的偏离而发生改变。

哥本哈根这段历史的第二部分将试图描述和举例，说明哥本哈根的城市变化过程与它的形成过程是并行的过程。

哥本哈根可以看作保留不同时期特征的城市。城市的很多区域是基于不同时期的思想和需要而建设的。在城市形成后的一段时间内，一个地区的功能和发展与它所依据的想法和需求是一致的，它是由一群有相同想法的人聚集而成的，而在该地区的结构和表现中也反映了其基本思想。但在某些时刻，原始需求与新的需求之间的冲突变得太过激烈，以致这个地区分裂解体了。原有的秩序在新的环境下得以重构。

解体可能是以一种空间重组的形式，但也能从地区的结构和空间中看得出来，这些地区以不同于设计初衷的方式被使用。

城市变化的进程是由经济和社会的辩证关系来推动的，冲突主要来自那些新的、有名望的地区和那些连当前生活需求都不能满足的地区。

自从城墙被推倒后，新城区一直都有稳定的财富来源，只留下了老城区越来越多的贫困居民。

随着二战之后福利城市的创立，搬迁不再只是那些最富有的阶层才能实现。现在所有参与福利国家的阶层都能实现搬迁计划。只有那些不能满足劳动力市场需求的人被留在了老城区最缺乏声誉的地区。战后时期，由于这些搬迁行为成了老城中心和郊区之间关系的一个问题而被终止。新郊区形成了一个明显的等级分化：工人区，中产阶级区和富人区。这些地区也形成了他们自己的种族隔离制度，在建造之后不久，一些大型的工业化公寓楼开始聚集社会中最弱的成员。

这种变化经常是由经济或技术本质的变化带来的。但是经济或技术的本质在城市中不能单纯地表现为经济或技术。它表现为经济权力的表达或者是技术合理性的表达。城市是经济活动产生的前提条件，它也为经济活动指定了一种语言。因此，经济推动的变迁，必须持续地在城市文化空间中为自己的事业而奋斗，以获取一个已经由其他行动者和其他时代在表现上所建构的空间位置。

在哥本哈根，与在其他地方一样，人们可以通过贸易资本、产业资本以及最近提出的一种特殊的以信息依托型和服务主导型经济为主的后工业化建筑群来判断所处的时期。人们可以看到这些时代是如何在一个特定的城市结构逻辑中表现出来的，但同时作为一个规则，它们相互作用，层层叠加，不断注入，成为一种主要形式即将要被另一种形式所取代或掩盖的变迁的过程。

根据其所扮演的角色，变化可以被描述为新阶层的建立、新内容的注入、旧事物的摧毁，抑或是一张白纸。改变为城市增加新的阶层，并增加其复杂性，或者说改变清除了现有的阶级并将其复杂性归零。

在 18 世纪时，与丹麦殖民地之间的贸易带来了大量的资本集中以及相应的用来囤货的大型建筑物，这些变化开启了第一次分层的过程，这种过程仍能清楚地反映在城市结构上。在克里斯蒂安港（后面的案例研究中会有更详细的描述）和腓特烈斯城（Frederiksstad）之前，土地是用来为新的贸易经济组织配套的大仓库腾出空间的。这将城市已建部分与海洋的关系摆在了一个新位置上。海湾变窄了，被大码头覆盖，原始海岸线剩余的部分消失了。

再后来，工业登场了，并且用自己的方式重复了这种层叠过程。工业为城市带来了澎湃的能量和动态变化的新类型，这为现有的城市增添了一个新的层次。

工业像一个楔子植入到现有的城市结构中，或者把自己置于建成区的外围。它取代了这座城市新景观的创造者。工业被放置在码头旁边，在那里通过填海造地形成了自己的景观，从而产生了一个新的、更狭窄的港口，但也与内陆地区有了新的关系。工业在城市中聚集到了一起，规模逐渐变大，最终到达了临界点——城市居民区与工业区难以进行联系与融合。站在官方的角度来说，这些工业聚集区可以看作是与中世纪城市遗迹具有相同秩序的临界点。工业的出现将克里斯蒂安港从贸易区变成了工业区，从布里格群岛到克里斯蒂安港的南部，开启了一个填海计划项目，这个项目与克里斯蒂安港的建立一样综合，一样对城市的地形处理和几何布局有巨大影响。克里斯蒂安港将这座城市分为两部分，并在一个狭窄的海港入口附近交会，填海计划通过在克里斯蒂安港南部海岸的两侧增建房屋来持续打造这个内河港口，这个工程随着 20 世纪 30 年代南港的建立而告终。在阿迈厄岛和瓦尔比，城市里大型工业聚集区的植入仍然明显。城市的街道系统突然失去了连贯性，或者说是被野蛮地扭曲了。在这里，我们已经获取了构成新的纪念类型的这些差异性中的一个。

铁路以不同的方式影响和改变了城市。传统的旅行要一段很长的路才会到达这座城市，马厩、小酒馆和客栈是存在于旅途上的直观印象。铁路能在更大的范围内连接城市，但与此同时，由这种连接带来的集中的活力只能体现在车站这一个点上。车站被布置在城市边界，因此能为城市建成区注入活力，建成区因为被赋予了新的角色和重要性从而被重新定义。

从1847年到20世纪初，哥本哈根进行了三次铁路建设，也由此在短时期内给城市的不同区域带来了活力。一些地方随着城市的发展规律而兴衰。主站台和沿着马路布置的站点，至今仍见证着这股强大活力的注入，这种场景日复一日地在上下班的人流中上演，在尼罗普斯街（Nyropsgade）地区，当前主站台对面的现代主义建筑也保持着这种活力。建筑群簇拥在主站台的历史建筑周围，它是哥本哈根中心区最大的现代办公建筑集群，也是最国际化的地方。在城市转型期，韦斯特布罗、布恩（凯旋门）、皇家酒店和圆顶建筑是这股活力的部分产物，这在很长一段时间内保持了城市以外地区的持续发展。因此，它被另一个时代的需要和理想所激活和形成，而不是构成它们周围环境的那些需要和理想。但是，如果不考虑站点为这个地区注入能量和新的意义，就很难理解现代主义在这里的显著接受程度。有人可能会说，它对周围世界的开放使得它比其他更保守的城市更容易接受现代建筑。

不管是由厄恩斯特·梅（Ernst May）、柯布西耶（Corbusier）还是国际现代建筑协会（CIAM）所提出的伟大的现代主义城市宣言，都强调将理性的建设过程和符合逻辑的城市空间结构划分作为创建一个健康而现代化的城市的唯一途径。传统城市由于其狭窄的街道和封闭的街区而显得病态和压抑。现代工程将解放城市作为目标，而解放的过程不会发生在传统城市的框架下。一个完全未开发的城市在这些宣言里是可行的甚至是耀眼的。这是建造现代城市的简单办法，也确实是唯一正确的办法。聚集了最贫困人口的内城区域暴露在了推倒重建的城市更新中。但它并没有按照现代主义的理念进行，即现代城市应该由位于一个类似于公园的表层上的独立建筑组成。取而代之的是，这些经过改造的地区被赋予了一种经典的形式，其中，以一种略带怀疑的态度对待伟大宣言的丹麦现代主义建筑被认为是时髦的，它们被放置在一个新设计的四边形街区的结构当中。武断地说，这违背了现代城市规划，并且事实上其中一些东西可以看作是奥斯曼大改造中将现代街道整合进城市的延续。

在博格大街（Borgergade）地区和克里斯蒂安港，这些最贫穷的地区有着最古老最破旧的建筑群，在这里，现存结构被完整地清除了。在20世纪30年代的讨论中，韦斯特布罗和诺布罗却因为破坏而被单列了出来。对于不断的政治压力，该战略似乎是创建健康和现代的工人阶级地区的唯一方式。中世纪的城市也在进行推倒重建活动，这些城市里大型报纸出版商和印刷商开始建造巨大的新办公大楼和工厂大楼。起初，更新在现有的街道布局中进行，但很快就开始试图消解这个系统，以便能够营造足够大的建筑基地，正如杨柳城（Pilestrædet）北部和市场街（Landemærket）附近的案例。当时流行的观点认为中世纪城市普通住宅结构过时，墙体脆弱以及缺乏建筑价值，城市更新也相应地推进。

在20世纪60年代末，市议会决定停止城市中心的现代化模式。具有讽刺意味的是，现代主义随后用一个显然更严谨和敏感的方式，通过商业化和社会化，成功地推动了这种城市革新。通过新能量的植入对各地区的代表性与叙事性特征进行了重新阐释，古典街区里最有趣的部分得到了突出和激活。在20世纪80年代期间，中世纪的城市在内容和特征上经历了一个完整的变化。通过大量的更新，它已经适应了这十年间显著的思想转变，成了进化中的哥本哈根中的现代城市生活实验室，这个进化的变体由咖啡馆，专门的商店和与杰出艺术机构合并的画廊所共同组成。

直到20世纪70年代，只有斯托耶（Strøget）步行街和科博马格大街（Købmagergade）拥有特殊的商店和其他功能，标志着核心城市的中心。所有街道和小巷的共同特征都是破败的建筑、恶劣的生活条件和微小的商业活动。

最后一次城市重建是在1980年左右，诺布罗中心——第一批在城墙外部建设工人阶级住区的区域之一，它经历了大规模的城市更新，这次更新几乎将现存的建筑都替换成了单一类型的建筑，只是在材料上有细微的差别。这项更新引发了激烈的反对，迫使政府出台了一个新的城市更新条例，即未来的城市更新必须更加注重对现有建筑的修复。

作为应对这次粗暴的改造经历而出台的城市更新政策，可以对韦斯特布罗和诺布罗的圣汉斯托夫（Skt. Hans Torv）附近的地区进行研究。20世纪70年代期间，韦斯特布罗的原住民逐渐离开，而正是他们的出现使得哥本哈根这一地区有理由被称为工人阶级地区。一些生活条件较好的工人阶级家庭搬到了新城区，而在他们搬走后，这片区域逐渐被那些最弱势的社会群体如移民家庭和学生占据。城市的发展伴随着城市人口的大量减少，这使得零散的城市结构逐渐瓦解。沿街布置的传统商店被一种新型结构的移民商店所替代，以此作为这一地区标志性的历史新纪元。在20世纪90年代中期，一个全面的、得到公开支持的城市更新项目开启了，现有的建筑将按照统一的标准和价格修复——接近新建建筑的标准和成本。从新潮咖啡馆的小型聚集地的雏形中我们能够看出，由于城市更新的进行，青年文化和更多的社会人口将在该地区留下他们的足迹。

这种现象已经在圣汉斯托夫附近出现，年轻一族聚集于此。对老旧建筑的谨慎修复中混合了一定数量的新建筑，城市广场更新中的公共投资创造了一个活力十足的地区，这片地区以青年文化为主，同时与移民商店和餐厅简单地共存在一起。

20 世纪 70 年代，克里斯蒂安港是内城的第一批经历了覆盖的街区，这一覆盖没有改变街区的物理结构，但却赋予了它一个新的社会结构，在这一结构之中，受过良好教育的中产阶级成为最引人注目的因素。1980 年左右，思想风潮改变了，类似的中产阶级化进程也在中心区其他几个颇具吸引力的地区形成了。

长期以来，新港（Nyhavn）及其深水港口，一直保持着城市原有的结构和功能，但如今它经历了一个快速的商业化，这既反映了古典城市里中产阶级的新兴趣，也反映了城市旅游业的显著增长。在短短一个季度的时间内，所有的街边小店和街头艺人都被提供馅饼和法式长棍面包的餐厅所替代了。

正如前面提到的，"Bro" 地区（城市中心外围高密度的居住区，以共同的 "Bro" 后缀命名——译者注）也经历了一些变化，其中包括一种中产阶级化的、青年文化和中产阶级迁入，以最弱势的、长期以来曾一直集聚在那里的社会群体为代价。

与这些发展形成鲜明对比的是，一些程序化的现代主义地区，其巨大的预制建筑，现在已经失宠，被批评为无法与城市文化实际建立联系，或者不能为现代的日常生活创造一个有意义的框架。

虽然这些建筑在这一时期也得到了修复，但似乎不能接受现代的观点。为了使这些建筑重获新生，而做了一个孤注一掷的尝试——给它们披上后现代的或是毫无特色但迎合潮流的建筑外衣。但它们仍然只涵盖了一段历史。至今，它们看上去依然处于社会弱势，不存在向居民传达有意义的活动的可能性。

只有那些没有任何新近的观念想要对其负责的，并且资源导向的分析必定排斥的住宅区没有特别的问题。住宅区是对大众消费和现代通信文化所带来的个性化的逻辑回应。但它也包含一种对公寓楼在 20 世纪 60 年代和 70 年代的标准化和庸俗化进程进行反对的尝试。

在后工业化成为现实的今天，那些工业遗址标志着工业城市中难以改造且坚不可摧的障碍，如今却构成了对城市潜力的重新诠释，是适应城市新环境的重点。但它们也成为大投资者青睐的目标，这些投资者将城市空间私有化和将建筑单一维度化的观念，在似乎遵循了其基本句法的同时，也消解了城市句法。

在今天，哥本哈根因这些靠近码头的前工业区而成为一个特例，这些前工业区目前是所有欧洲城市中最具潜力的更新项目。这为再现这座城市的起源提供了可能性，其中港口是其身份象征的内在和中心部分。

图 4.5 克里斯蒂安港，城市变迁的四个阶段。上图：来源于土地清册；右中图：来源于伯迈斯特和韦恩博物馆，哥本哈根

哥本哈根有一个名为克里斯蒂安港的地区，经历了本节所描述的所有类型的变化。因此，作者将要复述的城市历史是基于克里斯蒂安港的发展框架。

克里斯蒂安港，文艺复兴时期的小镇，面积是哥本哈根规模的两倍，在港口形成了一个内港，在早期经历了前文称之为结构重叠的变化过程。这座小镇是基于建筑商的住房而建造的。以四边形的庭院作为其经济上基础，这些房屋建在狭窄的基地上，从街道沿着码头一直延伸到背后的街道。这些房屋供这里的商人和他们的雇员居住，也用于储藏货物，它们承载着这座小镇的经济结构和社会结构。这些场地从功能上规划并允许通过朝向运河的开放入口来接驳货物，并进一步通过开放的入口通道运送至背后的街道。

一百年后，克里斯蒂安港的世界贸易进行了重组。这种新殖民地的贸易不再由个体商人开展，而是由经营更多资本、更大的船只和更大数量货物的贸易公司进行。克里斯蒂安港的重建就是为了给这些功能的使用提供更多的空间。这使得它像是城市结构中的大型独立仓库。Strandgade（海滩街）不再沿着水边，因为仓库建在填海土地上，形成了一个新的码头区。

到目前为止，我们只看到这种结构重叠背后的经济动机。然而，同时，一个新的建筑理念正指导现有的克里斯蒂安港。在适应新的经济现实的过程中，小镇受到巴洛克式建筑观念的影响。

在小镇的某些空间中可以解读出一些新的含义。克里斯蒂安港的第一个基督教堂——我们的救世主教堂——建在一个方形场地上，它强调了最初规划中的各条街道，这些街道被视作是建成区中间的空白地带。教堂的扩建连接了克里斯蒂安港口，它被置于离海滩街一端的远处看得见的地方。从一个中性的街区开始，这条街道开始变得充满了意义，变成了这座小镇全新建筑时期的一部分。远处的相应设施通过18世纪克里斯蒂安港其他设施的增加而得到完善。该地区为了容纳新型国际贸易所需的设施进行了重建，同时也导致了地区的社会混乱。虽然这场贸易带给哥本哈根的财富被集中在了克里斯蒂安港，但引导进入港口的优美建筑却建在了海港的另一边，新巴洛克风格的腓特烈堡地区。通过一个缓慢的过程，克里斯蒂安港的社会结构从以富商和名匠为主导变成了其中也包含最贫穷的人。这个城市的隔离已经开始了，或者随着它所采取的不同规模和形式而变得清晰可见。

当工业化来到丹麦，通过逐步接管和改造个体建筑、街区，并通过铁路设施向城市注入能量，它带来了现有的城市动态变化的新类型。

克里斯蒂安港尚未进入基本的变化过程，直到1850年一个后来被称为伯迈斯特和韦恩的公司，在克里斯蒂安港河道附近建造了第一个工厂，从此开启了逐渐更新的步伐，克里斯蒂安港几乎四分之一的地区都被改造为一个围绕教堂的巨大的工业中心，从而给该地区带来了新的经济意义和新的建筑秩序。

18世纪中期，该地区是在文艺复兴的理想蓝图的基础上创建起来的，它受到了城市空间的巴洛克式风格的影响，直到一个世纪之后才有了新的逻辑加于其上。这一次改革并没有伴随新的建筑项目，然而在其实用性和经济性的逻辑观念中，包含了明确的对个体建筑充分尊重的建筑理想。

又过了百年左右，叠加在克里斯蒂安港的秩序再次消失。伯迈斯特和韦恩公司的电机厂停止运转，这片地区面临一个新的开始。就下个千年的需要和想法出发，我们可以看到它的结构和潜力面临着一个全新的演绎。

但另一种类型的改革发生在过去的20年。在20世纪30年代末期，试图通过清理该地区中央大街（Torvegade）旁的老旧建筑来改变这一趋势，并且建立与这一时期理想一致的新公寓。尽管如此，该地区还是变得更加贫困，到了20世纪60年代末，大量的房屋被列为危房，其原住民被清空。年轻人以临时的甚至非法的房屋契约搬进了这里。这导致两个重要的发展。首先是占屋运动，它保持了房屋低廉的价格，这使得克里斯蒂安港成了动荡的20世纪70年代一个强有力的青年文化中心。年轻人非法占有了该地区边缘空置的旧兵营，并且建立了所谓"自由城"的克里斯钦尼亚，正是因为这些青年文化的聚集带来了克里斯钦尼亚的兴起。因此，从20世纪70年代起，克里斯钦尼亚就变成了哥本哈根另类生活方式的聚集地。但是这种本质上的另类是暂时的，这一状态成了如今兴起在克里斯蒂安港的中产阶级化的特殊方式的一种跳板。许多住在那里的学生一旦完成学业就会离开，然后在正经历巨变的克里斯蒂安港购买公寓。这些房屋被修复了，但人们对它们的原始和历史品质给予了极大的关注。该地区的社会向上发展，尽管有着明显的另类形象。该地区成了一个试验性的实验室，要求重建哥本哈根的旧建筑，而不是被新建筑取代。反过来，因为所谓的创意产业、广告商、建筑公司，和那些想要与河对岸西装革履的上班族有所不同的人们，克里斯蒂安港变得趣味无穷。

这样的发展，将一个实际意义上典型的中产阶级化过程与一个另类文化形象的建立结合在了一起，当伯迈斯特和韦恩公司需要策划一个项目来展现其新形象时，这样的发展经历起到了重要作用。

由于一些投机性的购买，土地价格达到了很高的水平，只有在上面建造颇具声望的商业建筑，才能自负盈亏。但是在市议会的大力支持下，当地社区的要求是克里斯蒂安港的特征应该通过大量公寓建筑保存下来，这项要求的提出如此强硬，以至于一系列的投机性土地交易伴随着一系列引人注目的破产倒闭，直到土地价格降到了这个项目可以实现的水平。

亨宁·拉尔森（Henning Larsen）的设计室为该地区所制定的计划，可以视为对克里斯蒂安港发生的多种经济、社会和文化重叠的示范性总结。工业资本，在贸易资本之后占据了该地区，却又以银行总部的形式被金融资本所接管。银行允许占据面对港口的标志性地段。但这些另类的文化已演化为一个社会长期发展的产物，已经获得了运河一侧的控制权，即要求修建能与原型建筑结构相呼应的小型住宅。还有那些可替代的行业，也许也不再那么具有可替代性了——建筑师、管理顾问、广告商——已经挤进了仍屹立在工地上的工业建筑的废墟中。

通过对已成功实践于克里斯蒂安港的建筑理念的识别和再解读，从城市建筑的角度找到了解决方案。教堂，这个从文化和建筑上都代表永恒的事物，如今已成为中心。教堂连接了历史，但由于这一角色，它被赋予了该地区普遍的巴洛克风格，也只有教堂才能够将新的开发与克里斯蒂安港的剩余部分联系在一起。它位于海滩街的尽头，导致活动从周边地区进入新的区域。通过让教堂在相较于今天更大的中心位置扮演更重要的角色，将有可能在秉承原有建筑原则的情况下围绕教堂组建新的功能。大型办公楼面向海港，就像殖民贸易时代的仓库，山墙面对着水面。沿着运河而建的公寓遵循着相同的传统，即建筑长边面水。而地区新的中心是一个以教堂作为视觉焦点的历史中心。它是一个静谧而庄重的空间，通过它的静止将围绕它的活动融为一体。没有任何活动能占有这个空间或是将其据为己有。这个空间属于教堂，因而属于历史，属于人类。

IV 城市结构和日常生活

现代主义将城市描述为一个结合了居住、工作、消费、物质和知识文化的专业领域——流通性是作为实现这一工程的可能和决定性因素。

流通性、可达性、沟通性是城市生活的先决条件。未来主义和后来的现代主义指引着后续运动，它不仅是城市功能运转的必要前提，也是一种使人获得自由的奇迹。在20世纪80年代，对现代主义宣言和现代城市的反作用力开始出现。欧洲城市被理解为拥有古典城市的街道和广场，其各种功能紧密交织在一起，它的重建再次被提上日程。除此之外，新的文化项目大规模地以城市密度为导向进行建造。

像所有其他西方城市一样，哥本哈根也反映了这些伟大的宣言和它们所依托的思想理念。

城市通信系统已经变得越来越专业，城市的各种空间越来越具有功能性、社会性和文化性，且基本都私有化了。

在传统街道上，如果你看到有趣的东西，你可以停下来，你会遇到许多不同的活动。现代的交流是有效的，但却被狭隘的目标所导向。我们能够决定以公路还是以当地铁路的方式到达目的地，但是我们不能停下脚步，我们能到达的目的地也是有限的。人们奔向一个确定的目标，凭借这一事实，这个目标已经专业化、并且极度商业化地被利用了。现代城市的结构事先就已经如此专门化，以至于它不能接纳一个已经建立起来的扩展。

在郊区，大型购物中心是城市现代生活的终点。高塔斯特鲁普（Høje Tåstrup）是哥本哈根西部救灾购物中心与二战后区域规划战略的代表，在那里有一个名为“第二城”的购物中心。作为一种类型它也是现代主义城市的一个例子。通过高速公路

图 4.6　日常生活空间：左图为传统街道，右图为步行街（斯托耶）

系统，高塔斯特鲁普服务了西部郊区的大部分住宅区，高薪者和低薪者都在这个地区居住。但在这片独栋房屋的海洋里，也有大型公寓楼。这些预制建筑在很大程度上是移民所居住的。我们在购物中心会遇到许多移民，但没有一家商店是移民开设的。购物中心有着高度现代主义的形象，并且是为消费社会创造的，所以说购物中心在某种意义上来说就是现代中心。但要它适应和反映新的环境是非常困难的。购物中心无疑是一个集中受控的常态空间。在这种语境下，现代化代表了一种规范管理和精心控制的环境，有着为被管理和被测试的公众而设计的商品。

另一个终点只可能出现在影城内的荧幕上。影城外，伴随着移民而带来的他者性和能量无法表达自身。我们可能会说，我们不知道如何使用文化分维来计算。

日常生活是由一个简单的目标导向逻辑组织和构建的。家庭、制度、工作、消费、休闲都被赋予了各自的定义和固定场所。而这些场所很难对复杂度增加的新环境作出反应。它们可能会被新的群体完全占领，但却不会在复杂性上增长。在城市内部的两个购物街——韦斯特布罗大街和诺布罗大街，仍然是城市原始交流形式的体现。它们既包含地方性的又包含区域性的事物，以目标为导向，同时也有与当地切断和保持联系的可能性，通过联系而变得区域化。

周边地区将其结构和生活带到了购物街上。移民、学生、流浪汉和另类的人都井然有序，毫无冲突地在街上行走。城市有能力吸收新的社会阶层，并为他们腾出空间。一些移民不仅仅出现在街上,他也是拥有自己旅行社的商人。尽管这个地区(据调查与思维模式有关）并不现代化甚至反现代化，但它有能力对新环境做出迅速的反应和吸收，允许新成员在这立足并且在这片土地上留下属于他们自己的印记，因为这不是像郊区中心那样需要绝对控制的空间。

从历史的角度来说，城墙内的城市是哥本哈根最原始的部分，但不包括在韦斯特布罗、诺布罗和奥斯特布罗发现的本地和区域之间的即时耦合。它包含了许多专门的城市空间——不是通过它们的建筑结构，比如郊区中心，而是通过它们的功能实现专业化的。

斯托耶（Strøget）步行街和科博马格大街（Købmagergade）这两条旧有的主干道是主流文化的阵地—— 一边是流行文化，另一边是中上阶层文化。

在周边的街道上，要么是另类的青年文化，要么是受过良好教育的中产阶级的主流文化。

哥本哈根市中心的空间已成为一个城市艺术活动的空间。人们可以在周六去镇上体验，去融入城市生活，通过探索商业空间和文化空间的重叠部分来展示个人的消费观念，也可以在其中四处游走并与象征着集体符号的纪念物擦身而过。

只有非常有限的一部分人群能感受到哥本哈根日常生活的核心。许多人都与游客的认知一样，感受主要街道的意象，并聚焦于流行文化。

我们的日常生活是对这片区域或是时间的真实反映，而不是一种框架。大部分人就像中产阶级参观巴黎、伦敦、巴塞罗那等城市中心一样，用一个周末的短暂停留来参观哥本哈根，对他们来说，这只是走马观花式的文化一瞥。

但是虽然郊区构成了哥本哈根绝大部分的体验世界，城市中心仍保留着与其身份相符的地位——或许从文化角度来说，不仅是因为它有中央纪念碑，更是因为它已被证明拥有适应新环境的能力，并且能够包含和反映当下。

郊区是该地区大多数居民聚居的现状，但郊区很难形成可理解的符号，也不可能把现状置于一个历史观察的角度来看待。

这种分裂在处理沿着码头的前工业区更新的巨大潜力中反复出现。

高塔斯特鲁普在其建筑意象之间被分割，这些意象指回城市中心，回到有着街道和广场的传统城市以及它的专业化当中，这将它置于现代主义的郊区化之中。

但事实上，指向这座城市历史的意象，可以看作是一个扩张主义时代的死亡纪念碑。目前城市的复兴不是发生在外围，而是来自内部——从城市的许多方面。城市与海洋的相遇使得历史暂停或回到了起点，历史起源于水边这件事需要重新反思。

但这种反思被哥本哈根已经失去了其历史方向这一事实所影响。哥本哈根再也不是从西兰岛就能直接到达的城市，也不是横穿海湾就能到达的城市，它是斯堪的纳维亚与欧洲大陆交汇点上的城市。

港口地区又一次成为中心，但却再也不是我们第一次提到的那个位置。港口已成为我们今天讨论哥本哈根的一个例子和象征，因为它是因工业而形成，它必须把社会进程融入后工业化的概念。这个概念缺乏真实的内容，这是一个明确的事实，即我们知道我们留下了什么，但我们不知道我们要去哪里。

第五章

聚焦现代化的哥本哈根

赫勒·博格伦·汉森，比吉特·达戈，汉斯·欧文森[1]
（Helle Bøgelund-Hansen，Birgitte Darger，Hans Ovesen）

I 抵达——游客眼中的哥本哈根

当你乘火车抵达哥本哈根，从中央火车站的主入口进入这座城市，你与这座城市的关联便从中央车站前的市政厅广场（Banegårdspladsen）开启了——这是对城市和文化历史感兴趣的游客的最佳去处（图 5.1）。第一眼看去，这个广场并不是城市中最令人激动的场所，但在这里你能找到哥本哈根历史核心章节的多重标记。这座广场在城市文脉中的位置、邻近的街道和城市空间、它的建筑和纪念碑都在讲述着哥本哈根进化为现代都市的故事。这是这座城市从被城墙和防御工事所包围的“国王统治时期的哥本哈根”，发展成公民自治且无明显限制的现代大都市的发展史——这一发展与丹麦从农业国家转型为工业大国的过程密不可分。因此，中央车站广场成了历史与现代的交汇处，本国与国际的交汇处，以及众多人群的交汇处。

如果将视线越过广场，你的眼睛会被一座方尖碑吸引，这是全国最重要的纪念碑之一：自由纪念碑，为纪念 1788 年废除农奴制而修建于 1792—1797 年（美国自由女神像建立之前大约不到一百年）。农奴制在 1733 年的一部法律中首次提出，为了获得廉价劳动力而用农奴制困住农民。废除农奴制标志着向自由流动迈进了一步，而这是现代社会的主要特质。自由纪念碑屹立在韦斯特布罗大道中段，该地区曾被称为韦斯特布罗大道（Vesterbro Passage），因为它连接着仍被禁锢的城市和已具郊区开发雏形的周边乡村。

从火车站广场右行，便来到原来的城市大门之一，韦斯特波特（Vesterport，意为：西门）曾经的所在地。在这里你会看到在市政厅广场（City Hall Square）上，自 1905 年起就矗立于此的马丁·纽阿普（Martin Nyrop）设计的市政厅大楼，它是哥本哈根城市治理的傲人标志。走进大楼，你会看到一行丹麦文字铭刻在前厅高耸的

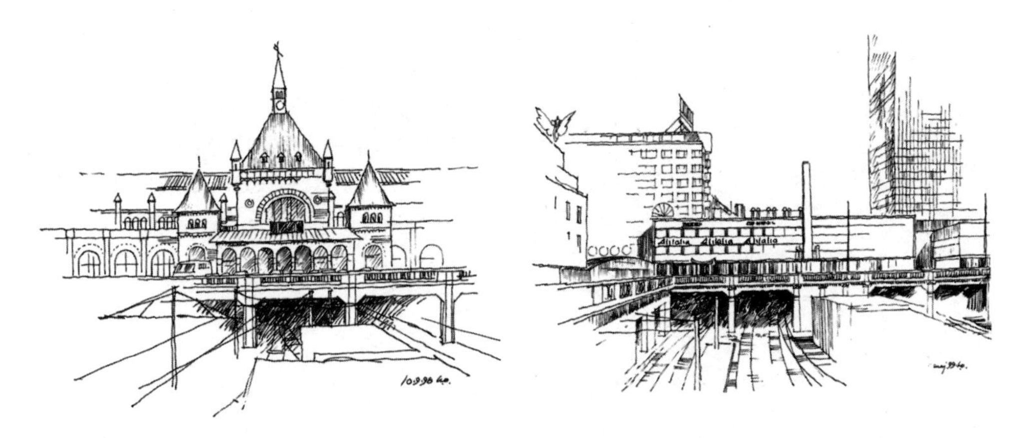

图 5.1　哥本哈根的中央火车站安静地处在繁忙的交通之下。中央火车站对面，就是自由纪念碑，以及自现代主义以来各种建筑的集合。这是汉斯·欧文森的画作

大门上，意思是“什么样的城市，什么样的公民”（Like Town Like Citizen）。

如果你望向另一边，从自由纪念碑向西北方向看去，你会看到圣乔治区，就其建筑的现代性和建筑布局而言，必须说它构成了哥本哈根的第一个现代都市区。该地区最初的详细规划始于 1910 年关于移走自由纪念碑的争论，随后，到 1920 年代末期又产生了一系列方案。这样一来，车站广场便与圣乔治区连接起来，这是哥本哈根内城第一批最具现代化且规划最详细的地区，或许也是哥本哈根距离曼哈顿式路网和中心城区的现代化最近的地区，尽管规模稍逊。

II　过渡——转型期的哥本哈根

因此，在中世纪的哥本哈根和早期郊区开发（19 世纪 60 年代到 90 年代）之间这样一个奇特的过渡时期，在一个为军事目的而保留、在 19 世纪的最后一年才建成的区域,哥本哈根的现代性得到了初次表达。12 世纪和 13 世纪的哥本哈根建筑拥挤，街道狭窄曲折，保留着城市最初的烙印，而现代化的哥本哈根成形还不到一百年（19 世纪 90 年代到 20 世纪 70 年代），这两个时期的哥本哈根之间只有一排门面形成了一个细细的边界。

市政厅自 1905 年便耸立在中世纪的哥本哈根城市旁边。1911 年就已存在的主要站点坐落于现代街区的南端，它标志着与韦斯特布罗郊区的分界。市政厅和中央车站之间是蒂沃利公园，始建于 1843 年。城市冲破边界开始向外扩张之前，这座著名的游乐园位于城市外部。蒂沃利公园的创建其实是为其创始人的报社凑钱，该

图 5.2　2001 年三个地区和城市的特点。地图上标记了西大门和 19 世纪中期的壕沟和防御系统。A：市政大厅广场区；B：圣乔治区；C：中央火车站广场区。1：市政大厅；2：蒂沃利公园；3：中央火车站；4：自由纪念碑；5：湖区。图由汉斯·欧文森绘制

报社当时是城里最早的现代流行报社之一，既有文化内涵又夺人眼球。

哥本哈根城内一条年代较近且最繁忙的道路将市政厅广场和蒂沃利公园分开，而再往北走远一些，则是现代城市的边界。尽管道路两边最初栽种的树木由于交通需要而被砍掉了，这条道路仍然保留了林荫大道的称呼，甚至还与丹麦伟大的童话故事作家 H·C·安徒生同名。而现实中，这只是一条连接西北城区和阿迈厄岛的通道，并无浪漫可言。

该街区西面靠着湖区。由于 16 世纪和 17 世纪的不懈努力，哥本哈根周围的河道被重新引流，给城市的风车、水井和壕沟供水。湖区其实是大坝截断了天然河流而形成的人工盆地。在 18 世纪和 19 世纪，河岸被修直，并模仿巴黎的塞纳河畔修建了人行步道。然而直到 19 世纪末期，这条哥本哈根的“河流”还只是在城外流淌。

与巴黎、法兰克福、鹿特丹和斯德哥尔摩等欧洲的主要城市相比，哥本哈根现代化的部分还很小。总的来说，只是一块面积约 50 万平方米的三角地区。但另一方面，这块狭小的地区集合了现代城市的许多特点，而同时该地区及其建筑群也算是那个时代的纪念碑。该地区的建筑都是在 70 至 80 年的短时期内修建起来的，代表着丹麦近代建筑的典范，每座建筑都有着其修建年份的特色，并且——在多数情况下——它是丹麦现代主义的一种特殊形式，从来没有主动失去与常识或古典美德之间的联系（图 5.2）。

该地区包括许多现代城市活动设施和机构。在其空间形式和结构以及城市建筑中，它呈现出一种心不在焉和不连贯的外观。最近，哥本哈根可能没有其他任何地方受到政治家和城市规划者如此频繁和强烈的关注了，尽管正是由于这一点，使得城市缺乏连贯性，而这一特征已经显示在这种英雄式规划中，或者常常出现在雄心勃勃的规划随着近代自由主义的浪潮业已戏剧性地倾覆之处。现代化在该地区得到淋漓尽致的展示，既体现在宏伟的秩序愿景、对城市生活的控制与理性组织上，也体现在其居民身上，同时也是对每一种可能的创业计划形式的自由诠释。

III　历史——皇家军事重镇：哥本哈根

考虑到该地区担任着融合多种不同身份的特殊角色，而且其空间和建筑的衔接不够明显，有两个历史因素必须予以强调。

其一便是出于防御考虑而在城外修建的壕沟的限制。这块区域必须在离防御工事环线一定距离的地方保持开放。只能允许修建小型建筑，若发生战事很快会被烧毁。当时的考虑是，如果城市被围困或者遭到袭击，那就不能给敌人留下任何可栖息的场所。

1658 年，当哥本哈根被丹麦的死敌瑞典袭击之后，当局才决定修建这一安全区，那是一个致命且具讽刺意味的篇章，是武器技术发展和防御工事之间的竞争。17 世纪 20 年代，在城墙以西的一片小郊区、现有防御系统西边一公里处，修建了先进的土木防御工事系统，作为城市额外的保护。但是，当瑞典军队攻打哥本哈根时，瑞典军在新土木防御工事形成的避难所里舒适地安顿下来。从这个位置瑞典军可以很轻松地用他们新的远程炮轰炸哥本哈根，然而躲在老旧防御工事后面的哥本哈根守军却没有可用于反击瑞典军的武器。

由于郊区建筑也为进攻者提供了庇护，当局决定在城市周围修建一个空旷的安全区。随着时间推移，根据当时的武器射程以及对城市战争风险的评估，外部防御界限不断地靠近或远离城市。如果国王或者城市管理部门缺乏资金，那就极有可能重新考虑战争的风险以及安全区的范围。通过缩小安全区范围，以及租赁或出售拆除防御建筑后空出的建筑场地，经济状况就能在短时间内得到大大改善。

进入 19 世纪中期，人们才终于认识到，城市周围那一圈城墙和护城河并不能起到足够的防御作用。在当时的欧洲，人们几乎是同时认识到了这一状况。建筑的限制消失了，突然之间，城市开始向开阔的乡间无限地蔓延。哥本哈根解除限制的最后一块地区，是靠近城市的一块狭长的带状区域，现在已经能够用于建设。在这

图 5.3　韦斯特波特（西门）堵塞的交通，哥本哈根最繁忙的城门。这幅画完成几年之后大门就被拆除了。由克里斯托普（Klæstrup）于 1850 年绘制。哥本哈根城市博物馆友情提供

片狭小的地带之外，新的郊区已快速发展起来，所以才会出现一个奇怪的现象，那就是距离哥本哈根年代最古老的城区最近的那些区域要比稍远的区域更为年轻。现在已经可以用于建设的城市中心西边的土地，长期被城市所包围，它已成为哥本哈根城内一块凸显新时代特色的区域。

该地区扮演了重要角色的第二个历史因素与城墙和进入城市的三座城门有关。而三座城门的名字碰巧会令人误解，更像是要试图创造某种逻辑上的紧张，而不是如实描述。韦斯特波特（西门）是西南朝向，不是朝西，诺里波特（北门）基本上是朝西，伊斯特波特（东门）几乎是正对北边。由于城市西部是广袤的农业腹地，韦斯特波特异常繁忙。农民们从此处带着水果蔬菜、玉米秸秆、牲畜牛奶到城里的市场售卖。城门晚上会关闭，而大多数农民都从很远的地方赶来，到达时天色已晚，因此只能利用闭市前的最后几小时售卖产品。另外，他们得先缴费才能在城里卖东西，所以他们已经习惯在城墙外住一晚，以便第二天一早进城，这样就有一整天的时间卖东西（图 5.3）。

由于恶臭、噪声和飞蝇，到 16 世纪末期，屠宰和卖肉的摊位已经被驱逐到城市防御以外了。这一类活动沿着通往韦斯特波特的道路展开，自此以后，那里便成了丹麦首都的肉类配送中心。

随着时间推移，该地区发展成农民、商人、肉贩子、屠夫和客栈老板非正式的聚会场所。正如一句丹麦俗语所说：“哪里有好人，好人就往哪里去”，除了交易牛和牛肉之外，该地区主要的活动与在那里过夜并有大量空闲时间的人们的需求相关。从小旅馆、小酒馆、妓院、乐园、剧团，从魔术师、街头艺人、打架的，再到骗子和欺诈者，城外形成了一座小镇，真实准确地表现了这座城市夜晚的样子，一个超出城市秩序和管控的地方。

当城墙和防御建筑被拆除；当成千上万的农场主、小农户和农业工人受到衰退的打击而离开乡下搬进城镇；当房屋投机者们发起了大规模的住宅建设，包括位于通向城市的道路沿线的非管制区的破旧小公寓，韦斯特波特或多或少不那么光鲜的活动就全部涌入了这片新的、房屋密集、人口众多的郊区了。

这片不久以后会成为哥本哈根内城现代化地段的区域，目前还是位于老哥本哈根与新兴且繁忙的郊区之间的一块相对的处女地。该地区很自然地也就被称之为通道（Passagen），这是一个变动的区域，是城市中更稳定更完善的区域之间的过渡。一直朝向其他目标永不止步这一特点被融合到了这一地区的改造之中，使它成了一个现代化的街区。

IV 市政大厅和林荫大道——中产阶级自由企业之城：哥本哈根

在 1948 年的《纵观新旧哥本哈根》这本个人指南中，作家兼艺术评论家鲁道夫·布罗比–约翰森（Rudolf Broby-Johansen）这样描述市政厅广场："市政厅广场的旅程描绘了我们的先辈们在时间进程之中相当糟糕的一幅画像。那就是自由主义建筑表现出的样子。每户人都有自己的城堡。那里有各种自由，它也可作多种用途。"[2]

市政厅广场和由建筑师马丁·纽阿普（Martin Nyrop）设计的市政厅（1892—1905 年）一直都备受争议。这个区域分布不均匀，而且被 H·C·安徒生林荫大道所分割，现在这条路已像高速公路一样宽阔了。在其外表背后，隐藏着资产阶级关于自由企业的理想，以及对城市规划刻板限制的强烈抵制。但市政厅广场也体现了一种想要让 19 世纪的最后十年城市的快速发展能够更加合理、高效的尝试。

V 市政厅广场——交通、娱乐和霓虹灯的中心

哥本哈根现有的市政厅广场并未计划作为市政厅的场址，而是要设计成一座现代繁华大都市的中央交通枢纽。为这一地区所作的几项规划并不是为了改造建筑，而是意在改善进出城市的道路沿线的交通状况。按照当时的想法，为了使交通流动最有效率，设计了一套精巧的交通体系。它由放射状和环状道路组成，在这些道路交汇处有有轨电车专用道。[3] 自 1886 年起，在为有轨电车所作的第一个总体规划中，就在后来成了市政厅广场的道路交汇处设计了尽可能多的轨道。等到刚刚完工的中央汽车总站矗立在广场北端那一天，这一决定带来的影响立刻就被感受到了。

图 5.4　1880 年左右的韦斯特布罗大道。选自《插图刊物》。由哥本哈根皇家图书馆友情提供

一些街道的命名见证了这个以交通为导向的广场的历史。各种速度的交通工具曾经并且仍然运行在这片区域：旅客通过铁路大街（Jernbanegade）可进出车站；这里也有城墙被拆除之后修建的街道，取名叫韦斯特布罗大道，是连接旧城和新建郊区的道路（图 5.4）。作为城市第一条有着欧洲风格的林荫大道，韦斯特布罗大道让漫步其中的市民感受到了大都市的味道。在决定将市政厅放置在此处之前，现在的H·C·安徒生林荫大道已被规划成韦斯特林荫大道。根据1872年的规划，到1885年，它应该成为市政厅广场北边一个小公园中的尽端路。这条街道似乎最初被认为是一条长廊。[4] 韦斯特布罗大道和韦斯特林荫大道可以作为该地区的许多人行道咖啡馆和蒂沃利公园半公共空间的延伸。规划后来进行了修改，韦斯特林荫大道成为林荫大道带的一部分。从 20 世纪中叶开始，它成了城市的主动脉，引导机动车流进出市中心。

市政厅广场被沿着古老城墙的曲线蜿蜒而行的林荫大道所环绕。广场不太规则，向右弯曲，并向东北方向逐渐变窄。背靠市政厅站立，你的右边就是哥本哈根最古老部分的边界。原有的建筑物、小旅馆和旅店已经一去不复返了，取而代之的是 20 世纪初所建的酒店。

在整个 20 世纪，大型国家报社都驻扎在广场的这一边。1912 年，自由派报纸《政治家报》（Politiken）从国王新广场（Kongens Nytorv）原来的办公室搬到了这里，靠近当时的市中心，从那时起，它一直控制着市政厅广场的一个角落。之后不久，其竞争对手《贝林时报》（BerlingskeTidende）搬到了一家废弃的酒店，在那里设有广告部门和电子报纸。它的小报版本《BT》在市政厅广场设有办事处，一直到

20 世纪 70 年代。

中世纪的街道蜿蜒曲折，现在称为斯托耶（Strøget）步行街，出现在这里成为新城市的开放空间。1918 年，诗人埃米尔•伯内利克（Emil Bønnelycke）出版了一首关于现代大都市生活的诗集，名为《沥青之歌》（Asfaltens Sange）。在他的诗《市政厅广场》中，他描述了他从斯托耶步行街来到繁华的广场上："欢迎来到开放的市政厅广场、报社、有轨电车、出租车，欢迎来到"雨伞"（一家受欢迎的咖啡馆）、工业咖啡馆、酒窖、达格玛咖啡馆、皇宫饭店。欢迎来到我们所爱的地方，感受我们的活力，以及我们所经之处。欢迎来到我们这个年轻而微笑的城市中这个 7 月的日子。"[5] 埃米尔·伯内利克给人以现代都市生活可爱和甜蜜的印象，在哥本哈根版本中，它与自行车铃铛和沥青上轮胎的尖叫声发出共鸣："在这个闪耀着沥青的强大舞台上，您看到电车是如何旋转的吗？汽车如何在溪流中回旋？车厢的铃声如何成束地响起？自行车甜美而和谐的歌唱汇成了国家的旋律？"[6] 从 20 世纪初开始，自行车已经成为哥本哈根人引以为傲的现代城市特色。哥本哈根被称为"自行车之城"，代表着身体、自由和年轻的现代文化。

基于充分的理由，在城墙被拆除之前，斯托耶步行街对面的广场一侧没有建筑物。最先矗立起来的建筑物是丹麦工业联合会，在 19 世纪 70 年代举办了许多北欧工业展览。伟大的哥本哈根展览在前城墙的所在位置上举行，以蒂沃利公园作为重要的背景。后来，酒店、音乐厅和各类剧院也建在了广场的这一侧。而现在，这些建筑已被拆除，并被银行、保险公司和一个大型电影院所取代，所有这些都是 20 世纪的现代建筑。

从 19 世纪中叶开始，车站和市政厅广场之间的区域便成为城市新的娱乐中心。19 世纪 70 年代，富于进取心的手工艺人和商人在这里建设了商业和娱乐场所，同靠近国王新广场附近的高档购物区展开竞争[7]，而最终占上风的是那些娱乐场所。蒂沃利公园很自然地成了这里的地标，同时也加入了其他一些流行娱乐形式。哥本哈根第一个常驻马戏团就在这里建立，而且这里也有从 1881 年到 1890 年邻近地区最吸引人的景点之一：全景观光大楼，从这里可以看到君士坦丁堡全景、庞培古城遗址之类的景观。紧邻的是建筑大师汉斯·汉森（Hans Hansen）模仿巴黎意大利大道上的沃德维尔剧院（Vaudeville Theater）设计的达格玛剧院（Dagmar Theater）。[8] 汉斯·汉森并不打算超越国王新广场上展现的精英文化，在那里皇家剧院屹立至今。每个人都十分明白，在中央火车站旁，蒂沃利公园和韦斯特布罗大道所提供的是两种截然不同的文化。

哥本哈根人蜂拥而至。从国家音乐厅顶楼，作家赫尔曼·邦（Herman Bang）

观察到了这个城市最繁忙的一角。他在一篇报道中写道，“夏日午后，韦斯特布罗大道上来来往往的人流，与涌进蒂沃利公园或要经车站离开的人群相汇合；夏日傍晚，无处不在的煤气灯和彩灯闪闪发光，四处响起管弦乐声，还有刺耳的铁路信号的声音，（这个地方）描绘了一幅大都市喧嚣生活的画面。”[9]

20世纪20年代，霓虹灯成了夜晚时分广场最引人注目的特色。[10]自从1907年第一个灯箱广告出现之后，当时的领先企业的名字便从韦斯特波特一路闪耀到了市政厅广场。20世纪20年代至30年代，先前的韦斯特布罗大道已经因其最新和最引人瞩目的霓虹灯广告而成了城市的中心。自19世纪末期开始，在赫尔曼·邦的描述中，这里就是一个激动人心的地方。霓虹灯的盛行巩固了人们对市政厅广场的感觉：在这里，人在任何时候都可以感受到这座城市的脉搏。[11]

哥本哈根的夜晚、韦斯特布罗大道及市政厅广场周围的地区恰好构成了汤姆·克里斯滕森（Tom Kristensen）1930年的《浩劫》一书中迷人而绚烂的世界。书中主角《每日新闻报》的办公地点就设在了市政厅广场的某个角落里，一个既有吸引力又令人厌恶的重要位置。霓虹灯已成为这个地区夜晚的恶魔般的预兆。

> 火红色和梦幻蓝色的霓虹灯管发射出耀眼的光芒，红色的光显示出字母：Scala。蓝色的灯泡就像树叶制作的中国灯笼，闪烁着神秘的光芒，上面写着：大理石花园（The Marble Garden）。名字是黄色的，一份电子报纸在屋顶闪烁而过，每个字母后都闪动着灯光的薄雾。各家报社用喇叭在街道上播报着竞选结果，声音响彻街道。那声音听起来就像是隐身的巨人，如房子般高大，在大楼之间奔走咆哮。市政厅广场人头攒动，车辆穿过拥挤的人群，然后突然间加速，仿佛终于冲过了一摊泥路，沿着韦斯特布罗大道扬长而去。车灯的灯束扫过路面，汽油在上面闪闪发光，这就是哥本哈根耀眼夺目的夜晚。[12]

VI 市政厅

在市政厅对面的是赫尔默胡斯（Helmerhus），一栋砖结构建筑，狭窄的立面正对着广场。在市政厅修建之前，这座建筑就已经存在于此，自那时起，它就惹怒了所有的正义之士。这座大楼令市政厅的建造者马丁·纽阿普非常烦心，他希望修建一个能体现出专注和宁静的广场，与城市街道上繁忙的现代生活形成对比。[13]然而他的想法与广场产生和建成的前提条件并不一致。根据马丁·纽阿普的指示，市政厅前面的区域要建成一个扇形的下沉广场。它参照的样板是意大利锡耶纳的坎波广场，但效果并不好，二战之后哥本哈根市政厅前面的扇形广场就被拆除了。1996年，广场得以重建，一个新的大型下沉广场在市政厅前重建了起来，以纪念建筑师最初的想法。街道体系首次迎来了彻底改变。斯托耶（Strøget）步行街与韦斯特布罗大道紧密相连，以创造出被狭窄街道包围的一大片连贯的步行区域。

市政厅给人一种厚重阴郁的印象。建筑呈现出民族浪漫主义风格，混合了丹麦中世纪风格和意大利灵感，后者给丹麦建筑师造就了一所特殊的“现实主义”学校。[14]纽阿普在设计时受到了锡耶纳的哥特式市政厅和传统丹麦建筑风格的启发。建筑外观在当年被称作“诚实的丹麦砖块”，充分体现了对丹麦的景观及普通居民的考虑。建筑立面和内部都有丰富的装饰。除了砖，主材料也用到了木头和花岗石。每个细节都显示出精巧细致的工艺。

一代又一代建筑师嘲讽市政厅保守的细节设计、屋顶的垛口、北极熊和海象装饰，以及厚重的城堡外形。尽管如此，该建筑似乎蕴含着现代主义的前兆。在大楼揭幕之日，《每日新闻》及专业期刊都对其不寻常的外观议论纷纷。哥本哈根拥有一座能与之相匹配的建筑是很重要的，一座功能齐全同时也能在新世纪开始之时传达出正确信号的建筑。后来的丹麦现代主义建筑师也从像市政厅这样的纪念性建筑中吸取经验，这座建筑对材料的使用和对空间的合理安排，都将给丹麦传统砖结构建筑以持续的灵感。

哥本哈根的市政厅还有更多的解读。作为一位评论家兼建筑师，保罗·汉宁森写过一篇非常重要的评论文章，直指始于1933年“滑稽文化”（Wot about culture）时期的文化共识，在这篇关于市政厅的评论文章中写道：“尽管民间有着一些愚蠢的见解，但在市政厅设计中使用大玻璃窗、不对称性等元素仍能体现出一种基本原理，而那些都是功能主义的先兆。”

市政厅的位置、背后的计划以及其建筑本身，都向人们讲述了从19世纪中期到20世纪头十年的那个新兴的现代化哥本哈根的故事。

VII　资本主义视角的市政厅

1887年6月，市议会就哥本哈根新市政厅的选址进行了漫长激烈的讨论。会议在新广场的市政会议厅和法院大楼举行，大楼由C·F·汉森（C. F. Hansen）设计，并于1816年投入使用至今。在中世纪城市的中心，城市政府与国家政府共享空间。议会成立了一个委员会，委员会于1886年找到两处合适的地址来修建市政厅。委员会寻觅到的场地位于中世纪城市的外部，那片土地之前被防御工事所占据，而现

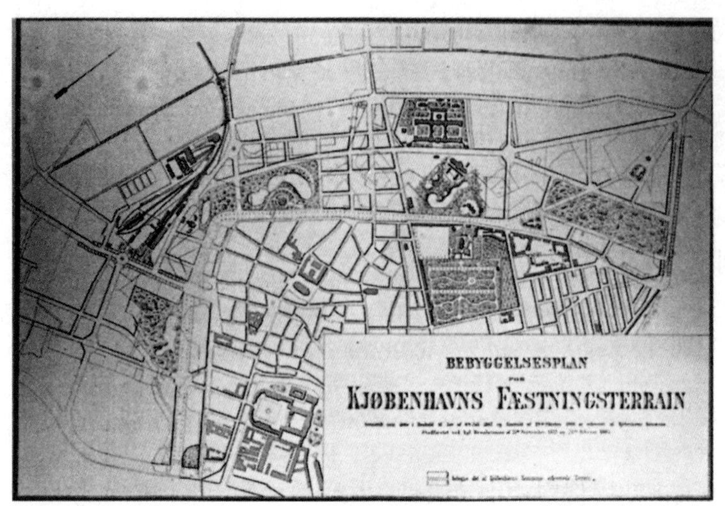

图 5.5 公园计划（1885 年）（受环城大道启发的城墙区发展规划）。哥本哈根市档案馆友情提供

在已建起了一座新城镇。市政厅可能会被奥斯迪德斯帕肯（Ørstedsparken）替代，在那里，街道已建成，许多大建筑也已落成，或者市政厅可以建在当时的干草市场（Haymarket），紧挨着韦斯特布罗大道、旧城和韦斯特布罗郊区之间。

自 19 世纪 70 年代起，议会就一直在讨论有没有必要修建一座独立的市政大楼，而不是继续按当时的情况，与警察和司法机构共用一栋大楼。几个世纪以来，哥本哈根一直在国王的领导管理之下，国王在市里也有多处住宅。在君主专制时期，国王任命议会，但市民逐渐取得了更多的自由，1849 年宪法斗争的开展，导致丹麦颁布了宪法，至今依然生效。1840 年，哥本哈根迎来了首个由市民（独立的团体，仅限于有资产或有固定收入的人群）直接选举产生的市政议会，但是执政部门和市长还是得由国王指派。1857 年，议会能够真正影响到行政管理和市长选举。自此之后，快速发展的首都开始改头换面：行政管理合理化，大量新的建筑项目开始启动，从学校到下水道等。19 世纪 80 年代，议会决心有必要修建一座新的市政厅，并修建在中世纪的城市外围。哥本哈根的城市边缘和中心都发生了转移。现在这座城市需要一次机会来展现其作为——城市市政管理想要到达市民所在之处。[16]

在 1872 年编制的前防御工事土地开发计划（1885 年修订）中，原则上决定所有的公共建筑都应修建于此（图 5.5）。在极具影响力的、国际化导向的建筑师费迪南德·迈尔达赫（Ferdinand Meldahl）的领导之下，1866 年一项提案得以出台，计划将这片地区修成一座有着维也纳环城大道和巴黎林荫大道风格的公园。由于金融投机的介入，以及抵制该地区总体规划的自由政策的出台，最终的结果是在哥本哈根旧城区周围开辟一条较为适中且不那么均质的绿化带。其中大部分土地都落入了私人开发商手中，而并没有服从市政府的规划。[17] 市政府筹集到了一些资金，市民们便有了阿伯尔公园（Aborreparken）、奥斯特德公园（Ørstedsparken）、植物园、东区公园和军事要塞。迈尔达赫成功地实现了他所设计的宽敞的林荫大道，同时，效仿国外的实例，沿着林荫大道的许多市级和国家级建筑以公园作为绿色背景，获得了纪念碑般的不朽地位。这里有国家艺术馆、地理博物馆和培养工程师的丹麦技术大学，有中央消防局，以及由当时的企业巨头资助的艺术藏馆：新嘉士伯艺术博物馆（Glyptoteket）、希施斯普龙美术馆（Hirschsprung Collection），以及从前是装饰艺术博物馆、现已成为蒂沃利博物馆以及杜莎夫人蜡像馆分部的建筑。因此到了 1888 年，自然而然地便考虑将新市政厅建于这一带状公园中。

那么，针对新市政厅选址就出现了两个可能的场地，1887 年的会议上就此事进行了详细讨论。[18] 奥斯迪德斯帕肯旁边之前被城墙占据的地带已经有了长足的发展。在诺阿沃德（Nørrevold）周围，一个全新的、国际化的、鼓舞人心的区域已初具规模，这片地区有公园，有巴黎风格外观的独栋公寓楼，还有纪念性建筑和宽阔的街道。费迪南德·迈尔达赫一直是街道网络格局和中央广场的总设计师，索尔维（Søtorvet）中央广场是旅客沿着诺里布诺加德（Nørrebrogade）前往中心城区的入口。该地区还有一块空地，如果在这里修建市政厅，那么富有吸引力的奥斯迪德斯帕肯就将与之为邻。正如几位议员指出的一样，这块场地有作为市中心的潜质。

考虑到哈姆尔维（Halmtorvet）市场旁的广场、蒂沃利广场，以及通往韦斯特布罗和腓特烈斯贝郊区的道路而言，情况则大有不同。这里的规划只涉及道路交通方面，也计划修建一条宽敞的新韦斯特林荫大道，但并没有计划修建纪念性建筑。沿着韦斯特布罗大道和杰恩班加德（Jernbanegade），娱乐场所和旅馆涌现出来，但也由于金融风暴的跌宕起伏遭到拆除。只有少数几栋新建筑矗立在广场上，却没有形成一个整体。在中世纪城市拥挤的房屋和作为中轴线的韦斯特布罗大道上绵长笔直的新区之间，没有任何连接。将新市政厅建在这里，就可能建立两地之间的联系。以市政厅作为枢纽点，古老的街道可以延伸，与新街道相连。

委员会更偏爱韦斯特布罗大道附近的广场。1887 年 6 月的市政会议上也强调了该选址的优势。没有任何来自设计者的干预，一个新的、更具活力的中心似乎就已初具规模。城市的这一部分极具进取精神，并且行动迅速。议员们提到，哈姆尔维所处的位置离城市商业中心很近。就是在这里，人们会发现那些被认为有可能会和市政厅发生联系的人，这里有着无限的商业潜能，似乎市政府就像是个商场，就应该建在消费者聚集的地方。

这个地方极具活力，是通往内陆地区和国外的重要交通要道。新的来访者总是源源不断，他们正是在这里第一次接触到这座城市。车站也坐落于此，在同一片土地上还会修建一座新的车站。“在这里修建一座面朝韦斯特布罗的标志性建筑，它将给这座城市的主入口增添风采。”迈尔达赫在1887年6月6日的会议上提出该主张。

这也是一个优势：项目选址位于一块几乎从未开发过的土地之上，使其可能成为新哥本哈根的标志性建筑。这一地区之前扮演了北欧农业和工业展示区的角色，而在1888年将再次担负起这一重任，而且该地区很可能已经接纳了一批外国客人了。在议会会议上，哈姆尔维将很有可能成为哥本哈根向世人展示其发展和先进服务潜力的一个重要场所。

但还不止这些。有人认为，在韦斯特布罗大道旁选址将使进出附近议会大厦（1884年被烧毁，并在1918年重建投入使用）的道路更加便捷。供司法部门和警察使用的城市法院大楼也很容易到达。在这个快速扩张的城市里，这几个因素值得注意。这样一来，这里不仅拥有了一座实用性的，同时也是象征性地连接了市政府和国家司法、立法、执法机构的建筑。

另外，也存在空间上的问题。人们耗费了数年的时间才弄清快速发展的城市管理需要多大的空间。随着市政府面临的任务不断扩大，行政部门和市长已经反复计算过，然而他们的计算追不上发展的速度。1887年，人们担心奥斯迪德斯帕肯没有足够空间。

到此时，人们才认识到有必要修建新的市政厅。现在议会需要确定它需要一个怎样的市政厅，一个能够体现市政府不断增长的尊严的建筑。重要的是，不能被贪婪和平庸所束缚。

很有必要构想一座宏伟、漂亮、且能造福后代的建筑，卡尔·E·斯科（Carl E. Schorske）在他的《世纪末的维也纳》中指出，环城大道很好地展示了新兴资产阶级新的世界图景。宏伟壮丽的建筑反映了一种自我审视，以及使用金钱和权力在19世纪中期重塑维也纳资产阶级的价值。环城大道是理性构建城市这一新观念的很好体现，但是比这一重组的实际因素更要优先考虑的是代表性。[19]

在哥本哈根也将出现类似的情况。的确，随着市政服务的快速增长，新的市政厅将会是一座实用性的建筑，以应对更多的管理需求。但随着有关新市政厅的讨论不断继续，这座建筑的象征意义逐渐占据了重要位置。一方面，市政府开始逐级介入市民生活的各个方面。学校、游泳池、操场以及医院都相继建立，并由市政府管理。供水系统重新改道，修建一套新的排水系统的计划以及采取现代卫生措施的规划也经过了数年讨论，并将在世纪末投入使用。但另一方面，或许没有必要在新的市政厅中展现城市日益增长的合理化。议会会议上讨论了是否真的有必要为煤气公司找

图 5.6　建成不久后的哥本哈根市政厅。由哥本哈根城市博物馆友情提供

到合适的位置，或者扶贫系统办公室是否应该紧挨着市长会议室。“真的有必要让即将被送去济贫院（在那里接受救济的人们必须每日报到以完成强制性劳作）的人们在市政厅进行每日列队检阅吗？”1887 年 6 月一位议员在议会上这样问道。

似乎新的市政厅将集中体现这座大都市中所有丑陋的不平等。它将见证城市的进步和合理执政，但却是通过建筑优雅的纪念性传达出这种信号。市民对此似乎有一种情感上的需求。“有一种普遍的感受，认为没有市政厅是巨大的损失和缺憾……大量外国游客来哥本哈根游玩时，却发现在这么一个繁荣的大都市，假如想要给他们展示市政厅，却只能带他们去内部极度复杂的现议会所在地，这无疑是莫大的遗憾和羞耻，”在 1885 年 5 月 11 日的会议上，高级法院法官努森议员这样说道。批评意见之一是市法院大楼对大都市嘈杂的生活是开放的，在那里会遇到社会上层下层不同的人群，完全缺乏秩序。相反，努森在同一个会议上提出应修建一座与“哥本哈根新城区完全相宜”的建筑。不仅仅是功能性和实用性的，也该考虑“美观的需求”。他接着说：“如果我们无法建造从现实情况和城市经济实力上配得上这座城市和时代的纪念碑，那最好将这个目前无法完成的任务留给未来。”

1888 年，议会决定将未来的市政厅建在韦斯特布罗大道旁的广场上（图 5.6）。为了哥本哈根能拥有一座与之相称的市政厅，已准备了充足的资金和宽裕的土地，建成后的市政厅可与林荫大道上的宏伟建筑并驾齐驱。这一选址表明城市中心位于城西的入口大道上，也就是异常繁忙的韦斯特布罗大道。在这里不同大小尺度的建筑相连接，外部世界与中世纪城市相连接，金融世界与娱乐世界完美结合。在《街景》中，安东尼 · 维德勒指出，奥斯曼的林荫大道满足了巴黎商业的新秩序，同时也满足了战略需求。[20] 林荫大道是一件为城市而建的艺术品，它必须对内部和外部世界都保持开放。[21] 在哥本哈根，韦斯特布罗大道及其周围街道似乎是这个大都市开放的精髓。[22] 哥本哈根新市政厅蕴含对新型现代城市新中心的参与观念。

哥本哈根的资产阶级按照他们的想法修建了林荫大道。然而，随后选中的市政厅最后却成了一座完全独立自主的建筑，既指向 20 世纪，也体现了回溯至建城之日的理念。

VIII 纽阿普的市政厅—— 一个整体艺术作品

1889 年，遵照现代民主和国际惯例，议会举行了新市政厅的公开设计竞赛。这一项目受到旧模式和新要求的影响。项目由一座或多座相连的大楼组成，包括前厅和非露天的庭院。另外，需要有一个“贝尔塔格”(beletage)，向世界展示城市的面貌：一座礼堂、议会厅、市长会议厅。行政部门将被分开：技术部门、扶贫部门将搬至后面的大楼，有自己的独立入口。一座新的市政厅，作为市民们接待外国客人时的名片，这一梦想让议会制定出方案，修建一座跟他们自己的住宅一样有前后入口的市政厅。

1908 年发行的美术出版物全面记录了新市政厅的所有相关细节，艺术评论家弗兰西斯 · 贝克特（Francis Beckett）在其中这样写道，有了这个项目，哥本哈根终于可以光明正大地宣称自己是一座大都市了。[23] 这是哥本哈根给自己的定位，并感觉到与其他欧洲国家的首都位于同一水平之上了。

赢得竞赛的是较年轻的建筑师马丁 · 纽阿普。1888 年，他为规模宏大的北欧工业农业展览所设计的主体建筑为他赢取了极大的成功，而展览所在地也正是市政厅的选址。他以“德国哥特”风格、“罗森堡”风格、“法国文艺复兴”风格和“古典复兴”风格等赢得了竞赛。纽阿普的方案最终实施的是一个修改过的版本，在风格上很难定义，而且也遭到了许多非议。费迪南德 · 迈尔达赫对此方案提出了强烈反对，他表示这一规划绝不会获得学会的批准。作为学会的一名教授，他明确了应该正确模仿“伟大的”欧洲建筑的要求。

然而议会并不认同迈尔达赫的观点。在纽阿普的方案中表达了一种对历史相对论的彻底厌恶，他的方案如此受欢迎是因为它指向未来，打破了已有规则，而且是全新的。纽阿普在他的建筑模型中表现出了独立性。塔楼非对称和令人印象深刻的设置与他在意大利锡耶纳的模型一致。这种对城市历史建筑的对称特征的突破是新颖的。在锡耶纳，塔楼的立面呈一条直线，这使得建筑看上去是平坦和二维的。纽阿普更加强调了建筑的中轴线，那是议会召开会议的地方。塔楼的设置让市政厅更加立体化了，既有纵深感也十分宏伟。这座大楼不是一个历史背景，只为了将参观者置于对世界文化和巴黎魅力的回忆的合适心情之中，与之相反，人们会被大楼的中心和其中的活动所吸引。大楼给人一种庄重的感觉，宣示出这里正是做出庄重正式决定之处。

市政厅设计成一个长方形，有两个庭院。会议室位于正中，是大楼两个部分的分界线。市长办公室和接待室面对市政厅广场。在这里，可以看见礼堂的窗户朝向广场，有着美丽屋顶的大厅也在这里，当时这一点让人注意到大楼的立面看上去是朝内凹陷的。大楼的另一部分是工作区，办公室排布得好像沿着长长走廊的细胞。在大楼里，各部分的流通是通过一个带有楼梯的美丽的全景式长廊大厅作为中介的，通过它可以联系所有楼层。大楼似乎是以这两个空间为中心，这样一来建筑中各部分不仅可以互通，还可以邀请人们逗留片刻，欣赏一下周围环境。

大楼的装潢既采用了镀金、马赛克和磨光花岗石，又用蟾蜍和青蛙雕塑来淡化办公室门上方墙上和侧楼梯天花板上的壁画。在屋顶上有北极熊装饰，而后门则装饰着海象，这遭到了批评者的嘲笑，但是纽阿普却认为这跟狮子和狮身人面像一样美丽。它们提醒了人们丹麦与格陵兰之间的贸易往来，以及对极地日益增长的兴趣。北极熊不是空洞的符号，而是展示了丹麦领土扩张和海外殖民的雄心壮志。市政厅里的许多标志都与城市最初的形式——位于海边的城堡有关。同样，对锡耶纳市政厅的模仿也意味深长，因为他们似乎想在文艺复兴时期的自由城邦和这个由市民自治的城市之间建立某种联系。

纽阿普设计的市政厅可以视为整体艺术的典范。每一处装饰都根据一套总方案进行，其主题都来自海洋、海岸和城市。建筑内安放有许多雕像，就连角落和边界处都没有省去。与此同时，在这个建筑作品中只有很少的符号美学：平面装饰的修养表现在壁画当中，纽阿普将其应用到建筑更加谦和部分的表面。壁画远离现实主义的表达，描绘了缠绕形态的海藻和海草，与白色墙面相互映衬。

纽阿普将手工艺作为建筑的出发点。他公开表明这一切都多亏了威廉·莫里斯，他将中世纪视为艺术和手工艺结合的时期[24]，他发现在这一时期，亨利·范·德·维尔德沉溺于手工艺的使用和他的象征主义理念之中。然而，纽阿普设计的市政厅预示了未来十多年的审美走向。房间分配、材料处理、手工艺使用，以及从洗脸盆到灯具的每一个有趣的细节，都表明纽阿普试图找到问题的答案，而这些问题日后将会成为所谓的外观风格（Skønvirke）的核心。这一风格得名于一个成立于20世纪初的丹麦艺术家协会，对应于欧洲青年与新艺术运动中心，和他们一样，最初也同样受到了英国工艺美术运动的影响。

纽阿普同时代的人怎么看待新落成的市政厅？当委员会选中纽阿普的方案，想以此来体现市民自治的哥本哈根，他们是否达成了目标？

IX 作为标志性建筑的市政厅

“什么样的城市，什么样的公民”，市政厅的大门入口上铭刻着这样的承诺。尽管面临着历史折中主义拥护者的不断批评，市政厅还是受到了广泛的赞誉。通过阅读每天的报纸以及当时的专业报刊，可以发现对哥本哈根宏伟的新市政厅的广泛赞誉。

现在，城市被赋予了团结的象征。据说，市政厅落成后，根本哈根的市民便能自信地迎接20世纪的到来。丹麦精神最终主宰了它自己的建筑，哥本哈根的市民最终成了这座城市的主人，当时最著名的文学史学家维尔赫姆·安德森（Vilhelm Andersen）曾这样写道。1905年，他在《政治家报》（日报）的一篇文章中描述了他从旧市政厅走到新市政厅时的体验。从法院大楼往新市政厅走去，就会看到拔地而起的高楼，鼓舞着哥本哈根人挺直腰板，自信满满地带着历史迎向未来。

建筑师P·V·詹森–科林特（P.V. Jensen-Klint）后来成了外观风格的代表人物，他因市政厅将议会厅作为大楼中心这一实用的设计而受到高度赞扬。他也指出，尽管纽阿普的主要设计并不特别具有创新思想，但却能激励他人，追求自我风格的真实展现。P·V·詹森–科林特认为将这栋建筑称为“人民之家”并不恰当，因为在他看来，给议会的决定拍板的并不是人民，决定城市公共形象的也不是人民。最好将之称为“市民之家”。争取民主扩大的斗争可在各种反馈活动中感受到。尽管这栋大楼整体上体现了中产阶级的思想，纽阿普的设计理念却更接近普通大众。一位评论家注意到，流行艺术家与首都的精英艺术家们有了更多的互动。负责雕刻品的首席设计师来自日德兰半岛的一个小农场，一位评论家认为这是反叛激进的动作，这让艺术也参与到了当时正在进行的宪法斗争。[25]

这座建筑的风格与20世纪初期的多种风格都契合，这似乎也体现了哥本哈根市民的自我观念。在描述这座大楼时，作家们认为它要么是丹麦风格，要么是流行风格，要么是一种个人艺术的体现。市政厅将传统与新颖相结合，将大都市与乡村相结合，将人民与选举出的代表相结合。在大楼包含的众多微妙的细节中，实力快速增长的资产阶级找到了体现这一时代的恰当要素：民族主义、民主以及对个人自由的关注。

随着20世纪的到来，社会民主党登上了哥本哈根执政舞台，开启了持续了将近一百年的新时代。而随着社会民主党到来的还有艺术和建筑的新思想。

X　圣乔治区——现代化城市

市政厅广场标志着这座城市进入了新的时代，是自由资产阶级眼中城市、文化和历史的纪念碑。新时代的思想结晶成形于圣乔治区在城市扩张时期对城墙以外开放空间的开发利用，道路系统和建筑也经过合理规划，对汽车交通以及城市的活力、繁荣和发展有着内在的远见。该地区在哥本哈根城市议会的历史上也是一个新时代的纪念碑，当时社会民主党在议会中占据主要政治席位，因此在20世纪时，对哥本哈根的发展决议产生了重要影响。[26]

圣乔治区在历史上是现代化哥本哈根的压缩版，城里的建筑主要建于20世纪30年代至70年代，当时丹麦紧密团结为一个民主的、工业化的福利社会，各种新型的社会任务和变革的商业功能都包含其中。

作为一个20世纪城市发展的经典悖论，圣乔治区最后的成型与最初的设想大为不同。部分原因是其修建的时间非常漫长，从1910年到1974年；另一部分原因是经济方面的考虑必须优先于政治决策。政治控制和自由资本主义之间的矛盾对于这个地区的格局有着决定性的影响。

作为一个非建筑的纪念碑，这片地区就是缩小版的巴西利亚，只不过修建在一片空地之上（在早期中央车站关闭之后），那是一个偏僻的地方，行人不多，车辆却不少。这种充满活力的城市生活还没有特定的框架，市政厅广场是前往斯托耶步行街和邻近街区进行消费和娱乐的必经之路。圣乔治区主要是酒店、教育机构和办公大楼，但几乎没有商店、咖啡馆或娱乐场所。人们只会在有特定事务时才来这里，不会来这里闲逛和打发时间。由于缺乏这样的气氛，圣乔治区或许是哥本哈根最不受关注的地区，但从建筑学的角度，这里有很多有趣的丹麦式功能主义和现代建筑。在这里可以发现许多伟大的现代风格的丹麦建筑师：凯·戈特洛布（Kai Gottlob）、威廉·劳里岑（Vilhelm Lauritzen）、阿恩·雅各布森（Arne Jacobsen）、弗里兹·施莱格尔（Frits Schlegel）、摩根斯·拉森（Mogens Lassen）等等。如果询问哥本哈根人，他们会觉得这里只是无名之处，乏味无聊。这里甚至都没有官方名字，只是被叫作“旧车站地区”。我们用附近湖泊的名字给这里命名叫圣乔治区。

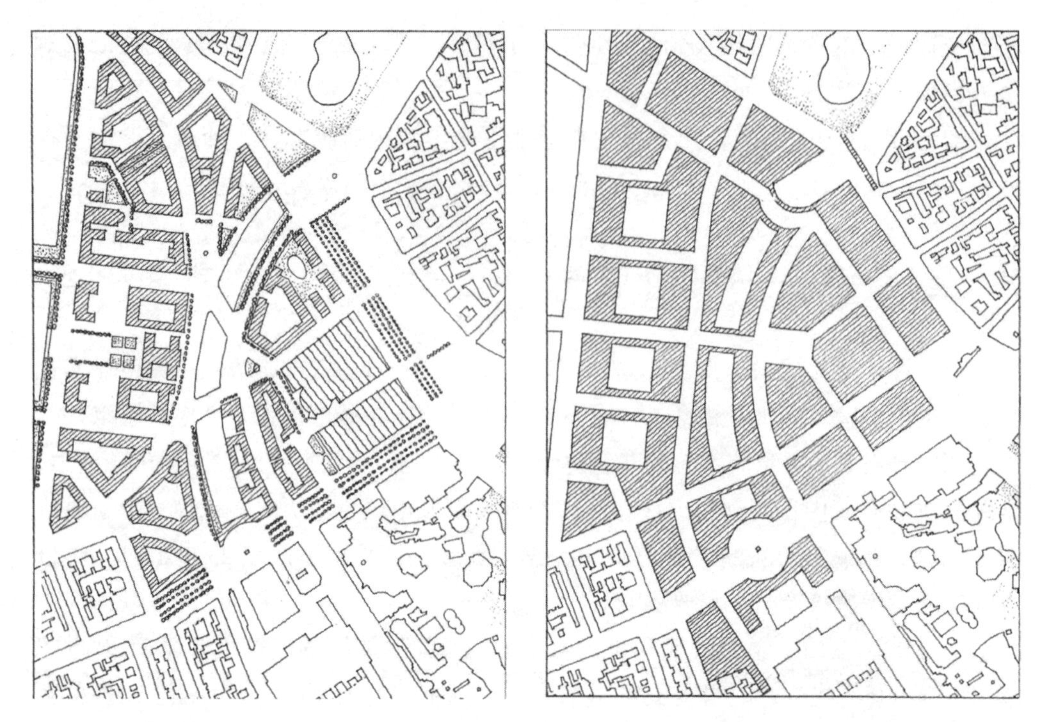

图 5.7 “圣乔治区”的候选方案（费舍尔方案，1910 年；休乌方案，1915 年）。汉斯 · 欧文森绘制

XI 改变规划理念

为这一地区所做的众多规划的历程，显示出在 20 世纪头十年里设计理念如何快速地改变，最后选择的是基于汽车交通的现代城市规划，以及一个包含商贸中心和外围住宅的分区城市。在此期间，推出了八个开发项目，在这些项目中，这一地区应该如何建设的思想不断更改，从浪漫的、两旁有不规则建筑的弯曲街道体系；有着新古典主义风格的笔直街道和严格设计的完全相同的街区；到一种现代主义风格：有足够空间供车辆来往的宽阔道路和有着一定同质性特征的街区结构。

哥本哈根在 19 世纪后半叶取得了爆发式发展，修建了许多投机性的建筑，却没有太多总体规划，从这种发展模式中得到的经验让议会和建筑师们更加关注城市规划。议会在 1910 年对“老车站区”举行了竞标，因此激起了人们相当大的兴趣。最终获胜的规划方案，据《建筑师》期刊报道，“……为自由纪念碑打造了宁静又独具魅力的背景，同时为该项目找到了极佳的建筑方案。”[27]

两位入围的建筑师都受到了城市规划理论家卡米洛 · 西特（Camillo Sitte）和他 1889 年的著作《依据艺术原则建设城市》的强烈启发。在书中，西特批评了维也纳

图 5.8　20 世纪 40 年代老车站区的西部贸易市场。根据汉斯·欧文森的摄影作品绘制

环城大道这样的城市规划项目，并指出，现代工程师们的理性思考如何产生出了并不宜人的城市空间。在西特看来，这既不合理，也不经济，而是应该根据独一无二的审美意向来塑造城镇，在自然形成的街道和中世纪的广场中都可以找到这样的实例。[28] 埃吉尔·费舍尔（Egil Fischer）是获胜的建筑师之一，他辩驳到，对一个格局充满艺术气息的城镇，有着风景如画的不规则构筑物和广场，将会赋予城镇不同地区一种同一性，并为城镇的户外生活创造有利环境。

因此中标方案中有弯曲的街道，许多对角线，大量街道旁都种满了树，各种不规则形状的街区和小的凹槽，以及沿着街道的建筑行列中突出的部分，所有这些设计都是为了给城市景观带来活力和多样性。湖畔附近也被大力开发，形成了许多布局对称、中央带有广场的大型公园，包括通过两条堤坝将湖畔的东西两个区域连接起来的湖泊两岸。这个设计项目不仅让城市靠这片湖泊连接起来，同时市政厅广场也成为由不同地区围合而成的三角地带的顶部（图 5.7，左图）。

然而，该规划却引发了交通问题，在未来几年里，该方案也进行了一些修改。1912 年，议会通过了该地区的最终规划方案，保留了西特的理念。

在接下来的几年里，这一设计方案遭到了严厉批评，尤其是不规则的街区设计更是备受指责，因为很难对场地进行有效的划分，也不利于形成与其他房屋和谐一致的建筑。城市规划先驱查尔斯·I·休乌（Charles I. Schou）[29] 是议会规划方案最尖锐的批判者之一。在 1915 年，他提出了对该地区进行合理规划的意见，想要用现代化的方法去建立秩序和理性，他的方案意在创造新古典主义的抽象空间，有着简单的线条，去除街区中不必要的角角落落以及随意形成的广场。这一方案从广场西南到西北端通过让贝涅根（Jernbanegade）连接到了老科尼瓦（Gammel Kongevej），最终与市政厅广场相连（图 5.7，右图）。

该方案被市政府否决了，建筑基地也根据1912年的规划在随后几年里被出售了出去，主要是铁路东边的土地，靠近这些年来修建的市政厅广场，这也意味着西特的想法在哥本哈根部分城区得以实现。

规划方案正在制定，也决定让该地区有更多的纪念价值，一个无序的景观——西部荒野——在“老车站区”这片未开发的土地上成长起来（图5.8）。在等待场地能卖个好价钱期间，市政府出租场地修建了一些临时建筑，以便至少能从这块场地中赚点收入。在通往庄严优雅的自由纪念碑的道路上，出现了一排小店铺，俗称为“苍蝇眼”，因为这些商店有很多突出的多边形窗户，这样的设计可以为廉价货物尽可能腾出更多空间。在这里也可以找到许多昏暗的酒馆和咖啡馆。铁路附近遗留的工作坊和发动机棚也被用作马厩、车库，或租给泥水匠、技术工人、搬运承包商以及小型实业公司。靠近戈登鲁斯街（Gyldenlvesgade）东北端的土地也租给了巡游马戏团，并成为一个展示区域。夏季里，一种混杂的街头生活展现在这里，就像满脸诧异的哥本哈根人去到1913年的荷兰博览会看见了厚嘴唇的黑人。

到1918年，在铁道路堑的西边只有很少的土地被销售出去。自由建筑师协会指责西特规划中的形状不规则地块，而根据该协会的看法，这从实用性和艺术性上阻碍了该地区开发的经济可行性和美学满意度。[30] 在协会的坚持之下，查尔斯·I·休乌提交了另一个设计方案，这一次只考虑铁道路堑以西的地区。因此，将整个街区与市政厅广场连接起来的那块土地在规划方案中被划出去了。城市设计师认为休乌的设计不切实际且不成熟，从而拒绝了他的方案，市议会仍然采用了1912年的规划方案（图5.9）。

不久后，奥格·拉芬（Aage Rafn）提交了一份开发该地区的方案，该方案与休乌的方案截然不同，包括相关的建筑项目和建成两个广场。与哈克·卡普曼（Hack Kampmann）等人一起，拉芬有机会在1918年到1924年期间继续为警察总部修建了一座类似的新古典主义庭院。

据市长詹森所言，该提案虽然令人眼前一亮，但并不完整，还存在一些问题，没有跟上时代。詹森认为，该方案“……非常缺乏清晰简洁的组织，而这应该是未来发展的显著特点。”[31] 然而，该方案确实让“老车站区”的问题再次被关注，城市设计师提出了一个让人联想到先前所有方案的新方案（图5.10）。由市议会任命的委员会推荐了这个方案，这也是当时最后一个提案，因为它“……有创造一个地区的机会，而这将有可能成为对我们城市的一个装饰，也能够向后代证明我们这个时代所拥有的建筑能力和美学感知。”[32] 该评估强调了决策者寄予该地区的宏伟抱负。国王克里斯蒂安四世（King Christian IV）在文艺复兴时期修建了克里

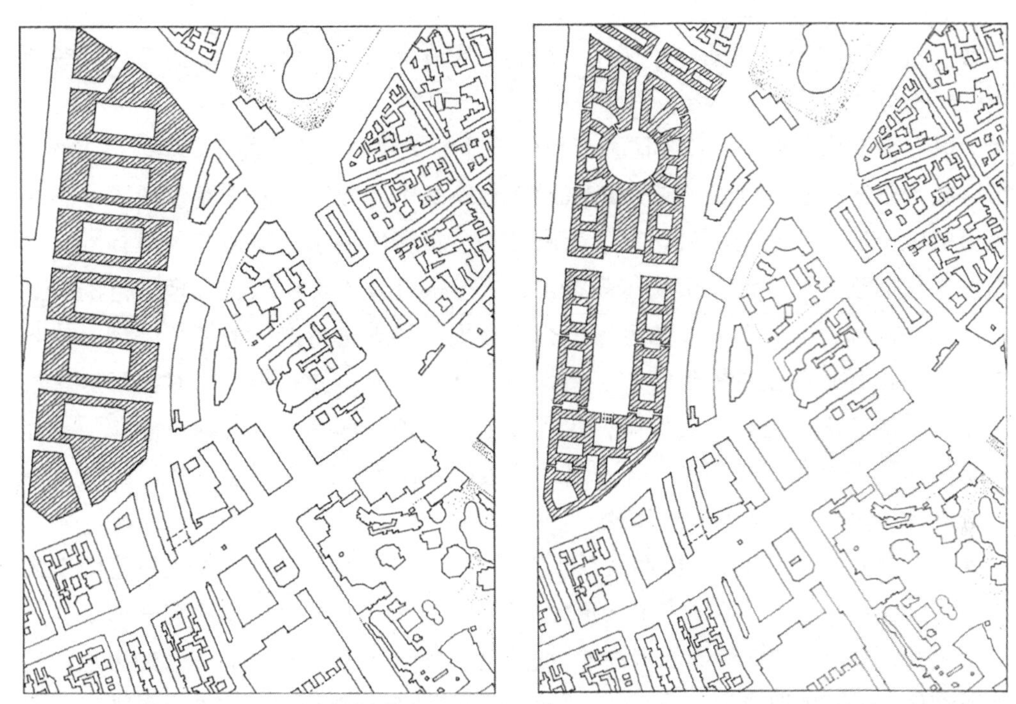

图 5.9 "圣乔治区"的替代方案（休乌方案，1918 年；拉芬方案，1918 年）。由汉斯·欧文森绘制

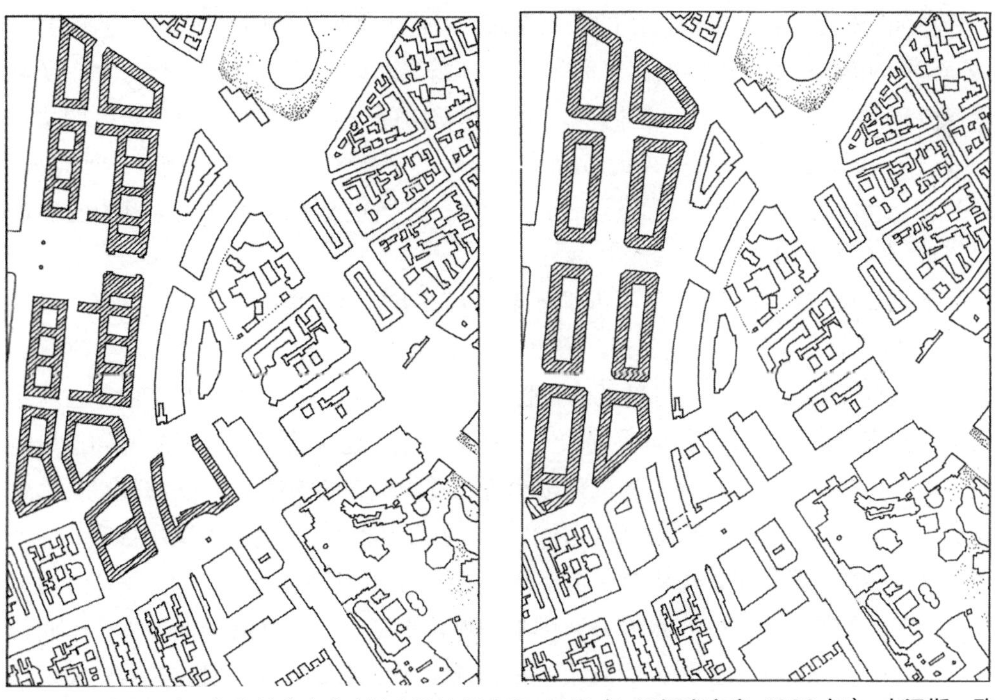

图 5.10 "圣乔治区"的替代方案（城市设计师方案，1918 年；汤姆森方案，1928 年）。由汉斯·欧文森绘制

斯蒂安港和哥本哈根新城——现在，社会民主党城市政府将展示如何在现代时期进行建设。

该方案被采纳了，市长邀请了三位建筑师提交城市设计的投标草案。1920 年，市议会通过了爱德华·汤姆森（Edvard Thomsen）的方案，该方案包括了一座八边形的中央广场，与阿美琳堡皇家宫殿相似。该方案要求严格遵守美学标准，以确保理想的秩序与和谐。市长詹森指出，未来的开发人员应该在合理的范围内尊重建筑的内部，但美学方面的考虑使得有必要对场地进行严格的简化处理。他非常肯定，很有必要让每栋建筑的层数保持一致，窗户也要一样，同时出于对建筑整体效果的考虑，也有必要保持一定程度上的和谐，那就意味着绝不能让某一栋建筑的风格跟相邻的建筑风格不一致。[33] 市议会认为场地应该主要销售给私人和公共机构，而不是用来修建公寓楼，因为租金会非常高昂。[34]

在短短十年里，市议会已经从根本上改变了对于如何建造一个令人满意的街区的看法。这一看法已经从埃吉尔·费舍尔那由“不羁”的中世纪风格启发而来的具有变化性、多样性和独特不规则性的设计思想，转向了一种理性和一致的思想，其中部分是基于一种理想主义的态度，即建筑物的外观和选址应该让城市景观富于宁静与和谐，另一部分原因是基于让这些场地更易销售的财政策略。

然而，因为新方案对均质性的极高要求，从而让这些场地的销售变得更加艰难。1927 年，市政府不得不再次召唤爱德华·汤姆森，请求他再拿出一个方案，免除限制性的建筑规定。该方案包括了八个南北朝向的长方形街区。和曼哈顿的格局一样，道路系统有很长的中央街道，从北到南贯穿街区，交叉街道则是东西走向。1928 年，市议会终于能够接受这一方案，这一方案也是形成车站地区开发方案的最终依据（图 5.10）。

理想的城市规划理念已经不再是基于现有城市从美学角度考虑建造城区，而是出于理性考量，基于现代大都市不断凸显的商业生活。从 1910 年的浪漫主义规划方案，重点在广场的修建、独特的多样性和不规则设计，到 1918 年严苛的新古典主义规划方案，这一理念已转向通过均质和连贯的城市建筑达到对于平静与和谐风格的追求。但是，空间的现代主义视角也表现在宽阔笔直的街道上：“能够眺望更远处风景的新鲜体验，是多么令人放松！渴望解放的双眼能够将笔直的街道尽摄眼底。”[35] 在一座世界性大都市里，需要的正是这种开阔的视野和鸟瞰。

正如前面所提到的，在最终方案中唯一保留下来的广场是沿着中央大街中间长长的停车区。方案中没有供人们聚集或是稍作徘徊以感受城市氛围的公共广场。林荫大道慵懒的生活已被汽车时代一扫而空。城里有很多停车场——多层室内停车场、

图 5.11　菲斯克和米勒拍摄：尼罗普斯街上的“韦斯特住宅”（Vestersøhu）。停车场和现代主义。由哥本哈根城市博物馆友情提供

一排排的室外停车场和地下停车场——还有很多加油站以及汽车租赁公司，这一街区已经成了一个制造交通的机器 [36]，完全体现了勒·柯布西耶和国际现代建筑协会所制定的《雅典宪章》中的“功能城市”这一现代城市理念。

XII　现代建筑理念

20 世纪 30 年代这十年里，建筑行业非常愉快地放弃了数世纪的建筑传统和美学原则，回归到了建筑形式的语汇中。那几年中，就这一行业的可能性来说形势相当乐观，新风格最重要的引领者是建筑师、设计师和评论家保罗·汉宁森。从 20 世纪 20 年代起，他就是丹麦文化激进运动中的核心人物，而从他的报纸评论和他的《批评评论》（Kritisk Revy）期刊中可以看出，他对丹麦现代建筑起到了相当大的影响。他充分参与到周围发生的社会时事。此外，他在当时主要的日报《政治家报》中担当建筑评论家的角色，他发起了关于如何处置车站地区的讨论，“哥本哈根建筑业的未来在何方”（1932 年）。他被证明是对的。该地区最好的建筑中的美学原则表达了功能主义运动的理念，而这一运动是有关社会责任感，以及社会问题中的非正式性和民主团结。他们表达了一种愿望，要通过像勒·柯布西耶和密斯·凡·德·罗这样的国外启示，来实现国际化。

该地区开启了丹麦文化历史的新篇章，在此期间，功能主义进入哥本哈根，立体主义也以其突出的轮廓和简洁的体块形式融入到了正式的建筑语汇中。这段文化历史与文化激进主义密不可分，是对庸俗的资产阶级价值观的无情挑战，也是对急于展示自己的虚假建筑表象的严厉挑战。文化激进主义反对所有这一切，它为自由、民主、团结、诚信和谦逊的建筑风格而战。

20 世纪 30 年代这十年里，圣乔治区的建筑基地也终于销售出去了，怪异的城市景观也发展成为大型写字楼与周围很多小型木构棚屋和老式发动机棚的审慎混合体，在这里，小型公司正常运转经营，不受任何干扰，那是正值该地区规划建设快速推进的 20 年。直到 20 世纪 50 年代，这些小公司才逐步完全清理关闭。

随着时间推进，考虑销路就意味着市政府在赋予场地的地役权上变得越来越慎重。少数地役权是在铁路路堑西边土地上第一座建筑建成之后才执行的，那是技术学院大楼：6 层楼高，45° 倾角平铺的坡屋顶，屋脊高 20.5 米。这样一来就确保了许多建设同一街区的开发商会尽力让他们修建的建筑与周围相和谐，好让街区呈现出统一的形象。

具有现代思维的建筑师认为市政当局的这些要求对于开发有趣且与时俱进的建筑来说是相当不利的。保罗·汉宁森在《政治家报》中怒斥政客们不愿为新式建筑提供机会。他写道："市政当局仍在汤姆森的统一规划方案上浪费时间，这一方案已彻底过时了。现在看来，该地区要保留旧式的红瓦顶，因为技术学院就坐落在这里。"[37] 然而对他来说最糟糕的是，市政当局正在阻碍符合当前和未来需求的建筑的开发："换言之，这意味着，新的建筑形式、新材料和新结构将不能出现在车站地带，因为那里是哥本哈根建筑行业的未来。"[38] 迈尔达赫认为，市议会将纽阿普的市政厅修建在这里的决定太过于现代化，而现在保罗·汉宁森却认为这太过保守。

同年，新闻媒体就这一问题展开了激烈的辩论，这块土地上也建起了两座建筑：省级城镇协会（Gyldenløvesgade Købstadsforeningen）修建了一座符合地役权的建筑，风格与技术学院一致。另一栋是壳牌公司在丹麦的总部大楼。这座建筑也是争议的源头，因为地役权导致了建筑师原始概念的根本改变。该建筑起初设计为平屋顶，顶层采用退台形式，但最后却建成了一个红色的坡屋顶，根据保罗·汉宁森所言，这是"一栋最糟糕和最凄惨的令人忧心的汤姆森帝国风格建筑。"[39]

壳牌大厦于 1934 年完工，但是却在 1945 年英国飞机的轰炸中毁于一旦，因为当时盖世太保把这栋楼征用来存储丹麦抵抗组织的档案。1950 年，壳牌公司在原址上修建了一栋由威廉·劳里岑（Vilhelm Lauritzen）设计的新楼，但是由于当时地役权已大幅放宽,大楼就成了7层高的平屋顶。二战后物资匮乏,很难买到墙面的石板，但设计中非常巧妙的一点是，这座纪念性建筑的外立面最终用嘉士伯啤酒古老的发酵桶装饰而成。这座大楼是功能主义办公建筑的重要典范，有着立体主义的表现手法，位于面向康曼思大街（Kampmannsgade）的方形大楼和面向韦斯特法伊玛格斯大街（Vesterfarimagsgade）矮小的附属建筑之间。大楼两个主体之间的转换突出表现了对几何形式与合理的数学秩序的关注，这种方式就像跨国公司的经营必须以精明的、"精确的"经济计算为基础，才能取得成功。大厦一楼有该国最先进的加油站。"理性主义以各种方式体现在了这座建筑的设计中，"《壳牌杂志》在1950年的一份特刊中如此写道，它描绘了这座超现代化的办公大楼的精华之处。

自相矛盾的是，在大萧条的那十年里，也就是经济衰退和失业率暴增的20世纪30年代，车站地带反而获得了发展。对建筑行业而言，金融危机意味着现代化的劳动集约型建筑技术很快遇到阻碍，到30年代末期，丹麦式建筑传统出现了复苏迹象。与此同时，新闻界就是否支持现代建筑出现了广泛的争论，在争论中，民族主义者和传统主义者坚持认为，丹麦特有的建筑材料是"泥制瓦片"，同红白色的砖砌立面一起，几乎成了这个国家的标志。[40]1936年，市政府在戈登鲁斯街（Gyldenløvesgade）按照传统主义风格修建了一座大楼。该建筑是汉斯·南森（Hans Nansen）市长的花园，通常被称为"税务宫"（Skattepalæet）。

建筑由保罗·霍尔松（Poul Holsøe）设计，从1925年到1943年他一直担任城市建筑师，因此也对哥本哈根的城市形态产生了相当大的影响。他本可以建造一座现代化的国际性建筑，正如他在中央车站西南边设计的受包豪斯风格启发的"肉类中心镇"一样，但是"税务宫"却是带有坡屋顶的红砖建筑。建筑的功能要素体现在其内部的现代化设计中，而其形式又源于它的功能。该建筑试图给现代官僚机构提供一个有效的框架，因为在市政厅里已经没有足够的空间了。

该地区唯一的居民楼也是一栋红砖楼。"韦斯特住宅"（Vestersøhus）建在湖边，分为1937年和1939年两期，在其建造背后有大财团的支持（图5.11）。该住宅包含了当时被视为豪华公寓的多种要素。民主化的时尚是所有居民都能到屋顶露台活动，露台采用了退台的形式。转角窗户有一半在阳台外的独特转角阳台窗，成了20世纪30年代哥本哈根新型公寓楼的共同特征，主要是出于防火安全考虑，同时也是为了保证居民能享受到良好的通风和日照。

在设计韦斯特住宅时，建筑师凯·菲斯克（Kay Fisker）和C·F·米勒（C. F. Møller）根据早期的规划理念，设计出了一栋朝向湖面的规则统一的建筑。凯·菲斯克采用了市长詹森的观点，也就是统一即是和谐，这是建筑的真谛所在。凯·菲斯克成了20世纪丹麦建筑史上最重要且最具影响力的人物之一，尤其是在设计居住建筑方面，他所提倡的通用标准贯穿在他的作品之中，以及他在皇家美术学院建筑学院当教授的教学当中。在他对好建筑的定义中，我们或许能看到圣乔治区会如此鲜为人知的原因："必须是中立无名的建筑才能与环境融为一体。这类建筑不能附庸流行趋势之风，也不得受到个人伟大成就的影响。普通的建筑必须是无名和超越时代的。" [41]

20世纪40年代，战争打断了车站地带的进一步发展，但到了50年代，又迅速强势复苏。值得注意的一栋建筑是位于康曼思大街和尼罗普斯街（Nyropsgade）的隶属于国家人寿保险机构（The State Life Insurance Institute）的行政大楼。建筑由弗里茨·施莱格尔（Frits Schlegel）设计，他受佩雷启发，将混凝土的使用引入了丹麦[42]，另一位设计师是摩根斯·拉森（Mogens Lassen），他在20世纪30年代初期受天才建筑师勒·柯布西耶的启发修建了一座别墅。[43] 建筑主体是人寿保险机构的办公室，其余部分则按照20世纪30年代大型行政楼的惯例租出去。

这座大楼之所以值得我们关注，在于它富于装饰的立面直接违反了传统功能主义原则。或许施莱格尔在这方面也受到了奥古斯特·佩雷（Auguste Perret）的启发，尤其是他1903年在巴黎富兰克林街设计建造的建筑，在那个区域中，由窗户和装饰面板组成的立面构成了其概貌。[44] 在与现代主义多元艺术家埃克索·萨尔托（Axel Salto，保罗·汉宁森的好友）的密切合作中，施莱格尔在窗户和面板之间用装饰浮雕制造了一种引人注目的互动。装饰由四个基本图形组成，反复出现在327块浮雕面板中，传达出的并不是浮夸和仪式化，而更是工业化的批量生产，就好像这座大楼是经由无数台印刷机印刷出来的。

国际化风格最早出现在圣乔治区的丹麦式建筑中。1955年，该地区再次成为丹麦前所未有的新鲜事物的聚集地：一栋幕墙建筑，抬升为两个部分，这样一来车流就能在建筑物下面畅通无阻，勒·柯布西耶曾在马赛公寓中采用过这种设计。阿恩·雅各布森（Arne Jacobsen）因其对国际流行趋势的敏感而闻名于世，是他推动了丹麦国际风格的发展。

新材料和构造的持续发展，从一开始就为现代建筑技术的发展创造了可能，而现在实际建造过程变得更加容易了，因为越来越多的材料可以预制，在建筑工地上组装这些材料所花费的工时也越来越少。虽然早期的材料是从矿物中提炼而来的，但自从20世纪50年代起，越来越多的材料可以在工厂中加工而成，材料的化学成分、尺寸和耐用性在工厂中都可以控制。功能主义的合理性在实践中与资本主义生产方法相关，随后很快应用到了整个建筑行业。

让建筑材料的生产变得更加有效的方法之一，就是增加有关新型工业化生产的建筑材料和元素的信息获取。出于这一目的，一群建筑师于 1956 年成立了“建筑中心协会”（Building Center）。当时需要一个中央展示厅，最后决定选址于尼罗普斯街和金狮大街（Gyldenløvesgade）的一角，尼尔斯·科佩尔（Niels Koppel）和伊娃·科佩尔（Eva Koppel）——他们在哥本哈根设计了许多教育和研究建筑——设计建造了一座建筑，因其对狭长窗户和竖直面板的反复使用，与位于街区另一端同时期的帝国酒店一样成了工业化建筑的代表。

国际化的风格，是随着对酒店和会议设施需求的不断增多而日益凸显的，在这里，创新企业和跨国公司之间的会议可以在一个更加专业的框架内举行。由于位置靠近中央车站，圣乔治区对于来到这座城市的游客来说是一个中心区域。1959 年帝国酒店竣工，这是一个大型综合体，占据了一整片街区，一楼有停车场、会议室、会议厅等等。奥托·弗兰科尔（Otto Frankil）设计了这一综合体，但是在约尔根·布希特（Jørgen Buschardt）的努力下这座大楼才得以建成。他同时也负责该街区要建设的下一个酒店——20 层楼高的喜来登酒店，现在被称为斯堪迪克酒店。在 1968 年市议会通过了城市西区规划和环湖大道规划后，城市西区将会经历一个动态的发展，在城市西区预期发展的基础上，酒店于 1968 年至 1971 年期间由一个美国财团所修建。

为了确保最佳的施工节奏、时间表、经济性和灵活性，酒店的建设采用了预制模块，并且该过程也是由计算机控制的。这样一来，所有不符合建筑设计的偏差很快就能修正，而不会造成任何不必要的时间和金钱损失。1971 年，完工的酒店大楼登上了《政治家报》，并得到了如下的评价：“一台上好了油的机器正在启动，这是世界各地奢侈品爱好者的聚集地。”[45]

酒店由不同的建筑体量连接成一个整体，可以用西格弗里德·吉迪恩（Siegfried Giedion）对德绍的包豪斯综合体的立体主义结构的定义来描述：“仅凭一眼不可能对这一综合体有全面的了解；你必须环绕一周，上上下下都要仔细观察：这意味着艺术想象的新维度，一个前所未有的多面性建筑。”[46]

到了 1974 年，圣乔治区已被完全开发，尽管不是最初设计的统一样式，但其有着严格几何外观的功能主义特征，它含蓄的美学追求，和它变化多样的立体可塑性，无不给人一种具有强烈一致性的整体印象。

XIII 新时代的丰碑

在哥本哈根，圣乔治区是一座有现代化影响力的纪念碑，体现在它的路网、建筑、它们的业主及其美学原则上。该地区包含了现代化的三个方面：政治方面，体现在以民主的形式选举城市议会；开发方面，体现在对一个工业化的福利社会的需求，为了新的交通条件和新的办公建筑类型，也为了地方政府和业务部门；最后，建筑方面，体现在竭力创造现代化城市的恰当形式。

在圣乔治区，社会民主党所表达的观点是基于对未来和进步的崇拜。社会民主党曾在市议会中赢得多数席位，因此，随着城市新区的建设，他们希望占据城市的新区域，并基于不同于右翼党派的价值观来塑造它，后者所青睐的是历史主义和民族浪漫主义建筑，以及维也纳风格的林荫大道。

掌握财政权的社会民主党的市长詹森自 20 世纪初即声明，在该地区的发展中，要力求区域的“一致与和谐”，他的这项声明回应了政党对于消除社会差距和保障社会安全的整个政治计划。社会民主党尽最大努力与功能主义者协调一致，平均分配社会资源，为了尽可能廉价从而使更多人有能力购买，设计师去除了建筑的所有装饰。社会民主党希望放眼未来，建成一个与现有社会完全不同的社会。自 20 世纪 20 年代开始，并贯穿整个现代主义运动，柯布西耶和保罗 · 汉宁森的著作有同样的推动力：清除过去的障碍，重新开始“走向新建筑”。两者都需要一个空白的基地，那就是附近的“老车站区”。“现代城市伴随着新区的开拓和闲置空间的重构。”[47]

不同于同时期的老城建筑，圣乔治区新建筑的委托者不是身份显赫的个人，而是匿名的机构如州和市、工会、保险公司、跨国公司等，这些机构需要的是空间较大、功能完备的办公大楼，在其内部，美学考量要满足实际与合理的需求。如前所述，许多建筑立面的特征都是一种元素的重复使用，例如转角阳台窗、垂直带状窗户、防护栏板等。重复元素不仅意味着流水装配线的高效性，同时也意味着建筑内部的每一个人有相同的工作环境。这个区域的主要特征是一种机械美学，单体建筑如同一架高效运转的机器，而整个区域则是“产生交通的机器”。

市议会原本的想法是这片区域应该成为一种“城市的装饰，后代能够从其布局中感受到这一时代的建筑水平并亲身体验建筑美感”，它却仅仅成了一种见证，并没起到装饰作用。这种在公共规划与私有资本经济之间，以及现代主义建筑与古典城市街区之间的矛盾，似乎可以解释为何这一区域的风格“模棱两可”，并且缺乏突出的特色。然而，它确实成了这个时代一个有趣的标志。

在该地区，克制的丹麦特色的国际现代主义趋势被重新阐释为一种丹麦风格。这里没有任何的感伤，而是安静祥和的，结果导致该地区并未引起人们足够的注意，尽管原规划有此意图。建筑的均质性代表着社会民主观念所倡导的平等、团结。或许这种类型的城市街区在全球化时代已经极为罕见，这个时代主要大城市之间的竞争中往往需要壮观的建筑来竞相吸引人们的眼球。

XIV　中央火车站——哥本哈根的新起点

中央火车站广场坐落在圣乔治区南北中轴线与韦斯特布罗大道的交点上，韦斯特布罗大道是市政厅广场和韦斯特布罗地区在东西方向上的连接。它标志着哥本哈根近代历史不同时期的交汇点，体现在其建筑和空间经历了不同形式的表达，它是规划与市场主导的城市发展的一种交叉，它坚定却又犹豫，沉稳但也充满活力，视野卓越同时冷静慎重。这是一个从空间到功能都并不根深蒂固的地方，它是一个全新的起点。

从通往哥本哈根中央火车站的主要入口出来，人们一眼就能看到右手边一个不知具体年代和建筑风格的酒店。毫无疑问，它建于20世纪，但铺在一楼地上的木地板，以及光滑、乌黑的灰色石膏和其他楼层机器雕刻的花饰并未明确指向巴洛克风格，而是呈现出一种早期现代主义的形式，或许仅仅是简约，抑或类似英国乡绅的吸烟室。当然，除此以外，这些木板就像枕木铺就的铁路一样是一个消失时代的象征。

该酒店可以追溯到20世纪初，原名为“终点酒店”，但现在有着“广场酒店”的美名。不过，酒店的客人想要寻找广场只能是徒劳。最终他们发现的只有一个巨大的洞穴，两层楼深的铁路上面有不断奔驰的列车。

自从哥本哈根原中央火车站大楼与1847年修建的丹麦第一条铁路连通以来，铁路交通的管理在这一地点经常出现问题。城市的迅速扩张，意味着轨道必须反复移动和加宽，而每一次改建，中央火车站都不得不被推倒然后在别处重建。现在的中央火车站是短短50年内的第三次重建，而荒谬的是它的选址几乎与第一次一样。

几个世纪以来，前文提到的韦斯特波特周围的这一区域一直是城市最繁忙的地段之一，在创造现代化都市的过程中，它同样也是一个焦点。韦斯特波特曾是城市与周边乡村之间使用最频繁的连接点，在早期发展过程中，哥本哈根外围地区都与湖泊地带隔着一定的距离，而这个轴线的建立使韦斯特布罗区和旧城区的核心地带之间有了密切的联系。

新时代的不稳定性带来了铁路交通和其他交通之间一连串不可预见的冲突，蒸汽式火车径直穿过新区的街道系统，穿梭在肉类市场、工作坊、交易摊位、娱乐场所、大型净水厂，以及其他房产、经济实体之间。这意味着这个地区受到大规模规划、项目和决策的影响而不断地发生着变化。城市中所有的区域都紧密围绕着市中心，城市发展中这一冲突最为激烈的地区——具有历史讽刺性地——它们是最后才被完全开发的地区。

在 1899 年的公开竞标之后，现在中央火车站的铁路轨道的选址得以确定。从 1885 年重申提案开始，这个项目作为未来轨道交通组织的基础，提出回归新郊区南部的原始轨道位置，并且在地下继续向北推进。与此同时，哥本哈根的第二中央火车站于 1864 年关闭了。这次轨道和车站的变动意味着韦斯特布罗大道以北大面积有价值的区域出现空缺。然而，50 年过去了，该地区已经发展成为一个现代化的商业和行政区。

在前文已经提到，1910 年竞标之后，该地区每隔几年就有一次修复或新建的项目。然而，它们都有一个共同特点，即保留中央火车站向北的大跨度曲线的地下轨道。轨道的选址把这个地区明显分割成了一个锐角区域和一个弯曲的三角形区域，这给所有规划者带来了难题，并且在街道的动态平行流线中，发现该区域当前的形态有着与众不同的特点，在轨道的西部，没有任何实际的理由将这个越变越弱的、像回声一样的原始曲线继续建设下去。

新的也是第三座中央火车站于 1911 年完工。设计风格依照该时期民族浪漫主

图 5.12　像一列失控的火车，阿斯托利亚酒店似乎急于向前，打破了平静、稳定、和谐的传统建筑意图。由汉斯·欧文森绘图

义的建筑理念，有着变化多样并独树一帜的教堂、市政厅及其他公共建筑，但不是作为那种必须为新式交通工具服务的大楼。机车进站和离站时喧嚣的鸣笛声无法瓦解掉站场空间的建筑构架所营造出的祥和氛围，相反，它表达的是一种泰然自若的平静。甚至这个车站中央的小型塔钟都如此低调，最后不得不装饰上闪亮的数字霓虹灯。

正如这座小型的古老钟表不会煽动起不必要的紧迫氛围一样，这栋大楼本身就处于一种节制的状态。它外在的纪念价值不在于其体量和高度，而是在于它水平延展的宽度能将很多的地下轨道包含在内。然而，它内部的纪念性一定产生了巨大的影响力，尤其是对那个时代的乘客们。中央大厅的巨大穹顶让人想起旅途中所见的大教堂，而肃穆的氛围在站台上方令人印象深刻的穹顶中再次被重复，木头作为建造材料使得这一切变得更加震撼。其他城市的主要车站都是用钢铁建造的，但哥本哈根秉承了民族浪漫主义的设计原则，采用了砖和木头来建造车站。诚然，大楼的屋顶看上去似乎平淡无奇，那是因为新时代的速度和活力还没渗透到它的构造中去。

但车站的设计师海因里希 · 文奇（Heinrich Wench）有所预感。这个建筑被誉为力量和速度的代表：蒸汽机的发明者、一位火车司机以及外立面上一排来自各地身着民间服饰的男人和女人，这些雕像似乎预示着这栋建筑物就是一个终点站，往来于国内各地的旅程就从这里开始，也在这里结束。

作为通往新目的地的出发点，一个形象而有趣的提醒刻在入口大厅两侧的浮雕柱子上：刺猬和兔子在一边，龙虾和鱼在另一边，代表着快与慢的对比。作为这个时代典型样式，这栋建筑有许多圆拱，以及稍有诚意的特殊形式，其中一些可以看作是铁路桥梁和轨道交织进出的象征。即便如此，这也是些柔和的符号，虽然它模糊了拱门本身的属性，阐释了旅行的意义，而且建筑本身完全没有受到这些画外音的影响。

在中央火车站落成仅 20 年后，一个与中央火车站特征完全相反的建筑在另一端建立起来，在通往“广场酒店”的铁路路堑上。仅仅 6 米宽的建筑基地夹在一条街道和一条小路之间，民族浪漫主义学派的建筑师认为这里几乎不可能修建房屋。但是在丹麦，现代主义开始感觉到它自身在建筑表达以及材料和建造原理上的可能性。在阿斯托利亚铁路酒店的实际形态中，建筑师欧 · 法根托普（Ole Falkentorp）用矩形的基地展现了时代和场地的活力。由于空间的限制，这栋建筑的形式必须超越其本身向外延伸，静态的建筑展现了流动的姿态，彻底违背了中央火车站所追求的完美的宁静与祥和。

这栋长条形的 4 层楼建筑毫无疑问强调动态的要素，而建筑中间两层从两侧突出，超越了基地的边界，是这栋建筑与周围空间进与退的一个逗趣游戏，这也同样强调了建筑的动态性。建筑挑出在街道之上，使传统的建筑红线变得模糊。城市空间对建筑的界定不再是一个确切的指标，如今，它们的界面相互混合干扰。此外，靠近中央火车站的阶梯状山墙形成了一个圆柱，窗户环绕着螺旋式楼梯，同时，相应的阶梯山墙上立着“丹麦国家铁路”的标志—— 一个带翅膀的车轮。就像一根脱缰的铁路载着这座酒店，它不允许自己被车站大楼所阻挡，而是在接下来的数十年中，在通向新哥本哈根的道路上全速前进。

长方形的建筑包含有一条中央走廊，两侧是旅馆的房间，就像是卧铺车厢。听着周围驶过的列车隆隆作响，发出尖锐的刹车声，酒店旅客仿佛仍然置身于旅途中。

XV 现代城市的建筑

阿斯托利亚（Astoria）酒店由钢筋混凝土建造，于 1935 年落成（图 5.12）。建成已久的铁路路堑与 1917 年建成的“林荫大道”联系起来，哥本哈根这段 2 公里长的铁路也对伦敦地铁和巴黎地铁作出了回应（相互呼应）。另一方面，在中央火车站前的这个区域，同时也包含了小型建筑物、兵营、临时围墙以及未开发的场地和自由纪念碑。该地区尚未成为城市的一部分——它仍然是一个中世纪城市的中心和韦斯特布罗工人阶级郊区扩张的过渡区。

然而，该地区已经包含了一个新时代的代表性建筑。几年前，波弗 · 鲍曼（Povl Baumann）与同时期另一位杰出的建筑师欧 · 法根托普（Ole Falkentorp），合作建造了“韦斯特波特”，位于韦斯特布罗大道另一边的一个商业和办公复合大型建筑综合体。这座预测了未来城市生活发展的建筑在设计中包含许多公司的办公空间，每一个都可以在建筑物的屋顶和外墙上展示自己的霓虹灯广告——迷人、崭新又充满现代气息——被一条车道分隔开的建筑较低的楼层出租作室内展厅，以及带有拱廊的室内商场。建筑内部有地下停车场和屋顶餐厅。此外，“韦斯特波特”被建成为一座“摩天大楼”，承重外墙这种当时盛行的施工方式被钢铁骨架所取代。并且，作为一种划时代的特征，建筑外部用铜进行覆盖。

新建筑给人印象深刻。在其交付使用之际，《政治家报》为它做了一期特刊，在特刊中作家汤姆 · 克里斯滕森（Tom Kristensen）发表了一首赞扬该大楼的诗。诗的最后一段写道：

房屋之于我，承载着一种美的标志，

由许多的英里，
由奢华的火车、豪华的邮轮
呈现出一种速度之美，成为当今建筑的风格。
房子为人存在，而不是为神。
特征简洁，大如堡垒。
霓虹的招牌，大大的玻璃窗。
我们时代的建筑：韦斯特波特 。

热轧型钢的承重结构使商店的门面贯穿整个建筑的底层成为可能，商店内外，都是玻璃。这颠覆了房屋的传统概念：就是必须有巨大且厚重的基础和底层，并且随着房子高度的增加才能变得更加明亮。巨大的铜块在其底层的玻璃外墙上，以重力的力量，引发了现代主义的微妙游戏。

虽然建筑在功能、布局和结构方面是革命性的，但它还没有摆脱丹麦的古典主义传统，我们可从其内部的中轴线和主立面入口两侧所采用的对称形式看得出来。窗口条带非装饰的规整性迎合了现代主义建筑的匿名性要求，但在具有纪念性的主要古典形式及其覆铜的外表上极为引人注目——虽然声称要低调。这个建筑可能是最美丽并最具代表性的实例，是在历史悠久的传统与现代性的新趋势之间的过渡与连接，这一点如此明确地表现在铁路酒店向前迈进的势头当中。

在经历了 20 世纪 30 年代的大萧条、第二次世界大战时德军占领丹麦后，人们对未来的发展产生了消极心理，建筑活动也停滞不前。第二次世界大战后，哥本哈根地区的规划立即得到恢复，第一个结果便是 1947 年的“指状规划”。正如这样一个昵称所表明的，规划提出，首都未来的发展应当呈现出围绕私人和集体交通路线的指状放射结构，以车站周围的购物中心、机构、住宅和商业建筑等作为节点。在“手指”之间的开阔乡村将不受城市发展的影响，成为靠近城市中心的广阔而便捷的休闲区。

“指状规划”引起了国际的关注，不仅仅得益于它杰出的简约概念，它也能够在很大程度上汲取城市发展的活力，与此同时，不管城市发展的速度如何，都能够将概念和功能结合统一。这项规划基于这样一个假设，那就是，城市的增长将发生在一个有机的连续当中，而城市的交通干道将构成这一增长的骨架。哥本哈根的历史中心将继续构成未来大都市的核心。在那里，城市未来的增长有其根源，它将从那里继续延伸。

1954 年“指状规划”之后，哥本哈根中部又有了一个更详细的规划。除其他事项外，这一“总体规划草案”提议，商业部分的开发应该围绕着中心呈环状展开，限制在以前的城墙和湖泊之间的地带。再一次地，重点放在了这篇文章所关注的这一区域。尤其是交通条件使得这个地区非常有趣。中央火车站已经就位，“指状规划”和总体规划草案都提议，一条向西延伸的道路与一条机动交通可以在这里交汇，由此分配至中心内环路的机动车流。

总体规划草案在哥本哈根从未被通过，但早在1958年初，哥本哈根市公布的“城市西区规划”，却借用了该规划草案背后的思想，形成了合乎逻辑的结论。“城市西区规划”完全集中在中央火车站以西的地区，并提议将其改造为商业、交通和停车中心混合的巨型体量。又一次地，这个城市的未来在这里被铸造。

在其他欧洲城市，如巴黎、汉堡和斯德哥尔摩，相应的商业领域的规划和开发已经开始了。这些举措是大城市的职业结构发生根本性变化的信号。工厂产业被办公业务所取代，蓝领工人则被白领工人替代。

在20世纪60年代末，“城市西区规划”进一步具体化，此外，还有一项提议，要求沿着大湖区修建一条高速公路。其他欧洲城市，如马德里、巴黎和汉堡等都已经被“现代化”了，高速公路从街道上方或下方穿过城市，但在当时丹麦的条件下，这还是一个过于激进的项目。没有人——无论是当局或私人投资者——敢于承担规划所构想的城市中心地带巨大的三叶草交叉路口，并且敢于完全不考虑这个规划不被城市居民所欢迎的事实。

另一个令人沮丧的因素可能是该地区的区位。的确，一侧临着哥本哈根的历史和经济中心，但另一侧则靠近广阔的贫民窟维斯特伯，很少有风险投资愿意接近这个区域。尽管对未来有了新的乐观态度，但经济、物质和政治成本被证实很可能会过高。

与此同时，一些相当大的工程项目已经在该地区实现。在铁路路堑、铜包裹建筑以及一条市内环城公路韦斯特法伊玛格斯大街之间，20世纪50年代中期建造了两个长形的办公楼和购物中心。两座建筑有三分之一被连接在一起，形成了一座10层楼高的过街天桥。复杂的建筑单体分别由不同的建筑师（伊布·伦丁、托马斯·德雷尔、奥利·哈根和艾伦·克里斯滕森等）设计，在对建筑师伊布·伦丁的一项开发计划修订的基础上建成了，在桥梁建筑的拱形屋顶建成之后，它被称为“Buen”（凯旋门）。

伊布·伦丁的项目初稿延续了建筑群体的概念，跨越铁路路堑，并且包括场地上后来建成的SAS皇家酒店。为了不分散对自由纪念馆的注意力，大楼对面的建筑与其他建筑保持低矮。此外，这座桥梁建筑的曲线远离自由纪念碑和路堑，它预计将被覆盖并改造成一个合适的广场。尽管是现代主义的“凯旋门”，但其目的是要在这一街区的建筑变幻之中，以一种最好的古典传统，创造一个宁静的场所。

但还在发展中的计划被修改了很多次，其结果是一个动态的发展，并与伊布·伦丁的初衷相悖，当阿恩·雅各布森（Arne Jacobsen）扭曲了高层的SAS皇家酒店并远离了伊布·伦丁曾经提出的建议路线和方向时，"动荡"的程度又进一步增加了。

每一面山墙小阳台上的垂直线条，让桥梁建筑看起来更像是海军的瞭望哨，浅黄色的"凯旋门"散发出复杂的光线，让人联想到大海。此外，那座长形建筑面向中央火车站的山墙被切割成一个角度，并用锯齿形边缘的平板玻璃封闭。那都是为了营造一种效果，那就是一艘船正乘风破浪穿越城市的海洋，从相反的方向穿过广场，斜斜地抵达铁路酒店的卧铺车厢。

北欧建筑中"海洋"的元素可以追溯到1930年在斯堪的纳维亚的斯德哥尔摩举办的第一次现代主义建筑展览，其中，建筑大部分的形式和细节的灵感均来自极简美学，而经济和功能的设计灵感则来自船舶建造。

1950年所谓的"圆形全景建筑"影响了相邻的前文提到的"广场酒店"——"圆形全景建筑"这个误导性的名字源于20世纪初那里的底层蜡像展览。它后来被一栋办公楼取而代之，这栋办公楼由建筑师亚历克斯·波尔森（Alex Poulsen）和摩根斯·雅各布森（Mogens Jacobsen）所设计，并一直沿用其前身的名字。它由丹麦工人联合会下面的"工人国家银行"（Arbejdernes Landsbank）所委托，街道斜对面是"亚历克斯城堡"（Axelborg）——丹麦的农业组织总部。工人和农民，两个从前最强大的国家政治阶层，在哥本哈根这个现代主义的大熔炉中，由此象征性地出现在街道的不同两侧。

像"凯旋门"这样的圆形全景建筑超过了哥本哈根一般的五六层建筑的高度。两者都是该城市首批高层建筑实验的一部分，是对哥本哈根历史天际线的挑战。

圆形全景建筑也与沿着街道进行建设的传统相背离。该建筑被折叠为两翼，分别有6层和12层楼，呈倒L形，远离街区的一角，而2—3层的低层部分填补了L形内部的空间并顺沿着街道的拐角线。像"凯旋门"这样的建筑也与"海洋"的要素有联系。在低矮的转角楼顶上有一个小小的玻璃阁楼，它安放在那儿就像一艘巨船的驾驶舱。这个阁楼打破了高楼和街角的直线和直角。没有任何明显的现实原因，看台的墙面指向其他方向，仿佛这个小东西正在操纵这座大楼进入一段全新的航程。

圆形全景建筑的高大主翼，让建筑的国际风格果断地进入哥本哈根的景象之中。然而，这栋建筑却很快就变得黯然失色了。据报道，当决定在圆形建筑的对角处修建阿恩·雅各布森的21层SAS皇家酒店时，它的建筑师怀着难以掩饰的悲痛对雅各布森说道："你将会使我们的圆形建筑看起来像个狗窝"，雅各布森回答道："这正是我的意图！"

自 1961 年起，SAS 皇家酒店是丹麦第一批“真正的摩天大楼”之一，而且在这个国家依然很少——整个哥本哈根地区大概还不到六个。无论是在丹麦还是在国外，这座有着扁平底座和高耸的摩天大楼的酒店，被指抄袭了纽约的利华大厦。在低与高的建筑之间，建筑师放置了一个玻璃覆盖的夹层，它似乎把摩天大楼与基础分隔开来，使它看起来像是在自由地飘浮。

尽管在建筑物的外部形式中，来自利华大厦的“灵感”是显而易见的，但两者仍有巨大的差异。在与城市文脉的联系中，最重要的差异在于，在利华大厦的开放底层，街道空间在柱廊间延续；而 SAS 皇家酒店的水平部分却处于封闭状态，将街道生活作为建筑周围的一种运动。通过消除街道和建筑之间的边界，利华大厦缓解了建筑与周边城市空间对位互动的张力。

正如在阿斯托利亚酒店一样，SAS 皇家酒店底部的玻璃层从立面线条中脱出，由此，摩天大楼彻底脱离了出来。摩天大楼部分远离道路红线，以雄伟独立与故作姿态的傲慢之势耸立，表现出根本无意与对面相对矮小的全景建筑对话。而另一方面，摩天大楼突出了酒店低层部分的边缘，甚至略微突出了相邻低层建筑的边缘。酒店的这两个部分共同创造出与街道空间和立面线条之间的一种垂直与水平互动，是对建筑与周围空间的其他明确关系的挑战。

在其空间形式上，有着精致的色彩与建筑垂直体量中钢筋蛛网细线条的光滑外观，SAS 皇家酒店既好玩又无与伦比。它是一个很酷的建筑，毫无疑问参考了利华大厦这样一座国际建筑。其原有设计方案中的所有东西，包括窗帘、家具、门配件，甚至餐厅中的餐具，都由建筑师设计。一件完整的艺术作品，得益于它流畅、高度完成的美感，给人一种印象，那就是，有了这一现代主义晚期版本，一切都在掌握之中。韦斯特布罗区的边境在当时是摇摇欲坠的贫民窟，甚至比今天更贫穷，这座酒店的高度审美化似乎是一个奇特的防护，以对抗日常生活中的考验和磨难。

推进船舶行进的“凯旋门”、跨越铁路路堑的低矮建筑以及 SAS 皇家酒店，都用极端的手段和信心挑战了空间的限制，当旅行者从中央火车站出来时，它组成了正对他们视线的一组建筑物。广场之外的这一空间的另一边，三座建筑不确定且优柔寡断地站成一列。除了办公室和专卖店，这些建筑中还含有酒店客房、银行、航空公司以及旅游局等。一切事物，无论是室内还是室外，都有一种正在前进的气息：一种现代的无根性，体现在空间和建筑的短暂无常上。这个场所绝不邀人逗留。老韦斯特布罗大道和它穿越站前广场的延续部分依然仅仅只是一个通道。

将这个区域打造为一个城市经济发展动态中心的原有期望，现在已经转移到了其他地区。或许对哥本哈根的这些区域来说，所有的路人都在忙碌地行进中。

XVI　退出哥本哈根

这个地区的历史跨越一个多世纪，两次世界大战，以及包含了所有现代时期带来的戏剧性和充满活力的发展：工业化、城镇化、理性主义、匿名化、破碎化、波动、对民主的追求、团结、教育、社会保障、福利和平等。这一发展进程充满了内在矛盾：在规划控制与市场主导的城市发展之间，寻求稳定与渴望变化之间，以及社会和美学视角与冷静的经济计算之间。

从城镇规划的角度来看，该地区包含了各种理想之间的巨大波动。一个共同的因素就是，地区发展的所有主要步骤都受到了现代主义思想的影响。在哥本哈根，现代化的理想和观念已经从巴黎转移到曼哈顿，这一点当你从市政厅广场步行到车站广场就可以看出。当整个军事防御被城市用于扩张时，第一个规划就被绘制了出来。

经历了过度建设的中世纪和文艺复兴时期数个世纪的禁锢，自17世纪以来，城市都被城墙所限制，而在以城市生活为目标的有海洋般巨型空间的林荫大道、纪念广场和从城市向郊区和周边乡村拓展的辽远景观的规划中，城市得以解脱。这是哲学家索伦·奥贝·克尔凯郭尔（Søren Kierkegaard，1813—1855年）热切渴望的景色，当感到身心都过于受限于哥本哈根，他就去北部城墙，让他的视线在远方随意徜徉。随着城墙的倒塌，远方变得近在咫尺，我们在这里介绍的三个城市空间中，每个城市区域的边缘地带都有不同的处理。

城市议会作为中枢，同时也是通往城市的大门，它把自身与城市观光者的交通联系起来，市政厅广场随之成功地把老城区与开放的乡村连接了起来。作为对照，圣乔治区成为现代化进程中的一块飞地，直指城市的边缘，“背离老城区”时所存留下来的东西。火车站广场保留了原有的通道功能，这赋予了它一种媒介空间的特征。

由于这里描述的三个区域所具有的鲜明特点，使得政治家和规划者已经注意到了它们的内在活力，并希望利用其作为城市未来发展的基础。今天，这三个地区都被作为交通中转地，尽管以不同的方式。火车站广场和圣乔治区已经有一系列的宏伟规划和目标，但经济因素导致其中的大多数规划像城市西区规划与环湖项目案例一样被否决了，或者像圣乔治区规划一样被彻底修改。因此，目前这些区域的形式是一个相互作用的结果：一方面，政府当局努力创造秩序、管控和理性；另一方面，调动私人资本家投资的积极性。

自由党和社会民主党政府都未能将旧城区和新城区成功地结合在一起。古老的护城河把城市与腹地分隔开来，而现在沿着这一条线的是安徒生大道上的滚滚车流。

之前在腹地和市区之间的通道依然承担着过渡空间的功能：韦斯特布罗区和中世纪城市的工人阶级街区，但这个区域本身是不确定的，它是一个中介和破碎的空间。如果中央火车站广场空间是破碎的，那么整个地区也同样如此，该地区已解体成碎片：站前广场和市政厅之间的韦斯特布罗大道作为交通中转，市政厅广场和林荫大道作为一个巨大的纪念性公园的一部分，接着便依据“1912 年选址意见规划”形成了一个拥有弯曲街道和各式各样建筑的地区，特别是该区域中的娱乐场所：水泵房（pumpehuset）音乐厅、马戏团建筑、宫殿剧院、守望农场（Vægtergården）的夜总会、舞厅等。该地区有纵横交错的铁路路堑，而另一边，现代的城市规划已在圣乔治区得以实现：整齐划一的建筑和宽阔笔直的街道，这里缺乏任何娱乐活动——按照现代城市规划中功能分区的思想，这些活动只能发生在建筑的屋顶露台和阳台，或者城市其他区域。

车站广场、市政厅广场和圣乔治区的特征是通道、变动和速度。它们是为旅客、城市步行者、众多写字楼里的雇员，以及前往该地区诸多旅行社的客户所设置的中转区。该地区也是一个现代大都市的典型案例：在中心地区汇聚了公共和私人行政建筑、服务和信息事业、文化传播和大众娱乐，而住宅区则被放置在外围。建筑与街道景观传达出的快速脉动与混乱，使得该地区可能是自纽约来到哥本哈根的外国访客最少到达的一个区域，然而，由于其独特的历史和北欧风格的现代主义城市建设，它又显得非常与众不同。

注释

1. 本章是三位作者合作的结果，赫勒·博格伦·汉森（Helle Bøgelund Hansen）负责有关圣乔治区的部分；比吉特·达戈（Birgitte Darger）负责市政厅部分；汉斯·欧文森（Hans Ovesen）负责中央车站广场部分。本文基于书籍和论文以及博格伦·汉森(Bøgelund Hansen)和比吉特·达戈（Birgitte Darger）未发表的硕士论文的进一步研究。
2. Broby-Johansen，第 49 页。
3. 布拉姆森（Bramsen），第 150 页和第 198 页。
4. 同上，第 163 页和第 458—459 页。
5. Bønnelycke。
6. 同上。
7. 布拉姆森，第 102 页。
8. 同上，第 112 页。

9. 同上，第 127 页。
10. 同上，第 246 页。
11. 尼尔森（Nielsen）。
12. 克里斯滕森（Kristensen），第 70 页。
13. 贝克特（Beckett）。
14. Millech。
15. Bech 和 Knudsen。
16. 在理事会的最初几年，成员不代表政治集团，也不分政党。议员之间没有很大的意识形态、经济或社会差异。一方面，理事会参与确立了对国家的权力；另一方面，参与了公民想要对市政事务有更大影响的需求(Poul Møller,《哥本哈根市议会 300 年》,第 2 卷,1858—1940 年,第 20 页，哥本哈根，1967 年）。整体而言，理事会受到全国自由党的影响，他们在 1870 年被吸收到了右派保守党。1884 年，左派党的四位代表和两位社会民主党人参加了竞选，他们于 1893 年在共同的自由社会主义者名单上当选为理事会成员。该名单于 1898 年在议会获得了多数席位。
17. 克努森（Knudsen）。
18. Schorske，第 24—26 页。
19. 会议记录。
20. 维德勒（Vidler）。
21. 同上，第 70 页。
22. 在哥本哈根，在林荫大道的建设背后没有任何战略或军事考虑因素——社会“战斗”在城市其他地方被认为是公共性的。
23. 贝克特。
24. 出资者。
25. Mylius Erichsen，见《防护》（Vagten）。
26. 社会民主党成立于1871年,是以德国社会民主党为典范的工人阶级政党。它支持社会主义思想,包括公有制,并努力提升工人的利益。社会民主党于 1898 年在市议会获得多数席位。1903 年,党报对议会改革后的组成感到很高兴:“过去十年来，议会的水平有了多么大的改善啊！议员只有少数几个头衔，议员胸前的勋章也少了。这种‘缺少’是一个进步。例如，在 39 名议员当中只有两名工作人员，这是文化进步的表现。”1903 年也是延斯·詹森（Jens Jensen）成为财务市长的一年。《哥本哈根市议会 300 年》，第 2 卷，1858—1940 年，Poul Møller，第 331 页。
27. Stadsing. Dir.，第 3 页，引自《建筑师》，1910—1911 年，该期刊一直是 20 世纪建筑行业专业讨论的中心论坛。

28. Schorske，第 63 页。

29. 休乌的灵感来自埃比尼泽·霍华德（Ebenezer Howard）和德国城镇规划。他密切关注德国的讨论，由于他对该领域的扎实了解，他在 20 世纪 20 年代和 30 年代对丹麦的城市规划学者产生了巨大的影响，其中包括 Danske Byplan Laboratorium（丹麦城市规划实验室），Gaardmand，第 22 页。

30. Stadsing. Dir.，第 7 页。

31. 同上，第 8 页。

32. 同上，第 8 页。

33. 同上，第 10 页。

34. 同上，第 12 页。

35. Oxvig，第 216 页。

36. 同上，第 167 页。

37.《政治家报》，1932 年 10 月。

38. 同上。

39. 同上。

40. 芬森（Finsen），第 114 页。

41. 同上,第 93 页。凯·菲斯克（Kay Fisker）的观点于 1964 年提出,与 1918 年市长詹森（Jensen）的态度一致，当时他批评人们对自我主张的巨大需求：“当有人修建一所住宅时，最重要的是它不能与其他房屋相似，并且建筑师要一直合作，也就是说，要赋予建筑一副面孔，即使这意味着它们与周围的环境非常不相符。”（Stadsing. Dir.，第 9 页）

42. Faber，第 148 页。

43. 同上，第 148 页。

44. 同上，第 61—62 页。

45.《政治家报》，1971 年。

46. Oxvig，第 270 页。

47. 杰拉尔·克沃宁（Jural Kvorning）在库拉尔（Kural）。

参考文献

Arkitekten (1956): Månedshæfte.
Articles and readers' letters in: *Arkitekten*, *Politiken*, *Berlingske Tidende et al.* 1890–1905.
Bech, Cedergreen *et al.*: *Københavns Historie*, vol. 4.
Beckett, Francis: *Københavns Rådhus*, Copenhagen 1908.

Berman, Marshall (1988): All That Is Solid Melts Into Air. The Experience of Modernity, Penguin, New York (1st edn 1982).
Bramsen, Bo and Palle Fogtdal (eds.): *København før nu og aldrig*, vol. 9, Caspar Jørgensen, *Vestervold Falder.*
Bøgelund-Hansen, Helle (1993): *At tænke sig en by*. University of Copenhagen, Department of Comparative Literature, MA Thesis, (manuscript).
Bønnelycke, Emil: *Asfaltens Sange*, 1918.
Broby-Johansen, R. (1948): *Gennem det gamle København*, Copenhagen.
Darger, Birgitte: *København omkring 1900*, University of Copenhagen, Department of Comparative Literature, MA Thesis, 1992 (manuscript).
Faber, Tobias (1962): *Rum, form og funktion*, Berlingske Leksikon Bibliotek, Berlingske Forlag, Copenhagen.
Finsen, Helge (1947): *Ung dansk arkitectur*, Copenhagen.
Funder, Lise (1979): *Arkitekten Martin Nyrop*, Copenhagen.
Gaardmand, Arne (1992): *Dansk byplanlægning 1938–1992.*
Henningsen, Poul: Kommunen og det gamle banegårdsterræn, *Politiken* (1932) October 8.
Holm, Axel and Kjeld Johansen: *København 1840–1940.*
Knudsen, Tim (1988): *Storbyen støbes, København mellem kaos og byplan 1890–1917*, Akademisk Forlag.
Københavns Bystyre gennem 300 Aar, vol. II, 1858–1940, Copenhagen, 1967.
Kristensen, Tom (1968): *Havoc*, Madison.
Kural, R. (ed.) (1997): *Antydninger af nye byscener*, Copenhagen.
Lind, Olaf and Annemarie Lund: Arkitektur Guide København/Architectural Guide to Copenhagen, Arkitektens Forlag.
Millech, Knud (1951): *Danske arkitekturstrømninger 1850–1950*, Copenhagen.
Minutes from the Meetings of the City Council 1885, 1887 and 1888.
Nielsen, Anker Jesper (1994): *Lysene over København. Hovedstadens lysreklamer 1898–1994*, Borgen.
Ovesen, Hans (1996): Den samspilsramte arkitektur (Architecture Caught in the Poverty Trap), in: *Har de en œstetik?* SBI.
Ovesen, Hans (1998): Det for(t)satte rum – en arkitektonisk analyse af Københavns Rådhusplads (The [dis-]continued space – architectural analysis of Copenhagen City Hall Square), KAKTUS.
Ovesen, Hans (1999): I mellemtiden – en arkitektonisk analyse af Kobenhavns Banegårdsplads (Meanwhile – an architectural analysis of Copenhagen Central Station Square), KAKTUS.
Oxvig, Henrik and Lise Beck (eds.) (1998): *Rumanalyser*, Fonden til udgivelse af arkitekturtidsskriftet B.
Politiken (1932): Special issue about Vesterport.
Politiken (1971): *Stor luxus fra stor højde*. April 16, p. 1.
Rasmussen, S.E. (1994): *København. Et bysamfunds særpræg og udvikling gennem tiderne*, Gads Forlag.
Schorske, Carl E. (1981): *Fin-de-siècle Vienna. Politics and culture*. New York: Vintage Books.
Skall, Eigil (1980): *Københavns Rådhus 75 år.*, Historiske Meddelelser om København.
Stadsingeniørens Direktorat: *København under borgerstyre og de indlemmede distrikter*, 1975 (manuscript).
Turell, Dan (1977): *Storby Blues.*
Vagten. Tidsskrift for Litteratur, Kunst, Videnskab og Politik 1899–1900.
Vesterbro – en forstadsbebyggelse i København (Vesterbro – a Suburban Development in Copenhagen), Miljøministeriet (Ministry for the Environment), 1986.
Vidler, Anthony (1991): "Scenes of the Street" in: Standford Anders (ed.): *On Streets.*

第六章

20 世纪中叶的曼哈顿中城

利华大厦和城市中的国际风格[1]

琼·奥克曼（Joan Ockman）

I　幕墙的兴起

在巴斯比·伯克利（Busby Berkeley）执导的好莱坞幻想曲《第 42 街》(1933 年）的结尾场景中，曼哈顿的摩天大楼在大街上翩翩起舞。克莱斯勒汽车公司、麦格劳–希尔教育出版集团、《每日新闻报》以及帝国大厦等各大建筑都自由地旋转狂欢，颠覆了建筑的静态。在大萧条时期，美国自由资本主义的华丽化身，上演了一场建筑从地平面上挣脱出来的疯狂梦想。

二十五年之后，一个戏剧性的逆转发生了。经济开始繁荣，房地产开发也随之狂热。曼哈顿中城公园大道上的大型老旧公寓难以被迅速拆除，以便让位于新一代玻璃外墙的办公大楼。利华大厦，这个街区上的第一个新生儿，在一片轰动中开张了。但是这座摩天大楼述说的是另一套语言，企业资本主义被剥除，展示了高科技。早期建筑的装饰特性让位于理性主义美学。平面、立面的切分，乃至曼哈顿的网状道路系统与其拔地参天的外观，都已被规范成型。建筑和都市生活几乎融为一体。摩天大楼拔地而起，单体建筑成为城市的缩影。曼哈顿中城正在变形为一座连续的纪念碑。[2]

因此，城市的幻象中也充斥着新的演员阵容。百老汇的放荡女孩们，连同她们僵硬的笑容和齐刷刷的长腿一同退场了。电影《商人》里，看似只有一类人：因循守旧并且与周遭格格不入。第二次世界大战前的城市小说《巴黎：一个闲逛者的回忆》的主人公，作为大都市的化身已经消失了。其继任者，那个身着灰色法兰绒西装的人，来自更好的职位。“法兰绒西装是这个男人的制服，他是一名经理，每天早晨夹着公文包到附近城市谋生。”[3] 如果说 20 世纪 40 年代和 50 年代的黑色电影着迷地反复上映着这座城市的黑暗深处，追寻其守旧的下层社会生活，那么在许多作家和艺术家当中，则有一种转向，一种对“公共世界的抛弃，”对“政治、阶级、礼仪和道德，甚至对于街道的恰当感受”的抛弃。[4]

相对于郊区的快速发展，这些激增的玻璃盒子街区具有象征意义。高低建筑的对峙之下，一面是利华大厦傲然挺立，另一面，莱维敦（Levittown，莱维特父子建造的郊区城镇，曾引起美国城市化格局的重大转变——译者注）则就地蔓延。首先，必胜信念占主导地位。“美国世纪”已经来临，美利坚合众国实现全球化雄心的担负者就是国际风格的摩天大楼。

其次，对把新的郊区聚居地奉为圣地的白人中产阶级家庭来说，筑巢的本能蓬勃发展。从战场回到家园，美国大兵重新履行他们作为一家之长的既定职责。“对于家园和家庭,对于收获和付出,对于培育花园来说,20 世纪 50 年代是非常好的一段时期。”但这种逃避是虚幻的。“在郊区的物质增长背后萦绕着一种安静的绝望，其象征是电影《炸弹》和仍然历历在目的死亡集中营……”[5] 聚集在崭新火炉周围观看晚间新闻里关于武装集结和“美国式生活”的报道，冷战时期的家庭把对毁灭的恐惧隐藏在心里。安慰来自欢快的政治口号和广告信息。艾森豪威尔，“坚定的乐观主义”的化身，在他 1956 年的总统竞选活动中这样安慰:“不要低估了微笑的价值。”[6] 消费品的卖家也知道积极思维的力量:“信心和支出是经济增长的手段。”[7]

第一眼望去，大规模营建的郊区房屋的尖桩篱栅，修剪整齐的草坪，和家用轿车一起，出现在城市中粗壮而静默耸立的建筑对面。但是“快乐的家庭主妇”与丈夫一样“向上流动”; 她渴望有一天成为“管理型妻子”。[8] 稳重的外表难以掩盖发展的动力。摩天大楼和郊区是同一枚硬币的正反两面——或者是每日通勤——不可分割。“两者都包含着资本主义的标志，都包含着变化的元素，”阿多诺（Adorno）在书中描写极端现代主义与大众文化之间关系时写道:“他们从一个整体自主地撕成两半，而不是两者的叠加。”[9]

利华大厦，是一个成熟的 20 世纪中叶都市生活的标志，一家向大众销售香皂的公司总部所在地，为二战后的美国创造了新的生活。

II　肥皂剧

利华大厦地面广场上，有一根不锈钢的柱子，上面的铭牌上记录着：

> 我们公司的使命
> 正如威廉·赫斯基思·利华所认为

图 6.1 利华大厦，纽约，花园大道 390 号。SOM 建筑设计事务所设计，1952 年。取景于公园大道东南侧。照片来源：埃兹拉·斯托勒（Ezra Stoller），© ESTO

是为了让清洁变得司空见惯
减轻女人的负担
促进健康并
有助于个人魅力
这样的生活可能更令人愉快
并让使用本公司产品的人们
得到回报

1949—1952 年间，在戈登·邦夏（Gordon Bunshaft）指导下，由斯基德莫尔、奥因斯 & 梅里尔（SOM）建筑设计事务所设计的利华大厦在当时把自己树立为仁慈的企业资本主义和战后美国现代主义的丰碑。这座建筑位于公园大道的西侧，在第 53 和第 54 街之间，花费了 600 万美元，可以容纳 1200 名公司员工。意大利建筑历史学家曼弗雷多·塔夫里（Manfredo Tafuri）曾经夸张地称其为“这是一种非人格化、无幻想的纯粹主义的虚拟宣言，它使幕墙成为唯一且静默的语素。”然而，驻足于今日的曼哈顿中城，它却不能让人立刻意识到这是一个有争议的作品。[10] 仅仅 24 层的楼高使它与后来修建的楼群相形见绌，它看起来更像是某一时代的作品。

在对公园大道各式各样的模仿和变体之间，在第六大道以西三个街区中，在曼哈顿的金融区中，在全美国的商业区中，以及全世界范围内，它不再具有初建时的独特性和魅力，彼时的它是大道上第一栋侧肩朝向街道立面的建筑，看起来就像“满是老妇人的房间里一个聪明的小孩”。[11]这栋建筑两层的水平基座相较于它的垂直体块，感觉太琐碎（与它远在哥本哈根的后辈，SAS皇家酒店相比，它在这方面没有任何优势）。其闪亮的蓝绿色表皮，防止眩光的有色玻璃，是在二战后开始使用的（在由密斯·凡·德·罗设计的芝加哥湖滨公寓项目中，透明玻璃已经被证明是无法忍受的），在曼哈顿的阳光中，波光粼粼地闪耀。根据当时的城市防火规范，玻璃之后的砖墙需建到护栏的高度，这一要求让建筑呈现出条纹状的外观。

因此，利华大厦外墙“可见的玻璃”的实际总量或透明度，并不比孔洞式开窗的标准砖石建筑更大。因此,研究表明,外立面的效果“完全不（遵从）结构的真实，而只是一个带有现代主义印记的装饰”[12]。由于多年来大量水的渗透和腐蚀，幕墙如今正在进行修复，耗资1200万美元。[13]在SOM建筑设计事务所最新的纽约办事处的指导下,“修复”理论是指要修旧如旧,即建筑需要准确地还原到其原始的外貌。由于原有技术的失传，这项任务变得复杂。然而，随着公开辩论的进行，恢复的真实性明确了，这个曾经具有开创性的建筑已经在集体记忆中占据了充满深情的位置。利华大厦建成十年后，当可怕的泛美航空大厦在公园大道以南十个街区的地方拔地而起时,《纽约客》上刊登了一幅漫画，标题是:“当利华大厦开始看起来像个温暖的老朋友，这是多么可悲的一个状况。”二十年后，利华大厦成为曼哈顿第一批被授予的具有里程碑意义的国际风格建筑之一，具有讽刺意义的是，立法的受益者正是为了保护旧建筑免受现代主义发展冲击的人。[14]利华大厦不再是城市景观中一个激进的宣言，它已成为城市历史的一个片段。

事实上，至少从当地人的角度来看，当时利华大厦最激进的地方不是它的幕墙，而是其决定只覆盖了不到三分之一的建筑占地许可。大多数办公楼都尽可能靠近分区规范所允许的红线修建，常常产生建筑面积约为基地面积二十倍的情况，而利华大厦仅为六分之一（如果它的建筑基底面积覆盖整个基地，它将会只有8层楼高）。在一个以“形式追随财力”为原则的城市中，牺牲可用的办公区域用作其他考虑，这是前所未见的。[15]利华大厦实际上是第一个利用条例中特别条款的建筑物，允许办公楼有很小的基底面积——只需基地面积的25%甚至更少——从基地拔起，没有任何退台。纤薄的楼板在抬高的水平基座上不对称地“飘浮”，给了办公楼最好的阳光和美景。即使窗户因为使用空调而变得不实用，利华大厦符合在洛克菲勒中心时代建立起来的办公室规划标准，在复杂的气候控制系统和荧光灯出现之前，每张

图6.2 利华大厦。办公室景观，由雷蒙德·罗维设计。照片来源：埃兹拉·斯托勒，© ESTO

办公桌必须位于离窗户25英尺（约7.6米）之内。

凭借其大方舒适的设施而非玻璃的浮夸装饰，这栋新建筑胜过了许多可能被称为异端的建筑。在街道的层面，大致方形的水平基座底层架空，像甜甜圈一样中间被挖空，在喧闹的大街和十字路口中嵌入了一个采光的公共庭院，有着明亮的接地层。抬高的基座还在三层提供了一个屋顶露台，配有沙狐球场，作为公司员工的户外休闲区。内部有一个员工休息室以及一个雅致的餐厅。办公室的地板，由雷蒙德·罗维（Raymond Loewy）为公司中大多数女性员工所设计，从亮黄色和淡蓝色到粉红色和淡紫色渐变，因其每层楼变换的颜色而引人注目。当刘易斯·芒福德（Lewis Mumford）指出其色彩设计的迷人魅力时,《纽约时报》的女性评论家艾琳·洛凯姆（Aline Louchheim）却提出罗维设计中的装饰过于繁琐和“故作时髦”。[16]但两位评论家都强烈反对位于顶层的行政套房，其古板且做作的陈设违反了现代建筑的“大众化”氛围。然而总的来说，这栋建筑被视为一个惊人的成功。正如芒福德所指出的，“这栋建筑中，即使是最不受重视的工人，当她望向近在咫尺的云层或者天空时，也能享受到内心的升华。我知道城市中没有其他私人或是公共建筑可以为每一位工人提供这样品质的空间。”[17]

利华大厦的主人是利华兄弟公司，一个总部设于英国和荷兰的大型国际“油脂”企业，由威廉·赫斯基思·利华（William Hesketh Lever）成立于19世纪80年代。利华率先提出了将香皂预切成条的想法，这样就可以打包并单独出售。1888年，利华在英国西北部利物浦附近的默西河建立了一个名为“阳光港”的公司镇，小镇为阳光香皂厂的工人提供了拥有健康舒适环境的样板房。[18] 20 世纪中叶，利华兄弟公司是美国家用产品例如力士、卫宝、冲浪、林索、白速得牙膏、好运人造奶油的生产商，并且成了美国最大的经销商之一。1946 年，公司任命 37 岁的查尔斯·卢克曼（Charles Luckman）为其总裁，与此同时，他登上了《时代》杂志的封面。作为出生于密苏里州堪萨斯市的一位名人，卢克曼被称为“美国商业的金童”。他不仅对广告宣传有特别的感觉，还在伊利诺伊大学建筑专业取得了学位。然而他从未实践过，就在毕业后经济大萧条期间投身于商业事业。正是他决定将位于马萨诸塞州剑桥的公司总部迁至曼哈顿公园大道。“纽约是解决我们销售的主要问题所在地，”卢克曼解释道，“所有的广告中心，所有除电影之外的娱乐表演都在纽约。这个向美国销售产品的平台就是纽约。”[19] 卢克曼因为挑选了建筑师且提出了在基地范围内插入玻璃板的大胆概念而荣耀。[20] 然而，1950 年，来自美国总公司的反对意见迫使他放弃了自己的想法，他没能看到自己心目中这栋建筑的落成。这项工作给了他的继任者，杰维斯·J·巴布（Jervis J. Babb）。巴布在来到利华兄弟公司之前，曾任威斯康星州拉辛的 S·C·约翰逊公司的副总裁。在那里，巴布参与了另一个现代建筑的杰作——由弗兰克·劳埃德·赖特设计的 S·C·约翰逊公司总部的建设。而卢克曼在离开利华兄弟公司之后，以一名建筑师的身份，踏上了一条新的职业道路。这对曼哈顿的发展有些进一步的影响，就像现在看到的那样。

大约一代人以前，赖特已经完成了另一家做香皂生意的公司的办公总部的设计，即位于布法罗的拉金大厦。其雕塑形式的体块，拥有巨大天窗的中庭，以及进行过总体设计的室内陈设，成了富有见识的白领办公空间的典范。利华大厦如今也做了同样的事，但所用的是轻盈的结构而不是厚重的构造。相较于其前身，利华大厦中大方舒适的设计主要源于公司履行其自由使命的愿望。与此同时，建筑壮丽的现代主义形象并不仅仅是利他主义。一方面，作为唯一的拥有者，利华兄弟公司不必担心出租的收益问题；另一方面，查尔斯·卢克曼明智地意识到了将公司总部建于公园大道的这一备受瞩目的符号价值。一块香皂的广告费占其价格的 89%。来源于建筑外立面玻璃幕墙上的广告效益是不可估量的，玻璃幕墙可以由一组玻璃清洁工搭乘特制的工作台沿着建筑立面，使用公司自己生产的清洁剂公开进行清洗。这让人想起德国哲学家恩斯特·布洛赫（Ernst Bloch）曾经的观点，他谴责了乌托邦的终结和二战后玻璃建筑中过分表达的冲动。最后，布洛赫说，功能主义建筑的主要成就就是提供了可清洗的外观。[21] 在这一点上利华大厦确实做到了。但作为“玻璃链运动”（the Glass Chain）的当代一环，它离激发早期现代主义的梦想还有很长的路要走。然而，在曼哈顿拥挤的城市交通中，它的创新解决方案提供了光线、空气、景观和公共空间，以无可争议的优点和实用性，生动地体现了公司对“美国”建筑的渴望，“美国”建筑“干净、明亮、五彩缤纷”。[22] 对玻璃建筑公共价值的开发取决于客户和建筑师——正如埃里希·门德尔松（Erich Mendelsohn）和奥斯卡·尼奇克（Oscar Nitschke）这样的前卫派先锋建筑师早就认识到的可能性——就一个强大的公司而言，绝不忽视任何一位真正的市民的意见。

那么，利华大厦使用的策略会成为许多卑劣的模仿者效仿的对象吗？芒福德很有先见之明地预测到了这种情况，在他赞美这栋建筑的另一篇评论，即他在利华大厦开业之际《纽约客》的“天际线”专栏中描述道：

> 站在自身的角度，利华大厦的玻璃镜面外表映射了附近的建筑，利华大厦与公园大道上的其他老式建筑形成了鲜明对比。但是如果它的规划创新被证明可行，它可能成为一个在建筑及开放空间上可复制的一个模式单元。[23]

矛盾的是，利华大厦的优秀取决于它的独特性而非它内在的可重复性。“公园大道上的新总督”标志着街道的过客由社会贵族变成了“肥皂权贵”，街道并不会因为这种权贵的增加而受益，也不能支撑原有建筑的品质。[24] 利华大厦的声誉完全归功于其非典型的状况：其历史地位，其拥有者特殊的经营项目和开明的愿望，特别还有邦夏及其团队的设计才华。一旦接受了从为业主定制而精心设计的总部，转变为经济投机性办公大楼的底线，使用网格状玻璃框架的通用设计语言，而不是考虑对垂直城市的美化，往往会沦为空洞的重复和对高度的贪婪追求，理想主义的最后一点痕迹也被磨灭掉了。历史学家文森特·斯卡利（Vincent Scully）在十年后写道，公园大道作为美国为数不多规划良好的大道之一，利华大厦的辉煌和无所顾忌的姿态是对勒·柯布西耶乌托邦式规划理论的误导性应用，因此公园大道不幸地被称为“街道的死亡”。[25] 随着后现代主义的觉醒，另一个评论家将证实这一判断：

> 建于 1952 年的利华大厦，就算不是二战后最有影响力的，也被认为是易模仿的商业建筑。但是将利华大厦从其后众多闪亮的玻璃建筑中分离出来是很重要的……利华大厦规划中遗留的问题……是如今被质疑的广场大楼建筑类型，在 20 世纪 60 年代被纳入全国的分区条例中。作为连续街道立面的一个中断，邦夏设计的广场在建造后看起来是优雅的。作为一种可以随处应用的解决方案，如今现代广场常常被认为是混乱的城市入侵者。[26]

一方面，利华大厦是一个杰出的功能主义美学的壮观结晶，一个完整设计的建筑；另一方面，它是对未来城市的一种预见。然而，它所体现的冲突，与其说是建筑与城市化之间的矛盾，不如说是城市的对立景象之间的矛盾，以及美好愿望与资本主义发展现实之间的落差。

III　自由主义共识的建筑

从它竣工的那一刻起，利华大厦就成了二战后“国际风格”中具有决定性的纪念碑之一。“国际风格”的称谓是在20多年前由菲利普·约翰逊（Philip Johnson）、亨利-罗素·希区柯克（Henry-Russell Hitchcock）、阿尔弗雷德·巴尔（Alfred Barr）等在纽约现代艺术博物馆的现代建筑展开展之际提出的。20世纪30年代早期，欧洲现代主义运动尚未在美国取得深入发展，博物馆首创地设计了一门课程，用于教导美国公众和专业人士关于新欧洲美学的品位。与此同时，一种修正主义的策略，旨在使一种根植于欧洲社会意识形态的建筑“对资本主义安全”，即由柯林·罗（Colin Rowe）后来提出的[凯瑟琳·鲍尔（Catherine Bauer）当时也提到“富豪的安全”]。[27] 在1932年展览中所陈列的建筑类型中，主画廊特别展出了四位大师——勒·柯布西耶、密斯·凡·德·罗、奥德、弗兰克·劳埃德·赖特的作品，他们都是以豪华别墅为代表作而非更实用或更集体主义的住宅建筑，这也是现代主义运动早期更为认同的观念。管理者怀着对摩天大楼的矛盾态度，对展览中的一位纽约建筑师雷蒙德·胡德（Raymond Hood）产生了质疑。例如胡德所设计的麦格劳-希尔大厦这样的摩天大楼，是一个装饰艺术与功能主义随意混合的产物，近乎“现代主义”而非现代的，这对约翰逊（至少在这个时候）和他的同事们极高的品位来说不够纯粹。

展览改变了人们的审美，并由同期发行的出版物进行传播。杰出的欧洲建筑师在20世纪30年代及40年代早期逃离欧洲法西斯，涌入美国，这很快加剧了这些出版物的传播。其中最有影响力的是包豪斯学派的大师沃尔特·格罗皮乌斯和密斯·凡·德·罗。受到美国专业人士及学术派的欢迎，他们分别在哈佛大学和芝加哥伊利诺伊理工学院开设了工作室。20世纪30年代，国际风格由欧洲传入美国，在不到10年内，却成了带有全新特征的美国舶来品。

第二次世界大战获胜，美国占据了军事和政治成就的地位，也拥有文化霸权。20世纪30年代末，依然更多地依附于传统意象的大众品位（然而，不排除，也有关于未来浪漫幻想的“明日之城”），突然无形地转换到现代主义，同时功能主义美学与合理的规划技术联系在了一起，正是它们赢得了战争的胜利。“机械化主导”

的想象，催生了由瑞士建筑史学家西格弗里德 · 吉迪恩（Siegfried Giedion）在 1948 年出版的一本书的书名。[28]10 年前吉迪恩提出了现代建筑是爱因斯坦的空间-时间理论的时代精神化身；如今，经历了美国的战争年代，在美国技术创新和发明的匿名历史中，他发现了建筑现代性的一种另类谱系。战争年代还激发吉迪恩提出了新的理论。在纽约，他与另外两个战时难民——西班牙建筑师、规划师何塞 · 路易斯 · 塞特（José Luis Sert）及法国画家费尔南德 · 莱热（Fernand Léger）一起，发起了一场建筑和造型艺术的“新里程碑”运动。[29] 他们主张，现代建筑需要注入新的公民性和结构性的壮观，需要将最低限度的理性规划这一早期欧洲观念模式，转变为一种更具表现力的世界语言，这也成了早期美国治下和平精神的一种象征。这样一种欧洲美学与美国必胜文化之间的共生关系，被战时的展览，如《通往胜利之路》（1942 年）和《通往和平的空中航线》（1943 年）所预示，两者都曾与美国战争信息办公室合作在现代艺术博物馆展出，由另一位包豪斯学派设计师赫伯特 · 拜尔（Herbert Bayer）所设计。

由于约翰 · D · 洛克菲勒（John D. Rockefeller）向世界新旗舰机构慷慨捐赠了沿曼哈顿东河、位于第 42 街和第 48 街之间一块 17 英亩的土地，二战后联合国立刻决定将总部设于纽约市，这也支撑了纽约成为战后世界政治、经济、文化中心的勃勃野心。瑞士裔法国建筑师勒 · 柯布西耶，自从他 1935 年第一次到访纽约时，就对纽约产生了一种又爱又恨的心情。当时他曾说纽约的摩天大楼“太小”，并且渴望在北美大陆找到一块地实践他的“光明城市”，并宣称，“笛卡儿时代到来了”。[30] 尽管他无可置疑拥有更杰出的才华，然而，勒 · 柯布西耶却未受到委员会的青睐，而被美国建筑师华莱士 · 哈里森（Wallace Harrison）所取代。哈里森据称是由委员会任命领导国际设计小组，原因是他此前曾参与洛克菲勒大厦的设计，拥有关于纽约市大型建筑的技术经验。他还拥有勒 · 柯布西耶非常缺乏的外交技巧，并且碰巧与洛克菲勒家族通过联姻建立了关系（勒 · 柯布西耶所痛恨谴责的裙带关系）。但最重要的是，像联合国这样具有象征意义的建筑的设计者，在这个历史阶段，得是一位美国人。

同样很明显的是，这个选择标志着新型建筑物的优势。1947 年，亨利-罗素 · 希区柯克（Henry-Russell Hitchcock）发表了一篇文章，题为《官政式建筑与天赋式建筑》，他区分了他所看到的并存于美国 20 世纪中叶的两种相对立的建筑类型。[31] 其中的官政式建筑，作者将其定义为“所有建筑都由大型建筑组织建造，缺乏个人思想表达。”他特别指出这里的术语“官政”没有贬义。事实上，希区柯克指出，“官政式建筑因其经验可以达到高度的舒适性。”他引用阿尔伯特 · 卡恩（Albert

Kahn）在底特律的公司作为例子，就像全球著名的位于美国里弗鲁日的福特工厂，其建筑师取决于“并非一个人的才华……而是拥有建立一个万无一失的系统的组织才华，以此确保快速完整的生产线。”

另一方面，希区柯克提到的第二种类型，代表“在建筑设计中一种特殊的心理方法和工作方式，可能会、也可能不会产生杰作。”天赋式建筑的品质“取决于整体影响，就像诗歌、绘画或音乐等更强烈的艺术表现形式的特质。”希区柯克认为这种类型的建筑是一种“艺术赌博”，成败不定。虽然他承认，“20世纪中叶的世界需要一些来自天才建筑师的建筑，因为只有这样，官政式建筑的单调乏味和低可塑性才能得以平衡和改善”，特别是对于那些“举世瞩目”的公共纪念碑式的建筑。但他也警告说，经一些水平较差的建筑师之手或者面对大型且复杂的项目时，天赋式建筑很容易走向“自命不凡的荒谬”。希区柯克预言，在可预见的未来，重点更有可能放在没有特色的官政式建筑而非天赋式建筑上，他引用了两个至高无上的杰出人物——勒·柯布西耶和弗兰克·劳埃德·赖特，作为后来发展趋势的缩影。他们的马赛公寓和古根海姆博物馆各自（在这个时刻还未实现）为现代建筑在大师手中所能产生的辽阔想象提供了充足的证明。值得注意的是，希区柯克在他的文章中没有提到密斯·凡·德·罗，这一点我们之后会再讲到。

并不意外的是，希区柯克的主张引起了赖特的强烈反对。赖特对资本主义大都市及标准化摩天大楼均表示反感，对纽约“方盒子体系”的建立没有好感，对他们那帮人也无好感。他相对罕见的高层建筑项目，例如悬臂式建筑物圣马可塔（1929年），象征着对标准框架结构有意的批判。在他发表于1949年，名为《天才与暴民》的书中，他对敬爱的导师路易斯·沙利文（Louis Sullivan）表达了迟来的赞扬。赖特激昂地说道，“大师？嗯，到目前为止他已经做到了。他已离开人世……尽管如此我们却没有忘记他。暴民的‘艺术’有着长远的坏品质，如果出现了，会比任何时候都更容易加入破坏大师名声的乌合之众，这是流行的趋势。”在一章题为《没有理念的他们成为政府拨款的大师》，他将标准化的建筑称为“代码编写和代码编写专家”，是不可靠的“技术临时替代品”。[32]1952年，在美国建筑师学会的演讲上，他批判利华大厦为“棍子撑起来的盒子”。[33]

尽管两位仍然活跃的现代建筑大师表达了不满，但是，随着联合国总部的建成以及利华大厦作为高大的玻璃办公楼的代表，20世纪50年代美国化的国际风格还是在美国以及海外其他地方占据了主导地位，成了强大的官僚主义及技术理性派的象征。芒福德注视着联合国大厦在城市天际线中矗立，承认这一建筑群确实有了新的纪念碑的意义，但全是错误的象征：

> 将秘书处大楼建成为具有里程碑意义的主导建筑，而不是本应作为视觉焦点和象征政治权威的大会厅和会议大厦，这是一个错误的决定。我担心，如果秘书处大楼有什么作为标志的话，那就是管理革命已经发生，官僚主义统治着世界。[34]

将这种美国建筑文化形式的胜利与抽象表现主义绘画在艺术世界的同期成功进行比较是很有启发性的。持修正主义的加拿大艺术史学家瑟奇·居尔布特（Serge Guilbaut）对二战后"纽约画派"的崛起评论道：从20世纪40年代末到20世纪50年代，艺术世界的中心从巴黎转向了曼哈顿，这不仅仅是因为美国绘画本身在质量上优于欧洲在这个年代的作品——正如美国艺术评论家克莱门特·格林伯格（Clement Greenberg）和当时的其他人议论的那样——还因为其抽象的风格和壮丽的美学效果符合美国冷战时期的文化思想，比如杰克逊·波洛克（Jackson Pollock）的"滴画法"和弗朗兹·克莱恩（Franz Kline）的手势化书写艺术都是最好的证明。[35] 20世纪30年代，不再受到外在社会评论的影响已经成为美国艺术的特征，在20世纪40年代至50年代早期，与被宣传为苏维埃集团国家风格的社会主义现实主义相对立，广阔的美术表现似乎只是为了绘画和艺术行为本身。因此他们树立的形象是"强大的、抽象的、现代的、美国的"[36]。正是如此，抽象表现主义成功地吸引了现代艺术博物馆的支持，最终还吸引了那些任职于美国政府的人，他们寻求一种文化表达，使其可以与美国政治生活的"生命中枢"并驾齐驱。

在更广泛的背景下，正如历史学家戈弗雷·霍奇森（Godfrey Hodgson）所提出，二战后美国政府所需要的专业精英可以"最大程度的技术创新以及最小限度的意见分歧"[37]。在一篇题为《自由主义共识的意识形态》的文章中，霍奇森描述了在新的"保守自由主义"这一时期中盛行于美国知识分子之中的思想特点：

> 简而言之，到了20世纪50年代末，左翼在美国的政治生活中几乎停止了活动。但这一重大的消失却被自由主义者的胜利所掩盖了。
>
> 描绘左翼与自由主义者之间的区别可能显得狭隘模糊。其实不然。了解共识时代的美国政治是至关重要的……我所谓的"左"是指任何广泛的，有组织的政治力量，坚持追寻更深远的社会和体制变革，在面对社会中最强大的群体时，将坚定维护弱势群体的利益作为其原则。自由主义者从来没有这样的力量。
>
> 我所谓的自由主义者是那些赞同意识形态的人……美国资本主义是社会

变革的革命性力量，经济增长非常好，因为它消除了再分配的需求和社会冲突，美国政治中不存在阶级划分。这些不仅仅不是左翼的观点，在理论层面上，他们提供了一个复杂的理论以避免根本性的改变……

在美国社会可能被认为是左翼堡垒的大部分地区，自由主义者已经胜利了。有组织的劳工、知识分子和大学已经成为保守自由主义的庇护所。[38]

这样的描述也可以用于二战后国际风格的建筑中。1932年，在被现代艺术博物馆"安全地"政治化之后，现代建筑如今已经成为美国保守自由主义当权派的一个作品。就像绘画的当代趋势，它在很大程度上放弃了早期对于新技术和审美水平进行改革的强烈愿望。在现代主义的早期阶段，现代建筑确立的项目对象不再是社会住房或工厂，已不足为奇，但是商业办公大楼却是美国大型企业的指路明灯和支柱堡垒。与之密切相关的是大使馆，美国观念向外传播的旗帜，同样也在20世纪50年代形成了明确的建筑表达。"如果我们随意地思考一些最成功的美国建筑，"一位评论家在撰写关于利华大厦和其他典型的新型玻璃建筑期间说道，"我们面对的是与培养出的品位相契合的建筑作品。但是……这些建筑只能组成金字塔群，建筑历史上最无明确意义的主体。"[39] 虽然这一点在此不能详细展开，但有人可能会提出，纽约各种流派的绘画和建筑情况类似。尽管它们的特质完全不同—— 一种是个人艺术才华的"火热"挥洒，另一种是官方设计机构冰冷计算的格网——然而两者都是强有力的抽象美学，在最小的分歧下用精湛的技术满足要求。它们代表了对二战后独特的美国现代主义需求的替代答案。

因此，在两次战争期间虽然表面上受欧洲美学思想的鼓舞，二战后美国建成的温和精致的建筑却成了结构精巧的代表，这将美国建筑推向了风口浪尖。二战后科技的新经济现实，在一个全新的、全球化的环境下，为建筑师们提供了一套可以进行无穷变换的技术手段。早在1950年，现代艺术博物馆举办了一场展览，展出SOM建筑设计事务所设计的近期建筑。那时利华大厦还在绘图阶段，故用模型的形式展出。博物馆陈述了这场展览的依据：

当一个博物馆展出一幅画、一件雕塑、一套建筑图纸或模型时，工作人员和公众脑海中的第一个问题是"谁是其画家、雕塑家、建筑师？"在过去，现代艺术博物馆所举办的建筑展都是设计师个人的作品展，例如勒·柯布西耶、密斯·凡·德·罗、弗兰克·劳埃德·赖特……

现代艺术博物馆邀请SOM事务所展出其近期的作品，这样做是因为这个

> 事务所是由一群独立的设计师所组成，他们独立工作，使用现代风格，创造富于想象的、可供使用的、精致的建筑作品，值得我们特别关注。在这个事务所中工作的独立设计师不用害怕失去自己的个性，他们能够在他们的企业框架下工作，因为他们了解并且使用从20世纪20年代的审美观念发展出来的词汇和语法。他们共同工作，被共享的两种准则激发活力——现代建筑的准则和美国组织方式的准则。[40]

然而可笑的是，博物馆将现代运动的形式理性主义与美国大企业的官僚理性主义联系在一起。在1932年的展览中，现代主义只是以一种消极的逻辑与美国资本主义联系在一起——也就是说，就是通过摆脱欧洲经济和政治的思想根源——如今这两者通过一种积极的全新关系又联系在了一起，再一次得到美国最有影响力的现代艺术机构和权威人士的认可。

对于美国新建筑不断变化的国际反应，有一个相当精确的指标，是由当时英国主要的建筑杂志《建筑评论》中的两个专刊所提出的。自开战以来，英国最重要的研究建筑趋势的杂志，转而崇尚以经验主义的、别致的、家居风格为特征的斯堪的纳维亚建筑，特别是在战争中保持中立的瑞士，从20世纪30年代开始建造非教条主义现代风格的建筑。1950年，SOM事务所在现代艺术博物馆举办作品展的同一年，《建筑评论》发表了一个特刊，致力于研究"美国人为制造的混乱"。其中，编辑们大力谴责了美国技术统治和消费主义下的产品，然后转到马歇尔计划援助下的西方集团国家和唯物主义对西方人文主义文化的致命威胁。[41]

然而，7年之内，该杂志将彻底扭转它的立场。在1957年一个题为《机器制造美国》的文章中，庆贺美国技术的成就，并将其作为仰慕和效仿的对象。一位来自"独立团体"的艺术家约翰·麦克黑尔（John McHale）创作的阿尔钦博托风格的机器人头部出现在了杂志的封面上，上面有包含火花塞、蛋糕混合料、林荫大道和电视机在内的典型波普式的蒙太奇照片，在其中，内容广泛覆盖了从SOM事务所到贝聿铭（I. M. Pei）这些崭露头角的新一代美国建筑师。最重要的是，1957年的《建筑评论》赋予了幕墙在未来建筑发展中的重要地位。编辑们认为可复制的玻璃幕墙拥有扮演"新本土性"的潜力，全球通用的语言可以为折中主义建筑实践和无序的景观环境带来美学准则。编辑们注意到1956年在《斯威特建筑目录》中，幕墙第一次成了单独的类别。"一个时代或一个民族可能会、也可能不会产生天才，"他们说道，"对此你无能为力，但如果一个人没有职权，没有行业规范，没有专业词汇或工作手册，他会手足无措……幕墙则是有这样准则的第一个标志，将自己跻身于现代建筑并得到广泛接受。”[42] 杂志后面的40页包含了关于美国幕墙结构，以及从历史上、语法上、类型上调查结果的详细内容。

对于“街头游荡者”来说—— 一位仍然沉迷于自由想象的神话人物（相较于“美国世纪”，更多的存在于“普通人世纪”的精神中）[43]——20世纪50年代，质量堪忧的建筑的增多加重了人们对于不友好且单一环境的感知，对许多建筑师来说幕墙就像一枚通用硬币，“准则”会减少失败建筑的产生，这很具诱惑力。除此之外，对于一些城市而言，钢和玻璃意味着一种新的城市荣耀，一个神奇的、对于晚期资本主义近乎科幻片成真的产品和社会。英国建筑师艾莉森·史密森（Alison Smithson）和彼得·史密森（Peter Smithson），在他们写于第一次去纽约之后所写的《给美国的信》中，就建筑本土性的应用进行了争辩，但他们达成了以下共识：

……即使幕墙的应用不能被称作是本土语素（因为这里暗示了一种语言），

图6.3 《惊人的科幻》封面，1953年11月，取景于联合国大厦

图6.4 从第47街看公园大道东侧，1971年。从右至左：公园大道245号，史莱夫，兰布&哈蒙建筑公司，1967年；公园大道277号，埃默里·罗斯父子公司，1958—1964年；公园大道299号，埃默里·罗斯父子公司，1965—1967年。照片来源：都市史办公室，纽约

但建筑使用幕墙无疑是更好的，除非建筑师因为个人设计的原因不得不使用砖石作为外立面。玻璃和金属贴面的建筑给予街道最大程度的光线反射，这本身就是对城市的贡献。此外，当两栋笔直的建筑相对立时会产生不可思议的光线扭曲。一座蓝色的玻璃城，不管其组织得何其平庸，也都绝不会让人看着无聊。[44]

1958 年，当史密森夫妇写下这些时，利华大厦已经在公园大道上演变出好几个变体。从位于利华大厦以南三个街区、由埃默里 · 罗斯父子公司（利华兄弟主要竞争对手之一）修建的毫无特色的 25 层的高露洁棕榈大厦，到由同一公司建造、位于第 57 街并且同样没有特色的 32 层的戴维斯大厦。而后者可以称道的主要创新在于其铝合金面板的幕墙采用了预制的方式，并在 14 个小时内装配了起来。当 SOM 事务所开始服务于城市中最有声望的客户时，罗斯父子公司则不断修建“考虑自身利益的本土性”的摩天大楼，这最终将会改变 20 世纪中叶曼哈顿的模样。正如评论家艾达 · 路易斯 · 赫克斯特布尔（Ada Louise Huxtable）在 1967 年提到的，罗斯父子公司用无处不在的玻璃金属盒子，使自己“成了现代纽约的颜面，正如西克斯图斯五世（Sixtus V）之于巴洛克时期的罗马。”[45]

正是如此，史密森夫妇对于“组织平庸”的建筑热情回应在某种程度上来说是矛盾的。尤其考虑到这两位建筑师对现代建筑的坚定忠诚，他们热情拥护“都市再识别”、“人类交往模式”的价值，以及重要的公共街道生活。然而，这种矛盾也表明，在不同的审美文化中，对新建筑美学的接受程度存在差异。或许对于外国人的第一印象而言，曼哈顿中城充满了异国情调。显然，从国外飞临的客机视角，从摩天大楼顶层总统套房的视角，或者从疏解中央车站的上下班乘客日常通勤的地铁站的视角，以及沿第 53 街的视角来看，“蓝色玻璃城”都呈现出不同的色彩。[46]

然而，有一栋竣工于 1958 年的新建筑，为国际风格的城市增添了一种不同的、更为诗意的维度。正如史密森夫妇自己提到的，西格拉姆大厦，冷静的青铜，使周围的一切看起来像是一个暴发的超级市场。[47]

IV 第 53 街走廊上的高度现代主义

不仅仅是好的拍摄角度的问题，利华大厦的经典照片都是从西格拉姆大厦拍摄的，而西格拉姆大厦的经典照片也都是从利华大厦拍摄的。这两栋纪念碑式的建

图 6.5 西格拉姆大厦，公园大道 375 号，纽约。密斯·凡·德罗、菲利普·约翰逊、卡恩－雅各布斯建筑师事务所，1958 年。从利华大厦看建筑的东南面。照片来源：埃兹拉·斯托勒，© ESTO

图 6.6 西格拉姆大厦。取景于麦金－米德－怀特公司 1916 年建造的纽约美术球拍和网球俱乐部西侧。照片来源：埃兹拉·斯托勒，© ESTO

筑成对角线矗立在公园大道上，建成时间相去不远，它们之间所产生的城市互动正如发生在威尼斯圣马可广场上的总督府与市政大厦之间的互动。西格拉姆大厦由密斯·凡·德·罗、菲利普·约翰逊以及卡恩（Kahn）和雅各布斯（Jacobs）的公司合作设计，竣工于 1958 年，伫立在第 52 街与第 53 街之间的大道东侧。这次委托的情形得到了很好的宣传。一位加拿大酿酒师塞缪尔·布朗夫曼（Samuel Bronfman），于 1927 年收购了约瑟夫·西格拉姆酿酒厂，在禁酒令期间赚得盆满钵盈。1954 年，当他宣布要在临街地带修建公司总部时，正如一位作家所说，初衷并不一定是要美化纽约。但他显然意识到了“西格拉姆大厦”会在经济上成为利华大厦强有力的竞争对手。因此，他雇用了查尔斯·卢克曼——他此时已转型成为佩雷拉和卢克曼建筑公司的负责人——来设计这栋建筑。卢克曼制作了一个模型，一个有着深色玻璃的垂直体块，并且在笨重的 4 层楼上对称地布置了大理石，极其类似于一瓶威士忌瓶子的包装——在瓦瑟主修艺术史的布朗夫曼的女儿菲利斯·兰伯特·布朗夫曼（Phyllis Lambert）也介入了此事。在请教了现代艺术博物馆建筑部的菲利普·约翰逊之后，她说服了他的父亲雇佣密斯 · 凡 · 德 · 罗来重新设计这栋大厦。[48] 花费 3600 万美元后，这位德国建筑师的第一个大型办公楼完成了。如果没有密斯二战后位于芝加哥的玻璃建筑作为先例，利华大厦的建成是难以想象的，从芝加哥伊利诺伊理工学院到芝加哥湖滨公寓，西格拉姆大厦是一个与利华大厦完全不同的城市概念，当把这两者放在一起研究时，这种对比变得更为显著。

事实上，除了密斯自己的作品之外，35 层高的西格拉姆大厦没有先例。如果我们回到他在 1921—1922 年幻想的玻璃摩天大楼，我们会意识到重要的相似性和差异性。在他的职业生涯中摒弃摩天大楼 30 多年，他心中却有一个强烈的愿望，即给予摩天大楼宏伟的精神，有力地维护建筑在城市中至高无上的地位。同时，早期摩天大楼水晶般的通透和热情奔放的表现力被西格拉姆大厦的朴素端庄所取代。从城市规划的角度来看，事实上，西格拉姆大厦是纯粹的古典主义，关键是相较于利华大厦，它更显眼。西格拉姆大厦与由麦金-米德-怀特公司（McKim, Mead & White）1916 年修建在对街的纽约美术球拍和网球俱乐部之间的联系很难更为庄严和优雅了。密斯在建筑基地的斜坡上煞费苦心地处理广场的水平感，使其发挥古典建筑基座的功能，并将庄重的玻璃入口沿轴向置于网球俱乐部中心，延伸两者的对话。另一方面，除了表现最大程度的对比，利华大厦几乎不认可它古典的邻居或是周围环境的任何方面。不同于西格拉姆大厦，利华大厦的地平面与街道通过斜坡勉强连在一起，而大厅的入口，尽管其功能是作为公共展览空间，却是最低限度的表达。

如果说利华大厦只是在不经意间成为不朽之作，那西格拉姆大厦中的每一个元素都是精心安排用于体现其古典高贵。西格拉姆大厦的垂直纹路——就像“凹槽”——方柱伫立在基座的边缘，在面对城市的人流涌入时更好地显出稳定性。而利华大厦，方柱是瘦薄且内凹的，让街道流畅地穿过。在西格拉姆大厦，幕墙上焊接的垂直纤细的工字钢型材间距狭窄，赋予外立面有纵深且成规模的带壁柱墙。在利华大厦，金属框架几乎被玻璃填满，窗户的垂直矩形被内部栏杆“大众化”的横向条纹所平衡。如果说利华大厦打造的是一个清洁光亮的形象，西格拉姆大厦则是丰富、深沉、奢华的综合体——材料采用青铜、石灰华大理石、黄玉色玻璃——流露着贵族的独特性。塔夫里对西格拉姆大厦特征的著名表述是：冰川般冷漠，悲情，自知，与城市所疏离。[49] 在作者看来，这是对于西格拉姆大厦的过度解读，相对于密斯，这更多是一种意大利评论家的政治心态的反映。西格拉姆大厦从街道后退近 90 英尺（约 27.45 米），伫立在它有条不紊的广场的东半部，以此来保持距离，它更多的是一种勉强自己对街头混乱要素予以尊重的高贵姿态，而非“批判抵制”的行为，更类似美第奇效应。

事实上，对于建筑师自负的极简主义来说，西格拉姆大厦是一座奢侈的建筑，其定制的信箱、火灾警报器以及浴室配件一应俱全。正如希区柯克调侃的：再也不能少更多了。[50] 芒福德称其为现代建筑中的“劳斯莱斯”。[51] 通过西格拉姆大厦，密斯不仅赋予了现代技术一个历史性的时代，还通过对材料的选择及细节的处理对现代技术进行了改良。他因此保住了自己在这个行业中的精英地位，即使他还是坚持将“建筑”一词念为“Baukunst”而非“architecture”。显然，西格拉姆大厦在质量方面的权威话语权类似于在同一时期陈列于三个街区以西的现代艺术博物馆画廊中的作品。绝非偶然，在这栋建筑中设计了豪华的四季餐厅的菲利普·约翰逊，在第53街的两端也挑了大梁起到重要作用。[52]

希区柯克，正如前面所提到的，在他关于官政式建筑与天赋式建筑的文章中遗漏掉了密斯。我猜想这是因为他不属于其中任何一类。不像赖特，密斯乐意接受标准幕墙的新本土化，或者至少作为一个设计的出发点。然而，他推动它超越了其平庸的起源，成为高雅艺术。从这个意义上讲，密斯可以说是官政式建筑的天才领军人物。

V　勇敢的新生活世界

西格拉姆大厦开业时，很多人都不知道这是为数不多的在纽约城中设计了防空洞的建筑之一。第二年，一个纽约工程公司公布了防空洞设计，在曼哈顿周围设计了25个“庇护所”，以此来容纳城市中400万居民、工人以及游客。每一组庇护所设计为可容纳160000人在此度过长达90天的时间。其中的设施，就像为纽约公立图书馆后的布莱恩特公园所设计的，会比街道水平面低800英尺，通过钢坡道、滑道、电梯或石材传送机到达。[53] 七年前芒福德用坚定乐观的（或者说充满希望的）评论总结了他对利华大厦的回顾：“易碎的、精致的，但面对被原子弹融为一摊泥泞的威胁也无所畏惧，这栋建筑是对‘帝国主义战争煽动者’的无情嘲笑，因此成了对和平世界希望的一个绝对象征。”[54] 不可否认的是，奥威尔式的新玻璃建筑崛起于反抗冷战的启示。

也许没有那么悲观，但更直接的表现是新城市景观对日常生活的影响。社会学家和流行作家曾因为组织者的灰色法兰绒文化（毫无特色且保守）而感到绝望。[55] 哲学家赫伯特·马尔库塞（Herbert Marcuse）曾诊断过“制度化升华”的病理，正是它产生了这种新的“单向度”的人。不鼓励个人对抗现实压力——这种抵抗或反对的自由形式，例如历史上这种角色通常由前卫艺术和色情主义所扮演——新的企业城市主义所体现出的高度技术化和管理化环境减少了这种升华的必要。根据移居

图 6.7 制造商信托公司（如今的大通银行）第五大道分行，纽约。由 SOM 建筑设计事务所设计，1954 年。从建筑正面看金库门。照片来源：埃兹拉·斯托勒，© ESTO

海外的法兰克福学派的思想家的做法，它通过在一个低得多的水平上提供福利和自由来“满足”个人的愿望，从而削减他们反抗的欲望并引诱他们屈服和顺从：

> 新的技术工作世界因此削弱了工人阶级的消极地位：后者似乎不再是已建成社会的活跃矛盾。这一趋势被其对立的生产技术组织的管理和指导作用所加强了。控制变为了管理。资本主义的老板和所有者正在失去他们作为负责任的代理人的身份；他们在公司这个机器中都扮演着官僚的角色。仇恨和挫败感剥夺了他们的具体目标，技术面纱掩盖了不平等与奴役制的再现。从人类服从于他们所产生的机器的意义上来说，以技术进步为手段，不自由以自由和舒适的形式得到了延续和强化。新的特征就是这个非理性企业的压倒性理性……（高管和管理委员会之间的庞大层级，远远超出了个人，到达科学实验室和研究所、国家政府和国家目标的范畴。在客观理性的表象背后，有形的剥削之源消失了。但什么都没有改变），事实上，面对生与死或个人与国家安全的决定，都是在个人无法选择的情况下做出的。[56]

根据这个极端的技术理性主义的结构体系，即使它出于善意的目的，也只是加剧了个人能力和自由意志的丧失。对仅在技术上提升工作环境的反对意见的可能性的处理，因此变成浮士德式的交易。正如彼得·马德森写道的，引用自汉斯-格奥尔格·伽达默尔（Hans-Georg Gadamer）的话，“生活世界的对立面，毫无疑问，是科学世界。”[57]

简·雅各布斯于1961年出版了一本书，名为《美国大城市的死与生》，具体且有说服力地将对技术社会的批判与街道上人们对日常城市生活的不满联系在了一起。对于位于纽约中央火车站与第59街之间，沿公园大道延伸的新办公建筑，她指出，尽管白天使用率很高，却在“晚上不祥地死去”。这是由于贪婪的重建，造成公园大道上的商业房产比其他任何地方都更昂贵，这逼走了小区住户，减少了区域的功能混合。此外，从心理学和美学的角度来看，这种事实上的分区效果是不连贯的，在雅各布斯看来，反而是一种极端且容易迷失的单调。这样的建筑没有让城市更为清晰合理，只是更加突出了其缺乏意向性的特征。

> 沿纽约公园大道延伸的新办公楼在内容上比第五大道更符合标准。公园大道的优势在于在它的新办公楼当中包含几个现代主义设计的杰作（利华大厦、西格拉姆大厦、百事可乐大厦、联合碳化物大厦）。但使用功能的同质化或是存在年代的同质化是否帮助了公园大道的审美提升？恰恰相反，公园大道的办公大楼在外观上杂乱无章，呈现出了比第五大道更甚的混乱而随意的建筑总体效果，叠加在无趣之上。[58]

播撒在公园大道上的种子，很快将会在第六大道上收获。在这里，曼哈顿的“拥挤文化”将会变得平常，以致后来它的颂扬者雷姆·库哈斯（Rem Koolhaas）也承认，在这里，“曼哈顿主义”已经被“遗忘”了。[59]

VI　古典美学的崩塌

让我们回到公园大道当下故事的结局。如果密斯成功地将西格拉姆大厦从商业的玻璃摩天大楼变回到一个充满光环的艺术品，由沃尔特·格罗皮乌斯（Walter Gropius）、彼得罗·贝鲁奇（Pietro Belluschi）以及埃默里·罗斯父子公司（Emery Roth & Sons）共同设计并建成于1963年的泛美大厦，则作为一个完全的反转，在某种程度上，是对西格拉姆大厦的超越。它有可能因此成为我们这次国际风格城市主题的第三次演变，以及公园大道在历史上决定性的谢幕。当利华大厦与西格拉姆大厦有效地使用新的、不同的方式协调与之前存在的城市文脉之间的关系，由格罗皮乌斯与合伙人所设计的这座建筑，却成功地在视线上阻碍了街道轴线，制造了一个从城市功能来看是一个巨大障碍物的建筑。它努力控制自己的基地，却无法从城市的肌理中解放出来。雕塑家克拉斯 · 欧登伯格（Claes Oldenburg）将这栋建筑滑稽地形容为融化的“甜蜜使者”冰激凌雪糕。[60] 在这里就没有必要重述在大中央车站以北，位于世界上最为拥挤的四个街区的中心，建起一个横跨公园大道的巨型建筑物的原因了，只能说占据空中的空间是非常有价值的，同时，在当时的美国由于汽车的盛行，铁路受到了致命的打击，因此它所归属的铁路部门，迫切地需要资金的注入，并且基地由于地下轨道及设施的原因，极其棘手。[61] 最后，现代建筑的乌

图 6.8　泛美航空（如今的美国大都会人寿保险公司）大厦，公园大道 200 号，纽约。由沃尔特 · 格罗皮乌斯、彼得罗 · 贝鲁奇以及埃默里 · 罗斯父子设计，1963 年。照片来源：约瑟夫 · 莫利托。纽约哥伦比亚大学埃弗里建筑与美术图书馆友情提供

图 6.9　为纽约公园大道设计的巨型纪念碑：融化的“甜蜜使者”冰激凌雪糕。克拉斯 · 欧登伯格设计，1965 年。唐娜和卡罗尔 · 詹尼斯友情提供

托邦遭遇了城市开发的现实。开发取得了胜利。

格罗皮乌斯在过去的四十年是现代建筑英雄神话的卓越代言人，在20世纪60年代早期，格罗皮乌斯通过泛美大厦完成了史诗般的蜕变，这对于大多数纽约人，甚至现代主义最坚定的拥趸着来说都是显而易见的。这栋59层高的建筑花费了1亿美元，包含超过200万平方英尺的办公空间，成了当时世界上最大的商业办公建筑。建筑的檐口线上架着这栋建筑所有者的航空公司名字的巨型图像，它用屋顶的直升机停机坪（在一场致命的事故后被停止使用）让天空变得浪漫。但只有拥有最不寻常的品位——库哈斯的《步伐》——才会坚持为它的巨大而欢呼。八角形平板代表着对其参考的原型勒·柯布西耶的阿尔及尔摩天大楼的彻底滥用。在膝盖高的位置切断了柯布西耶平板，将它转为南北向，同时采用一致的开窗模式（对比于柯布西耶可充分调节的遮阳板），在本该是轻快且非实体化的体量上悬挂沉重的混凝土板，并且将它插入一个难以想象的高密度基地里——这一切都暴露了当今现代主义极度的傲慢，以及格罗皮乌斯对于建筑虔诚的倦怠，关于这一点他将在著作《民主中的阿波罗：建筑师的文化责任》（1968年）中最后详述一次。

但这绝不是野蛮的国际风格最后一次攻击同一块基地。五年后的1968年，当格罗皮乌斯的前搭档，也是同为包豪斯学派的马歇尔·布劳耶（Marcel Breuer）被聘请设计了一栋直接在纽约中央火车站上方填满整个空间的建筑——北临泛美大厦并且在朝向上与它平行，阿波罗神的理性最终演变成酒神狄奥尼索斯的谵妄。布劳耶提出修建一个55层高的混凝土和花岗石平板，飘浮在终点站上空，如今被要求作为摩天大楼的裙房行使双重职能。布劳耶作品中模仿的痕迹太过强烈，以至于很容易成为一件波普艺术作品——特别是置于其所在的时期——若不是如此，只能说明建筑师过于严肃。《纽约时报》评论这个作品为“拥有噩梦般的离奇特质。”很快这栋建筑引起了公众的抗议，他们认为这对中央火车站的艺术完整性是一个巨大的威胁，抗议不仅仅表现在反对泛美大厦，还有在曼哈顿发起了一个新的保护运动，作为对拆除城市中其他深受公众喜爱的纪念性车站——宾夕法尼亚车站的迟来的回应。宾夕法尼亚车站被推倒，建起了另一个平庸的庞然大物，麦迪逊广场花园和宾州大厦，竣工于1963年，与泛美大厦同年。这项复杂工程的建筑师不是别人，正是利华兄弟公司的青年才俊查尔斯·卢克曼。那些聚集在纽约中央火车站周围的新兴的保护运动领导人当中，有像菲利普·约翰逊和杰奎琳·肯尼迪·奥纳西斯（Jacqueline Kennedy Onassis）这样杰出的纽约人。然而，令人难以置信的是，直到1978年，在铁路部门用尽一切方式向美国最高法院上诉，以对抗纽约市地标保护委员会之后，修建布劳耶设计的建筑的计划才最终被放弃。

图 6.10 公园大道 175 号的设计提案，位于中央火车站上方。由马歇尔·布劳耶设计，1968 年

当然，到现在，经过历史长河的冲刷，一种不同的风格开始在城市中留下印记。由简·雅各布斯激情澎湃的论战所激发的一种新城市主义，对历史和背景做出了积极的口头承诺，占据了支配地位，令如今已丧失信誉的国际风格相形见绌。这将会成为约翰逊位于麦迪逊大道以西一个街区的有着奇彭代尔式屋顶的美国电话电报公司大厦的缩影。回顾一下，泛美大厦似乎是预示着“拼贴城市”的后现代主义阶段，标志着利华大厦时代的终结。

VII 后记：速成的城市

即使是在经济发展和技术仍然远远落后的地区，资本主义城市的强大，甚至是壮丽的经验，以及国际风格的意识形态，也在世界各地发挥了重要的影响。采用国际风格不是基于类似的技术和经济前提，而是作为一种文化现象和展示品，使美国式建筑在地理位置和文化上偏远如加拉加斯和哥本哈根等地方出现。[62] 建筑杂志和

图 6.11　SAS（北欧航空公司）大厦，Hammerichsgade 1-5，哥本哈根。阿恩·雅各布森（Arne Jacobsen）设计，1961 年。照片来源：布鲁诺·巴莱斯特里尼（Bruno Balestrini），米兰

出版物、国家展览、旅行和教育交流的增加，加速了这种“毫无根基”的传播和转移过程。至于“加拉加斯的利华大厦”，例如，极地建筑（1952—1954 年），由维加斯（Vegas）和加利亚（Galia）设计。其中的建筑师之一马丁·维加斯，曾就读于伊利诺伊理工学院，师从于密斯·凡·德·罗。鉴于这些动态，这些二次应用国际风格的建筑即使是基于第一手的知识，却有一定的陌生感也就不足为奇了。再现以前的作品，即一栋建筑似乎是新的建造模式下的产物，但更多只是一个象征性的标志，这种现象是经济发展不均衡的征兆。正是在这样的全球化背景下，当今“一般”的城市变得千篇一律（见证了 20 世纪 80 年代及 90 年代早期，东南亚城市中美国式的摩天大楼几乎在一夜之间拔地而起）。这种复杂现象所带来的关于真实性、社区以及生活体验的问题，不可避免地触及了关于城市生活世界讨论的核心。[63]

在哥本哈根的例子中，由丹麦建筑师阿恩·雅各布森于 1958—1961 年设计的 SAS（北欧航空公司）大厦，作为一个航站楼和酒店，是迄今为止在美国以外建造的纽约风格最复杂但又最脱离语境的复制品。北欧航空公司作为雅各布森第一

个国际风格的高层建筑项目的委托者，这似乎相当合适。[64] 位于蒂沃利公园斜对面，其平台后退于韦斯特布罗高速穿行的大道，SAS 大厦高度遵从其原型利华大厦，在很多方面的考量上更为优雅，只在基座和塔楼部分进行了变动。即使在今天，这栋 22 层高的灰绿色金属材质的建筑，会在阴天消失在乌云之中，在丹麦城市低伏的天际线中仍然是某种幻觉般的存在。[65] 经雅各布森之手，国际风格变成了一种自我评论。在其中，这种迷人的、近乎好莱坞式的内部构成，甚至玻璃器具和悬挂的吊兰花架（如今只在照片中保存了下来），都是由建筑师自己所设计，暗示着对于美国化近乎随意的态度是欧洲城市的历史宿命，特别是像哥本哈根这样的城市，长期受到其传统艺术和工艺品的熏陶。50 年后，城市的构成仍然受控于其工业化前的特征，SAS 大厦保留了它的特征，使其在城市景观中具有明显的差异。SAS 大厦是一个里程碑式的建筑，作为过去对未来的憧憬，在其中我们仍可以感受到国际风格的思想理念，同时，从某种程度上来说，它也是对纽约 20 世纪中叶的“新本土建筑”超现实的反思。[66]

注释

1. 本章的部分内容改编自我早期的两篇文章“玻璃幕墙与铁幕之间：冷战期间的建筑思考”，玛丽·麦克莱德（Mary McLeod）（编辑），《现代性、传统与历史变迁：阿兰·科尔孔建筑与理论论文集》，纽约：普林斯顿建筑出版社（Princeton Architectural Press），即将出版，以及“走向规范建筑理论”，史蒂文·哈里斯（Steven Harris）和德博拉·伯克（Deborah Berke）（编辑），《日常建筑》，纽约：普林斯顿建筑出版社，1997 年，第 122—152 页。
2. “连续纪念碑”参考了当时激进的意大利团队“超级工作室”（Superstudio）1969 年的一个项目，他们设想了世界各地的一系列场址，最终整个地球被一个无限的、突出的网格所包含。
3. 斯隆·威尔逊（Sloan Wilson），《穿灰色法兰绒西装的男人》，纽约：西蒙和舒斯特（Simon and Schuster）出版公司，1955 年，副本。
4. 莫里斯·迪克斯坦（Morris Dickstein）：“冷战布鲁斯：50 年代的政治和文化”，载于《伊甸园之门：60 年代的美国文化》，纽约：基础图书出版公司（Basic Books），1977 年，第 38 页。
5. 同上，第 50 页，就这一点而言，关于冷战期间和战后美国郊区日常生活的文献是很多的。但是，与精神（和神话）有关并且仍然有说服力的讨论，请参见马蒂·杰泽（Marty Jezer），《黑暗年代：1945—1960 年的美国生活》，波士顿：南端出版社（South End Press），1982 年。
6. 万斯·帕卡德（Vance Packard），《隐藏的说服者》，纽约：袖珍图书公司（Pocket Books Inc.）出版，1958 年，第 199 页。

7. 同上，第 195 页，引自一篇名为“心理营销”的文章，1956 年刊于《潮流》杂志的一本有关市场营销和管理的行业杂志。
8. “快乐的家庭主妇”一词是由贝蒂·弗莱顿（Betty Friedan）在她的著作《女性的奥秘》（1963 年）中创造的。“管理型妻子”是小威廉·H·怀特（William H. Whyte，Jr）于 1951 年 10 月发表在《财富》杂志上一篇被广泛阅读的文章的标题：“坚决反女主权主义，[公司妻子] 将她的角色视为一种‘稳定剂’—— 撤退的守护者，那个让男人为第二天的战斗而得到休息并恢复活力的人”（第 86 页）。
9. 西奥多·阿多诺（Theodor Adorno），1936 年写给沃尔特·本雅明（Walter Benjamin）的信。托马斯·克劳（Thomas Crow）引自“视觉艺术中的现代主义与大众文化”，弗朗西斯·弗拉西纳（Francis Frascina）编著，《波洛克及其后：批判性辩论》，纽约：哈珀与罗出版社（Harper & Row），1985 年，第 263 页。
10. 曼弗雷多·塔夫里（Manfredo Tafuri）和弗朗西斯科·达尔（Francesco Dal）合著，《现代建筑》，纽约：哈里·N·艾布拉姆斯出版公司（Harry N. Abrams, Inc.），1979 年，第 366 页。
11. 亨利·S·丘吉尔（Henry S. Churchill）：“纽约再分区”，《艺术杂志》，第 44 期，1951 年 12 月。引自克里斯托弗·格雷（Christopher Gray）：“公园大道的第一座玻璃屋得以翻新：700 万美元的项目将取代 1952 年的立面地标”，《纽约时报》，1996 年 7 月 28 日，第 10 版，第 7 页。
12. 保罗·戈德伯格（Paul Goldberger）的评论，引自詹姆斯·特拉格（James Trager）《公园大道：梦幻之街》，纽约：雅典娜神殿出版社（Atheneum），1990 年，第 190 页。
13. 关于修复和建筑物最近的所有权变更，请参阅戴维·W·邓拉普（David W. Dunlap），“修复设计，以及描述它的词语”，《纽约时报》，1999 年 12 月 29 日，B 版，第 7 页。
14. 1963 年 3 月 23 日，韦伯（Weber）发表于《纽约客》的漫画。1982 年，利华大厦被指定为地标建筑，对于纽约市的建筑物而言，要定为地标必须要有 30 年以上的历史。
15. 关于直至第二次世界大战曼哈顿摩天大楼建设的经济需求，请参阅卡萝尔·威利斯（Carol Willis），《形式追随金融：纽约和芝加哥的摩天大楼和天际线》，纽约：普林斯顿建筑出版社，1995 年。在她的书中，威利斯还生造了“资本主义行话”的概念，用以描述纽约和芝加哥摩天大楼的不同发展，我们将在后文中回到这一有启发性的想法。
16. 刘易斯·芒福德（Lewis Mumford）：“天际线：玻璃房子”，《纽约客》，1952 年 8 月 8 日，第 49 页；艾琳·洛凯姆（Aline B. Louchheim），“新风格的最新建筑”，《纽约时报》，1952 年 4 月 27 日，第 2 版，第 9 页。洛凯姆引用罗伯特·斯特恩（Robert A. M. Stern）、托马斯·梅林斯（Thomas Mellins）和戴维·菲什曼（David Fishman），《60 年代的纽约：第二次世界大战和二百周年之间的建筑与城市化》，纽约：莫纳切利出版社（Monacelli Press），1995 年，其中包含利华大厦的大量背景和参考书目，第 50—53 页、第 338—342 页、第 1246—1247 页。

17. 芒福德（Lewis Mumford）：“天际线：玻璃房子”，第 48 页。
18. 在阳光港，参见《遗产展望》（Heritage Outlook），1985 年 7 月至 8 月，第 81 页。这个建于几十年前的村庄至今仍然保存完好，还有大量的公共设施——教堂、学校、图书馆、酒店、剧院、体育馆、美术馆、社会和教育机构以及花园，并且仍然是开明社区规划的前花园城市之典范。按当时的工业住房标准，阳光港的密度不是每英亩 40 个宅房单位，而是每英亩 7 个。肥皂厂的工作条件具有示范性，Lever 是首批推出每天 8 小时工作制的雇主之一，并且他也强烈推动每天工作 6 小时。
19. 《星期六晚邮报》，1950 年 2 月 11 日，第 27 页；引自斯特恩等人，《20 世纪 60 年代的纽约》（New York 1960），第 61 页。
20. 查尔斯·卢克曼（Charles Luckman）的自传，《一生中的两次：从肥皂到摩天大楼》，纽约：W·W·诺顿出版公司（W. W. Norton & Company），1988 年，有关利华大厦的章节，第 230—248 页。卢克曼于 1999 年去世，享年 89 岁。
21. 我无法追溯布洛赫这个令人难忘的声明的确切来源，但是对于一般的观点，请参阅“装饰的创造”（1973 年）和“建立空的空间”（1959 年），参见布洛赫，《艺术与文学的乌托邦功能：精选散文》，杰克·齐普斯（Jack Zipes）和弗兰克·梅克伦堡（Frank Mecklenburg）翻译，剑桥，马萨诸塞州：麻省理工学院出版社，1988 年，第 78—102 页、第 186—199 页。
22. 正如在建筑开放时所发放的宣传手册中所述，《SOM 剪报文件》。
23. 芒福德：“天际线：玻璃房子”，第 49 页。
24. 第一段话引自丹尼尔·贝尔（Daniel Bell），“纽约的三幅面孔”，《异见》，1961 年夏，第 227 页；第二段话来自阿达·路易斯·赫克斯塔布尔（Ada Louise Huxtable）“公园大道建筑学院”，《纽约时报》，1957 年 12 月 15 日，第 6 版，第 30—31 页；引自斯特恩等人，《20 世纪 60 年代的纽约》，第 62 页、第 330 页。
25. 小文森特·斯卡利（Vincent Scully, Jr.），“街道的死亡”（The Death of the Street），《展望》，1963 年第 8 期，第 91—96 页。
26. 詹姆斯·S·拉塞尔（James S. Russell），“现代主义的偶像或是机器时代的怪兽？”《建筑实录》，1989 年 6 月，第 142 页。
27. 柯林·罗（Colin Rowe），见《介绍五位建筑师：埃森曼、格雷夫斯、格瓦思梅、海杜克、迈耶》的引言，纽约：威滕伯恩出版社（Wittenborn），1972 年，第 4 页；1932 年 1 月 29 日，凯瑟琳·鲍尔（Catherine Bauer）对刘易斯·芒福德（Lewis Mumford）所说，引自泰伦斯·莱利（Terence Riley）编辑的《国际风格：第 15 号展览与现代艺术博物馆》，纽约：里佐利出版社（Rizzoli），1992 年，第 209 页。
28. 这里我参考了吉迪恩（Giedion）的重要著作《机械化的决定作用》。

29. 塞尔特（JL Sert）、莱热（F.Léger）和吉迪恩（S. Giedion），“关于纪念性的九点”（1943年），见吉迪恩《建筑、你和我》，剑桥，马萨诸塞州：哈佛大学出版社，1958年，第48—52页。
30. 勒·柯布西耶，《联合国总部》，纽约：因霍尔德出版社（Reinhold），1947年，第7页。
31.《建筑评论》，1947年1月，第3—6页。
32. 弗兰克·劳埃德·赖特，《天才与民主》，纽约：德尔、斯隆和皮尔斯出版社（Duell, Sloan and Pearce），1949年，第16页、第89页。
33. “弗兰克·劳埃德·赖特将建筑学校视为浪费，”《纽约时报》，1952年6月26日，第47页；引自斯特恩等人，《20世纪60年代的纽约》，第340页。
34. 芒福德：“天际线，联合国总部：作为象征的建筑物，”《纽约客》，1947年11月15日，第104页。
35. 瑟奇·居尔布特（Serge Guilbaut），《纽约如何偷走现代艺术理念：抽象表现主义、自由与冷战》，芝加哥：芝加哥大学出版社，1983年。居尔布特的论点引起了左翼和右翼的激烈争论。居尔布特的见解作为一种不同的观点，应该被记住，尽管他因为将抽象表现主义与其形式相融合而使自己陷入困境，请参阅迈克尔·莱亚（Michael Leja）《重新构思抽象表现主义：20世纪40年代的主观性和绘画》，纽黑文：耶鲁大学出版社，1993年。
36. 同上，第184页。
37. 戈德弗雷·霍奇森（Godfrey Hodgson），《我们时代的美国：花园城市》，纽约：道布尔迪出版社（Doubleday & Company），1976年，第97页。
38. 同上，第89—90页。
39. 詹姆斯·马斯顿·菲奇（James Marston Fitch），《建筑学与丰富美学》，纽约：哥伦比亚大学出版社，1961年，第27页。
40. “SOM（Skidmore, Owings & Merrill），建筑师，美国”，《现代艺术博物馆简报》，1950年秋季，第5页。
41. “人造美国”，《建筑评论》，1950年12月，第339页。
42. “机械制造的美国”，《建筑评论》，1957年5月，第308页。
43. “美国世纪”的口号是1941年由《时尚、财富和生活》杂志的出版商亨利·卢斯（Henry Luce）创造的，预示着一种新意识，那就是美国领导和统治世界的时代已然降临。与这种世界观相反，新经销商亨利·华莱士（Henry Wallace）——富兰克林·罗斯福的第三任副总统（后来成为美国总统候选人，作为对抗杜鲁门的第三方选票），提出了一个基于“人民革命”的美国民主愿景，其中“普通人”将成为主角。
44. 彼得·史密森（Peter Smithson）和艾莉森·史密森（Alison Smithson），“写给美国的信”，载于《平凡与光明：城市理论，1952—1960年》，马萨诸塞州剑桥：麻省理工学院出版社，1970年，第141页。

45. 赫克斯特布尔（Huxtable）：“天际线工厂”，《新闻周刊》，1967年9月18日，第98页；斯特恩等人在《20世纪60年代的纽约》中引用，第51页。在二十年间，从1950年到1970年，埃默里·罗斯文子公司（Emery Roth & Sons）在纽约市建造了约70座办公楼，占该期间建造的总办公空间的一半，就是通常所称的曼哈顿的“罗氏大楼”（Rothscrapers），请参阅斯特恩等人，同上，第50—51页及其他各处。该公司的负责人之一理查德·罗斯（Richard Roth）为公司的业务辩护，反对审美平庸的指控，并在1963年说，“我们有时受到不公平的批评，在于我们被评判的方式：我们的工作范围不是创造或尝试创造杰作的建筑学领域。我们的所有努力是创造在自身限制范围内可以产生的最好的东西；这些限制很少来自我们的客户，而是贷款机构、经济和市政当局的法律”（斯特恩等，第51页）。另见理查德·罗斯：“形成公园大道的力量”，《展望》，1963年，第97—101页。
46. 参见史密森《平凡与光明》中的其他论作。他们对美国建筑的光学特征“毫无疑问的，也未被概念所破坏”的魅力（第137页）可以与后来的欧洲观察家雷姆·库哈斯（Rem Koolhaas）对《癫狂的纽约》及其“拥挤文化”的颂扬相提并论。显然，后者的魅力可能与旅游者和居民的观点不同（见下文）。
47. 彼得·史密森和艾莉森·史密森，《平凡与光明》，第141页。
48. 卢克曼在他的自传《一生中的两次》中，颇有预见性地对兰伯特的角色以及对他计划的拒绝给出了一个更加利己的解释，第323—325页。关于西格拉姆大厦的背景、其接待区和综合参考书目，参见斯特恩等人《20世纪60年代的纽约》，第342—352页、第1247—1248页。在我看来，有关西格拉姆大厦及其与利华大厦关系的最佳建筑评论仍然是威廉·乔迪（William Jordy）“金属框架的简洁辉煌：密斯·凡·德·罗的860号湖岸公寓和他的西格拉姆大厦”这一章节，见其著作《美国建筑及其建筑师（第5卷），欧洲现代主义在20世纪中期的影响》，纽约：牛津大学出版社，1972年，第221—277页，以下讨论也见于此。
49. 曼弗雷多·塔夫里（Manfredo Tafuri），《建筑学与乌托邦：设计与资本主义发展》，马萨诸塞州剑桥市：麻省理工学院出版社，1976年，第45页；塔夫里和达尔，《现代建筑》，第340—341页。
50. 参见“青铜时代的纪念碑”，《时代》，1958年3月3日，第55页；斯特恩等人在《20世纪60年代的纽约》中引用，第346页。
51. 刘易斯·芒福德“天际线：大师的教训”，《纽约客》，1958年9月13日，第19页。
52. 作为文化交叉地带的第53街在此期间的发展，见斯特恩等人《20世纪60年代的纽约》，第473页。
53. 同上，第97—99页。
54. 芒福德：“天际线：玻璃房子”，第50页。

55. 参见小威廉·H·怀特:《组织人》，纽约：西蒙和舒斯特出版公司，1956 年。
56. 赫伯特·马尔库塞（Herbert Marcuse），《单向度的人》，波士顿：灯塔出版社（Beacon），1964 年，第 31—32 页。
57. 彼得·马德森(Peter Madsen),“城市生活世界:城市体验的分析方法”,未出版,1996年,第13页。
58. 简·雅各布斯（Jane Jacobs），《美国大城市的死与生》，纽约：Vintage Books 出版，1961 年，第 168 页、第 227 页。
59. 雷姆·库哈斯，《癫狂的纽约：纽约的反动宣言》，纽约：莫纳切利出版社，1994 年，第 290—291 页。
60. 和时代广场的那根大香蕉一起，欧登伯格（Oldenburg）的蛋卷冰淇淋画作是 1965 年执行的“纽约市巨型纪念碑”系列中的一个。有趣的是，赫伯特·马尔库塞对艺术家波普手势的激进超现实主义表示赞赏。在 1968 年的一次采访中——清楚地反映了当下解放的喜悦——他说，“奇怪的是，我认为这确实是颠覆性的……你会有革命。如果你可以真的想象在公园大道尽头有一个巨大的“甜密使者”（Good Humor）冰淇淋雪糕，在时代广场中央有一根巨大的香蕉，我会说——我想可以肯定地说——这个社会已经面临结束。因为那时人们已不能认真对待任何事情：不论是他们的总统、内阁，或是公司的高管。存在一种用这种讽刺、幽默就可以真正消除的方式，我认为这将是实现激进变革最不流血的手段之一。但问题是要想建立它，你必须已经进行彻底的改变，而我还没有看到任何这方面的迹象。单纯的绘画不会伤害，这使得它是无害的。但想象一下，它会在一夜之间突然出现在那儿。”引自《展望》，1969 年 12 期，第 75 页。
61. 泛美航空（现为 MetLife），参见斯特恩等人《20 世纪 60 年代的纽约》，第 357—369 页和特拉格（Trager），《公园大道：梦幻之街》，第 219—234 页。
62. 关于 20 世纪 50 年代末和 60 年代初在欧洲建设的美式摩天大楼的第一手报告，请参阅亨利-罗素·希区柯克（Henry-Russell Hitchcock），“旅行者笔记（III）：欧洲摩天大楼”，《十二宫》（Zodiac），1962 年第 9 期，第 4—17 页。
63. 如果在阿兰·科尔孔（Alan Colquhoun）的文章“区域主义与技术”中有关于这个问题的初步反思，那也是暗示性的。载于《现代性与古典传统：建筑论文，1980—1987 年》，马萨诸塞州剑桥：麻省理工学院出版社，1989 年，第 207—211 页。
64. 在这方面，SAS（北欧航空公司）大厦和 Pan Am（泛美航空公司）大厦象征性地向各自城市的天际线致敬。这两座建筑物还分享了与中央火车站和地下铁道相邻的复杂场地问题。
65. 其中包括杰斯佩森大厦（Jespersen Building），也是雅各布森于 1955 年在 SAS 大厦之前设计完成的。有趣的是，8 层的杰斯佩森大厦幕墙类似于 SOM 事务所另一个设计于曼哈顿公园大道、广受好评的百事可乐大厦的幕墙。然而，百事可乐大厦建于 1956 年至 1960 年，因此雅各布森的建筑实际上是在它之前。在完成后不久，希区柯克就看到了 SAS 大厦，他是少数表达负面看法的批评者之一。在他刊于《十二宫》的文章中（注释 62），他否定了建筑物的选址，并提议——具有讽刺意味的是，纽约的密度其实更大——最好将它放在城市中一个不那么拥挤的地方，或者至少在场地内提供一个开放的广场而不是相对坚实的大型讲台。他还认为塔楼的幕墙在尺寸方面过于“精致”，他更喜欢与哥本哈根的灰色调形成对比的颜色（第 11 页）。

66. 巧合的是，在产生本书的会议后的第二天，哥本哈根《政治家报》刊发了一篇关于“复制结构”现象的专题文章，以利华大厦和 SAS 大厦为例，作为哥本哈根最近一些同样现象的先例。彼得 · 莫斯（Peter Mose），“Midt i kopitektur-tid”，《政治家报》，1996 年 11 月 3 日，第 14—15 页。

第二篇

感知

第七章

可渗透的边界

二战后纽约的家庭生活

格温多林·赖特（Gwendolyn Wright）

美国的家庭生活，如果从文化的意义上来说存在于郊区，那么在城市中它则具有特殊的性质，在这方面，纽约比所有其他城市更具有代表性。典型的城市特征，如密集、相邻、含混和多样性，对传统郊区理想的自给自足式家庭带来了严重破坏，在郊区，每个人都能在满足一切需求的宽敞住宅内享受到舒适。而纽约的家庭生活必然是更加随意和拥挤的，其建筑或行为都更少有明确的界限。

但这绝不意味着（像许多郊区居民会争辩的那样），城市不可能维持甚至培育有深层意义的家庭生活。人们甚至可能认为，正由于缺少了独栋住宅所奉为神圣的、对郊区“正常”家庭生活的痴迷，与家庭（to use the English term）[1] 普遍相关的愉悦、秩序、义务等实际上正在蓬勃发展。当然，城市支持了对家庭的多种定义，容纳了各种不同的居住方式，而不是坚持一两种规格化的典型方式。

从历史上看，家庭生活的空间及体验，肯定在一些细小而重要的方式上有所变化，需要我们精确地将其定位。就在二战后的几年中，郊区以指数速率在全美增长，包括纽约周边的三州地区（Tri-State Area，纽约州、新泽西州、康涅狄格州三个州的交界处），同时，清除贫民窟的联邦政策摧毁了所有大城市中工人阶级家庭的街区，谴责它们是“破败、不达标准的贫民窟”[2]。尽管有这些压制，许多城市的邻里仍然继续兴旺发展，在工作和休闲、常规和冒险的更宏大的多重框架之内，滋养了多样化的家庭生活。

正如任何神话一样，20 世纪 50 年代的这一黄金时代透露了一种怀旧的渴望：在一幅具有世界主义复杂性的、充满生气的马赛克图案中，每一个在安全、适宜的邻里中紧密联系的家庭，都是独特的一个色块。[3] 这幅图画中的感伤情绪，并不一定会否认它与历史性现实的联系；它反而可以作为一种对仍然保留在那种理想场景的边缘，甚至外部的多种体验的提醒。尤其是，对于间断的不平等和无休止的威胁

（暴力、驱逐、疾病或其他危机），使得纽约市大多数贫穷少数族裔居民的家庭生活存在问题，甚至岌岌可危。更加令人印象深刻的是，这些不断的压力，使得许多黑人妇女日复一日竭尽所能为她们的家庭反复创造着内部的稳定。[4]

在一个广义的语境之下，纽约市在第二次世界大战的后几年就强调了城市家庭生活的矛盾因素：凭借有趣的创造性使重复也变得生动，突然的并置重塑了日常习惯，福利带来的愉悦舒适能够调节约束和限制，等等这些过程。在这里，像在所有事物当中一样，城市将孤立与归属、传统（不是一个，而是许多）与现代（同样不是一个，而是许多）结合到了一起。

对现代主义的文学和艺术表现很少考虑到家庭环境，反而集中在公共空间中孤立的个人：波德莱尔的"人群中的人"，或者本雅明的"拾荒者"。被疏远或者放逐，浪荡子（flâneur）栖身于某个广阔、匿名的领域；有意或者无意地，他（几乎总是男性的形象）拒绝家庭的秘密本质，只有在精疲力竭时才会回到它乏味的禁闭之中[5]。勒·柯布西耶也同样严词反对围绕着"住宅崇拜"的"感伤的歇斯底里。"他的英雄们——商人、工程师或者艺术家——在公共场所中工作或者进行体育锻炼时才最具活力；住宅仅仅提供了一个"居住的机器"[6]。

然而，这种意象本身不是一种讽刺吗？从整个体验中提取出的一部分？即使在一个现代城市中，每一个个体也必定会参与某种人类记忆，捆绑在家庭生活的结构之中，即使只有时间中短暂的一瞬：在家庭内部各自职责中被复制（并且被抵制）的性别和谐；一对夫妇的亲密空间；儿童幼年所依赖的世代结构（后来往往演化为父母、一个延伸的大家庭或者老年的关系）；预设在一栋建筑物、一个街区、一个邻里或其他更少受空间限制的利益团体的社会领域之内的角色。

同样的，即使晚至20世纪50年代，不同阶层或民族的传统习俗仍然持续影响着许多都市人家庭生活的实质，不论在家庭内还是在其边界外的世界。此外，这并非质疑现代主义对阶层、文化或家庭这些统一联系的破坏作用，而是为了开始审视将这一结果完善和整体化的倾向——尤其是在家庭领域内部。

电视在其早年通常只是描绘了这样一种相互渗透的影响，最显著的是在少数族裔工人阶级的聚居地。早期的喜剧像《蜜月》、《戈德堡一家》、《我爱露西》，或者《阿莫斯和安迪》，刻画了各种不同的城市人，包括孩子和老人，朋友和陌生人。[7] 情节围绕一所公寓的一个主要房间——当然是受制于当时的摄影棚空间和笨重的技术设备——包括了从敞开的窗户和走廊，以及建筑外部活动的变换。当然，墙壁和社会规范将每个单元相互分隔开来，然而日常生活仍然不断地溢出这些边界，以访客、流言蜚语、照看儿童、公共活动等形式，以及物品和金钱的借贷，或者其他形式的

▲图 7.2　在广受欢迎的情景喜剧《戈德堡一家》中，莫莉·戈德堡和她纽约公寓的邻居们，这部剧于 1949 年在电视上首播。图片由纽约公共图书馆提供

◀图 7.1　商业和社交蔓延到哈勒姆的人行道上。约翰·冯·哈茨（John Von Hartz）撰写，多佛出版社（Dover Press），1978 年。安德烈亚斯·费宁格（Andreas Feininger），《40 年代的纽约》

互助等等。

高端文化，遵循一种完全不同的世界主义的独创性，仍然同样受到居住邻里的限制。在 20 世纪 40 年代晚期和 50 年代，纽约目睹了一场艺术和知识创新的爆发，这一举提升了这个城市的地位，将其变成了一个绘画、雕塑、舞蹈、音乐和文学，以及学术研究和文化事业的世界之都。其国际声誉在得到证明的同时，也轻易掩盖了大部分纽约人的生活现实，即使对艺术家和知识分子来说，他们的生活仍然主要围绕着那些离散的场所周边，它们每一个都是公共和私人领域的混合。在 1947 年，克莱门特·格林伯格（Clement Greenberg）声称，美国艺术的命运正在被第 34 街下面的"很少超过 40 岁、住在只有冷水的公寓、仅仅能糊口的年轻人"所决定，他抓住了抽象表现艺术生存状况的严峻和远离中心的趋势；如果还有别的什么，那就是他提出了一个一直延伸到第 14 街以上之远的、非常广阔的地理区域。[8]

这十年内，至少有三个以创造性作为活力核心而著名的地方：格林尼治村，抽象表现主义画家和颓废派诗人所喜欢的杂乱栖居地，毗邻着旧式的意大利家庭生活；晨边高地（Morningside Heights, 又称为白哈雷姆，是纽约市的艺术中心——译者注）学究气的邻里，延伸进上西区，一块具有强烈知识分子气息的激进地域，围绕着当时正位于其世界名气顶峰的哥伦比亚大学，以及哈勒姆，黑人城市体验的熔炉，栩栩如生地刻画出继承了哈勒姆文艺复兴（黑人文艺复兴）的一代人的绘画、小说和

图 7.3 雅各布·劳伦斯（Jacob Lawrence）的《富尔顿与诺斯特》（Fulton and Nostrand）。1958 年对布鲁克林黑人社区的刻画，呼应了哈勒姆的街头生活。私人收藏，由纽约特里·丁滕法斯画廊（Terry Dintenfas Gallery）提供

诗歌（哈勒姆的西边直接和上西区相邻接，围绕着哥伦比亚大学的晨边高地，而它直到第 125 街才正式开始）。

尽管不能代表整个纽约，但这三个地方的体验和描述使整个城市的变化趋势显得更加普遍了，即使没有非常明确的叙述。那么在这些城市场景中家庭生活的地位是什么呢？有几种特质比较突出，每一个都是建筑形式和日常经验的一种综合。

一种显著的地方主义表现了甚至最国际化的群体特征。每一块地域都自觉地与城市其他部分保持分离，包括与其他的创造力节点。纽约的艺术家们，现在和过去一样，为他们永不会离开第 14 街而骄傲；哥伦比亚大学的教员们很少冒险越出第 110 街或阿姆斯特丹大道以东。差不多是一种共同文化现象的种族隔离意味着曼哈顿的黑人生活聚集在第 96 街上。这些因素并未破坏现代的文雅性，而是文雅性颠覆了家庭生活。毕竟，巴黎的浪荡子也同样设定了一个明确的边界，超出那之外，世界似乎就不那么有吸引力了。[9]

在每个地域中，外来者都是被嫌弃的，外面的邻里很大程度上是被忽略和视而不见的。在被分隔的哈勒姆犹太区，隔离达到了一种神化的程度。如果白人自由主义艺术家和知识分子团体积极地唾弃以肤色划分美国的种族隔离，那他们的黑人同胞最多就是“表兄弟”，原因，或者说原始的灵感——在于一种对强度的修辞，甚至是补偿性的暴行，在文本中类似诺曼·梅勒（Norman Mailer）的“白色黑人”[10]。哈勒姆代表着一种思想，有好有坏，但是很少有白人了解很多（如果有的话）关于它的街道和住房的现实。

在纽约，家庭空间和公共空间相互交叉和重叠。居民们在一个区域内基本可以自由移动，不论他们的年龄和性别，居住在公寓私人领域和城市公共空间之间的一个大小相当的区域。城市家庭生活很少假装自给自足；一个人常去其他地方，通常是每一天，开展一系列活动（洗衣、社交娱乐、照料孩子，以及学校功课）。成人和孩子们大部分时间都花在家庭外部，在门廊或者人行道上，在街角的小商店、图书馆、本地的酒吧或者其他非正式的聚会场所。围绕这三个地点的传奇故事印证了这种气氛：格林尼治村的雪松酒馆、哥伦比亚大学附近的西端酒吧和哈勒姆的阿波罗舞厅（它每周的业余爱好者之夜造就了许多著名的黑人歌手）。

在这种渗透性的环境下，家庭保持了它的本质：在日常生活的漩涡中同时作为一个避风港和一个构筑物。然而，对郊区住宅神话般的诱惑来说如此重要的假想主权效力，被大大削弱了，不仅由于城市公寓的狭小面积，而且由于公寓之外生活的迷人诱惑。

这种描述不应该被视作对都市村庄的一种天真庆祝。对于那些想要挑战得体行为和常规反应界限的人，任何邻里都可能会成为一种幽闭恐惧。某些环境会产生心理上的折磨，甚至人身危险。詹姆斯·鲍德温（James Baldwin）写到拥挤的哈勒姆住宅区，在那里“任何努力都不能使它变干净”[11]。鉴于家庭超出了公寓的墙壁范围，个人努力可能会变得真的很艰巨。“住在哈勒姆”，拉尔夫·埃里森（Ralph Ellison）写道，“意味着要在街道中穿过一组迷宫似的存在物，在那里，教堂的尖顶和十字架单调地向天空爆炸开，脚下是垃圾和腐烂物的一片混乱。”[12] 在安·佩特里（Ann Petry）的小说《大街》（1946 年）中，伦诺克斯大道和第 116 街周围的废弃地带通过促使居民吸收周围环境的恶劣特性，慢慢地压垮了他们。

都市家庭生活因此需要对空间和环境的积极阐释，随后是与城市生活发生典型关联的即兴反应。即使邻里边界和家庭自身表现出安全和归属感，他们仍然需要持续的评估。就像家庭成员一样，本地居民了解必要的可能性和策略：哪些地方不能去，什么时间是危险的，当人进入一个空间时如何判断可能的困难。这些知识通常不是直接获取的，没有对风险和应对的公开讨论，而且这些行为很少是完全自觉的。然而，对物质和社会状况进行评估，然后再决定如何（或者是否）去相互作用这一过程，确实容许了一定的选择度，即使它或许不可能产生真正的控制。

当然，在城市中总是存在其他的选择。一些人强调 20 世纪 50 年代的流动性：哥伦比亚的迈耶·夏皮罗（Meyer Shapiro）和黑人小说家詹姆斯·鲍德温（James Baldwin）都生活在乡村，而阿尔弗雷德·卡津（Alfred Kazin）称他的回忆录为《城市漫步者》，莱昂内尔·费宁格（Lionel Feininger）对纽约市的写实动态摄影，强调了各种交通补偿系统。即使在一个城市的日常生活中，仍然可能选择另外的路径穿越这个迷宫，改变目的地，挑选一天中不同的时间，从而改变平淡的叙述结构。

在住宅内部和外部，城市家庭生活就这样鼓励即兴发挥和充满想象的片刻。日常生活发生在可能显得难以描述，甚至故意显得单调和普通的场景之中；事实上，从近处仔细观察，他们产生了丰富的质感和多层次的含义，抵制对公共和个人、新和旧、乏味和迷人的简单分类。这一模糊性，既令人沮丧又是一种释放，从城市的人行道一直延伸到居民住宅中。在家中和在城市街道上一样，有可能将陈腐的生活转化为游戏、艺术，或者是安慰。

这给我们带来了另外一个更加有限定的城市家庭生活维度：城市公寓之内的空间，总的来说超越了精确的定义。房间普遍包含多种用途，并且和通道相重叠；家具包括了各种新旧款式，超过任何单一的风格语汇和语义信息所能描述的。

极少数公寓居民试图复制二战后郊区住宅宗教般的过分考究：起居室和餐厅，每个都有完整的一套家具，不论是历史复兴的主题或最近的"丹麦现代主义"风格；一个"主卧室"是已婚夫妇的；每个孩子都有一个单独的卧室来表明他或她的独特个性——在这个集体消费世界中，很大程度上要通过个人可看见的场所来定义；一个光洁漂亮的现代化厨房，华美地配备着最新式的用具；闪闪发光的浴室是一个保护卫生的圣地；新的家庭活动室毗邻后院，被设计用于围绕着电视的非正式聚会。

在一栋城市公寓中，空间和家具的全部总和从另一方面暗示了正在进行的城市拼贴过程。即使在新建的住宅中，交往空间也不得不同时服务于家庭和客人，同时适宜于儿童游戏和功课、家庭记账或者休闲时间等活动。卧室在功能上提供了睡眠的空间和少量隐私。"有效率的厨房"和浴室都小而耐用。富裕的城市人甚至抵制二战后美国家庭对"家庭活动室"（family room）的迷恋——如果不在他们的乡间别墅，至少也在他们的城市公寓中。部分和整体都非刻意地获得了一种完美契合的郊区幻想，在这一幻想当中，这种设计象征着和谐、自给自足的家庭，并因此保证它的持久。

一个相关的现象涉及工作和家庭生活的相互渗透。家庭没有提供郊区缓解压力的承诺，对于那些从事计件工作来赚钱的人没有，对于那些终于在这儿找到机会从事自己职业的专业人士和作家也没有。

毫不奇怪，对传统生活方式最有想象力的替代方法来自于城市中心的艺术家。由于渴望以尽可能少的花费找到最合适的空间，他们开始租用能够将生活和居住空间结合起来、并且同时也常常用作展示空间的工业建筑阁楼（Loft）。[13] 尽管这种使用是非法的，但业主急于同意，因为当战争的后果使制造业转移出城市时，他们需要获得利润补偿。Loft 美学以一种新的家庭表现形式挑战了传统的家庭意象：粗糙工业材料的庆典，没有分隔的空间，以及对城市残骸富有想象力的再利用。在它们

图 7.4　1957 年，一群纽约画家在位于纽约下城的 Coenties Slip 他们居住并工作的建筑阁楼的“焦油海滩”屋顶上。从左至右分别为：德尔芬·塞里格（Delphine Seyrig）、罗伯特·印第安纳（Robert Indiana）、邓肯·扬格曼（Duncan Youngerman）、杰克·扬格曼（Jack Youngerman）和艾格尼丝·马丁（Agnes Martin）。引自 1993 年佩斯收藏馆的展览会目录。照片来源：© 汉斯·纳姆斯（Hans Namuth）

图 7.5　曼哈顿的住宅区，由 SOM 事务所设计，建于 1950 年，成为战后纽约新型豪华公寓的缩影。纽约公共图书馆提供

宽敞空旷的体量当中，以及在它们故意而为的不成套的装饰中，这种“居住–工作空间”摒弃了布尔乔亚家庭生活的舒适惯例。

身体以特殊的方式极大地占据了都市家庭领域。垮掉的一代抗拒约定俗成的性别角色及服装代码，沉醉于开放的性行为和同性恋，少数反叛的知识分子更是这样。既然变化甚至禁忌公开得到容忍：一对配偶可以没有婚姻关系而同居在一起；风流韵事和淫乱不必隐藏；同性恋生活占据了许多酒吧、俱乐部和公园，那么丈夫和妻子就不必再被看作一个神圣的联盟。[14]

一个城市通常包含人类身体的所有过程，包括老年的衰弱和幼年的依靠。即使纽约几乎没有为任何一代人提供任何特殊服务，但直到 20 世纪 50 年代，不同年龄

的混合人群仍然居住在每一个社区，并且几乎是每一栋建筑。然而，既然纽约也经历了婴儿潮，和这个国家其他地方一样，二战后的城市房屋总量只能最低限度地供应给有孩子的家庭。到 1955 年为止，曼哈顿所有新的出租公寓中，只有四分之一考虑到了孩子，而单身和两人的家庭一跃达到了前所未有的大多数。[15] 在斯泰弗森特镇（Stuyvesant Town，在那儿大都会人寿保险公司为 24000 个中等收入的居民提供了住房），建筑综合体中确实留出了充足的空间给各种室外活动，但大多数公寓只有一间卧室。[16]

通常可用不止一种方式对统计进行解释，从而破坏了将任一极端当作自然的趋势。美国城市中缺少充足的家庭住房助长了郊区化吗？或者它仅仅是市场对人口统计走势的反应？不论是选择或者设计，如果多数有孩子的家庭没有住在新的住房中，那么他们仍然好好地安身在旧公寓中。然而，既然这些制定政策的人——政府官员、银行、开发商和建筑师——当时和现在一样，如此热切地关注新建筑的范例（它们的外观、楼层平面、资金筹措和服务），那么新建设中的转变本身就加强了城郊分离的趋势。

然而，裂痕是双方面切入的。或许，尤其存在于那三个最有影响力的旧居住邻里中的、纽约家庭生活最生动的特征，就是对中产阶级关于家的约定习俗的蔑视。这种轻蔑的姿态含蓄地转变为对二战后现代建筑两种原型的反对：开放式的郊区别墅，延伸进去的茂密花园，以及位于公园中整洁的公寓塔楼组成的伟大新城市世界。整个 20 世纪 50 年代，大部分纽约市民仍然拒绝一种显著革新的公认“好生活”，不论它是源自郊区寻求舒适的消费主义，还是城市豪华公寓的更多精致优雅。[17] 这一态度依然是摇摆的，尽管两种模式都得到了现代艺术博物馆的官方认可——体现在密斯·凡·德·罗的芝加哥湖畔公寓（1948—1955 年），以及马歇尔·布劳耶 1949 年为了展览而修建在博物馆花园里的郊区住宅模式中。[18]

然而，如果说年长的纽约人和繁荣的城市艺术界抵制这种规范的家庭生活模式，可是市场接受它。当 20 世纪 50 年代恢复建设时，一股新的开发热潮更加青睐现代式的豪华公寓塔楼，甚于其他任何种类的住宅建筑。纽约的退台式塔楼和 20 世纪 20 年代的庭院住宅似乎成了过时的房产，现在被当作一种不健康的落后居住环境而被清除。大部分新的建设集中在上东区，第 60 街以北，市中心快速增长的公司总部如利华大厦和西格拉姆大厦的员工们所选择的居住邻里。SOM（Skidmore，Owings & Merrill）事务所设计的曼哈顿大厦（1950 年）提供了一个范例。一本建筑杂志赞美了它的成就：一道割让给城市的土地拓宽了毗邻的街道屏障；一个大型中央街区向远处扩展着混凝土地面，最大化地增加了与周围建筑的距离；一个有着巨大窗户的“室内-室外综合体”面朝着一块私人草坪；而且，有着扶手椅的阳台（源于丹麦现代主义）扩展了每个单元的私人起居空间。[19] 这幅家庭图景预见了一种孤立封闭的社区，它逐渐勾画出了 20 世纪晚期大多数的家庭生活，不论是城市还是郊区。

当这种大尺度的现代住宅在其他社区被列入提议，反对的呐喊爆发出来。总的来说，反对并未表现出美学上的胆怯或者与社会的对抗，而是一种对仍然表现纽约主要特色的城市生活世界的责任。市中心的评论家高声宣扬斯泰弗森特镇和五分之二大道（Two Fifth Avenue）的中等收入者居住复合体。到 20 世纪 50 年代末，社区居民成功地推翻了罗伯特·摩西（Robert Moses）为中等收入者设计的一个庞大住房项目和一条穿过华盛顿广场公园的新高速公路计划；简·雅各布斯领导了对多样化的、未经规划的、作为城市家庭生活重要基础的街道生活的保护，这很快成为她最有影响力的著作《美国大城市的死与生》（1961 年）的主要内容。

按照同样的思路，第 96 街的黑人和白人双方都谴责了近期公共住宅沉闷、重复的整体造型，其中大部分集中在东哈勒姆的黑人和波多黎各街区。在这里，批评决不是针对现代建筑，而是反对目标和现实之间的无法区分：这些砖造塔楼所形成的冷酷飞地，并未代表现代家庭生活的优雅秩序。詹姆斯·鲍德温猛烈抨击了最初的"方案"，1947 年的"大都会生活的里弗顿"（当然是因为斯泰弗森特镇的种族隔离政策）。"像监狱般丑恶阴暗，"他愤怒地强调,这一建筑传达了"一种憎恨和侮辱，即便是对智力最低下的人，……（这标示着）白人世界的真实态度。"[20]

所以，在 20 世纪 50 年代初，晨边高地的居民也开始抨击大学清除贫民窟和兴建新公寓塔楼的宏伟战后规划，控诉这将会"改变邻里特色"[21]。著名教员享用着宽敞的公寓，面朝奥姆斯特德的滨河公园；他们不愿意担负街区中产阶级化（gentrification）的责任，更不用说他们明显的中产阶级邻里了。

许多纽约人就这样以他们完全不同的方式，批判了在均质的郊区飞地和自治的城市公寓塔楼中二战后家庭生活的流行观念。他们不自觉地建构了新的范式——即使市中心艺术家 Loft 的吸引力主要源于如此低廉的租金和巨大的空间——但他们的生活，无论是家里还是街道上，都肯定了选择的可能性。

在对空间美学和诗意的地理环境具有敏感共鸣的同时，这些另类的家庭生活方式抵制任何固定的建筑形式。取而代之的，它们源于与多形态感触的城市环境并置的经验与事件的持续刺激。要享受和参与这些乐趣，你无需是一个陌生人。

这种质感丰富的生活世界气氛存在于纽约的许多社区当中，但是，它会给保护和新建同样带来被包装为一个"真实的"历史文脉的危险。一种融合了所有事物的神奇混合物，承诺要满足社会和个人的欲望，其合成公式不同于那种郊区拜物教。延伸进街道和人行道的纽约家庭生活，并不仅仅存在于旧式邻里的建筑形式中——

图 7.6 1947 年的里弗顿住宅区（Riverton Houses），这是大都会人寿保险公司为哈勒姆的黑人建造的隔离式住房项目。由大都会人寿档案馆提供

但绝对不可能在现代建筑中体验到它的乐趣。反之，它的精髓在于一种正在进行中的适应和互动过程，对于缺乏什么和拥有什么的一种有趣的反应。这种敏感性在城市外部则削弱了，它鼓励成人和孩子们一起，在家庭生活的私人领域，以及在街道的公共场所，于平常之中发掘充满活力的可能性。

注释

1. 德语“家”（heimat）一词的起源暗示了它的各种含义：一个人居住的物理结构；一个人感觉舒适、没有压力的地方（很容易扩展到住所本身之外）；个人（或国家）的珍贵起源；与幸福和安全有关的人类和文化世界。当然，任何一个词都不应该被允许囊括压迫性的要求、乏味的日常生活，甚至是隐藏的暴力威胁。
2. 此时，只有面积占比为 10% 的地区必须被界定为“被清除的”，政府以补贴的方式清理掉整个场地的贫民窟，之后将保证该地区由私人重建为豪华公寓和办公楼。1940 年至 1950 年期间，美国郊区的增长速度是中心城区的两倍，但在后来的 10 年里，郊区的增长速度是中心城区的 40 倍，掏空了每一个大都市。
3. 在 20 世纪 50 年代的纽约，另见阿尔弗雷德 · 卡津（Alfred Kazin）：《城市漫步者》，纽约，1951 年；切斯特 · 希姆斯（Chester Himes），《粉红脚趾》，纽约，1965 年；爱德华 · 刘易斯 · 华兰特（Edward Lewis Wallant），《典当商》，纽约，1961 年；戴维 · 哈伯斯坦（David Halberstam），《50 年代》，纽约，1993 年；马歇尔 · 伯曼（Marshall Berman），《一切坚固的东西都烟消云散了：现代性体验》，纽约，1982 年，以及罗伯特 · 弗兰克（Robert

Frank）、莱昂内尔·费宁格（Lionel Feininger）和弗雷德·麦克达拉（Fred McDarrah）的照片。当然，在这10年的前夕，对这座城市最典型的描绘是E·B·怀特（E. B. White）的诗意文章:《这就是纽约》，纽约，1949年。

4. 安娜·德韦尔·史密斯（Anna Deveare Smith）最近在纽约大学的小组讨论会上反复提到，内化和不断重建家庭的需要是一个反复出现的主题，"洛林·汉斯伯里发生了什么：黑人女性艺术家想象中的家在哪里？" 1996年11月25日。
5. 沃尔特·本雅明，《著作集》，法兰克福，1983年，第5卷，第525页。弗洛伊德在1919年关于神秘主义者的文章中讨论了疏离问题，即将寻常转化为其奇怪的反面，即异乎寻常（字面意思是"不合理"或"闹鬼"），而卢卡契（Lukács）、巴什拉（Bachelard）和海德格尔这样的哲学家将现代生活与令人不安的"超验的无家可归"联系起来。对于这种抑制性倾向的有趣讨论，请参阅克里斯托弗·里德（Christopher Reed）编辑，《不在家：现代艺术与建筑中对家庭性的压制》，1996年，伦敦，安东尼·维德勒（Anthony Vidler），《建筑的异样性：关于现代不寻常感的探寻》，剑桥，1992年。
6. 勒·柯布西耶，《走向新建筑》，巴黎，1923，第17页、第222页。比特丽斯·科伦米娜（Beatriz Colomina）扩展了这一主题，最著名的是《隐私和宣传：现代建筑作为大众传媒》，剑桥，1992年。
7. 所有这些系列都早于20世纪50年代后期的经典影片《奥兹和哈里特》。然而，电视版的《阿莫斯和安迪》描述了一个黑人中产阶级家庭，现在迁到了郊区，而早期的电台版则描述了在广泛的黑人工人阶级的"黑色声音"漫画中白人演员的角色。见卡拉尔·安·马林（Karal Ann Marling），《在电视上看到的：50年代日常生活的视觉文化》，剑桥，1994年和杰拉尔德·琼斯（Gerald Jones），《亲爱的，我回家了：销售美国梦的情景喜剧》，纽约，1992年。
8. 克莱门特·格林伯格（Clement Greenberg），"美国绘画和雕塑的前景"，《地平线》，第16期，1947年10月，第25页、第29页。
9. 我要感谢斯文·埃里克·拉尔森（Sven Erik Larsen）提醒我这个重要的细节。
10. 丹尼尔·贝尔（Daniel Bell）对詹姆斯·鲍德温和拉尔夫·埃里森（Ralph Ellison）作为《党派评论》"家庭"的"表亲"发表了评论，《曲径》，纽约，1980年，第128页；被托马斯·本德（Thomas Bender）引用，《纽约知识分子：纽约市的知识分子生活史，从1750年到我们自己时代的起源》，纽约，1987年，第254页。梅勒称赞黑人在当下有意识地生活的能力，凭借爵士乐和街舞，街头谈话成为"一种图画语言……充满了小而强烈的变化的辩证法，……男人，因为它吸收了任何过往行人的即时体验并放大了他的行动动态"，《白种黑人》，旧金山，1957年，第3部分，那年早些时候发表在《异议》一书中，如蒙娜·丽莎·萨洛（Mona Lisa Saloy）所引用的:"黑色节拍和黑色问题"，转载于:丽莎·菲利普斯（Lisa Philips）编辑，《节拍文化和新美国：1950—1965年》，纽约，1996年，第157页。

11. 詹姆斯 · 鲍德温，《向苍天呼吁》，纽约，1953 年；纽约再版，1985 年，第 21—22 页。
12. 拉尔夫 · 埃里森，“无处可寻的哈勒姆”（1948 年），《影子与行为》，纽约，1964 年，第 295—296 页，被威廉 · 夏普（William Sharpe）引用，“生活在边缘：文学中的纽约”，伦纳德 · 沃洛克（Leonard Wallock）编辑，《纽约：世界文化之都，1940—1965 年的纽约》，1988 年，第 76 页。
13. 20 世纪 70 年代，富有的年轻专业人士对 Soho Loft 现象进行了概述，对于这种现象的概述，延伸到 20 世纪 70 年代，富裕的年轻专业人士移植进入 Soho Loft，请参阅莎伦 · 佐金（Sharon Zukin），《阁楼生活：城市变迁中的文化和资本》，巴尔的摩，1982 年。
14. 关于城市同性恋生活的早期阶段，请参阅乔治 · 乔恩斯（George Chauncey），《纽约同性恋：性别、城市文化和同性恋男性世界的形成，1890—1940 年》，纽约，1994 年。
15. 乔治 · 斯特恩利布（George Sternlieb），“纽约的住房：不动产的研究”，《公共利益》，第 16 期，1969 年夏季，第 126—130 页。
16. 该综合体包含 8759 套公寓，大多数有三个房间（一间卧室），其余大部分为四房单元（两间卧室），仅有 400 间五房套房 [亚瑟 · 西蒙（Arthur Simon），《美国斯泰弗森特镇：两个美洲的模式》，纽约，1970 年，第 26—27 页]。
17. 弗雷德里克 · 古特海姆（Frederick Gutheim），《家庭住宅》，纽约，1948 年；凯瑟琳 · 莫罗 · 福特（Katherine Morrow Ford）和托马斯 · H · 克莱顿（Thomas H. Creighton），《今日美国住宅》，纽约，1951 年；罗伯特 · 伍兹 · 肯尼迪（Robert Woods Kennedy），《住宅及其设计艺术》，纽约，1948 年；罗素 · 林斯（Russell Lynes），《被驯化的美国人》，纽约，1957 年；马克 · 贾佐姆贝克（Mark Jarzombek），“‘美好生活’的现代主义及其后：美国 20 世纪 50 年代和 60 年代的住房评论”，《康奈尔建筑杂志》，1990 年秋季第 4 期，第 76—93 页；格温多琳 · 赖特（Gwendolyn Wright），《筑梦：美国住房的社会历史》，纽约，1981 年；再版，剑桥，1983 年，第 240—261 页。
18. 在宣传这两个住宅图标的博物馆出版物中，请参见亨利-罗素 · 希区柯克（Henry-Russell Hitchcock）和菲利普 · 约翰逊，《美国建筑：战后建筑》，纽约，1952 年；彼得 · 布莱克（Peter Blake），“博物馆花园中的住房”，《现代艺术博物馆简报》，第 16 期，1949 年春季；伊丽莎白 · 莫克（Elizabeth Mock），“明日的小住房”，《现代艺术博物馆简报》，第 12 期，1945 年夏季，以及莫克，《如果你想修建住房》，纽约，1946 年。
19. “‘曼哈顿之家’取代了老卡宾斯”，《建筑实录》，第 105 期，1949 年 5 月，第 106—107 页、第 206 页。
20. 詹姆斯 · 鲍德温：“（没人知道我的名字）上城第五大道：哈勒姆的来信”，《时尚先生》，1960 年 7 月，第 63 页。
21. 丹尼尔 · 贝尔（Daniel Bell）和弗吉尼亚 · 赫尔德（Virginia Held），“社区革命”，《公共利益》，第 16 期，1969 年夏季，第 171—172 页。

第八章

城市中的机器

纽约的现象学与日常生活

格雷厄姆·谢恩（Grahame Shane）

I 导言

> 这位老人漫步在附近的街道上，他缓慢地前行，不时地行进，停顿，又移动，再停顿……仿佛每一步都必须经过权衡和测量之后，才能够将这一步放入到所有的步数之中。[1]

在《玻璃之城》一书中，美国小说家保罗·奥斯特（Paul Auster）定义了两种相反的城市阅读。最初，作者的声音将纽约描述为一个具有现代性、速度和效率的场所。慢慢地，这种声音被一种相反力量的接触所侵蚀。第二种声音想象这座城市是一个藏污纳垢之地，一个巴比伦城，在那里，只有通过极端信仰行为和自我禁欲才能找到救赎。对于这种声音来说，记忆、永恒和仪式比速度或效率更重要，它用致命的怀疑感染了它的现代对手。两个主要角色中的每一个都象征着一个特殊的生活世界，并且，奥斯特小说中二者之间的联系证明了对这两者都是致命的。最后，奥斯特超越了这一碰撞，将其发展为城市日常生活流动、混杂的交汇。接近小说结尾，出现了第三种声音，它超越了前面两种声音，融入了城市日常生活，包括电子和印刷媒体。

奎恩，现代主义的重要人物，首次出现是作为硬汉侦探小说的作者。他居住在上西区晦暗幽深的城市格网中。他虚构中的侦探知道如何以最高效率在艰难的城市矩阵中行动。侦探鲍嘉式的孤僻，既是一种机器的产物，又是对它的一种防御，增强他执行能力的一种临界距离。对他而言，时间是至关重要的，移动和速度是必不可少的。

奥斯特讲述了作者奎恩决定自己成为一名侦探的故事。他的第一宗案件导致了一场与老斯蒂尔曼（Mr. Stillman）先生的相遇，这是一个颓丧的前哥伦比亚大学教授。对公共图书馆的报纸档案进行的研究表明，斯蒂尔曼在妻子过世之后，曾在法庭上试图将儿子送进监狱。在小说的开始部分，他刚刚从一所公立精神病院被释放，而侦探的工作就是从他抵达大中央车站开始跟踪他。奎恩的客户正是那位严重脑损伤的儿子和他的女友，在整个案件过程中，她的吻都萦绕在奎恩的脑海中，他感觉到，只有她或许可以证明他的救赎。奥斯特写下了奎恩尾随这个老人缓慢、游离步伐的第一次尝试：

> 对奎恩而言，以这种方式移动是很困难的。他习惯于轻快地行走，而所有这一切起步、停止和慢吞吞的移动都开始成为一种压力。他成为一只追赶乌龟的野兔，而且他不得不一次又一次地提醒自己抑制脚步。[2]

老人搜索着附近的人行道并拾起地上的碎屑，奎恩的身体则要抵抗这一强加的限制。步行方式的差异成了横亘在两者之间的一道鸿沟。

笔者想简要地探讨奥斯特小说中两种对立世界观之间的分歧，他运用了某些技巧将其组合在一起。在这一探讨中，笔者的目的是检验奥斯特提取的关于纽约意象的两条虚构主线。第一个主题是神秘和符号性城市的、具有神秘救赎群体的前科学的世界。这一城市村庄的主题同样拥有悠久、变幻的历史，可以追溯到宗教仪式和剧场在城市信仰生活中所扮演的角色。第二个主题是城市作为一个超级现代机器。这一主题也有着悠久的历史，尤其是在欧洲对纽约的阐释方面。几个层面的阐释都热衷于这一意象，随着时间而变换，正如技术和通信系统的改变一样。

两个主题自身都不够充分，就它们作为一组对立的定义而言，两者相互依存。本章将探讨它们的相互联系及差别。文章将以评价奥斯特的小说为线索，探讨这两种世界观可能怎样更加公开地渗透和交织到城市日常生活中，在这个舞台化的、壮观的、大众传媒图像的时代。

II 前工业城市的现象学

在《玻璃之城》中，现代主义者奎恩，作为侦探，每天尾随着斯蒂尔曼穿过曼哈顿的街道。最终，奎恩意识到，这位前教授在穿过城市街道缓慢游逛的过程中，拼写出了字母表中的字母。他逐字每天写出一个字母，用机械的城市网格作为他的框架。奥斯特用一张上西区的小地图和斯蒂尔曼信中的样表解释了奎恩的发现，如

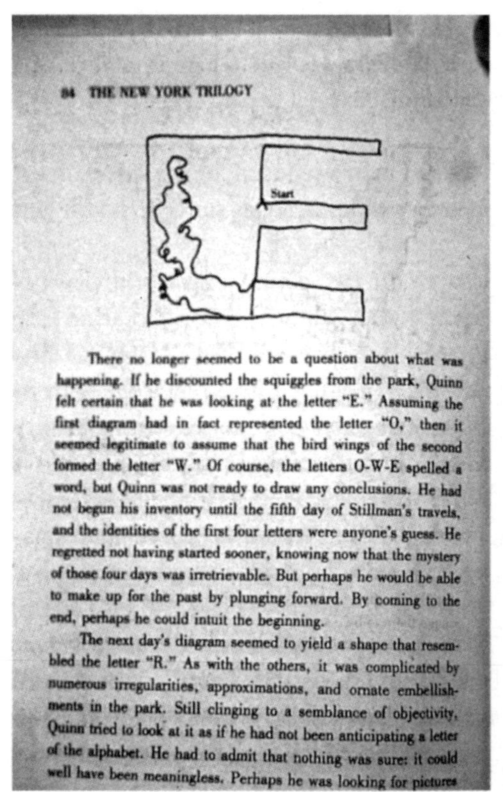

84 THE NEW YORK TRILOGY

Start

There no longer seemed to be a question about what was happening. If he discounted the squiggles from the park, Quinn felt certain that he was looking at the letter "E." Assuming the first diagram had in fact represented the letter "O," then it seemed legitimate to assume that the bird wings of the second formed the letter "W." Of course, the letters O-W-E spelled a word, but Quinn was not ready to draw any conclusions. He had not begun his inventory until the fifth day of Stillman's travels, and the identities of the first four letters were anyone's guess. He regretted not having started sooner, knowing now that the mystery of those four days was irretrievable. But perhaps he would be able to make up for the past by plunging forward. By coming to the end, perhaps he could intuit the beginning.

The next day's diagram seemed to yield a shape that resembled the letter "R." As with the others, it was complicated by numerous irregularities, approximations, and ornate embellishments in the park. Still clinging to a semblance of objectivity, Quinn tried to look at it as if he had not been anticipating a letter of the alphabet. He had to admit that nothing was sure: it could well have been meaningless. Perhaps he was looking for pictures

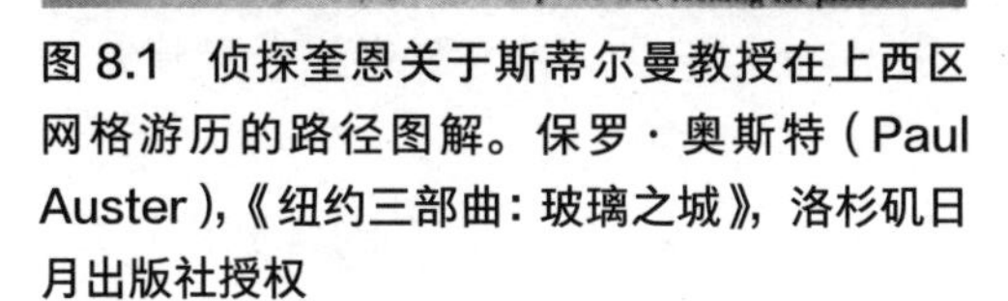

图 8.1　侦探奎恩关于斯蒂尔曼教授在上西区网格游历的路径图解。保罗·奥斯特（Paul Auster），《纽约三部曲：玻璃之城》，洛杉矶日月出版社授权

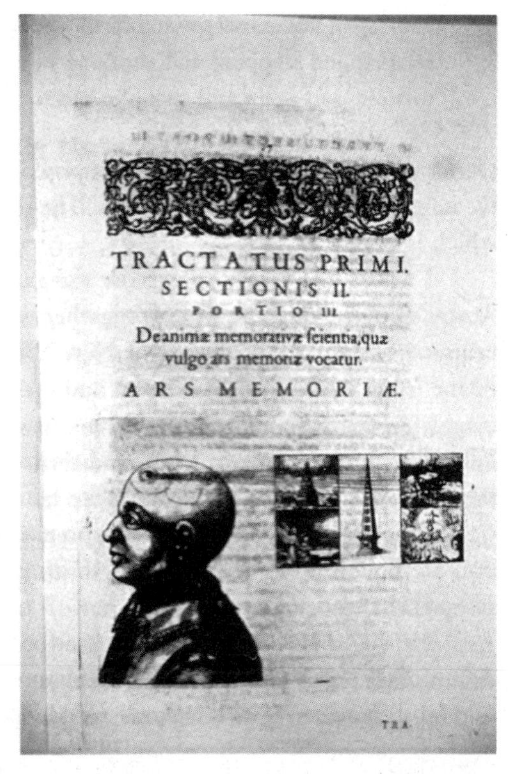

图 8.2　城中村；记忆和导航；《记忆之术》的扉页，展示了 1619 年罗伯特·弗卢德（Robert Fludd）的记忆影院系统

同解码对应着城市网格一样。奎恩发现，斯蒂尔曼正在曼哈顿上西区之上缓慢地题写着“巴别塔”（Tower of Babel）一词，一个来自《圣经》的关键词汇，代表着救赎到来、弥尔顿的天堂重新获得之前的阶段。

当奎恩这个现代主义者正忙于高效地将案件细节记录在他有条理的侦探笔记本上时，这位前教授正漫步在街上，拼写出他那天国之上的信息。奥斯特笔下的斯蒂尔曼代表着一种长期的信仰传统，即城市能够连接天堂并且是可以被救赎的。他不相信现代技术或科学。他仍然生活在一个“信仰之城”里，梦想着经历过一段放逐之后，一个重获的天堂。这位前教授将城市看作一个断裂的碎片，只有通过他的一种新的语言发明所具有的救赎能力才能够拼补完整，而那是重新进入天堂的关键。只有那些位于天空高处、每天花片刻时间注意老人的行为、处于曼哈顿上空两个星期以上的人才能读取或理解他的信息。

斯蒂尔曼，一位考古文学学者，头脑中仍然充满了关于圣经、弥尔顿以及救赎之梦的神话。约瑟夫·里克沃特（Joseph Rykwert）在《城之理念》（首次出版于1957年）中描述了这一古老的传统，显示了古罗马殖民城市的理性网格如何被植入了大量的神话和净化仪式（例如，城市耕地的边界由白牛划分，将犁挂在肮脏的门上）。此外，占卜者对被屠杀动物内脏的解读用于帮助城镇和灵魂中枢的选址，即一个地上的洞穴，在那里移居者可以埋葬他们从前生活中的宝物，同时通过这些具有象征意义的记忆碎片将城镇固定在其应有的位置之上。这些神话诗学的事件占据了奥斯特《玻璃之城》中第二主角斯蒂尔曼的前科学虚构世界的大部分内容。

斯蒂尔曼的神话诗学和图示性的城市解读方法，试图重获那些埋藏在魔法、神话和前笛卡儿科学中的、关于前现代世界观的隐含知识，以试图超越科学的机器城市。弗朗西斯·耶茨（Frances Yates）在《记忆的艺术》（1966年）中，使用将受过训练的观察者记忆中的城市作为一座剧院的概念，聚焦了城市的现象学研究。正如在斯蒂尔曼的案例中，整个世界可以被解释为一种象征性的记忆剧院，通过训练有素的想象力得以看见。耶茨描述了在前现代社会，古典记忆系统的知识是如何通过附着于标志图像而被储存，它们被置于一种精心构筑的房间和壁龛建筑序列中。壁龛中的雕像对于储存的信息是一种记忆触发装置。耶茨认为，莎士比亚的环球剧院（以及帕拉第奥对罗马剧场的改建）都是伪装的记忆剧院。这些特权化的戏剧空间对于塑造前现代的城市景观具有重大作用，并且与文艺复兴时期对现代全景建筑的引进相互重叠。

这种将世界作为一座公共记忆剧院的传统还存留在凯文·林奇的《城市意象》（1960年）一书中，该书将美国城市描述为相似的一系列记忆的飞地、路径群、节点和标志（但来自一种务实的观点）。这些视觉要素形成了一系列具有边缘和边界的区域，导致了城市村庄的形成。在他最后的著作《城市形态》（1984年）中，林奇用这些领地要素勾勒出了三种不同的城市系统，他认为首先是“信仰城市”，其次是“机器城市”，最后是“有机城市”，三者就像都不能令人满意的竞争对手一样。“信仰城市”是宗教和封建的城市，被寺庙领地和宗教图像所主导，建筑在宗教信仰的救赎力量之上，作为一个救赎的增量在城市中留下烙印。作为一个由杜威训练的实用主义者，以及一个被弗兰克·劳埃德·赖特调教的民主主义建筑师，林奇拒绝这种基于信仰的城市模式，但是却在一系列图片和照片中对其进行了优美的描绘。

对于前工业化村落的类似观点也是简·雅各布斯于20世纪60年代初出版的《美国大城市的死与生》的核心内容。对于在格林尼治村的街道中上演的城市日常生活，雅各布斯给予了一定的赞赏。克里斯托弗·亚历山大（Christopher Alexander）

图 8.3　城市和都市村庄中的机器；规模对比。约翰·斯隆（John Sloan），《来自格林尼治村的城市》，1922 年，油画，26 英寸 ×33 英寸。国家美术馆提供

于 1977 年出版的《建筑模式语言》[由石川佳纯（Sara Ishikawa）、默里·西尔弗斯坦（Murray Silverstein）以及其他团队成员撰写]，就是基于他工作的基本模式而来，其研究对象是一个理想化的、小城市乡村社区中那种戏剧化的、莎士比亚式的生活周期。这种社区的建筑形式由小的单元构成，它们由建设者组合而成以形成和适应社区需求。该书在词汇部分重点突出了这些单元。村落的生命周期局部地融入这些建筑要素中，这些要素反过来又形成一个大格局的一部分，其中包含着自我复制的、灵活的小型城市单元，聚集形成大都市群。在 20 世纪 70 年代，达利博尔·韦塞利（Dalibor Veseley）和莫森·穆斯塔法维（Moshen Mostafavi）设计工作室的肯蒂什城项目中一个新的"城市论坛"中，对城市有同样的理论解读，作为一种自我复制的城市村落系统，基于公共事件空间之上，塑造了村落中心强烈的活力。[3]

现象学家们，诸如克里斯汀·诺伯格–舒尔茨（Christian Norberg-Schulz）在《存在·空间·建筑》（1971 年）中，在他自己对城市的描述中，延续了这一村落生活世界的传统。同林奇一样，诺伯格–舒尔茨构想了一个三方系统，但是在他的图解中，三个独立的"生活世界"被连接在一个反馈回路里。每个世界都包含有一个个体印象的私有部分，一个共享印象的公共或社会部分，以及另一个为客观或科学信息领域服务的部分。显然，城镇中公共的"生活世界"可以用这种方式归类，从社区领域内分离出科学或现代商业的世界。在这里，前工业化的村落是一种重要的社会价值观模型。在曼哈顿，诺伯格–舒尔茨最喜爱的街区是格林威治村，既因其规模，又因其有别于曼哈顿网格。他将这些街道描述为"一个小宇宙"，在那里，城镇或街区的特征以一种浓缩的形式为访问者呈现出来。[4]

不难想象，一种对纽约的现象学解读如何才能强调所有不同的知识世界及其互动，要从城市的前现代历史出发，那时它还是一个在河边的荷兰小村落。一个村庄，同时也是一个世界剧场，充满着奇异的半科学魔法，为基于各种流亡教派的神秘宗教仪式而设置。殖民者面对着游牧的美洲原住民的神话和宗教仪式，令双方都感到痛苦。荷兰商人们的位置，以及他们在狭长岛屿顶端用围栏围出的定居点至关重要，因为各种河流、洋流与风流之间的差异运行于岛屿四周。气候也很重要，它奇特地混合了北欧的冬季和地中海的夏季（这城市与那不勒斯位于同一纬度）。这一位置创造了暴雪和酷暑自相矛盾的组合，用供暖和降温的结构、遮阴和百叶窗遮挡，促成了一种分层的关注（夏天，富人便迁徙到缅因州海岸、汉普顿或遥远的山区）。形成了岛屿地形的山丘和河流，延伸至海岸的险峻断崖或平稳斜坡，这所有的一切塑造出早期的城市聚落形态，同时也形成了脆弱的湿地，洪水泛滥的平原，以及反复无常的潮汐。

城市剧场因此受制于亲水性、地平线、岛屿位置、气候和地形、机器和社区等等，所有这一切仍然隐隐地掩藏在行政管理当局的机械网格之下。这部戏剧化的城市编年史，甚至在美国技术崇拜时代的描述之下，都总是包含着港口的景观。正是这种景观，在 20 世纪初，迷惑了大型游轮上的欧洲人。水面景观，以及河流或海湾宽广的视野，被朝向日出日落的码头和工厂加上了外框，成为城市自然景观的重要组成部分（直到最近，这些滨水边缘仍然是大多数人的主要工作场所）。因此，第一个前现代城市与港口和船舶、与贸易文化息息相关，19 世纪，蒸汽动力、铁路和电报的产生加快了它们的发展。尽管新的移民潮增加了城市范围，并定居于后来成为典型犹太种族社区的少数民族飞地，但城市仍然牢牢附着于围绕大海湾的港口之上。

在城市历史中不同的时间节点上，纽约的各种广场担任了“城市论坛”的角色（博林格林、市政公园、华盛顿广场、联合广场、麦迪逊广场、时报广场等），而百老汇街和第五大道形成了平行于哈得孙河的骨架。19 世纪，穷人集中靠近河流和岛屿周边的码头。富人则沿着治安良好的中央脊线上下移动，沿着第五大道，直达中央公园。当城市向北发展之时，重要的南北干道宽广而又开阔地指向天空，形成中央公园两侧两个线状城市的中枢：东区和西区，后者交织环绕着百老汇修长的脊线。这条沿着第五大道和华尔街的脊线，为公民典礼和露天盛会、游行和庆典提供了三个伟大的庆祝场所。沿着宽广的大道，更高的建筑物和公寓大楼创造了纽约城市峡谷的原型尺度，形成了巨大的建筑峭壁，其边缘映衬着公园和河流。

规则性的网格构建出了框架，正如奥斯特小说所描绘的那样，这是为了书写针对特定人群的事件和边界变化。正如网格被城市地形和气候条件所扭曲，用树木创建遮挡太阳的荫凉和掩蔽所等，乡村生活的文化也同样感染和影响了机器城市中的生活世界。正如城市地理学家埃里克·霍姆伯格（Eric Homberger）在《纽约市历史地图集》（1994 年）中表明的那样，贫困、种族、阶级，以及财富，都伴随着人口波动而在整个城市中变迁。

村庄和其生活世界的游移不定起着加速器、阻塞或延误的作用，在机器城市网格实体的内部造成了摩擦和阻力。一部村庄和聚落领地的历史会记录下关于接连不断的移民浪潮进入连续的空间飞地的历史，形成典型美国式的城市"熔炉"。这一历史可被分为几个阶段。在民族聚居地系统确立之前，第一阶段是老荷兰城和下东区周围混乱与混合的移民区域；第二阶段会看到典型犹太区的建立，由法律强制执行，将某个特定群体的所有人限制在某个特定空间位置。这是种族性社区的现代城市，此时，小意大利、小德国、犹太社区，非裔美国人聚居区和爱尔兰的"住区"业已形成。所有社会阶层都包含在这些聚居区内，从中产阶级的医生和教师到穷人中的最贫困者。这一体系被第三阶段所破坏，随着汽车城市的崛起和郊区化发展，聚居区内所有的中产阶级得以逃脱（非洲裔美国人是最后一波，在 20 世纪 60 年代公民权立法后才被允许出来）。最后，在第四个后现代阶段，可以从这些领地的发展中看到两种截然不同的趋势。一方面，随着简·雅各布斯对城市村庄的倡导，社区开始繁荣发展，结合了中产阶级化的房地产循环，逐渐演变成特区、保护区甚至商业改良区。另一种趋势则是，中产阶级居民被剥离的聚居区，已成为一种"超级聚居地"，充斥着严重的贫穷、毒品、疾病，以及教育、医疗服务和社会服务的匮乏。[5]

斯蒂尔曼原教旨主义者的做法所存在的问题是，在这个精英治国论的时代，个体和群体生活中每天都发生的事件往往趋向于逃避他们神圣的村落场所。斯蒂尔曼限制和折磨他的儿子，为了设法强迫他进入一种模式，他相信那种模式能让他为基督回归而做好准备。在一个封闭的空间，几乎过多的关注被施加到个人和生活细节之上。斯蒂尔曼救赎神权的生命世界与这个城市的日常现实严重脱节。结果，他被儿子拒绝，并且生活得像一个无家可归的人，流落街头。这里，每一个破碎的事物对他而言都是一种神圣恩典和代祷的标志，而作为回报，他在城市网格上发布了他的秘密讯息。因此，他的个人日常生活从字面上看是一则信息，但却只存活于脱离社会其他阶层的贫民区内。同样地，前科学社会里的公共救赎仪式也常常被城市中新的、高度媒介化的、世俗的事件所取代，诸如马拉松运动、摇滚音乐会或种族游行，以呼吁一个更加宽容的、混合的社会。

III　城市机器与美国科技崇拜

奥斯特笔下的侦探奎恩，居住在一个与斯蒂尔曼迥然不同的世界中。他写出了在超现实主义者偏执性批判的传统中卓越的、侦探式的幻想，创造出一个速度和逻辑透明不可能的乌托邦，嵌入一个超级平庸的世界。他痴迷于科技的崇高。他的作品描写了一个男人的行动，为了有效地破案，此人深谙如何解读城市标识和线索。当奎恩像侦探一样提供服务时，他试图将这一虚拟空间引入他真实的生活世界，以一种悲剧性的结局将自己延伸到城市建构中。以这样一种姿态，他使用机器城市的崇高逻辑，以及它那无边界的扩张、无尽头的网格、无止境的知识所构成的无限美学来认同自己。他与斯蒂尔曼相遇的情节设置是毫无瑕疵的选择，并具有深刻的象征意义。他首先在来自纽约公共图书馆的报纸上研究了他的调查对象。他第一次瞥见他的调查对象是在从大中央车站月台往上的斜坡上（造成了短暂的意识中断）。他与调查对象的第一次语言接触发生在奥姆斯特德设计的河滨公园疗养景观中。

自从 18 世纪 50 年代早期伯克进行了分类命名之后，崇高的现象学便常常驰名于建筑文献中。这种对创造、异位、高效世界的渴望成为一种美国式的激情，即里奥·马克斯（Leo Marks）在《花园中的机器》（1964 年）中用一种特殊的技术编织手法所下的定义。虽然这种激情首次发现其出路是在对自然和美洲大陆的征服中，但是它仍然创造了自身的内在逻辑和生活世界。马克斯阐明了这些机器是如何激发人类为自己去建构一个更好的世界，不仅在物质世界中，也在文学或图示想象的世界中。马克斯致力于将机器以田园牧歌的方式应用于自然，强调人与自然之间新的平衡通过机器（田园主义）成为可能，但却在很大程度上忽略了大城市族群。

在《美国科技崇拜》（1994 年）一书中，戴维·奈伊（David Nye）赋予家庭一种固定的技术逻辑，它压制了所有其他世界，并且将这一逻辑应用到城市，特别是在桥梁、公路和摩天大楼的建设中，而世界博览会则成为一个试验场。奈伊强调，城市机器表面的理性主义和其技术胜利掩盖了各种隐蔽的世界、欲望和动机。他强调了几乎所有超验的宗教热情，这种热情带动了如此之多的美国科技革新者，包括摩天大楼的建造者。这些构筑物在夜晚被点亮之时最为迷人和轻盈，在灯光中勾勒出了城市的轮廓线（库哈斯以前就对科尼岛的灯光塔和交通设施进行了连接）。

奈伊指出，这种驱动了美国科技崇拜的激情是不理性的。美国科技奇迹最令人吃惊的是其往往没有经济意义。奈伊表明，伍尔沃斯（Woolworth）承认，他的建筑虽然当时是世界上最高的，却不能产生效益。他证明了它就像是为他的连锁店而设的世界最大公共广告牌一样。奈伊同样论述了帝国大厦仅有百分之二十五的总完成量，以及洛克菲勒中心被指控为对家族财富的一场严重消耗。在20世纪70年代末，世界贸易中心巨型愚蠢的双塔式建筑，必须通过纽约州的援助才能落成。世界金融中心的开发商们破产了，尽管他们都有优厚的补贴和敏锐的商业头脑。这些机器被一种审美公式所驱使，这一公式需要追求一种崇高的力量感，一种征服自然的巨大尺度感，一种所属的领域感（如同那些公司主管们从他们高高的楼层上俯瞰这城市一般），直指天空并控制着城市的天际轮廓线。[6]

当奈伊强调促成机器城市的这种不理性激情时，林奇则指向它狭窄的、科学的合理性，那保证了它在其特定条件下的成功。在《城市形态》一书中，林奇图解了作为一个开放系统的机器城市，它被设计为类似计算机主板一样，有着包含专属功能的、独立的、异位的细胞，通过快速的交通运输通道得以连接。林奇将这种机器城市形容为一个有着内部关联细胞的系统，由流线连接，包括机械流（交通）和信息流。林奇着重强调了机器城市的等级特性，它自上而下地运作，由大的主导小的。他认为它的全球性和区域性延伸类似一个网络。他抨击了自治生活和自我复制的逻辑、只追逐利益并独立于人类欲望和自然条件而作用的单一功能系统。林奇批评了这种方法，它以系统方式引导人们如同抽象的流一般，完全漠视当地情况和人们的需求。林奇尤其抨击了在某一区域内这一系统会快速摒弃一个单元的做法，例如内城中心，并在任何地方建造另一个来取代它，或许是远郊，或许是南美洲或亚洲。

林奇的机器城市图示精确地描绘了奎恩的城市内在逻辑，包括其现代化的交通方式和专业化的场所，无论是生产或消费、知识或财富、疾病、司法或教育。经过一段时间的国内生产之后，昂贵的机器在工厂中被迅速组合，以便腾出地方获取巨大的生产力和利润。这些高效的场所从城市日常生活中被分离出来，它们被转移远离城市，有时甚至被围墙所环绕。泰勒式的大规模生产逻辑、垄断资本主义下的工业化，以及全球贸易的增加，这些都意味着至1900年，曼哈顿顶端原先的荷兰村庄已迅速转变为了一座由企业摩天大楼形成的森林。从港口和铁路的迁离，允许工厂和居住区向曼哈顿北部迁移或向外推至外围城镇。这些工厂和高楼大厦是“其他的”空间，效率的异质性空间，在这里，工作和生活是分离的。它们从杂乱的日常生活事务中分离，远离村庄或工人及其家庭居住的棚户区。摩天大楼像单一功能的细胞般运行，分离专门的用途，垂直方向上依赖于电梯。纽约的古老荷兰村庄核心，集中在华尔街，开始表现为资本主义和高级金融的全球象征。古老村庄的中心业已变为由摩天大楼组成的城市机器，同时也是出类拔萃的第一个现代城市中心。[7]

自20世纪初开始，城市机器中这种资本聚集的三维逻辑就显示在纽约的意象中。最靠近港口的壮观景象是由标准石油大厦、康诺德大厦、平安保险大厦、辛格大厦和伍尔沃斯大厦所形成的一条沿着百老汇的脊柱，同时华尔街的塔楼在后面若隐若现。第一波最令人印象深刻的市区摩天楼是属于新媒体公司的（如赫斯特集团），沿着新闻街（Newspaper Row）形成峡谷般的方阵，面对市政厅并贯穿市政厅公园。在 20 世纪 20 年代，欧洲人继续使用从海上或空中看到的纽约形象来概括机器时代的现代性。纽约天际线的壮观景象，与萌发于曼哈顿顶端的华尔街地区的摩天大楼一起，成为肆无忌惮的资本主义城市垂直动态的缩影。这一观点也反映在保罗·雪铁龙（Paul Citroen）的达达主义在 1923 年的“大都市”照片集锦中，这个集锦将许多纽约地标拼贴到我们集体无意识的关于密度、簇群和全球城市的最初描绘中。甚至连俄罗斯的构成主义者卡济米尔·马列维奇（Kazimir Malevich）也将他的“为纽约城建造一座至高无上的摩天大楼的计划”（1926 年）拼贴成与华尔街和市中心相类似的景观。纽约的城市混乱意象尤其受到德国人的关注,这在埃里克·门德尔松（Eric Mendelson）的《美国》（1926 年）和路德维希·希尔贝斯曼（Ludwig Hilbersheimer）的《格罗茨市建筑》（1927 年）中被复述。这种同样混乱的纵向和剖面动态曾被弗里茨·朗（Fritz Lang）用作他的装置展览《大都市》（1926 年）中机器人生活的模型。[8]

从很早开始，美国人便试图将机器城市的三维逻辑合理化，提出了各种法规和高度管制，正如 19 世纪 90 年代芝加哥的路易斯·沙利文（Louis Sullivan）那样。“纽约市 1916 年分区法规”将市中心即荷兰村的核心区认定为一个特区，在这里允许额外的建筑高度，并树立了一个可为其他许多村落簇群所效仿的先例。其他地方，1916 年的法规将建筑高度与街道宽度及退后体系相联系。超级密集的机器城市逻辑成为纽约重要的当务之急。1911 年，金（King）的未来主义的纽约鸟瞰图，描绘了一个城市令人难以置信的建筑密度，它犹如一个由摩天大楼、桥梁、铁路和飞机组成的多层城市。这种第一阶段的大都市景象极其受欧洲人和美国人的欢迎。这种超密集城市的观点被散播到整个欧洲和美洲，登上了 1913 年 7 月 26 日《科学美国人》的封面，标题为“高架人行道”，显示了未来纽约街道上一个极其复杂的断面。从地铁和高架铁路，到被各种水平面上的桥梁所连接的摩天大楼簇群，一种狭长的街景得以呈现。这种纵向的、多层次的机器城市可以在埃纳尔（Henard）为巴黎未来的街道所作的同时代素描中看到，它同时也出现在圣埃利亚（Sant'Elia）关于未来城市的草图中，或在马里内蒂（Marinetti）对速度、汽车或飞机的夸大颂词中听到。雷纳·班纳姆（Reyner Banham）争辩道，这些关于速度和密度的意象和未来主义一起，被后来的现代主义者压制了。这些后来的宣传者抱定决心要实现一种激进而正式的纯粹，但却被折中主义的表象、深邃的街道峡谷和那些早期塔楼混乱的布局

图 8.4　城市中的机器；多层次的未来城市街道和塔楼之景观；《纽约的王者之梦》，1911 年。纽约哥伦比亚大学埃弗里建筑与美术图书馆提供

所干扰了。[9] 例如，希尔贝斯曼（Hilbersheimer）试图将这种复杂的街道断面合理化和标准化，那为他在一个树木稀少、三维立体和网格化的街道矩阵中形成又长又平的街区奠定了建筑学基础。[10]

在纽约，大中央车站的建设代表着那些最初的机器时代和未来主义者的梦想。这是一个分层的、机器时代城市内部的网络中心，进一步促进了网格城市的形成。在这里，大众运输系统根据距离和线路被隔离在几个层面上，其中有轨电车和地铁沿着第 42 街运行，汽车则从公园大道轴线上的高架道路通过该车站。这个车站复合体的断面也于 1912 年发表在《科学美国人》上，其封面就是这一“通往美国最伟大城市的不朽之路”。结合车站附近的摩天办公大楼和酒店的发展，公共交通转换形成了一个超高效能的领域与枢纽，即城中城。这是一个大量消费和生产的大型城市机器的多层次微观世界。[11]

图 8.5　城市中的机器；位于第 42 街和公园大道的大中央车站之断面透视。里德 & 斯特姆（Reed & Stem）和沃伦 & 韦特莫尔（Warren & Wetmore），1903—1913 年，1912 年《科学美国人》的封面。纽约哥伦比亚大学埃弗里建筑与美术图书馆提供

宾夕法尼亚车站和大中央车站的建设引发了城市机器运作中的一个巨大转变，如同在港域周围一个以铁路为基础的城市区取代以水体为基础的城市。这个新车站连接到一个庞大的区域乃至国家的腹地。在此之前，许多火车旅程都是始于接驳渡轮的哈得孙旁的泽西州火车终点站。诸如制衣业之类的工厂搬到靠近车站的住宅区。摩天大楼簇群发展了附近这些交通枢纽，如毗邻大中央车站的克莱斯勒大厦（1930 年）、位于宾夕法尼亚车站旁的帝国大厦（1927 年）。的确，这些流线形的、装饰艺术风格的摩天大楼的建造，连同城市机器的速度和效率，增加了纽约的可识别性。早期的摩天大楼是从下城古老荷兰村居住区的不合法规划中浮现出来的；而在中城，它们具有了 1811 年委员会网格的合理明晰。然而即使在这里，它们仍聚集成簇，形成小型的摩天大楼村落。建造于大萧条最糟时期的洛克菲勒中心符合这一同样的模式，它同时也强化了城市意象，如同一个不可战胜的机器，其速度和效率甚至可以无视市场规律。这个庞大的复合体参与形成了城市网格，但也将其自身的塔楼建筑形成一种围绕一个步行中轴线的非对称形式，它自身内部的主要街道，即散步长廊，相当于市中心的华尔街。

为何这种三维村落般的簇群式超密集城市机器应该局限于下城和中城区的两极，是找不出任何理由的。最初，地基所需基岩的缺乏限制了摩天大楼的位置，但是后来，这一技术限制不复存在。节点和网络的两极体系可以很容易地扩展到整个区域。休 · 费里斯（Hugh Ferris）20 世纪 30 年代的图纸展现了基于洛克菲勒模型的庞大的塔楼簇群，伴随着巨大的阻挠，从 1916 年的分区法规中逐步形成，预计在关键节点上形成巨大规模的开发，以此延长曼哈顿的网格。费里斯发展了将纽约作为高效的、标准化的、具有高层办公楼的终极簇群的思路，通过强有力的、机械化的公共交通运输系统被连接在一个有着难以置信的密度的多层次街道峡谷中，正如 1929 年区域规划协会的图示所表明的那样。[12]

机器城市的扩张，从单一节点到两极体系，然后再到多中心区域系统，这个过程已经在埃比尼泽・霍华德（Ebenezer Howard）《明日的田园城市》（1902 年）一书中得以预示（1907 年希尔森林公园已经开始了这种模式）。在 1929 年的区域规划中，霍华德的“多中心同心圆模式”被加以变形，以适应曼哈顿岛、海岸线、长岛和新泽西的方向。在校正周边城镇沿中心两侧海岸线部分的网格不对称分布中，河流和桥梁扮演了重要角色。根据这项规划，城市机器将在环绕其外围的绿带中扩展出居住村落，并通过铁路连接到两个中央商务区。罗伯特・摩西（Robert Moses）在同一时期对公园大道体系的积极推动中也遵循了相同的假设，但那却是基于私人小汽车。二战后的开发受到联邦补贴对住房、公路等的支持，大大加速了这一进程，极大地扩展了田园城市的规模，并且给内城敷设了排水管道。“技术崇拜”真正的标准是在 20 世纪 50 年代一种新的区域规模上，基于高速公路的第二次区域规划要求将工业移出曼哈顿，转到一个新兴工人阶级郊区的内环，只留下城市中心用以纯粹展示这一崭新的全球商业中心的壮观构筑。在新泽西州湿地和哈肯萨克牧场，这广袤的、水平的、后现代的废墟已成为这一政策的可悲遗产，同时还包括新泽西州伊丽莎白港广阔的集装箱装卸站，以及像肯尼迪和纽瓦克这些机场，也都被建在脆弱的生态环境中。[13]

由于机器城市被重组为一个多中心的区域系统，因此，中央商务区也被改造以符合其改变了的角色。在 20 世纪 60 年代初，为了遵循技术崇高的逻辑，城市规划委员会修订了“区划法”，允许整齐的塔楼建筑从城市网格化的地平面上直接升起，不带任何多余或装饰性的累赘。与勒・柯布西耶《光辉城市》中从公园升起的孤立塔楼不同，这些高层建筑被植入城市之中。密斯・凡・德・罗将西格拉姆大厦设计得如同公园大道上一个独立的插入体，以表现在城市街区尽端的广场上建造孤立塔楼的现代主义解决方案。这一模式成为“1961 年分区条例”的标准，在整个中城区以及下城巨大尺度的世界贸易中心双塔建筑中令人生厌地重复使用。在这里，广场的下面覆盖了巨大的地下购物中心和通勤火车站，以及广阔的停车场。现代风格的宾夕法尼亚车站和原始布扎（Beaux Arts）艺术之间的鲜明对比，使符号的转换变得清晰了。布扎式宾夕法尼亚车站效仿古罗马浴室，形成一系列宏伟的公共空间，新的宾夕法尼亚车站拥有一个私人体育场，其中心之上密集的人群推动了地下车站的循环流通。在这里，功能性的、低矮的通道系统创造了一个地下迷宫，与自由独立的塔楼和位于广场街道上面的体育场只有松散的关联。因此，拆除旧的宾夕法尼亚车站引发了如此多的阻力，被认为会对大中央车站和历史保护运动产生威胁，这一切也就不足为奇了。

对“技术崇高”的倡导者而言，问题总是在于机器的局限性、日常生活的适应性以及“无形劳动”的必要性。奎恩自己像一个穷困潦倒的侦探小说作家那样，工作在上西区内城腐朽的一潭死水中。即使有着计算机化和自动机械的到来，但机器不能总是像人类那样经济、高效地完成每件事情。结果是，科技崇拜往往依赖于为了支撑过剩的科技幻想而保持在标准工作条件之下的工人们隐藏的领域。在纽约的异位容器中，如大中央车站、帝国大厦或者甚至纽约公共图书馆，往往都有一个潜在的黑暗面。雷切尔 · 鲍尔比（Rachel Bowlby）在《只是看》（1985 年）中考察了这一异位类型学。她研究了百货公司在女性解放中所扮演的矛盾对立的角色。鲍尔比观察了通过这些消费圣殿为女性所创造的不同的生活世界。以德莱塞、吉辛和左拉的小说为例，她展示了男性所创造的这些梦想空间对女性消费者的“解放”，意味着许多寄宿服务生和导购小姐严格受训的痛苦。奈伊同样用“无形劳动”这一术语，描写了美国科技崇拜的必然性。修建了横贯铁路西端的中国劳工却几乎没有留下影像记录。他提到了帝国大厦全体工作人员的抱怨，这些如钢铁般坚强的建设者往往是美洲原住民，为了在 11 个月以内完成建设，他们不得不屈从于快速装配的生产线技术。

在美国的科技崇拜中，受压制者的黑暗面及隐匿空间可能与机器城市的想象空间相去甚远。例如，斯蒂尔曼教授被禁闭在遥远的郊区，那是奎恩从未体验过的地方。由于现代通信和运输系统，黑暗的腹地可能是城市、国家乃至世界中的任何其他地方（正如菲律宾的血汗工厂生产帝国大厦 T 恤这一事实）。奎恩自己陷入城市机器的裂缝中，尽管他致力于科技崇拜。奥斯特记录了一个外部观察者的声音：

> 他如何设法使自己隐匿在这一时期是个谜。但是似乎没有人发现他或向当局呼吁对他的关注。毫无疑问，他早就发现了拾荒者的时间表，并且在他们到来之时明确无误地走出小巷。每天晚上将垃圾丢弃在箱桶里的建筑管理者亦是如此。显而易见的是，没有人注意到奎恩。仿佛他已经融入城市的墙壁中了。[14]

奎恩最终赤裸裸地结束了生活，几乎是以一个胎儿的状态，就在他的一个前客户遗弃的公寓空房间里，被一个从未见过的陌生人神秘地供养着。斯蒂尔曼，前哥伦比亚大学教授，在他和奎恩的对话之后，将自己从布鲁克林大桥上——奈伊《美国科技崇拜》中的一个关键象征——扔了下去。

IV 奥斯特教授的介于中间的世界

在《玻璃之城》中，奥斯特笔下两个主人公的悲惨命运，正是指向了将他们两人的城市想象完全分离的不可能性。两个主角的形象都不完全令人满意，并且每个主角都受到对方的感染，产生了致命的混合。两个主角都不能真实地遵循他们的理想。奎恩过着一种完全边缘化的生活，被排除在财富、权力、机器城市及其媒体的威望之外。斯蒂尔曼则完全忘却了构成社会基础的城市日常生活的礼仪和节奏，反而沉迷于他的原教旨主义信仰。两个主角都被视为失败者，在他们的死亡中，他们以一种对生活世界符码及信仰体系的古怪倒置颠倒了自己的角色。斯蒂尔曼用崇高技术对象的力量极度暴力地结束了自己的生命，奎恩则撤退到一个完全自我关注的、停滞的、内心平静并隔离于城市的世界中去。

奥斯特指出了第三种立场，它平衡了这两个生活世界的交互作用，并超越它们进入后现代城市。他暗示，机器城市之梦和走向极端的信仰救赎城市之梦，为有效的生活世界提供了一个并不恰当的模式。双方都有各自的优势，又互相包含对方的要素。在《玻璃之城》中，有一位年轻的教授奥斯特，与妻子和小孩一起，与哥伦比亚大学和城市生活发生了联系，奎恩在叙事的某一时刻向他咨询有关斯蒂尔曼的事。后来，正是他看了电视，并告知奎恩当时从机器城市里脱离出来的斯蒂尔曼的死亡，促使了他进一步的溃退。正是他保持了与奎恩最长期的接触，跟踪奎恩，并且，也正是他在书的末尾被未知叙述者的声音所斥责，为了让他落入这个城市之网。

奥斯特教授代表了一种由村落和机器城市、通信系统和区域媒介连接所构成的后现代复合体。他同时也是一位致力于家庭生活的父亲（在村落的城市生活周期中）和一位公众人物，一名现代主义侦探奎恩在开始其探寻之时曾咨询过（在机器城市中）的专家。他能够操作和平衡两个领域，虽然他失败了。尽管他遭到严厉的斥责，因为他未能在城市安全网络中抓到奎恩，但显而易见的一点是，他是唯一可能关心奎恩的人（除了那个供养他的神秘人）。奥斯特教授这一混合人物失败了，但就作者最后的声音所代表的观点来说，更多是一种令人同情的失败。这一具有讽刺意味的、自我指涉的产物——奥斯特教授，是如此睿智仁慈，结合了村落城市神秘诗学的知识和科技崇拜神话诗意的王国。他了解这个城市的象征意义，也理解为了克服距离而产生的对通信系统的依赖。他明白，这一系统包含它们自身的神话制造形式，作为一种克服距离的方式。场所的神话铭记在摩天大楼或村落的城市诗篇里，它们都是虚构，在这种沟通系统中被创造出来，以吸引人们为了特定目的而前往特定的场所。奥斯特教授也理解，这是一个动态系统，不断地变化和转换，反映了城市及其意象的商品化，如同房地产在一个更大的城市区域中一样。

村落和摩天大楼都由信仰体系构成，这种信仰体系掺杂在后现代城市鲜活的现实中。曼弗雷多·塔夫里（Manfredo Tafuri）在《建筑与乌托邦》（1976年）中认为城市机器的概念就如同一种独特的、美国式的“消极乌托邦”，一个有着巨大创造力的、中立的取景装置，一个处于快速变化中恒定不变的参照点。塔夫里确定了纽约格网规划的基础模块为200英尺×600英尺或800英尺，被斯蒂尔曼和奎恩两人采用，作为启蒙运动的土地测量员（他们也可以将美洲大陆细分为很多网格）务实的、机器时代心态的深刻象征。与此同时，塔夫里撰写了《幻灭的山脉》，将格网规划的规则有序性，同作为一座人工“山脉”的摩天大楼的垂直机动性和华丽风格进行对比，那正体现了炫耀和非理性诱惑的威力。[15] 在同一时期，即20世纪70年代中期，库珀和埃克斯特德（Eckstudt）将炮台山公园规划为纽约网格的延伸，提出在世贸中心双塔的废渣填埋场上复制城市最具特色的联排住宅和公寓楼。

雷姆·库哈斯的《癫狂的纽约》（1978年）一书戏剧性地突显了后现代主义城市的混合性质，而他的描述却热情地着墨于科技崇拜的传统。对城市机器意象的后现代解读被公认为一个诗意的神话，是作者源于萨尔瓦多·达利（Salvador Dali）和超现实主义的“偏执批判”的产物。库哈斯感兴趣于非理性的梦想和诗意的欲望，它们萦绕和驱动着城市机器。在他“发烧般”的想象中，建筑物成为拟人化的、神奇的人物。它们承担了独立于城市的生活，作为与媒介化超现实并行的神话诗意世界中的图像。这个虚构的世界被马德琳·弗雷森多普（Madeline Vreisendorp）的封面图片优美地加以诠释，图片上帝国大厦和克莱斯勒大厦舒展地躺在床上，一个废弃的固特异气球置于它们之间的床单上。透过公寓的窗户，其他的摩天大楼公寓看起来仿佛一个魔法记号的集合群落。对库哈斯而言，纽约市是一个崇高的对象，完全脱离平凡、超乎人类和不可思议的某种东西。它的规模、它的复杂性、它的密度和“拥挤的文化”令它区别于其他所有城市。机械效率是既定的，但不是目标。吸引力来自一种混合性的审美享受，而且城市效率和人工化的愉悦导致了诗意的过剩。这就是作为超级机器的纽约，第四代欧洲访客眼中谵妄而千变万化的风景。

对这个媒介化的、超越真实的机器和村落世界而言，问题在于，生命的每一部分都必须被带到一个完美极端，在一个特定领域、一个图像空间，一部分是广告炒作，一部分是真正的人类需求。日常生活不得不被分解为一系列的精确动作。村庄和摩天大楼都变为部分是商品、部分是社区，如同社区被贵族化以及摩天大楼被废弃和再利用（在20世纪90年代中期的某一时段，市中心百分之二十八的办公空间是闲置的）。结果就是，机器城市和超越真实的村落的结合，为高度专业化的服务、异位容器和彼此分离的个体提供了一个迷你空间的微缩网络。这些服务的每个提供者相互竞争，并且拼命地试图区别于他人，以建立一个市场补缺者。罗伯特·A·M·斯特恩（Robert A. M. Stern）的纽约后现代肖像被尖锐地调入到这些混合的中间空间，在那里，崇高美学明确地被驯化成一系列内部的城市世界。斯特恩和他的合作者们记载了许多“第三空间”（既非私人住宅又非完全的公共舞台），它们提供了超级诱人的休息场所给中产阶级的纽约客们。这些绅士们的俱乐部、夜总会、歌舞厅、咖啡厅、酒吧、餐馆，女士们的茶室、报摊、理发店、美容沙龙都提供了城市中一个临时的休憩场所。在这里，在某个狂热的活动或在相对的平静中，富裕的市民能够带着某种超然去凝视这一城市景观（公园和花园以类似的方式在露天起作用）。[16]

1996 年秋季在惠特尼，这种对城市机器和村落城市模棱两可的阅读也激发了纽约城市意象的自我反思展。在这里，这座整洁高效的机器城市的图像融合了当地

图 8.6　机器与村落的对峙：对中产阶级化的抵制。詹姆斯·龙伯格，《美国广播公司的战役》，1991 年，绘画，60 英寸 ×50⅜ 英寸。大都会艺术博物馆提供

居民的人性。在这种“第三空间”里，在一根晒衣绳上的衣物可能展现在城市摩天大楼壮丽天际线的背景之下，正如居民在夏季的酷暑中在屋顶上抽着香烟。这场题为“纽约：雄心勃勃的城市”的展览会，乍看之下似乎为机械师的比喻所主导。但展览会的展示品却是根据《纽约：彩绘城市》这本书选取的，该书于 1992 年由格拉斯·格鲁克（Grace Gluek）——《纽约时报》的一名长期艺术记者所撰写。当格鲁克引用了“公共事业振兴署指南”中关于城市日常生活的“狂热能量”时，她选择的意象是将纽约描绘为一个动态的机器，它无情地抬高一些事物又贬低许多其他事物。事物的两面都被展示出来，高和低，摩天大楼机器和穿越村落的高架铁路。格鲁克的选择呈现了人类与机器之间的互动，这一观点来自 20 世纪 20 年代的乔治·奥尔特（George Ault），历经 20 世纪 30 年代的查尔斯·希拉（Charles Sheiler）和乔治亚·奥基夫（Georgia O'Keeffe），直至 20 世纪 80 年代的理查德·埃斯特斯（Richard Estes）、利·本克（Leigh Behnke）和罗杰·温特（Roger Winter）。奥斯卡·科柯施卡（Oskar Kokoschka）的表现主义动力打破了机器城市强硬的面具，而简·迪克森（Jane Dickson）从窗口看到的位于街角的时报广场妓女的景象，则暗示出一切并未完全进入 20 世纪 80 年代蓬勃发展的大都市。格鲁克以詹姆斯·龙伯格（James Romberger）的《美国广播公司的战役》（1991 年）结束，展示了警察和消防员与东村非法居住者的对抗。

随着两个面具的剥落，如同粘结剂般浮现的恰恰是人们的日常城市生活、它的媒介和它的记忆剧院，这种粘结剂作为第三种力量将混杂的城市凝聚在一起。事实上，纽约令人难以置信地不善于处理日常生活的必需品，这一点，和它传奇般的效率一样，是它的特征中一个至关重要的部分。尽管有着速度神话，这个城市仍然努力让人们放慢速度，并将他们汇聚到一个引人入胜的集合中，要么作为面对面的个体，要么作为大规模的大众。这个城市在特殊领域提供了大量的减速功能，这些领域依附于它堵塞的交通和通信枢纽（在那里步调一步步放缓，甚至停滞不前）。任何一个纽约人都可以讲述关于高峰期地铁或交通堵塞的恐怖故事，这使“文化拥堵”成为一个恶劣的玩笑。第 72 街地铁站的乘客们都害怕从狭窄而过于拥挤的月台被推入列车轨道，然而，大规模的新住宅建设列入提议恰恰是基于系统的这一点。广播电台定期播报在桥梁和隧道交叉口的长时间拥堵，以及交通事故和道路维修引发的贯穿整个公路系统的巨大延误。在城市中央，汽车所产生的污染仍然非常有害于健康。即使纽约市内的平均交通速度是在每小时 4 英里以下，作为一个城市人行道上的行人，在这里比乘飞机飞行还要危险得多。这个城市完全不可能去组织垃圾的分类和再循环，而且仍然完全脱离于全美的铁路货运系统，迫使所有的货物靠高污染的当地运输卡车来运送。

我们确实不可避免地要在一个日常生活的世界中进行运作，这个世界由矛盾对立的神话和知觉概念的混合物所组成，它使得我们陈词滥调的分析显得毫无意义。比如，从区域化和今天的全球化以来，城市的记忆剧场变得无限复杂。我们孤立的家园如今也被接入巨大的群体与国家的图像和信息记忆银行中，它们以宣传的模式散布到我们的家庭，或者我们可以选择用我们的鼠标通过网络的巨大迷宫进行挖掘。不论哪一种情况，其结果是一样的，城市有一种新的概念维度，它促使更大区域内美学领域的分配与竞争变得更加错综复杂。我们的邻里和机器图像目前呈现出一种更加复杂的混合特质，部分是机器记忆的图像，部分是生活世界的记忆剧场。

V 结语

奥斯特教授的教训就是，我们现在必须过一种混合的生活，部分是每日必需，部分是现象学的，部分是受到机械和传媒的驱动，城市因此组成了我们多重身份的一部分。现代主义的崇高梦想和记忆剧场的现象学梦想，两者都是这个城市的重要组成部分，但是城市中的日常生活流动实在过多，夹杂着它们之间的冲突、矛盾和杂乱的关系。我们必须包容每一种可能性，同时认识到养育和支撑了多样化生活世界的不同框架。我们需要能够在这些多样的生活世界之中自由移动，正是这种自由以多种方式定义着城市文明。我们仍然只是性别化的人类，有着与生俱来的软弱和力量，以及对神话、仪式、电影和书籍的热爱。全球城市，而非麦克卢汉（MacLuhan）预言的村庄，已经到来，以无数种方式进入了我们的日常生活。随之而来的是对现实的一种陌生而崭新的混乱感觉，其中，神话和机器共同融入纽约街头一种新的生存现实中。同时，作家保罗・奥斯特第四次，也是最后一次以虚弱无力的声音提醒我们，即使在后现代城市自我抬高、剥削和炒作的混乱狂热中，也不要忘记我们共同的人性和对他人应负的责任。

注释

1. P・奥斯特（P. Auster）:《纽约三部曲：玻璃之城》，纽约：企鹅出版社，1987 年，第 93 页。
2. 同上，第 93 页。
3. 来自伦敦建筑联盟的工作室，在 20 世纪 70 年代 [记录于《建筑与连续性》（1982 年）]。
4. 克里斯蒂安・诺伯格-舒尔茨（Christian Norberg-Schulz）在《存在・空间・建筑》（1971 年）

中引用了柏格森、胡塞尔、海德格尔等人对科学局限性的见解。诺伯格–舒尔茨借鉴了列维–斯特劳斯（Levi-Strauss）、皮亚杰（Piaget）和林奇对“活的世界”的理解。这些“活的世界”建立在兴趣和探索的基础上，创造了一种传统和知识体系。关于三种世界图式，见第 38 页。

5. 对于特别地区、商业改造区和历史地区，见 R·巴布科克（R. Babcock）和 U·拉尔森（U. Larsen），《特殊分区地区》，剑桥：马萨诸塞州，1990 年，以及有关超级贫民区，参见 W·J·威尔逊（W. J. Wilson），《真正的弱势群体》，芝加哥，1987 年；卢瓦克·华康德（Loic Wacquant），“贫民区、国家和新资本主义经济”，转载于菲利普·卡辛尼兹（P. Kasinitz）编辑，《大都会：我们时代的中心和象征》，纽约，1995 年，第 413—449 页。
6. 相反的观点，见卡罗尔·威利斯（Carol Willis）在《形式追随财力》中的论点（1996 年）。
7. 关于异端，参见米歇尔·福柯（Michel Foucault），“其他空间；乌托邦和异端”（1967 年），转载于琼·奥克曼（Joan Ockman）编辑，《建筑文化 1943—1968 年：纪录片选集》，纽约，1993 年。关于福柯的两种异托邦（heterotopias），见 B·热诺奇奥（B. Gennochio），“异托邦及其限制”，《过渡》，#41，1993 年，第 33—41 页，以及“话语、不连续和差异”，见 S·沃森（S. Watson）和 S·吉布森（S. Gibson），《后现代城市和空间》，布莱克威尔（Blackwell）出版社，1995 年，第 35—46 页。另见爱德华·苏贾（Edward Soja），《后现代地理学》（1989 年），第 16—22 页。
8. 见道恩·埃兹（Dawn Ades），《蒙太奇》，伦敦，1976 年，第 98—103 页。
9. 雷纳·班纳姆（Reyner Banham），《第一个机器时代的设计理论》（1962 年）。
10. 见理查德·波默（Richard Pommer），“比大都会更多的大墓地”（More Necropolis than Metropolis），见于《密斯之影；路德维希·希尔伯塞默（Ludwig Hilberseimer）；建筑、教育与城市规划》，第 16—53 页。
11. 载于黛博拉·内文斯（Deborah Nevins）编辑，《大中央车站；城市中的城市》，纽约，1982 年，第 34 页。
12. 见休·费里斯（Hugh Ferris），《明日的大都会》，纽约，1929 年。
13. 技术崇高仍然有它的捍卫者，约尔·加罗（Joel Garreau）热心地把这种增长的成果描述为纽约周边的 28 个新的城市商业集群，如边缘城市（1991 年）。对于加里奥来说，纽约地区已经成为从波士顿延伸至华盛顿的东部沿海大城市的中心，这就要求中心地区重新配置新的塔楼作为区域和全球娱乐中心。
14. 见《玻璃之城》，见上文第 178 页。
15. 转载于《美国城市；从内战到新政》（1979 年）。
16. 罗伯特·A·M·斯特恩和他的团队，《纽约，1900 年》（1983 年）、《纽约，1930 年》（1987 年）和《纽约，1960 年》（1995 年），通过它们的数量和频率，描绘了一座机器时代的摩天大楼大都会，令人难以置信的速度和增长，这些摩天大楼似乎没有界限。

参考文献

Alexander, Christopher (with Ishikawa, Sara and Silverstein, Murray and other team members), *A Pattern Language*, Oxford University Press, 1977.

Auster, Paul, *The New York Trilogy; City of Glass*, Penguin: New York, 1987.

Bowlby, Rachel, *Just Looking*, 1985.

Gluek, Grace, *New York; The Painted City*, Layton, Utah, 1992.

Hilbersheimer, Ludwig, *Groszstadt Architecture*, Berlin, 1927.

Homberger, Eric, *The Historical Atlas of New York City*, 1994.

Howard, Ebenezer, *Garden Cities of Tomorrow*, London, 1902.

Jacobs, Jane, *The Life and Death of Great American Cities*, Penguin, 1960.

Koolhaas, Rem, *Delirious New York*, 1978.

Le Corbusier, *Ville Radieuse*, Paris, 1934.

Lynch, Kevin, *The Image of the City*, MIT Press, 1960.

Lynch, Kevin, *Good City Form*, MIT Press, 1984.

Marx, Leo, *The Machine in the Garden*, 1964.

Mendelson, Eric, *Amerika*, Berlin, 1926.

Nye, David, *The American Technological Sublime*, 1994.

Rykwert, Joseph, *The Idea of a Town*, MIT Press (first published in 1957).

Schulz, Christian Norberg, *Existence, Space and Architecture*, London, 1971.

Stern, R.A.M. and team members, *New York 1900* (1983), *New York 1930* (1987) *and New York 1960* (1995)

Tafuri, Manfredo, *Architecture and Utopia*, MIT Press, 1976.

Tafuri, Manfredo and Cuicci, Georgio, *The American City; From the Civil War to the New Deal*, 1979.

Veseley, Dalibor and Mostafavi, Moshen, *Architecture and Continuity*, London, 1982.

Yates, Frances, *The Art of Memory*, Chicago, 1966.

第九章

印象纽约

城市的表象和感知

安德烈·卡恩（Andrea Kahn）

I “自上而下的注视”：城市表象

表象是强有力的阐释。它们通过组织城市的感知和日常生活体验构成了对城市生活的理解。通过记录“城市”（它在任何时候都是一种概念）的观念，对它们在物质上和意识形态上产生影响，关于城市“是”什么以及它渴望成为什么。不论是将它看作一种视觉上的物质性描述方式（如地图、规划、模型和建筑师与城市设计者的图纸），或者是非视觉的、更为抽象的框架功能（如经济和社会政策，或者城市规划者的市政条例），城市的表象都具有某种形式的稳定性。它们凝固了城市区域的流动背景，将城市表现为一种理性的构成，因而使之可以分析和批判。投影成像技术作为一种乳化剂，和指令性的监管限制一起，共同“规范”了一个城市固有的不确定和混乱的本质，通过巧妙的策略将城市环境中许多相冲突和有争议的景象合并为一幅平滑的图像。

由城市的多样化并且往往不相称的风格所带来的对感知的挑战是长期存在的，表象旨在克服或者监督它们。从历史上来看，城市的表象已经趋向于忽视城市的厚度，通过写下薄薄的报告，这些报告掩饰了城市片段的物质密度，历史断面的时间深度，以及集体记忆的符号性重量。这些合理化的表象是与一种叠加的持续性和确定的期限联系在一起的——它们强化了至少能回溯到文艺复兴时期的一个稳固的城市“概念”。米歇尔·德·塞尔托（Michel de Certeau）将这一持久的观念指称为“概念城市”[1]。正像他在《日常生活实践》中所揭示的，它代表了一种尝试，去克服由城市群所产生的矛盾和不可通约性。“概念城市”认为，可读性反对由日常生活实践所产生并再现的流动的不明性。正像德·塞尔托所表明的，“阅读城市的欲望先于满足它的方式。中世纪和文艺复兴时期的画家以没人见过的透视画法表现城市。”[2]

今天，这一倾向继续存在于对城市场所的表象中，再次出现在德·塞尔托的话语中，努力“通过使用清晰的文本固定它晦暗不明的流动性，从而使城市变得可读。”地图和图示（与设计实践和物质规划相关的）提取并分离了实际上不易厘清的城市层面；地形学、交通系统和城市密度；开敞空间、建筑类型学和社会等级划分；功能分区、历史发展模式和政治分区——这些都通过分析和描述性的表象而被孤立，只除了城市中许多相互关联方面中的一少部分。城市政策（用于监督和促进城市发展）揭示了一个同样的提炼过程，在这种情况下，解决类别明确的社会、政治和经济问题，作为分离的而非相互依赖的城市问题的不同方面。表象不承认逻辑的多重性，而将城市多样、离散和相互冲突的空间扁平化。

当建筑师、规划师、开发商和政客们持续地想象——并且描绘——有边界的、摆脱了困惑状态的城市场所，他们对城市标准化的评估，尤其是关于什么构成了“城市”，都是基于一种永恒的完美想象，当将其应用为衡量当前城市结构的一种尺度时，就掩盖了它们的多重现实，并且反过来贬低了它们的价值。这是因为，即使面对持续变化的城市空间定义，可知的、理想城市的神话依然继续占据主导。有一个疑问存在于单一的、可知的“概念”城市（以及与它紧密联系的持续想象）和更加难以捉摸的、地面可移动的居住城市之间的空白处，那就是，是否可以想象另一种城市表象的方式，它可以提高对城市的认知，而不再压制或拒绝承认城市生活的复杂性。

为了探寻这一难题，笔者要给出纽约市的两种表象，其中每一种都提出了一个特别的城市概念。两者都引入了“成像”意义上的同时是有权“支持”或者“代言”其他利益意义上的表象。第一种是纽约全景画（Panorama of New York），一种始于20世纪60年代的“微缩城市”，它提供了一种以外观和谐为特征的城市图像。第二种是商业改造区（BID），一项对目前纽约的大片地区进行改造的特定立法和金融机制。BID计划将纽约市设计为一系列不连续的飞地，中间有一些空置的空间，尽管有明显的破碎性，但这种城市图像实际上是非常同质的。对全景画和BID计划的近距离审视，使我们能够重新评估表象在维持作为一个包容和可控场所的城市想象中的作用。选取这些实例的目的既不是设置一种极端（既然实际上根本不存在），也不是识别一种“真实的图像”（有哪种城市图像是“真实”的呢？），更不是决定一方或另一方能够更准确地捕捉体验和感知（因为这些也消除了城市的不和谐邻接）。问题不是在两种版本的“概念城市”中任选其一，正相反，利害攸关的是一个更根本的问题，关于“可知”城市的确切概念，以及它如何塑造人们的期望，关于城市是什么或者可能成为什么。

图 9.1 罗伯特 · 摩西的纽约全景画，曼哈顿和布朗克斯的局部景观

II “省略”：全景画

即使采用了假想的目标文件形式，城市环境的视觉表象总是多于物质事实的二次描述。纽约全景画（最初是由市政建设者罗伯特 · 摩西所委托，为了展示 1964 年世博会的纽约馆）是一个“回顾性的”建设，试图捕捉到某个特定历史时刻的纽约形象。全景式的城市景象在时间上使城市凝固，并将其界定在法定范围内的五个区，它假定城市是一个离散的“事物”，以获得容易理解和有限的文档。作为一种人工产物，全景画对城市环境所持的态度是基于将其看作一个物质上稳定和隔离的场所，借着为拓展政治、社会和时空背景的流动与联系而得到简化。

全景画是纽约五个区的一个 1 ∶ 100 的模型[3]，引人瞩目，但很难说独特。早在 1915 年，一个有灯光的、550 平方英尺的纽约市模型就在旧金山的世博会上展出。但是，还有一个更有影响力的先例——“未来世界展”，1939 年纽约博览会最受欢迎的展示，由诺曼 · 贝尔 · 格迪斯（Norman Bel Geddes）为通用汽车公路（General Motors Highways）和地平线（Horizons）建设所设计，由于取得了巨大的成功而被摩西所知晓。全景画借用了“未来世界”的建造技术，它的“模拟直升机座位”

（simulated helicopter ride）是对上次展览中所谓“环形传送”（carry-go-round）的一个直接的重新阐释。但是，贝尔·格迪斯的展示是一个用于将参观者带回到20世纪60年代的虚构景象，在小册子中被称为“美丽的明日世界”，而摩西的模型则想要作为对纽约市的一种客观、实时的描述。

建造这个想象中全面的城市景象花了三年时间。为了保证最后的成果不超过百分之一的误差（按照摩西的要求），显示单栋构筑物的现有专业城市地图又扩增了一套航空照片，同时附带特别委托的一套5000幅表现建筑高度的45° 角照片。这些文件，另外还有一份美国地理部的地形测量图和城市自有设施的地图，提供了创建大型三维模型所需的基本信息。为了准备建筑的安置（在1964年包括830000个构筑物），对多个区域内的高速公路、街道、街区和公园进行了描摹。在这当中，25000个是定做的，标明了像帝国大厦、哥伦比亚大学和市政厅这样的地标；另外100000个由标准化元件进行组合，其余的则是批量生产的、形状各异的塑料单体，用以描绘城市居住肌理（单户或者双户住宅，还有富裕阶层和租房户）。公共建筑和城市服务设施用微弱的彩色灯光进行识别，借用自1939年世博会中Con-Ed的透视画“城市之光”,整个展览的灯光布置想要给人一种从黎明到黄昏周期变化的印象。根据一份当时的描述，当从沿着它四周的“直升机座位”往下望时，全景画的整体效果是“一种壮观的表演”[4]。

这个奇观有很大一部分涉及摩西本人的工作成就，因为只有通过全景画的建设，他的许多项目才能够以一种容易理解的视角被贯穿到一起。全景画表现了摩西的个人作品，似乎它们已经被构想为一个综合远景的一部分了。然而同时，他的城市干预仍然是显著的。建设材料的选取突出了摩西职业生涯的成果，全景画的建筑物绝大多数由塑料和木头制成，而35座桥梁（许多都是由他所领导下的桥梁与隧道管理局建造的）则由黄铜精心制作而成，以显示其结构和设计；浅色的高速公路和景观大道在观众眼前跃然而出，强调了摩西作为一名市政道路建设者的工作；有反光的绿色开敞空间（在黑暗中能够发光）表现了摩西作为城市公园委员会成员的一幅荣耀景象。在其众多的理想化事物当中，全景画表现了一条明显持续延伸的绿色开敞空间，靠近穿越布鲁克林、布朗克斯和皇后区的高速公路（所谓的“公园大道”）。而事实上，大部分生动描绘为相互连接的公共空间而吸引人的区域，实际上都是无法用作娱乐用途的死角。[5]通过表现一种从“高处”所看到的城市发展的理想图景（实际上，是从上方，同时在意识上，具有“超脱”立场的建设者对于项目的抽象意义比其真实效用更感兴趣），模型创造出了一种虚构的凝聚力，从实际上看处于一个极其零碎和破坏性的大规模城市干预过程之中，而这正是摩西在他漫长的职业生涯中所审视到的。

全景画在博览会开幕日当天揭幕，被当地媒体称为“模型城市”。尽管明显属于一个“微型城市”，同时全景画在另一种意义上也是一个“模型城市”。在罗伯特·摩西被任命为世博会公司董事长之前（这基本上标志着他50年职业生涯开始结束），他在国家和地方政府的委任而非选举之下担任多个要职。由于他的多种职务，他不仅能够审查许多大规模的建设项目，也直接参与了指导纽约城市公共发展进程的政策和规章的编制（或修编）。他甚至一度有一个无所不包的头衔“城市建设协调员”。正如帕特里夏·菲利普斯（Patricia Phillips）所观察到的，“摩西或许比任何其他个人更多地要为20世纪纽约物质空间特征的形成负责。全景画是这个强有力的、常常遭到谩骂的现代建筑运营商的视野内一种恰当的想象。”[6] 在《空间、时间和建筑》一书中，吉迪恩赞扬摩西具有“奥斯曼的热情和活力”，但这一比较并不完全贴切，因为尽管摩西有他的干预范围，但他和奥斯曼的总体视野并不相同。[7] 虽然1929年《纽约区域规划》中初步大纲的提案部分指导了摩西的项目选择，但他是一位建造大师，他公开表明了对规划师和总体规划的反对。[8] 在他担任各种公共机关（受州法律特许的准私有企业，其经营超出了公共问责范围）主席职务时，他承担的工作包括纽约市的七座主要桥梁、这一地区内多数高速公路和区域园林大道、大量公共住房和许多公园，大部分被认为是缺乏上一级规划提供指导框架的离散干预。[9] 利用全景画的这些努力而提供一个“完整”图像的愿望是摩西的典型特征。他只能够忍受不超过“1%的误差幅度”，这证明了这个人一生的兴趣就在于获取和维持对项目（以及人们）的控制，以及无视那些形成了城市环境特色的连续调整和变化。即使是他的模型制作者，雷蒙德·莱斯特（Raymond Lester），也很清楚这种两难的境地。他告诉一个记者，为了满足这种需求，“我们不得不指定截止日期，因为总是有些东西正在建成或拆毁。”[10]

回到德·塞尔托，认为客观的全景画可以被理解为“一种‘理论的’（也是视觉的）影像，简而言之就是一幅图画，其可能性的条件是一种对现实的遗忘和误解。”[11] 在这一“概念城市”中所消除的内容，超出了德·塞尔托所归类的日常生活实践。通过阻止纽约市第一届规划委员会在20世纪40年代早期首次提出的发展长期规划的目标，摩西实际上要为缺乏任何全面规划政策指导的城市进程而负责。他的全景画必须被看作是一个最终阶段，最后和精心谱写的一种景象，被用于表现一种连贯的职业生涯，实际上是建立在一种对综合处理方案的深刻蔑视，和对实行总体控制同样深刻的意愿这两者的奇怪组合之上。而缺失的，是所有对由他的大部分工作所触发的无数政治、官僚和社会冲突的记录。将城市作为一种无时间范畴的（只抓住时间中的某一刻）、二维的（作为一种表层，只感知建筑的形式）、静止的（与区域和生态系统相隔离）事物来表现，全景画很好地表现了德·塞尔托所描述的“地图场景的叠加”。在那里，“不同种类的要素被归于一处，形成某种地理知识状况的一个‘戏剧性场景’，而抛开对其历史或者对后代的考虑……这是对其进行操作的结果或必要条件。”[12]

缺乏对城市的多层次和逻辑性予以表现，或缺少对摩西全景画部分工作过程记录的状况，提供了“视觉一致”的表象。[13]它模糊了城市体验一贯的视线转换和它们互动尺度（不论是局部的、都市的、区域的或者全球的）的清晰。通过将纽约市描绘为一个自治的场所（该模型飘浮在一个黑暗的展示区域，没有区域标志来界定它与大背景的关系），全景画使得城市作为一个可定义场所的观念得以永存，它们可以进行物质限定和“客观”描述。它也忽略了城市片段的深度，那是城市感知的空间和时间层面嵌入之处。由于它的多处疏忽，由相互矛盾的空间所构成的城市群体特征（更不用提作为摩西职业标志的争论了）在全景画的视野之中无处得见。

III 例外：商业改造区

如果摩西打算用全景画来描述一个统一的纽约，那么商业改造区（Business improvement districts）明确提出了完全不同的一种城市建设思路。一个 BID 就是一个自我负担的独立区域，旨在增加“商业主导区”。BID 在 20 世纪 80 年代和 90 年代激增，但其起源可以追溯到 20 世纪 60 年代，当时，林赛市长城市规划委员会的城市设计小组创建了“特别街区”（Special Assessment District）分区法。从现存的统一控制中单独分离出来的这一转变，被城市规划者和城市设计者看作是一种方法，用于辨识一个邻里不同于另一个的唯一特征。“特别街区”源于这样一个现实：分区立法通过对特定区域量身定制专门的设计目标从而影响城市设计。[14]在 20 世纪 70 年代晚期，随着“特别街区”的创建，纽约市提出了“特别评估区”（SAD）。这些都提供了一种项目融资和实施的方法，而不仅仅依靠市政府的治安权力强制实行控制。SAD 是一种为减轻振兴项目给当地政府带来的财政负担的初步尝试，而商业改造区（始于 20 世纪 80 年代早期）是它们新的化身。

一个重要的事实使“特别街区”区别于“商业改造区”（BID）：前者是分区条例，而后者是私营公司实体。从技术上讲，一个 BID 就是作为一个自我负担的独立区域来运作的立法和金融机构；它只能由多数本地业主组成。然而，这种“多数”是由土地的总计税价格来决定的。因此，相应地，比起多数持有低价产业的业主，少数高价产业的业主对于决定一个 BID 的成立具有更重的分量。为了创建一个街区，这个联合体必须向当地政府提交一项计划，详细说明他们街区的边界、改进提议、预算和分摊比率的确定方法。市政公共财务中高达 60000 美元可用于资助 BID 计划的筹备。经过一个公开审查过程之后，BID 提议就能够被城市政府所接受（然而不提供设计或监控指导方针，从而有效地避开关联）。一旦被批准，街区就形成一个非营利实体，其董事会成员来自当地业主，边界内的所有业主（无论最初是否支持该计划）随后都必须向 BID 资金库缴纳一定税额。这些钱由市政当局收取（在纽约，是市财政局），然后返还给公司供当地使用。有许多法律限制影响公司的职能：他们的预算不能超过对 BID 边界内财产所征收的普通市政税的 20%；他们的债务不能超过街区内应缴税的不动产价值的 7%；基金可用于提高和促进更好的商业环境（街道改造、景观、标志等），也可用于促进卫生和安全等公共服务的增加，但不能替代后者；最后，BID 只要负债就不能解散。[15]

1982 年，纽约市城市委员会被州政府授权创立 BID。1996 年在纽约市商业服务局提交的一份报告中，有 37 个街区被列入，预算金额从 67000 美元（布朗克斯的小型 BID）到将近 1000 万美元 [最昂贵的曼哈顿 BID、中央车站合营公司（Grand Central Partnership）]。第三和第四大的 BID——第 34 街和时报广场——由中央车站合营公司有效地创建为一个大型区域，因为它们在空间上相邻。有一次，甚至三个区域共同拥有一位主管，丹·毕德曼（Dan Biederman），被《纽约时报》称为“中心城区的市长”。除了位于东布鲁克林的一个工业 BID，纽约所有的 BID 都是商业导向的。虽然其规模、预算和改造议程大有不同，但所有 BID 的事务都致力于管理它们所属地段的本地公共形象。位于外围城区的小型街区提供有限的服务（街道清理和个人安全、促进本地零售业、节日灯饰等）。最大型和最富有的曼哈顿街区则有更多功能，它们的资金主要来自债券发行，联邦和地方合作伙伴赠款，以及与当地物业价值的提升有直接利益关系的商业团体赞助。在 1992 年到 1994 年间，中央车站合营公司和其属下的第 34 街有限公司，发行了总价值为 8700 万美元的债券。最引人注目的（也是最具争议的）纽约 BID。或许就是中央车站合营公司，拥有超过 5000 万平方英尺的商业土地面积，超过只除了三个以外所有其他美国城市的整个市中心区。[16] 它覆盖的面积超过 70 个街区，它的执行总裁（他的薪水是纽约市长的三倍）是当地经济发展提案的重要参与者，资助大型项目，并提供政府无力负担的各级“公共”服务。

在 20 世纪 80 年代末、90 年代初，市政府和纽约市新闻界对 BID 的反映都是全面的肯定。这里必须指出的是，办公室位于时报广场外的《纽约时报》，曾经是（仍然是）时报广场/第42街BID的重要参与者。它的许多文章和评论都赞扬了BID在清理城市街道和通过加强民间执法减少犯罪方面的工作，甚至在1995年和1996年有关街区问题的一系列调查报告之后，这份报纸仍然对BID对城市的贡献保持赞誉。[17]直到最近，混淆公共和个人责任的风险，以及BID的缺乏公共问责，只被少数几位评论家指出过。在1992年，纽约市长的话被引述（在《纽约时报》中）说（以一种正面的变形）：BID“为政府填补了空缺”。在1995年11月对私人运营、自我负担街区的第一次审查（由关于不良交易的外部报告所提示）中，市政厅缺乏监管责任的问题才得以凸显出来，这已是在这些问题首次披露十年之后。该小组发现了一大堆问题——管理不善、过高的行政工资、以低于最低工资标准雇用非法移民做粗活。最严重的丑闻（中央车站合营公司也卷入其中）包括滥用资金和可疑的“社会服务”计划的运作。大中央BID的总裁（毕德曼）试图从本街区转移资金，启动跨越位于新泽西州纽瓦克（Newark）哈得孙河的的另一个BID（根据联邦法律全都是非法的）；在《纽约时报》的首页刊出：先前无家可归的人，被BID雇佣为“极限工作者”和清道夫，使用武力将其他无家可归的人驱除出这个地区。结果，由于他们的发现，市议会要求BID董事会和城市商业局进行更为严格的财政审查。同时提出了一项针对伙伴公司的诉讼，指控公司董事会未能充分代表本地住宅产业业主的利益，而他们仍然被征收了相应的商业税额。[18]

为了适应这种新状况，BID的增长在1995年有所减缓。然而，借助对有形（街景修复）和无形（在时事通信、报纸和电视中，将这些改进划入媒体的覆盖范围）的公共领域进行干预，最大的公司继续通过控制地方和区域形象明显获利。在1996年秋天（在第一次市政审查几乎一整年之后），为回应市长朱利安尼（Guiliani）相对较晚的认识，最大的BID“在本质上，创造了公共政策”，但却在缺乏任何检查和制衡机制的情况下运行，市长办公室突然转变了早先放手不管的立场，要求对街区的债券发行实行限制。最初，一位热切的支持者首先发起了私人投资BID这一方式来拯救财政紧缩的城市政府，朱利安尼显然越来越担心他们的权力成为一个替代的微型政府（同时也担心BID不履行契约的可能性，那会将市政债券评估置于风险之中）。1996年9月，标志着城市官方立场的改变，《纽约时报》报道称“（市议会中的）态度似乎已经转而反对某些组织了。”[19]

尽管市政厅新发现的关注点受到欢迎，但它仍然没有正视BID如何塑造城市，以及这种塑造如何影响城市体验的问题。曼哈顿中心区的BID特别发起了一场范围广泛的“改进”，通过清除城市视觉和体验的差异性而改变地区的特色。这些变化主要是美学方面的，最初和最主要是由创建一个高端商业形象的意图所促使。还有

图 9.2 标识：私人保安，第五大道，BID

一些是物质方面的，包括铺设人行道、增加街道照明、提供新的街道设施和引进抗污染的树木。这些街景要素的设计都是很普通的，其最明显的特点是街区标识。在中央车站合营公司街区，成排的报亭整齐地排列在街区中央，粉刷成和街道灯光一样的绿色——色彩编码要素标明着 BID 的存在和它“统一”街道的日程。所有大型的市中心 BID 都提供免费的设计咨询服务（在每月时事通信中提供给成员们），帮助零售商改造他们的店铺，与街区指导方针相一致，它要求标志的字体大小、色彩和从建筑外墙突出的水平投影范围。禁止纸质的标志、临时人行道广告牌和荧光灯，大概因为这些都和低端（因此不太合乎要求）商业行为相关联。更多的法律约束以零售租约附文的形式，详细列出了街道正面设计的强制条款。所有这些书面控制的结果形成了一幅街景，和郊区大型购物中心的内部街道有着明显相似——在那里，关于标志物的类似规定，用于在一个高度系统化和规则的建筑框架内创造对城市多样性的一种模仿。BID 也提供私人保安部队在街头巡逻，以及城市供应之外的补充卫生设施。有醒目标识的私人巡警和身着鲜艳制服的街道清洁工在曼哈顿的许多地方无处不在，给本地商业团体提供的“安全”和“清洁”环境做了活广告。

BID 是一种强有力但不对称的城市表现形式，它忽视了未持有重要商业或贸易资产的任何个人（或任何群体）的利益。它们的改建具有均质化的效应——在视觉上存在于日常细节的层面，在经济上通过特定类型的商业投资，在社会层面则挑选有限的用户群体。尽管采用了与摩西的全景画中完全不同的方法，但这些公司都取得了一个相同的结果，就是通过建设一个高度受约束和限制的纽约形象的过程，抑制城市环境中有冲突和有争议的方面。通过吸引高端零售业和娱乐业，市中心区的 BID 日趋调整为面向由游客组成的“公众”和富裕消费者，从而有效地排除了为娱乐和购物需求而来到市中心的其他纽约顾客。20 世纪 80 年代早期的一份研究揭示

▲图 9.4 "新第 42 街"

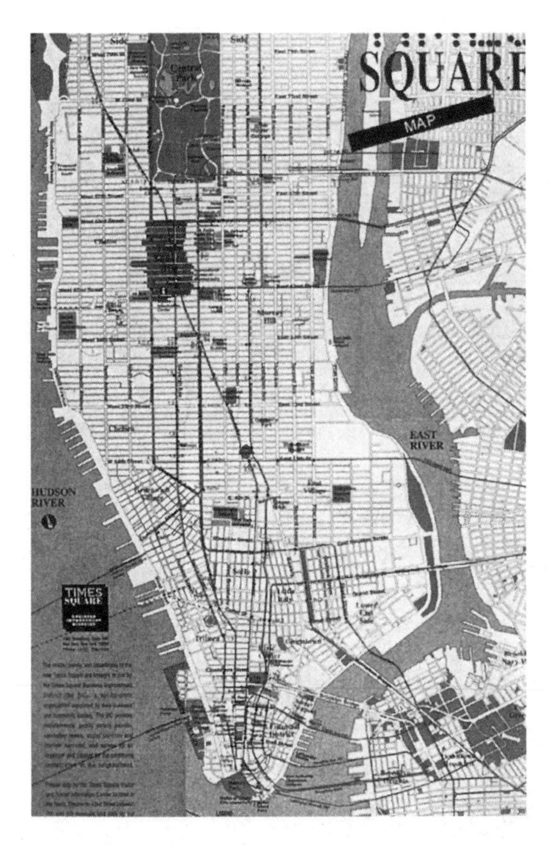

◀图 9.3 "时报广场 BID 将带给你活力、安全和清洁"：附在 1995 年地图上的文字，显示了时报广场商业改造街区的范围

出，频繁光顾现在被称为时报广场 / 第 42 街 BID 这个地区的大部分人来自纽约市外围城区（皇后区、布鲁克林、布朗克斯和斯塔滕岛），今天对于时报广场再开发项目的宣传则预示着大量游客的到来。复兴街区的方法包括重新给街道命名（第 42 街变为新第 42 街）；撤除成人娱乐业 [时报广场周围一个 32 个广场般大小的街区范围，将被允许保留 6 至 10 家色情商店，按照目前的 BID 董事长格雷钦 · 迪克斯特（Gretchen Dyskstra）的要求，只要大概是"正确的"数目]；引进家庭娱乐，如网络购物中心和旅游服务；在与城市其他地区有联系的咖啡馆和餐馆的形式中，引入新的"本地"色彩，像小意大利和格林尼治村，并且保持整个地区的整洁，到处布置身着明亮红色制服的街道清洁工大军。感谢迪士尼、新第 42 街公司和那么多高度合作的城市及国家政府官员，时报广场正在"转变"，从一个"下水道"（前州长科莫这样称呼），进入健康家庭娱乐的"一个全新时代"。BID 将城市的"安全"和"清洁"等同于住满了幸福消费者的、清洁卫生街道的肤浅表象，这对它们在这个城市的未来中扮演的角色提出了严肃的问题，因为，作为专门飞地的聚集，它们只会成为大大增加今天城市中出现的经济和社会不平等的潜在根源。

图 9.5　典型的纽约城市报摊，被 BID 的宣传称为“第三世界的集市”

图 9.6　由中央车站合营公司（Grand Central Partnership）设计和安装的报亭

图 9.7　沿着“新第 42 街”转角周围的第八大道的典型店面

图 9.8　第 42 街的新店面

虽然 BID 减少了街道上的垃圾数量和可见的流浪者（通过将他们驱赶到街道巡逻较少的邻近街区），但它们的公司董事会仅代表商业企业的利益；它们的“改进”从根本上降低了纽约市特有的步行尺度的多样性；它们的雇员没有得到劳工保护。[20] 通过清除对社会“有害”的使用，把“改善”城市公共领域作为其行动的一部分，市中心 BID 已经建立了一套社会服务程序（将流浪者赶出它们的街道）；率先行动起来减少人行道摊贩的存在（市中心便宜食物的唯一来源），以及限制在报刊亭贩卖的货物种类（BID 宣传手册声称，货摊上货物的扩增将它们变成了“第三世界的集市”）。对街区内售货推车位置和数量的限定不仅给有执照的摊主带来了困难（他们依靠高流动性区域进行贩卖），它也减少了可能发生在公共领域的多种交换，并消除了一个强烈的感受面——炭火烤肉的气味、烤坚果、热椒盐脆饼、热气腾腾的酸菜和热狗——从街道的切身体验当中。BID 指定的标志限制是控制其领地形象的另一个有效方法，使那些面向低端消费者的商业连锁的生存更加困难。自从合营公司成立，围绕大中央的许多廉价的家庭经营和提供快餐的餐馆已经消失，同时消失的还有为市中心大量粉领和蓝领工人顾客服务的低价和折扣零售商。

BID 最雄心勃勃的计划甚至规模更大，包括整修重要的公共空间，这会带来周边区域产业的增值。布莱恩特公园（Bryant Park）是市中心最大的开放空间，位于纽约市公共图书馆背后，20 世纪 90 年代早期，布莱恩特公园公司资助的一个项目对其进行了整修。新的景观设计中，可移动的巴黎风格的公园长椅安置在中央草坪内，位于公园边缘的永久性售卖意式薄饼及卡布奇诺咖啡的货亭，是为了让人联想起盛大的欧洲公园的形象。BID 还安置了一个昂贵的餐厅在公园内，一项将其利润的一部分用作公园日常维护开支的特许经营。更多的利润通过将公园出租给私人活动而获得，包括城市的年度时装秀。南部的八个街区，第 34 街 BID 一直为梅西百货（美国最大的百货公司）外面的先驱广场和格里利广场（Herald and Greeley Squares）投资，进行翻修和为期 10 年的年维护。据第 34 街商业集团主席彼得·麦尔金(Peter Malkin)所说,“仅仅为了改善那个空间，就花费与我们在几千平方英尺空间内所花的同样数目的资金是没有理由的。我们正在尝试为曼哈顿游客聚集的区域创造一个新的形象。”[21] 另一个类似的公共空间计划是潘兴广场（Pershing Square，从中央车站穿过）的设计，为了提供一个工作日的室外咖啡空间，通过关闭公共街道而得以建成。

米歇尔·德·塞尔托在《日常生活实践》中勾画出了“概念城市”的共享特征，BID 试图去克服由城市聚集而引发的不可通约和矛盾性，通过它们对城市公共空间的改造。[22] 通过自我服务和私人投资而建立的 BID 正在将纽约市分割为由市场控制的飞地。随着城市政府紧缩开支，将城市开发留给这些私人公司，正在创造的就是一个"BID 意象"的城市，有效地将城市环境重新定义为一项商业投机，街道作为超市，城市居民作为高端的消费者。BID 提供了一个"干净的空间"（un espace propre）：通过对缺乏教养和不守规矩者的一致驱逐而进行净化的一个区域；由精明的营销人员所安排的一个活跃、无故障的环境，他们的兴趣在于"销售城市"给任何有钱花的人。BID 标志着地方和区域政治议程与全球经济力量的结合，采用有动机的设计策略来创造它们的城市形象。这些都极大地改变了城市体验，通过限制日常实践和排除不受控事件，改造了作为单独和零碎地段的公共领域。在一种试图隔离和稳定城市的战略运作中，BID 用一种通过空间、社会和经济排斥而获取的美学幻象取代了城市特征的多样性。

IV 被忽略的：从下部显现

正如摩西的全景画，BID 试图使城市环境可以理解，通过将其设计为有限和清晰的。两种城市表象是相似的，它们在潜在愿望中都想要通过掩盖城市生活世界的多重现实而控制城市形象。它们都是强有力的参与者作用的结果，他们利用了公共权力和私人市场的自由之间的复杂界面来达到其目的（罗伯特·摩西是一位公众认可的人物，他根据私营公司企业的规则进行运作，而 BID 是一些私营公司，却起到了公共决策者的作用）。在相距三十多年之后，两者又历史性地发生了联系。全景画产生于现代主义的总体规划衰微的时刻，它标志着一个时代的结束，随之而来的是倡导规划和以社区为基础的城市设计的冒险，最显著的标志是简·雅各布斯对现代城市规划方法的著名批判作品《美国大城市的死与生》的出版。这一变化给纽约市的开发实践和其引导法规产生了重大影响，导致了本地化的"特别街区"分区法的引进，一项预示了 BID 形成的放弃综合分区的政策。

雅各布斯将日常街道生活的重要性带入了城市规划者的关注视野，她反对罗伯特·摩西，并领导了反对他职业生涯后期的曼哈顿高速路计划的社团［拟议中穿过现在著名的苏荷（Soho）区，自西向东横贯曼哈顿下城的快速干道计划］。在社区运动的公众舞台上，以及在她早期的著作中，雅各布斯都谴责了现代城市规划所带来的"千篇一律"。在她第一篇关于城市问题的长文《城市中心区是代表人民的》（出版于 1957 年的一本文选，并载有她后来书中的基本思想）中，雅各布斯认为，准确评估大城市再开发计划的唯一方法就是通过在城市街道中行走，在那里，它们的失败变得格外明显。[23] 她提倡对本地和人类尺度的考虑，并呼吁对人们如何在日常生活中使用城市予以仔细关注，而不是"自上而下"的规划方法。对雅各布斯来讲，通过使用“多样化和细节”来进一步充实和活跃城市街道，将会找到一条通向一个成功和有生命力的城市环境的道路。三十年后，BID 似乎已经接纳了雅各布斯要求关注街道景观的建议，但结果并不是她所期望的。BID 没有记录下城市生活世界的多样化（通常也是矛盾的），反而致力于创造一幅制服般统一的城市图景。被房地产市场的利益所收买，雅各布斯支持街道中社会和文化多样性的早期活动被变成了一张千篇一律的处方。

从更广义的角度考虑，摩西的模型和 BID 都暴露了城市表象中普遍的可疑企图。这一问题是对城市总体可读性的一种假设，这种可读性既支持了城市作为一个确定性的神话，又构成了一种排除了其拥护者、破坏性和偶然性事实的城市客观观念。既然任何城市都是一个连续的空间体系，同时又是离散片段的聚集，那么将全景画的城市概念与 BID 进行对比就是提出一个没有实际意义的区别。前者提供了一幅掩盖了一系列片断操作的整体景象，而后者提供了一幅隐瞒了单一和同质议程的碎化图景。前者是基于现代主义规划的合理模式，它借由表现技术假想中的保真性和透明性得以强化，而后者反映了一种由媒体模拟所支撑的晚期资本主义经济趋势，在根本上，两者都保持了统一的“表象空间”，去识别“什么是生活，以及什么是假想中的感知”[24]。两者都提出了对城市聚集的不确定性进行战略控制；两者都刻画了一幅“可知城市”，采用了有限的一系列措施去接近和组织（无限的）城市环境。

既然城市空间的持续生产达到了这样一种过剩，城市必然会抵制稳定定位的形式。“可知城市”因此是一种战略措施；它断定城市是静态的、普遍的和匿名的，通过拒绝面对其充满活力、独特和多元的特征。它掩盖了这样一个事实，那就是城市永远不能真正定型（要么被修正，要么在地点上被约束）。从本质上讲，一个“可知城市”的典型模式恰好抹掉了使城市（city）成为“都市”（urban）的真正条件，通过将不相称减少至一幅人可以接受的图像。有可能找到一种承认城市是一个不确定和持续变化概念的城市表现模型吗？ 这个挑战是重大的，因为它弥合了“概念城市”和“居住城市”之间的差距——或者换一种说法——它开创了一种与作为不稳定地面的城市进行合作（而不是对抗）的方法。问题就是要找到一种方法，来处理含混、矛盾甚至是不可调和的城市现实。[25]

这里的目标不是要消除“表象的”和“真实的”城市之间的差距（因为“差距”和“城市”都不存在），而是研究和占据不同表象之间的领域——认识到在某个城市中许多个城市的存在，并且承认它们在城市未来计划中的角色不仅仅是幻象或娱乐体验。将有分歧的城市意象联结起来是一种增进我们理解“城市”的方法，通过合作和通过相互矛盾的措施，而不是试图解决它们之间的差异。回到我的两个纽约故事：不是要假定全景画和 BID 是有限的、一元的、互相排斥的关系（它们不是，因为它们片断、复杂的图景是相互依存的），人们反而可能考虑到它们的相互关联和相互干扰，不连贯性和连贯性，认识到任何城市表象都是一种功能，贯穿在不可名状、相互矛盾和无法解释的过程中。这种将城市作为“不确定和无法解释”的方法，取代了“可知城市”的概念，用一些不那么确定的，或许最好描述为随机、复合和压缩的“城市知识”（复数）。本质上讲，它试图从城市自身的分层、削减、中断和增长的协议中学习，同时它的狡黠以及意外的强化作用和类似行为，提供了一种途径，去作用于而不是掩饰占据单一物质场所的无数城市空间。这种“混乱的”模型超越了全景画所提供的总体描绘，远离了一种虚构的同质性，将城市当作是一种多元的设计。它抵制了 BID 中明显的反城市驱力，以多因素来控制形势，并且用另一个在它之上的领域来取代它—— 一个连接不相称术语的领域，更多地是为了与城市本身常常相互矛盾且奇怪的联结方式保持一致。[26]

注释

1. 米歇尔·德·塞尔托：《日常生活实践》，洛杉矶：加利福尼亚大学出版社（University of California Press），1984 年，第 94 页。
2. 米歇尔·德·塞尔托：《日常生活实践》，第 92 页。
3. 今天，经过一系列更新（最近的一次完成于两年前），模型在位于法拉盛草地公园的皇后区博物馆永久展出，那里曾是 1939 年和 1964 年世界博览会的现场。
4. 罗博蒂指南，1964 年。
5. 不可进入的问题也出现在其他市政项目中。正如马歇尔·伯曼（Marshall Berman）所指出的，“罗伯特·摩西将物质设计作为社会筛选的一个过程。”长岛公园大道的地下通道被故意建造为令公共汽车无法通过的高度，从而确保没有私家车的市中心贫民不会到达“公共海滩”。据说摩西是为他们设计的。
6. 帕特里夏·菲利普斯，《城市推测》，普林斯顿建筑出版社，待审。
7. 西格弗里德·吉迪恩：《空间、时间和建筑》，剑桥：哈佛大学出版社，1969 年，第 831 页。
8. 海伦·利格特和戴维·佩里，“罗伯特·摩西在工作”，转载于：丹尼斯·克劳（编辑），《地理与身份》，华盛顿，德·麦索诺夫出版社（De Maissoneuve Press），1996 年，第 198 页。
9. “适合所有人的东西，罗伯特·摩西和博览会”，载于：马克·米勒，《回忆未来：1939 年至 1964 年的纽约世界博览会》，纽约：里佐利出版社（Rizzoli），1989 年。
10. 雷蒙德·莱斯特，引自《纽约时报》，1964 年 4 月 26 日，“从空中观看”。

11. 米歇尔·德·塞尔托:《日常生活实践》,第 93 页。
12. 米歇尔·德·塞尔托:《日常生活实践》,第 121 页。
13. 情境空间,托马斯·麦克多诺(Thomas McDonough),10 月,第 65 页,参见列斐伏尔(Lefebvre),第 355—356 页。
14. 特别地区允许根据特定情况,在城市的特定区域制定分区条例,而不是综合分区条例,综合分区条例适用于整个大都市地区。
15. 巴巴拉·塞缪尔(Barbara Samel),商业改善区,NYCOM 管理系列,#19,1990 年 6 月。
16. 这些事实来自中央车站合营公司公布的公共关系,哥伦比亚大学埃弗里图书馆(Avery Library)存档。
17. "为改善布朗克斯邻里提供商业改善区",《纽约时报》,1996 年 12 月 8 日,这是一篇关于在布朗克斯建成一个包括大型医院在内的新商业改善区的绝对积极的文章。
18. "城市公寓业主挑战商业区",T·J·勒克(T. J. Leuck),《纽约时报》,1995 年 11 月 29 日。这一案件是在 1997 年 4 月判决的;原告在争取更大代表权的要求中败诉了。
19.《纽约时报》,1996 年 9 月 5 日,"市长要求对商业改善区实施更严格的限制"。
20. 1997 年初,中央车站合营公司的环卫工人最终加入工会,但直到全美劳动关系委员会进行干预后,以商业改善区管理层非法恐吓工人反对工会为理由,才否决了之前的选举结果。
21. "先驱广场和格里利广场(它们将成为公园)的绿化",《纽约时报》,1996 年 11 月 30 日。
22. 米歇尔·德·塞尔托:"在城市中漫步",载于:《日常生活实践》,洛杉矶,加利福尼亚大学出版社,1984 年。
23. 简·雅各布斯,《城市中心区是代表人民的》,载于:W·怀特(编辑),《爆炸的大都市》,纽约,时代出版公司(Time Inc.),1957 年,第 157—188 页。
24. 列斐伏尔,《空间的生产》,第 33 页。
25. 以下讨论来自西奥多·巴德曼(Theodor Bardmann),"社会工作:'没有品质的职业',尝试将社会工作与控制论联系起来",《系统研究》,第 13 卷,第 3 期,1966 年,第 205—214 页。所有后续引用均为本出版物中的页码。
26. 城市表象是嵌入特定历史条件的权力的功能。自本研究伊始至发表以来所经历的时间,纽约市发生了很多变化,并将持续变化。正在进行的关于商业改造区的争论(在这里过于冗长,就像摩西的全景所描绘的实体城市一样不可能被及时控制),证实了没有任何城市表象——包括诸如此类的文章——能够有望稳定城市生活世界正在变化的动态。

第十章

斯特恩·艾勒·拉斯穆森总览哥本哈根的四种方式

亨里克·里赫（Henrik Reeh）

一座城市的构成不应该仅考虑外部装饰，而应该给居民提供健康、自然的日常生活。[1]

Ⅰ　导言：哥本哈根——“一个隐含的主题”

在建筑学和城市研究的国际交流中，斯特恩·艾勒·拉斯穆森（Steen Eiler Rasmussen，1898—1990 年）这个名字，代表了富于创造力的丹麦建筑师和城市规划学者,他首先因其荣获了 1996 年度“美国建筑师协会国际建筑图书奖”的著作《伦敦：特殊的城市》[2]、《城市与建筑》[3] 以及《体验建筑》[4] 被人们熟知，这些作品被该奖项誉为“20 世纪经典图书”。但是，在以上著作中没有任何一部显示出拉斯穆森对哥本哈根的探求，这个他诞生和几乎生活了一辈子的城市也许应该有一些特殊的意义。是的，哥本哈根在拉斯穆森的作品中几乎无处不在，无论是以一种显而易见的，还是更加隐晦的方式。

早在拉斯穆森的第一本书中，伦敦作为英国的首都，从 1934 年开始就因其与哥本哈根有众多的相似条件而被相互比较。拉斯穆森提出的让丹麦“向伦敦学习”的想法甚至成为他研究背后的主要动力：“我认为丹麦应该更多地学习……我真的很想获悉这些能给我更多思考的事物，或许之后，能使其他人更容易地从伦敦获取经验。”[5]

遍观拉斯穆森的所有著作，哥本哈根被拿来与外国城市的多个方面相比较。拉斯穆森对哥本哈根和伊斯坦布尔[6] 两座城市相似战略位置的比较，可能远远不如他通过对雅典的了解而观察到的哥本哈根更令人惊讶。不仅仅由于饮用水源，还因为其 19 世纪的城市建筑特征。在这方面，雅典被誉为“南方的哥本哈根”[7]。

哥本哈根与其他城市的这些关联最终产生了丹麦首都的新形象。拉斯穆森提到了如何使北欧其他的首都于迷途中回归本源。

> 一个人对自己城市具有新的感受，发现一些对它而言特殊的东西，并且那是他以前从未看到过的……以这种方式来看，我会说，哥本哈根的水平延伸是古典的……这个城市有着多么和谐的完整和宁静的轮廓啊。[8]

同样的，拉斯穆森对哥本哈根的探究并没有停止在远距离的城市形态上。从20世纪20年代到80年代后期，在拉斯穆森丰富的作品中，从城市规划及建筑学分析两个方面对哥本哈根的命运进行了反思。有时，甚至也从视觉和其他的一些感官上来认识哥本哈根。

回顾地看，在1969年的书中，基于拉斯穆森在哥本哈根的丹麦皇家美术学院建筑学院（the Royal Danish Academy of Fine Arts, School of Architecture）做的最后演讲，拉斯穆森解释了他的国际性城市研究是他认识丹麦首都的一种途径。因此，《哥本哈根：一个城市社会穿越时代的特性及发展》的读者从拉斯穆森的深入研究中获悉，哥本哈根仅仅只是"一个终生演讲系列的终结，大部分是关于国外城镇和建筑，但总是指向哥本哈根，一个在这一完整系列之后隐藏的主题"[9]。无论事实是否如此，哥本哈根最终作为拉斯穆森终生研究的基点而得到了呈现。

尽管拉斯穆森在关于哥本哈根的著作中指出了"城市生活世界"（urban lifeworld）的两个条件和特点，但我们从一开始就应该注意到，拉斯穆森从未引用过社会学以及哲学的术语"生活世界"（life world），更别提"城市生活世界"（urben life world）。人们也不应该将他的著作看作处心积虑获取这一城市体验领域的直接途径——这一领域毕竟可能会由于某种程度的不易接近而被认为有认识论的特点，并且，反过来也缺乏代表性。

这些哲学问题没有引起拉斯穆森丝毫的兴趣，他首先是一位对城市规划和建筑方面的实践提出质疑的作家和教师，他也并非一个玄想和哲学思维很重的人。拉斯穆森并未仔细考虑"生活世界"的概念在认识论上的困难，他探究了众多流派，通过展现高度类似于城市生活世界的复杂城市现实。这样，城市生活世界以一种概念化和栩栩如生的方式得以界定，在某种程度上，这比那些更加刻意的系统性和理论性介绍方法恰当得多。

拉斯穆森历经六十载关于丹麦首都的写作形成了一整套多种研究和随笔的丛书。这些文本提供了对哥本哈根的多层次描写，甚至似乎完善和提炼了拉斯穆森自己与哥本哈根生活世界的关系。在目前的研究中，拉斯穆森对哥本哈根城市生活世界的研究可以根据“总览”[10]一词的四种不同含义进行阐释，其中任何一种都对应某种特定的观点或某个相应流派。

第一，作为一个城市规划者，从以上城市空间的代表来看，拉斯穆森仍然坚持一种通过从上部表现城市从而将城市作为一个整体的思考方法。从年仅 26 岁（1924 年）的拉斯穆森被任命为哥本哈根丹麦皇家艺术学院的第一位城市规划讲师开始，他就不懈地督促整个哥本哈根地区的总体规划，但这个总体规划的概念仍然是个无法实施的方案。拉斯穆森对总览的提及（暗示对城市空间及城市问题的系统观察）在首要的意义上并未反映出面向社会空间整体的具体规划实践。恰恰相反，它们表明了，他确信当代哥本哈根的根本问题会通过一个将大都市区作为一个整体的合理规划方案得以解决。

第二，作为一名城市与建筑史的教授，拉斯穆森将空间和纪念碑放在同一水平视点——对应于行走在哥本哈根街头一位受到良好教育的城市居民。第二个层次的分析，通过关注空间中被忽略的方面探寻了总览。想要使城市建筑元素位于社会及空间的整体之中，并且，为了挑选出被忽略的时空文脉关联，拉斯穆森发明了一种新的具有代表性的绘图技术，通过这种技术，城市建筑——除了提供立面与平面以外——被描述为“玩偶房子”（doll houses，拉斯穆森自称）。利用这种方法，拉斯穆森使城市建筑的各个方面都变得可见，否则，它们将继续被忽视或忽略。

第三，作为一名文化和伦理意义上的公民建筑师，拉斯穆森通过城市空间挑战了经济和政治权力的某些表现。特别是在 20 世纪 70 年代以及 80 年代，当拉斯穆森由教授职位退休后，为了探寻新的、试验性的生活方式，他成为盘踞在哥本哈根中心区废弃军事领域中的一群年轻人的保卫者。拉斯穆森批判了僵化的政治秩序，阐明了“总览”这一术语，首先，对应的是监督和控制。

第四，作为一名散文家和自传作家，拉斯穆森体验了视觉文化的局限性。因此，他强调城市生活非可视感觉的重要性和贡献，否则那就会夸大视觉和观看，反而会忽视多感官印象的重要性，例如，通过听觉、嗅觉和触觉而产生的感知。在这第四个层次的分析里，拉斯穆森提出了“总览”（overlooking）。当这一术语——被解读为“俯瞰”（over-looking）——有时会成为一种对其他感官体验的视觉霸权。

简而言之，拉斯穆森不仅仅将总览解释为介乎于“概览”和“忽视”（或者是视而不见）两个含义之间的一个术语；他超越了可见与不可见的问题范畴，进入了城市作为政治斗争和身体体验的空间领域。通过这样的做法，拉斯穆森探索了其他两种总览（现在的意思是监督和过度注视）的含义，并且因此挑战了一种中立和冥想的视点。

拉斯穆森着手研究丹麦的哥本哈根的途径——通过四种方式（总结成术语是概览、忽视、监督和过度注视）—— 一种特殊城市生活的各个清晰层面现在将得到检验。

II “总览”1：把哥本哈根想象为一个规划整体

在小城镇中，人们能总览到当地的问题，并渴望参与协商对城镇来说什么是重要的或什么是不合适的。但哥本哈根已经达到了普通城镇居民难以理解的规模和深度。[11]

在拉斯穆森一生的城市规划职业生涯中，他经常批评哥本哈根地区的官方城市政策。有几次他反对了几项特别的规划提案，他认为这些提案会对建筑、城市品质以及现存环境的人文和自然价值带来破坏。仅有一次，拉斯穆森将哥本哈根和纽约放在了同样的文脉中，运用了大量的修辞方法表达他的批判立场。

哥本哈根和纽约被并列印在了丹麦报纸《政治家报》（Politiken，1978 年）的特别增刊上，这个增刊由拉斯穆森亲自撰写，作为他为引发对哥本哈根区域总体规划讨论最后的努力。纽约和哥本哈根的两张航拍照片，以及附加的星罗棋布的白线，提供了一个极端尺度的具体而又有批判意图的表达，也就是 1975 年出版的城市规划规范中所谓“二级区域规划”[12]的一部分。然而，哥本哈根中心区的照片所对应的仅仅是周边空旷的巨大交通体系中很小的一部分，那是大哥本哈根未来的城市结构将要发展的，纽约曼哈顿的意象——“可能是世界上最大的”城市中心[13]——将在这里得到应用，因为它所呈现的空间跨度很符合想象中哥本哈根地区城市中心走廊的尺度。

尽管哥本哈根城市中心没有遭到拆除，但作为表达自己对规划提议准则的忠诚，拉斯穆森大加利用了 20 世纪 60 年代和 70 年代人们对城市空白能够通过哥本哈根的历史街区而得到追溯的普遍忧虑。[14]就像人们在图片中看到的，拉斯穆森怀疑，未来的哥本哈根周边城镇还会存在真正的城市生活，如果它们沿着大型交通走廊沿线布局，并且与一个挨一个的噪声隔离区域和具有中心功能的区域相邻接。相应地，哥本哈根和纽约尺度的采用是为了支持基于人性化互动和亲近的城市。拉斯穆森的判断是严肃的：

虽然我在编译规划上有一些经验，并且也研究了几乎全世界的城镇规划，但我发现预测这一宏伟规划的结果，或者仅仅是想象一下这个规划的

图 10.1　纽约曼哈顿与哥本哈根 Frederiksstaden 周围区域的照片集锦，斯特恩 · 艾勒 · 拉斯穆森摄，Una Canger 和 Ida Nielsen 提供

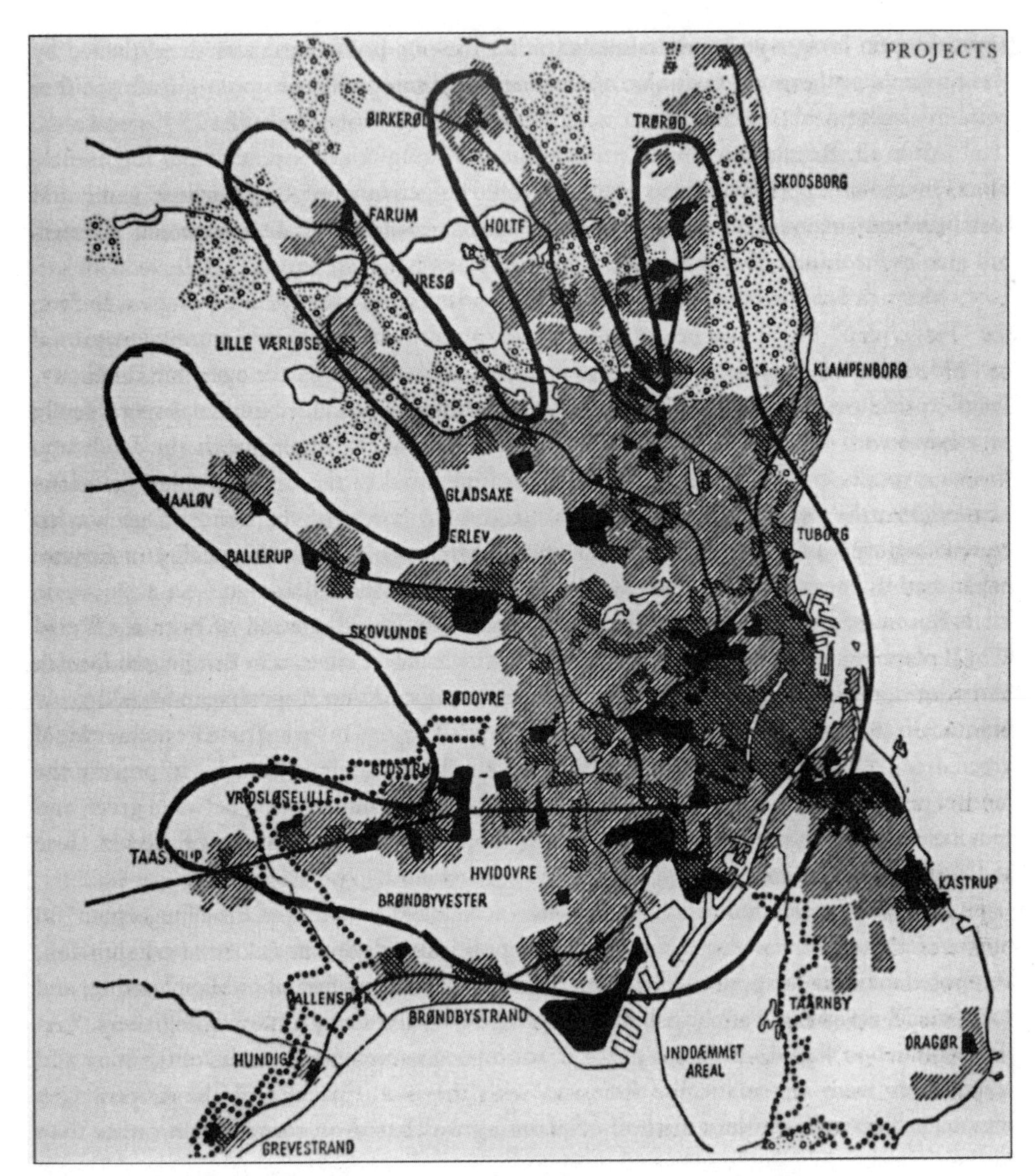

图 10.2 各种版本的“指状规划”之一，Una Canger 和 Ida Nielsen 提供

实现都很困难。并且我深信它在西兰岛（哥本哈根所在地）的实施将会是一场灾难。[15]

哥本哈根和纽约之间的真实对比在照片剪辑中并没有特意呈现，因为哥本哈根地区的命运才是唯一的焦点。同样的，以下的分析将会集中在拉斯穆森对哥本哈根的描述上，他已出版的著作中的描述，而不是发表在报纸和专业杂志上大量和广泛传播的文章。[16]

如果说哥本哈根和纽约的照片剪辑传达了拉斯穆森反对城市规划或者总体规划的一种意向，这是完全不正确的。因为半个世纪以来，拉斯穆森都不断地表明，作为一个城市的哥本哈根的问题，应该放在大都市区域的整体背景中来考虑和对待。早在1927年，拉斯穆森——那时担任丹麦建筑专业杂志《建筑》（Architeken）的编辑——发表了一系列国际城市规划学者的论文。这些文章大部分是关于哥本哈根的各类规划和交通问题，不是在城市一级的水平上，而是关于整个区域的。[17]

在1927年的《调查》至1978年的《政治家报》特别增刊这段时间内，拉斯穆森写了大量关于哥本哈根的文章和两本厚厚的著作。[18]从1940年起，这项工作对门外汉和专业人士（而不是政客）持久的意识形态及政治影响由于拉斯穆森规划委员会主席的职务而得到了强化——处理哥本哈根中心区或者区域整体。

毕竟，拉斯穆森对哥本哈根最根本和最持久的贡献是1947年的所谓“指状规划”（Fingerplan），这个名字及其形式不仅对专业的建筑师和规划师，而且对普通的丹麦市民来说都难以理解。

许多人在认识这张照片的时候都缺少必要的基础知识。事实上，“指状规划”始于1945年由拉斯穆森指导的一项半私有区域规划委托的提议。由于它图示的极端简洁性，以及“手指形状”的形象化色彩的力量，将哥本哈根完美地描述为伸展开来的有着清晰手指的一只手掌，优美地点缀在大地景观之中（而不是完全地覆盖其上），这一图案几乎无法被任何现代城市规划的图示表达所超越。手掌图案的精神和图解力量即使在规划者们当中都是如此引人注目，甚至哥本哈根实际的地图都不得不略作修改以满足这个模型！[19]

拉斯穆森将“指状规划”解释为丹麦对英国二战后规划思想的适应。但是并未像英国那样引入卫星城，丹麦规划委员会——以拉斯穆森为主席——规定哥本哈根朝向外围有机地生长，沿着城市化结构的五根手指。空隙处的绿色区域——也就是两指间的部分——将被保留以防止自然景观被大量人工建筑所占据。因此，在大哥本哈根的景观内，灰色和绿色部分之间的对话将对城市中心尽可能紧密地建立起来。

据拉斯穆森回忆，在二战后的丹麦，“指状规划”的成功是因为预测到委员会的政治独立，该委员会主要由来自多个公共规划部门、经验丰富的管理者组成，并且由少部分进步建筑师和当地工程师所组成的永久编制人员所支撑。[20]因为这个委员会没有政治权力[21]来强制执行他们的方案，它的调查和结论都要同哥本哈根的区域市政当局进行系统协商。以这种方式，实际的规划方法是基于咨询而非法规——某项规定可能在事后被挑选出作为丹麦城市规划的特征（如果不是构成性的[22]）。虽然“指状规划”本身从未成为一项法律，但是城市和乡村区域在其规划方案上的根本差别——都市手指和中间部分绿色空间明显的本质区别——使得这一规划 1949 年得以通过。

实际上，由于“指状规划”的潜在争议，“城市生活世界”这一术语既没有被使用，也没有被考虑作为一个具有特殊价值的领域。然而，在具有显著地位的城市区域保留绿色空间的法规表现出这样一种认识：自然背景和有机环境产生了有价值的人性和美学关系。这一推想的正确性可以由夏季时节哥本哈根城市公园中产生的非正式而热烈的人际互动得到证实—— 一种可能被反过来援引为某种“哥本哈根城市生活”表现的社会和文化生活。

“指状规划”尽管在意识形态和行政管理上取得了成功，但拉斯穆森五十余年间的写作还是反复表达了对哥本哈根地区在行政上缺少一个真正总体规划的惋惜：“从整体的视野来看，一个缺憾就是哥本哈根的总体规划。”1950 年，拉斯穆森指出了这一内容缺乏的后果：“反之，人们只得到由极端不同观点所决定的大量分散特征。”因此，拉斯穆森悲叹知识分子和可用的行政管理工具只能作用于小范围的规划，仍然不能解决哥本哈根作为一个影响远远超过其行政区域边界的城市的问题。

许多年来，拉斯穆森梦想中的总体规划以各种形式反复地出现，这个将哥本哈根城市及农村作为整体的总体规划决定了他的许多政治行动和实际提议。某些时候，拉斯穆森可能坚持在历史街区进行更多研究，以及坚持在城市历史中心内部和周边发展交通结构的必要性[23]；另一些时候，他又给一些政府官员写公开信，建议设立一个委员会，其任务是为哥本哈根地区拟定一个新的规划方案。[24]尽管这些干预方法可能并不相同，但是哥本哈根依赖周围环境的基本陈述对他们所有人来说是共通和根本的。

一段引自拉斯穆森的《哥本哈根》（1969 年）的话——《哥本哈根》与他的《伦敦：乌托邦城市》（London: The Unique City，1934 年）具有同等的意义——总结出他争论的主要方向：

> 然而，苦难，还在更深的地方。只要不能建立一个超出大都市边界的首都组织，就无法完成对市政中心的规划。城市规划不是解决孤立问题，而是创造一种强大的凝聚力……哥本哈根与其周边的所有自治城市是血脉相连的——但不幸的是在行政管理水平上它们不是。今天，大部分哥本哈根人居住在哥本哈根行政边界以外，而且他们并未感到自己是这个大都市社会、这个国家最大最重要的城市中的一员。每个人都居住在某个自治省之内，这些

> 自治省有着自己的现金、自己的账户、自己需要保护的有限利益，经常和临近的市政当局产生冲突。每个人都被锁定在自己的命运绳索之后。没有一个公共政府，没有整体规划，也没有最终应将所有自治市联合起来的集体利益的表达。[25]

就拉斯穆森看来，政治家从来就没有在城市和乡村之间建立必要的行政和政治联系。缺乏总体指导方针致使无法对哥本哈根内城做出准确决策：

> 当这种犹豫在特征上占据统治地位时，它的症状就是在整体层面上缺少规划。人们对于内城在整个哥本哈根地区内担任何种角色毫无概念。除非出现对首都所有整个区域的一项整体规划，包括认识狭义哥本哈根行政区外是什么，否则人们不可能解决所有的特殊问题。[26]

从整体上总览城市的愿望表达了拉斯穆森的城市观，包括接近自然、保护历史遗迹、交通规划等等，统一大都市区域的同样观点似乎也始终引导着拉斯穆森对哥本哈根及其各种问题的分析。

既然对哥本哈根地区的国际规划方案已经不存在了，那么在这种情况下，拉斯穆森将大哥本哈根地区作为一个城市整体的观点则被证明缺乏特殊的动力。相反，拉斯穆森对几个实际规划方案政策的驳斥反映出一种批判和职业思维，不乏乌托邦式的理想观念。

拉斯穆森提出了允许城市生活发展的系统性条件，就这一点来说，他请求允许对哥本哈根进行全面管理和政治构架，这可能反过来用于维持城市生活世界。另一方面，拉斯穆森反对城市密度在心理上的一致，以及相应的一种城市生活世界：

> 一种由堡垒所产生的狭隘意识形态仍然存在。在丹麦，人们认为如果没有高高的房屋就不是一个真正的城镇……那些被城墙锁闭、被标尺控制的哥本哈根人变成了奴隶般的灵魂，现在又屈从于土地投机者的束缚。[27]

这一心理状况——城市生活世界的一个变量——被认为是对在使用防御工事和分界线之前的历史现实的一种表达：这个现实就是，在紧靠城墙包围的城市外围幸存下来的工人阶级区域，在郊区却似乎消失了。

鉴于对城市密度的这种有争议的反对，有时很难理解拉斯穆森自己宣称的他对哥本哈根的热爱:“但是对我来说，哥本哈根毕竟是最好的城市，它是世界上所有城市中我愿意在其中生活和死去的一个城市。”[28] 然而，人们必须记住，首先，拉斯穆森的哥本哈根并未止于城市的边界；其次，以上对城市整体进行概览的观点，仅仅是了解哥本哈根的一个方法。对一个城市的热爱可能最终只是不同观点和看法，而不是全球性或区域性分析的结果。

III　“总览”2: 调整城市建筑的总览

除了是一位教授和一名城市规划实践者，拉斯穆森还是一位建筑历史学家，他将城市空间理解为一个三维建筑和多维社会生活的常变清晰结构。空间和社会之间这一世俗关系的强度表现出了这样一个事实：在日常生活中，人们很少对建筑进行分析思考（除了建筑师）。即使对建筑师来说，仍然难以察觉和解释复杂的结构——例如街道上的所有建筑物，而不是仅仅一栋大楼——作为城市空间的整体。[29]

在他的著作《城镇与建筑》(出版于丹麦，1949 年）中，拉斯穆森试图通过指明时间和空间的总览关系来纠正这种状况——这种关系往往被排除在对城市生活横向拓展的考虑之外。拉斯穆森似乎是有意去忽视那些被忽视的，他将那些被忽略的建筑要素置于某一空间秩序之内，对此，他增加了一种功能和历史的解释。以这种方式，拉斯穆森阐述了总览的第二层含义。现在，这一术语是指城市建筑隐藏和未被关注的层面。说明被忽视的方面正是拉斯穆森分析的目的。

然而,《城镇与建筑》的序言中讨论了在空间意义上对街道背景下建筑物的观察。在第七节中，哥本哈根的建筑物第一次被提到，拉斯穆森也作了一些当下与历史方面的解释。因此，他对城市大厦夏洛特堡（Charlottenborg）的论述可用于说明他的分析和表达方法中的重要元素。

和许多历史建筑不同，夏洛特堡，在拉斯穆森的作品中，最初并未被设计为一个特殊风格的纪念碑，而是被当作哥本哈根一个具有重要历史象征意义的建筑元素：“夏洛特堡矗立在国王新广场，作为哥本哈根的一个历史里程碑，”拉斯穆森这样开始了叙述。[30] 事实上，夏洛特堡代表“中世纪城镇壁垒之外一个全新城区的开始。”[31] 这种特殊的建筑在介绍时很少用这样的风格，而更多的说它是中世纪城市城墙内人群日益拥挤的结果——这种拥堵使得国王要求扩大城市区域，以便使生活相对更容易些，至少对那些富人们来说。[32] 的确，就拉斯穆森的解释，从最初的草图到实际建筑的风格转变让夏洛特堡显得好像是文艺复兴与巴洛克之间的一种跃迁。然而夏洛特堡最初并且最主要是被拉斯穆森作为皇家宫殿建筑进行分析的，主要针对其文化和历史意义。

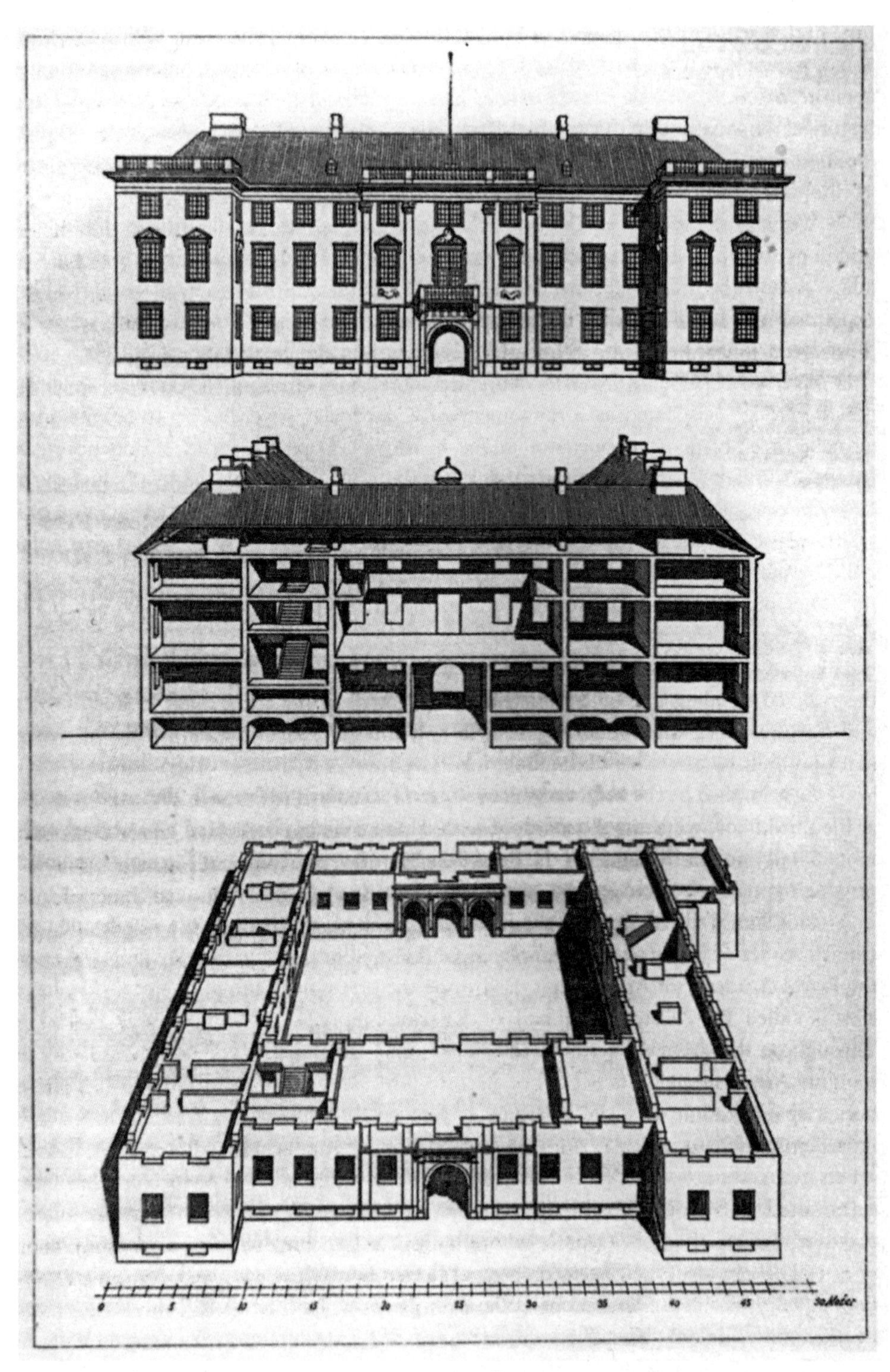

图 10.3　拉斯穆森对夏洛特堡的三幅绘图，Una Canger 和 Ida Nielsen 提供

正如窗户的高度所暗示的，三层房间的尺度较为谦和，而二层的高高顶棚由中央仪式大厅（包括三层的一部分[33]）和一套主卧室所占据——其中的床铺显然在冬季提供了唯一的保暖设施。[34]

对《城镇与建筑》的丹麦读者而言，内部空间的这种初始布局有更加重要的意义，因为，夏洛特堡在今天已是皇家艺术学院的主要建筑。[35]那个曾经的伯爵（Count Gyldenloeve）仪式大厅仍然被称为“夏洛特堡礼仪大厅”（Charlottenborgs Festal）。整个20世纪中，它一直是美术学院尤其是建筑学院的中央演讲厅。拉斯穆森对哥本哈根17世纪晚期夏洛特堡社会关系的空间化分析，可能的确在当今的丹麦艺术家和建筑师中引发了某种程度的惊讶，甚至自我反省。在很大程度上，艺术和建筑知识在这个并不总是（可能不总是）[36]公共演讲厅的特殊空间框架内被传授给他们。

突然间，17世纪和20世纪夏洛特堡的融合成了一个例证，以这种方式，私人建筑的功能和意义根据用途得到了必要的重新阐释。在这一背景下，拉斯穆森的三部式教学制图（拉斯穆森所有关于城镇和建筑绘图的比例均为1∶5000），让建筑更易于阅读和密切感知，即使对于非建筑师来说。拉斯穆森以一种“玩偶房子”（doll house）[37]的形式向我们展示了夏洛特堡，那是一种作为历史游戏的玩偶房子。夏洛特堡自身功能的转变，以及在后来的阿美琳堡皇宫和中世纪城市以外的腓特烈堡中其他建筑风格的微小变化，都并未妨碍拉斯穆森承认，夏洛特堡作为一种建筑典型，对哥本哈根的城市建筑有好几代的影响。

回到“总览哥本哈根”的问题，有人明确指出了吸引拉斯穆森的某种总览空间和空间历史关系与那些超现实主义者的区别。超现实主义发现了城市边界，而拉斯穆森对夏洛特堡的分析则集中于审视纪念建筑与官方建筑之间的关联。如果被忽视的相互关系被看作是专业和民间建筑意识的凸显，拉斯穆森则似乎认为，这些相互关系可以在一座城市社会历史中具有重大意义的大厦内得到极佳的呈现。[38]

IV “总览”3：反抗权力，支持“陌生的现实”

> 在这里他们不对抗领导者：他们没有时间，而且这里也没有领导者。这不是一个机构，而是一个巨型的兴趣工作室。瞧，一个富有成效的环境就是这样形成的。[39]

无论是由于个人的谦逊或者某种（隐藏的）欲望而导致个体经验普遍存在于更广泛的历史图像中，拉斯穆森在他关于哥本哈根城市问题的历史的主要著作《哥本哈根》（1969 年）中，基本上没有谈到他自己对丹麦城市规划的影响。要追寻拉斯穆森的文本对他自己地位证明的痕迹，不是一项容易的任务，不论是他一生中作为一位规划顾问、城市规划师，或者一个不那么出名的建筑师。[40] 对此的（不可避免的）辩解出现在拉斯穆森著作中有关哥本哈根中心博格大街（Borgergade）– 阿德尔大街（Adelgade）住宅区重建的内容中。在《哥本哈根》全书中，这是拉斯穆森表现自己角色的少有的几个地方。[41] 拉斯穆森实际上是负责哥本哈根城市议会咨询工作的四人委员会主席，1941 年，这个城市计划本身引起了批评。拉斯穆森随后在“指状规划”中的角色，不仅包括他担任哥本哈根地区规划委员会（1945—1958 年）主席的角色，还有他担任 Peter Bredsdorff 项目规划编制主管的角色，都在书中得到提及。[42] 拉斯穆森自己的这种省略，给今天的读者提出了一个方法论问题，他们希望去评估贯穿在拉斯穆森有关哥本哈根的书籍当中那种辩论基调的具体历史依据。

上述是关于拉斯穆森于 1970 年前发表的历史纲要，在围绕 1970 年克里斯钦尼亚（Christiania，又称自由城——译者注）发展的激烈政治辩论后，人们必须认识到他自我批评的勇气。克里斯钦尼亚是一个前军事区，军营位于哥本哈根市中心附近的克里斯蒂安港。1971 年，克里斯钦尼亚曾被非法的棚户区占据。尽管克里斯钦尼亚已被接受——甚至被丹麦政府公认为一项为期三年的“社会实验”——但实验本身遭到严厉指责，尤其是那些想要将“克里斯钦尼亚自由城”（Fristaden Christiania）关闭的右翼政治家。相反，克里斯钦尼亚得到左翼团体和一些“文化名人”的保卫，并受到一项真正的群众运动的有力支持，到 20 世纪 70 年代中期，引发了成千上万的激进分子在丹麦国会大厦前进行政治示威活动。通过对克里斯钦尼亚（反抗专制的青年的真正化身）事业的政治承诺，现今已过 75 岁的拉斯穆森，表明了在社会现实当中，总览可能作为一种政治和意识形态力量（或者至少是官僚行政）的表达被公民所认识。

第一眼看上去，拉斯穆森的立场可能会让人感到惊讶。在作为一名教授和规划师的整个职业生涯中，拉斯穆森倡导总览哥本哈根地区的必要性，将其作为一种（有些乌托邦式的）克服那些行政和政治边界的手段，那些边界是用于防止现代化大都市（以及，含蓄地说，相应的生活世界）按预想顺利发展的。由于年纪原因从官方职务退休后，拉斯穆森调转了观点，指出了规划方针和权力机构可疑的人性和政治后果。

拉斯穆森的立场暗含有一种自我批评的显著因素，这一点在与哥本哈根市长的讨论中变得很明显。拉斯穆森批评了哥本哈根市政当局，以及他们在许多公寓的建设中完全不考虑城市与居民普遍利益的狭隘政策，在回复这一批评时，市长善辩地询问拉斯穆森怎能拒绝公寓（而非绿色空间）市政项目，既然拉斯穆森本人作为一名建筑师一直在负责一个社会住房项目——廷比约 [（Tingbjerg，位于哥本哈根市边缘] 中 2000 个公寓的建设。拉斯穆森真的认为他自己的建筑是市长在哥本哈根《政治家报》中所问到的“又一个无情的经济住宅街区”[44] 吗?

这个问题可能更像是一种修辞性的而非实质性的。但拉斯穆森没有回避讨论，他面对挑战，并承认对廷比约这一建筑和规划项目有一些失望，他在当中投入了如此多的精力和期望:“我不隐瞒，这整个项目一直如同我的孩子。我已经投身多年致力于实现这一计划……”[45] 针对市长提出的问题,拉斯穆森问自己:“但什么是无情？”他回答道：

> 事实上，考虑到所有你能表达的两方面，的确有很多真的把廷比约看作一个无情的经济住宅城镇的人在此“安居”。[46]

当然，拉斯穆森的失望更少涉及自己的建筑，比起廷比约住房项目的社会感知现实。但这一现实包含了拉斯穆森和他的合作者所构想的真正的福利机构，目标是改善城市居住条件。[47] 据拉斯穆森的看法，这些机构往往被廷比约居民看作是官僚化和外来的。建筑师自己也会体验到这一负面感受，当他观察到官僚政治规则是如何压制儿童乐园、青年中心和其他福利机构背后的理想时。尽管拉斯穆森从未使用过“系统与生活世界”的辩证概念（后来由尤尔根·哈贝马斯所提出[48]），廷比约生活的制度化似乎包含了哈贝马斯所称的生活世界殖民化的因素。对这一生活世界的有意强化，以及它的自发性、创造性和非正式机能，在拉斯穆森看来一直都是一种幻象。

对制度化城市生活的严厉批评可能在某一方面说明了拉斯穆森对克里斯钦尼亚自由城未被规划和不可预知的非法居民区生活（以及孩子们与狗）的着迷。在拉斯穆森关于克里斯钦尼亚（自由城）的论文中，这一特殊和独特的地方在文中被解释为居民与建筑之间真实、积极的关系。

在拉斯穆森看来，生活在克里斯钦尼亚（自由城）的人们——“克里斯钦尼亚人”——利用以前的军事建筑，有利于一定的生活自由，但仍然无法通向廷比约。拉斯穆森用语言表达了廷比约和克里斯钦尼亚之间的反差：

> 在哥本哈根，一切都被规范化和标准化，并以一种完全无情的方式被强迫成为正确的形式，人们可以乘坐 8 路公共汽车从城市一端的廷比约到达另一端的克里斯钦尼亚，那里的一切都是自由的，很多人认为太过自由。[49]

克里斯钦尼亚的集体工作和社区生活将古典军事建筑从可能发生的破坏中抢救出来，通过将其转化为一个古董汽车工作室、一家打印机商店、一个爵士乐俱乐部和一个跳蚤市场等多种形式，拉斯穆森赞扬了这一方式。拉斯穆森曾希望发生在廷比约的类似活动在克里斯钦尼亚（自由城）自发地发展起来，甚至没有任何规划。通过参加这些活动，许多逃避社会的人似乎得到了新的融入社会的机会。[50]

在拉斯穆森对克里斯钦尼亚（自由城）特殊生活世界的维护中——反对地方和政府的利益（土地、公寓和对社会与道德秩序的尊重）——他承认对克里斯钦尼亚（自由城）实验的惊讶，虽然最初显得混乱，但后来证明具有积极的效果。在拉斯穆森的书中，这种与克里斯钦尼亚特殊的“生活世界”相遇所唤起的惊讶就在这短短的几句话中，两次使用词语“奇特”（strange）[丹麦语是“奇特”（mærkelig）]表达出来：

> 对于我来说，一个忙于住宅和居住区域规划的人，克里斯钦尼亚（自由城）已经成为一种奇特的体验。不是我异想天开，某些结果可能从混乱中产生。它不只是奇特，而且还有助于看到人们积极的能力——甚至是那些最弱势的人们——只要你给他们一些可能性。[51]

这种正面的讶异和相对费解的混合被浓缩为一个恰当的单词“奇特”（strange），这似乎也不知不觉地重复出现在拉斯穆森对克里斯钦尼亚（自由城）的描绘中。例如，他指出：“克里斯钦尼亚并不是理论、政治或宗教。克里斯钦尼亚是一个物质现实，一个奇特的（mærkelig）现实。”[52]

这些句子表明，在很大程度上，克里斯钦尼亚一直是一个出人意料却受到奇特欢迎的挑战，对拉斯穆森自己的某些规划原则（如果不是现实的一般原则），并且是洞察“总览”的某些压制性和非自由实践的来源。拉斯穆森先前对于总览实践的呼吁（上面提到的那些“总览 1”：建立一种概览以便与规划相一致；或者是“总览 2”：表现一种可见和有意识的空间清晰度与社会动态）这一追索不是多余的。另一方面，拉斯穆森对克里斯钦尼亚无政府主义和反抗等级的现实状况的好感，标志着一种根本的转变，把重点从有秩序、有计划的集体梦想，转换为一种不可预知、更为自发和更有创造力的方式，来引导个人和公共生活。

在克里斯钦尼亚的案例中，拉斯穆森站在明确反对警察和政客权力这一立场上。他强调道，“这场游戏中的罪犯是已经创造和仍在创造在哥本哈根盛行的无政府主义的那些人。”[53] 负责任的政治家——而非克里斯钦尼亚的居民——被定性为“罪犯”，因为他们毫无任何法律依据地干预克里斯钦尼亚人的生活，更不用说用哥本哈根市的总体规划来对一个拥有靠近市中心的独特建筑的特殊区域进行指导和特别决策：

> 因此，对我来说，毫无疑问，哥本哈根规划的缺失创造了无法无天的状态，而“自由的克里斯钦尼亚城”通过将法案掌握在自己手中，挽救了危局，并为子孙后代保存了重要的建筑物。而现在这些无法无天的城市政客们，将这一积极的努力宣布为非法。[54]

结果，拉斯穆森的早期思想——通过将区域规划结合维护社会和文化实验新项目而总览整个哥本哈根，威胁到了具有实际权力的政客和警察。

在整个20世纪70年代，拉斯穆森继续支持克里斯钦尼亚居民反抗警察的骚扰。[55]在20世纪80年代初期，拉斯穆森参加了年轻房主在哥本哈根占领旧工厂和空置建筑物的抵抗行动，来反对警察武装的镇压。[56]通过这种方式，著名的资深城市规划教授似乎接受了激进的政治立场——其目的只是保卫自由福利社会的构成权利和原则。

V　“总览”4：反对过度注视

> 访问哥本哈根的外国人可能会发现图片般的优美基调，并说这是一个美丽的城市。生活在这座城市中的人们并没有以这种方式看它，对他们来说这就是生活。[57]

拉斯穆森的意愿，首先是总览，从而建立一个关于哥本哈根地区规划问题的概览，其次是将城市建筑中容易忽视的方面连接起来，两者都表达了对总览实践的一种积极方式（有人可能会说，在这些状况下的实践与真正的社会现实并不吻合），只要全面的洞察和视觉表现还是目标。相反地，拉斯穆森在克里斯钦尼亚（和廷比约）问题上的立场，明确拒绝了总览的权力，反而促进了一种直接的价值——即自发和无中介的交往性和创造性的日常生活。简而言之，拉斯穆森就减少城市生活世界的复杂性方面批判了总览的实践。另一方面，他也提倡总览实践，只要它们提高了城市内部与周边环境中日常生活的条件。

然而，如果拉斯穆森对总览的立场可能隐含着批判的要素，那么似乎没有什么迹象表明拉斯穆森至今仍在质疑感官的现代分类中视觉的作用。然而，在他后来的作品中，拉斯穆森确实质疑了视觉在现代性视野中发挥的支配作用，反之，他强调倾听、触摸、品尝和嗅闻都在城市中发挥着重要的作用。通过这种方式，拉斯穆森探索了总览第四种可能的含义，其中，总览过分强调了视觉，从而将注意力吸引到特殊的感官体验，通过超越视觉范式而对过度注视作出回应。当连续的城市感知超越了视觉，拉斯姆森关于哥本哈根的一些著作对创建城市生活世界的非视觉感知做出了贡献。

多感官感知在拉斯穆森有关规划和建筑的著作中介绍得很少，更多、更主要的是在他后来的一些关于20世纪初在哥本哈根度过的童年时代的散文。回顾在自己居住邻里 Østerbrogade 的商铺[58]，不仅用视觉词汇，而且用触觉和嗅觉词汇，拉斯穆森勾画出了城市文化的一种独特形式。拉斯穆森童年的这个城市作为它自己的小世界驻留在他的记忆中。这是一个纯客观的世界，缺乏灵活和设计，一个商铺设计师到来之前的世界。[59] 在拉斯穆森自己的童年记忆中，陪同他母亲购物时，一种物质实体文化逐渐形成。拉斯穆森用“精细风格”[60] 这一词语谈论这种文化，由于一个简单的原因，在这一时期，“当一个人致力于自己的专业，当他使目标纯粹，他并不谈论文化……他只是拥有它。”[61] 这是一个这样的城市——“每一个商铺都是一个形式独立的世界，在材料上，在嗅觉上，作为一个完整的艺术作品保存在记忆中。”[62]

在对那些没有经过设计，或者甚至尚未进行内部装饰的商店的记忆当中，连一个人的听觉都是活跃的，正如拉斯穆森所提到的“干鳕鱼听起来就像木头。”[63] 声音以一种近乎拟声的方式非常古典地进入并呈现在拉斯穆森的书中，当他把感观环境描述为“包围在有着大黄油桶和又平又小并有肋形花纹的木铲相互撞击声中的黄油商店。”[64] 在这些回忆中，零售商业空间被描绘为一个综合感觉的舞台，其中视觉只是城市体验的一个方面，仿佛一个孩子的体验般突然显露出来。

尽管这些商店有着感官上的丰富，在其他地方，拉斯穆森却反对有序街道中有着共同体验的行为；宽广的开阔场地，在20世纪初尚未成为公园。[65] 虽然哥本哈根的东联邦区（Eastern Common）在地理位置上位于年轻的拉斯穆森居住的 Østerbro 市郊近邻，但这是另一个世界的象征，在那里，对一个陌生新秩序的多感官体验变得可能。

在街道上，呆滞且守规矩地观看店铺橱窗是一种主导性特征，联邦区（Common）在记忆中凸显为一个无中介的身体感官之所，例如奔跑和随风移动。体面家庭的年轻男孩不应当自己去联邦区。所以小斯特恩不是和母亲而是和他的哥哥一起去了那儿。照此看来，联邦区逐渐代表了一种截然不同的风景，和街道景观有着根本的不同。即使是在对天气的感受方式上这种差异也是明显的：

当风刮在街道上时，就会有这样奇怪的事情——并且通常都是如此，在

图 10.4　拉斯穆森记录的达格玛·汉森的叫卖。哥本哈根的 G.E.C. Gads Forlag 提供

两栋高楼间总会响起空气的啸声——天气异常寒冷，尽管人们已经披上户外穿的大衣。但当风吹过联邦区时，似乎风就是它的一部分。[66]

城市中不受辖制的景观内，风的出现为其他一些锻炼活动提供了条件，如放风筝，这在拉斯穆森的文章（类似一首散文诗）中描述如下：

人们可以放风筝，这令人愉快，可以跑，让自己被风裹挟着前行……在街上人们可以站着观看商铺，并决定应该要什么……人们同样可以移动，感受天气和场地，并体验其他一些事物。[67]

拉斯穆森和哥本哈根在精神上达到的共识有时可能难以理解，并难以相信会出现在他的城市规划论述中，他强调了以前的城墙和现在的城市边界对生理和心理的影响，所有这一切都被认为是相关因素。[68] 但是，在拉斯穆森的自传中，提到对城市生活的个人体验，他对故乡哥本哈根的热爱证明是植根于自己独特的生活世界，一个有着强烈个人因素的日常生活的世界。

拉斯穆森的城市学文章中非视觉感知全面缺席的一则例外是发表于 1929 年的一篇文章，“乘着歌声的翅膀”（Paa Sangens Vinger）。[69] 在文中拉斯穆森分析了卖鱼妇非凡的声乐技术，她走在她的邻里“贫瘠的街道”[70] 上，喊叫或吟唱她鱼的名称和价格，她自己可以掌控声乐环境。拉斯穆森将她的歌唱抄录了下来。在 1930 年左右，和达格玛·汉森（Dagmar Hansen）[71] 一起在哥本哈根的一间工作室制作了她叫卖声的录音。[72]

只要听过一次达格玛·汉森的录音 [73]，人们就能完全理解，为什么拉斯穆森认为她的叫卖声接近音乐。如果拉斯穆森倾向于这样做，那么他延续了建筑的长期传统（至少可以追溯到维特鲁威时代），其中音乐和建筑被理解为在比例上相似和互为媒介。然而，这会是一种对城市声音和听觉想象的简化，仅就传统音乐术语而言。[74] 在一篇文章中——非关哥本哈根，而是关于巴黎[75]——拉斯穆森表明，他明确了解这样一个事实，即大都市范围内的城市声景比大多数音乐更为分散（并以某种方式更占优势）。大都市的实际听觉状况，如巴黎，需要特别注意其基本音，它总是呈现出“一种大城市的细微的沸腾喧闹”[76]。声音被证明是整个城市感官的一部分，并且也是那一环境的视觉、触觉和空间知觉的深刻结果。

在他的一篇关于巴黎的文章中，拉斯穆森提到声音对于城市空间感知和体验的重要性。传统音乐没有占城市声景的主导地位，相反，声音服务于转译和增强视觉印象。拉斯穆森解释说，它是：“似乎就像听见不可知的闪烁微光，人们看见它出现在房屋之上的天空中。”[77] 此外，声音成为准空间（quasi-spatial），甚至空间触觉（spatial-tactile）：

> 噪声在高大的建筑物之间回旋。酒店的地基和墙壁都在振动。当人们躺在床上，甚至可以感觉到大城市神经的振颤。[78]

对于大都市的高强度，拉斯穆森意识到声音对一个多感官知觉空间的重要性。在哥本哈根的城市背景下，拉斯穆森可能会非常难受地将这种声音当作噪声，并把这种经常存在的噪声解释为尚未完全克服其周围历史壁垒的城市症状，他似乎很喜欢造访巴黎时所体验到的这种密集的声景。

居住在某一城市和在其中观光旅游是有差异的，这种差异影响了对城市空间的感官体验：“我躺在床上，还是清醒，都不重要，因为我明天没有工作，绝对没有任何责任！我来到这里只是为了感受我的巴黎。”[79] 大都市的观光者可能会感受到城市生活的基本特征，至于纯粹和超然的（或多或少）的感受，那是旅游者的典型特权。在旅游期间对城市生活的感觉方面，游客往往更加有意识，但也更加宽容，然而一般城市居民却很少明确表达他或她对城市的感官体验，他们更倾向于将城市（和对它的感知）当作是理所当然的。

对于那些生活在大城市中的人来说，感觉强度往往是城市生活世界不可缺少的一部分，尽管从某些角度来看可能显得不健康。然而，空间和社会密度影响着城市实践的事实往往被专业规划师抛在了一边。规划者没有特别关注城市感知，他们往往把他们的任务放在考虑功能上，并有意识地使用客观术语，将感性和文化问题置于次要地位。同样，城市规划者在对城市生活魔力的讨论上可能会非常犹豫。在提到规划者和旅行者这两种极端之时，拉斯穆森写道："我被我在巴黎的发现之旅中所遇到的麻烦所震惊……对许多将在这里生活一辈子的人，没有表现出丝毫的关心，并且在现实生活中非常的不舒适。"[80]

尽管如此，在另一篇文章中——不是关于哥本哈根，而是关于纽约——拉斯穆森观察到麻烦和灵感的混合如何构成了大都市生活世界自相矛盾的第二特性。拉斯穆森讲到他自己难以理解人们对大城市的偏好，当了解到他的一个朋友，他认为会一直生活在田园诗般的圣巴巴拉的一个朋友，已搬到肮脏的纽约时，他继续表达了他的惊讶：

> 她生活在喧嚣、忙碌和充满污染的纽约，而圣巴巴拉则有着地中海的蓝色和明媚阳光，[纽约]有不堪忍受的炎夏和寒冷潮湿的冬季。她和她的丈夫住在哥伦比亚大学附近——并且生活得非常好。[81]

图 10.5　纽约素描，斯特恩·艾勒·拉斯穆森绘。哥本哈根的 G.E.C. Gads Forlag 提供

拉斯穆森解释道，对这位女士来讲，由于她是一个科学家，所以纽约是合适的生活场所。专家同事和伙伴只有大城市中才有："他们存在于庞大的人群分类中，但不在田园牧歌般的圣巴巴拉"[82]，拉斯穆森说。

将纽约与英国剑桥相比，拉斯穆森看重纽约的品质，那里的知识分子较少被大学之外的世界所孤立。从文化和知识的角度来看（而不再从卫生或自然条件），城市突然呈现了一幅完全不同的面貌：

> 环顾四周，人们不可避免地认识到，我们的文明是大都市社会中人类聚集的成果……绝大多数文化进步都由大都市的公共机构、大规模的研究和教育中心所造就，这些机构也许存在于大都市的有效距离之外；但只在让人惊异的最小限度上是这样。另一方面，许多人都声称人们应该反抗大都市，但我本人却认为，我们绝对离不开它。事实上，如果它不存在，人们实际上还必须发明它。[83]

拉斯穆森的城市观点发生了一种范式转变，在这一过程中他似乎从自己的职业中脱离，从他作为一名惯于主要根据调查、空间组合、行政和政治方式来进行思考的城市规划者的实践中脱离了。在他关于哥本哈根的著作中，拉斯穆森一再强调带花园的独栋住宅的品质，他似乎突然认同了大城市的存在（尽管它们可能并不总是清洁卫生和组织良好的）。的确，看起来似乎拉斯穆森对多感知城市生活的探索使他对大都市产生了同情。现在，即使是纽约——即使受到气候、健康、污染、社会和种族不平等之类问题的困扰——作为一个拥有独特文化和社会活力的地方还是值得赞赏的。

VI 结论：纽约城已经被总览了吗？

拉斯穆森的著作没有对哥本哈根和纽约进行详细比较，也未涉及两个城市的感官和社会生活。然而，纽约在拉斯穆森对城市的理解中发挥着重要的作用。[84]拉斯穆森在《奇妙的都市》封底的随笔中赋予了纽约市近乎乌托邦的意义。从整体上考虑，图片和两个标题给拉斯穆森的纽约经历增加了一种有趣的注解。

拉斯穆森将沿着第78街东行的一个复合城市图景典型地刻画为："雪即将融化。但车上仍有积雪。"[85]很有可能是由拉斯穆森自己所写的一段文字，给其加上了重要的评论："斯特恩·艾勒·拉斯穆森将纽约的图景置于此处，作为一种精神奖励，给那些认为这本书中应该拥有更美丽城市的人们。”

纽约——美丽吗？我们不可避免地想到要从世界上最美丽的城市中去搜寻纽约，拉斯穆森也许悄然和间接地认识到，像纽约这样的大城市体验，以一种奇特的方式，已经在他自己有生之年关于哥本哈根的著作中被总览了。

注释

1. 斯特恩·艾勒·拉斯穆森，《哥本哈根，1950 年》，哥本哈根：新北欧出版社（Nyt Nordisk Forlag Arnold Busck），1950 年，第 11 页，所有拉斯穆森的丹麦语文本的译文都是笔者翻译的。
2. 斯特恩·艾勒·拉斯穆森：《伦敦，独一无二的城市》，米德尔塞克斯：企鹅图书，1960 年 [约纳森·凯奇（Jonathan Cage），1937 年首次出版修订版的删节版]。丹麦原版，1934 年。
3. 斯特恩·艾勒·拉斯穆森，《城镇与建筑》，剑桥，马萨诸塞州：哈佛大学出版社，1951 年（丹麦原版的修订版，1949 年）。
4. 斯特恩·艾勒·拉斯穆森，《体验建筑》，剑桥，马萨诸塞州：麻省理工学院出版社，1959 年（丹麦原版，1957 年）。
5. 译自斯特恩·艾勒·拉斯穆森，《伦敦》，哥本哈根，居伦达尔出版社（Gyldendal），1934 年，第 6 页。
6. 斯特恩·艾勒·拉斯穆森，《哥本哈根——历史悠久的城市社会的独特性和发展》，哥本哈根：G. E. C. Gads Forlag 出版社，1969 年，第 21 页。
7. “将哥本哈根称为‘北方的雅典’是一个陈旧的笑话，但人们可以有理由地将现代雅典称为南方的哥本哈根。”斯特恩·艾勒·拉斯穆森，《世界各国可爱的城市》，哥本哈根：G. E. C. Gads Forlag 出版社，1964 年，第 16 页。某些丹麦建筑师，如克里斯汀（Christian）和西奥菲卢·汉森（Theophilus Hansen）兄弟，的确在 19 世纪中叶为雅典设计了建筑。
8. 斯特恩·艾勒·拉斯穆森，《世界各国可爱的城市》，哥本哈根：G. E. C. Gads Forlag 出版社，1964 年，第 7—8 页。斯德哥尔摩和哥本哈根的比较开启了拉斯穆森关于哥本哈根的著述，引用文献第 11—12 页，照片第 14—15 页。
9. 斯特恩·艾勒·拉斯穆森，《哥本哈根》：同上。引自第 11 页。《哥本哈根——历史悠久的城市社会的独特性和发展》是基于他在 1967 年至 1968 年学年期间在哥本哈根的丹麦皇家美术学院建筑学院担任教授的最终讲稿，而他 1934 年关于伦敦的一本书是基于 1930 年的一系列讲座。
10. 笔者首先提出了“俯瞰”的四重含义，并对城市建筑艺术展提出了一系列的思考和建议，并将其命名为“Den oversete by—det sansede København”，英文名为“俯瞰城市——感知哥本哈根”，分为四个部分，分别对应这四个含义。展览最终于 1995 年 12 月 27 日至 1996 年 2 月 4

日在哥本哈根市中心的1300平方米夏洛特堡展览馆展出。

11. 斯特恩·艾勒·拉斯穆森,《哥本哈根,1950年》,哥本哈根:新北欧出版社,1950年,第5—6页。
12. 参见阿恩·加德曼（Arne Gaardmand）,《丹麦城市规划：1938—1992年》，哥本哈根：建筑师出版社（Arkitektens Forlag），1993年，第209—210页。
13. 斯特恩·艾勒·拉斯穆森,《哥本哈根的发展》，载于:《政治家报》（日报），哥本哈根，1978年9月19日，第3节，第10页。
14. 这项政策已在丹麦的大城市欧登塞实施，其直接和持久的结果是严重破坏了欧登塞的凝聚力。参见前面引用的加德曼，第62—63页和第241页。
15. 斯特恩·艾勒·拉斯穆森,《哥本哈根的发展》，载于:《政治家报》（日报），哥本哈根，1978年9月19日，第3节，第10页。
16. 参见芬·施伦特（Finn Slente）,《斯特恩·艾勒·拉斯穆森的著述》，哥本哈根：丹麦皇家图书馆和斯特鲁斯出版社（The Royal Danish Library and Strubes Forlag），1973年。
17. 关于这一观点的总结，见斯特恩·艾勒·拉斯穆森,《哥本哈根》，同前，第253—254页。
18. 除了已经提到的书名:《哥本哈根——历史悠久的城市社会的独特性和发展》（1969年），拉斯穆森还出版了《哥本哈根,1950年》,哥本哈根:新北欧出版社,1950年。一本大约136页的书，讲述了哥本哈根在20世纪中叶的状态。
19. 参见阿恩·加德曼,《丹麦城市规划：1938—1992年》，哥本哈根：建筑师出版社，1993年，第35页。从1947年开始制定的不同版本的指状规划图之间可以发现差异。
20. 秘书处在彼得·布雷德斯多夫（Peter Bredsdorff）的日常领导下工作，后来他被任命为哥本哈根皇家美术学院建筑学院城市规划教授。关于彼得·布雷德斯多夫在哥本哈根作为组织者和城市规划师的优点的阐述，见阿恩·加德曼《丹麦城市规划：1938—1992年》，哥本哈根：建筑师出版社，1993年，第75页。
21. 这取决于丹麦城市规划实验室（Dansk Byplanlaboratorium）。
22. 参见加德曼，同前。参见“城市规划政策和城市文化”，第12章，载于:亨里克·里赫（Henrik Reeh）,《城市维度：现代城市文化的十三种变化》（Den urbane dimension：Tretten variationer over den moderne bykultur），欧登塞：欧登塞大学出版社（Odense University Press），2001年。该书包含4200字的英文摘要。
23. 见斯特恩·艾勒·拉斯穆森,《哥本哈根,1950年》,哥本哈根:新北欧出版社,1950年,第101页。
24. 斯特恩·艾勒·拉斯穆森为哥本哈根《政治家报》日报提供了16页的补充资料“给予资本更好的条件”，发表于1978年9月19日，在给丹麦环境部长的一封公开信中给出了结论。拉斯穆森写道:“因此,环境部应该任命一个固定的工作委员会来全面规划哥本哈根,腓特烈斯贝（一个被哥本哈根市政府包围的独立城市），港口和国家财产。这是一个广泛的专家委员会，代表了哥本哈根发展所必需的宏伟计划中的许多利益层面。”第 14 页。

25. 斯特恩 · 艾勒 · 拉斯穆森，《哥本哈根——历史悠久的城市社会的独特性和发展》，哥本哈根：G. E. C. Gads Forlag 出版社，1969 年，第 281—282 页。
26. 同上，第 244 页。
27. 同上，第 106 页。
28. 同上，第 12 页。
29. 参见拉斯穆森，《建筑与城市》的序言，哥本哈根：弗雷马德出版社（Fremad），1949，第 I 页。
30. 同上，第 65 页。
31. 同上。
32. 同上，第 67—68 页。
33. 同上，第 74 页。
34. 同上，第 69 页。
35. 斯特恩 · 艾勒 · 拉斯穆森发表了两篇关于丹麦皇家美术学院历史的文章，题目是“两个世纪中的夏洛特堡学院”（Fra Akademiet paa Charlottenborg gennem to hundrede aar），哥本哈根：博盖伦出版社（Boghallen），1953 年。
36. 20 世纪 90 年代中期，位于哥本哈根的皇家美术学院建筑学院从市中心的国王新广场（Kongens Nytorv）迁至城市港口另一侧的霍尔曼（Holmen）前海军大楼。夏洛特堡和它的礼堂已经成为建筑师们怀旧的对象，他们梦想着回到那些在稠密的城市中心被公民建筑包围的时代，而不是在霍尔曼的（非凡的）军事建筑之中。
37. 斯特恩 · 艾勒 · 拉斯穆森，《建筑与城市》，哥本哈根：弗雷马德出版社，1949 年，第 3 页。
38. 当涉及城市建筑用途剧烈变化的问题，拉斯穆森可能也会避免陷入他所认为的旅游业的游戏。早在《哥本哈根，1950 年》一书中，拉斯穆森就强调了现代办公空间被一些奇特的建筑所诱惑的风险，那时的建筑外立面开始走向媚俗。这样的批评在《哥本哈根》（1969 年）中得到重申。
39. 斯特恩 · 艾勒 · 拉斯穆森，《关于克里斯钦尼亚》，哥本哈根：居伦达尔出版社，1976 年，第 11 页。
40. 《哥本哈根国家规划——1950 年状态》，哥本哈根：埃及纳 · 蒙斯卡出版社（Ejnar Munksgaard），1951 年，由拉斯穆森独家负责出版（参见第 7 页和第 71 页），构成了“指状规划”委员会工作的正式宣介。
41. 斯特恩 · 艾勒 · 拉斯穆森，《哥本哈根——历史悠久的城市社会的独特性和发展》，哥本哈根：G. E. C. Gads Forlag 出版社，1969 年，第 233 页。
42. 同上，第 262 页。
43. 例如，见《关于克里斯钦尼亚》，第 57 页，克里斯钦尼亚支持者的名单，拉斯穆森在其中发挥了重要作用。这个角色是基于他的相对年龄和他作为自由主义者（而不是左翼）的声誉，以及他作为社会上受尊敬的知识分子的地位。

44. 在丹麦语中,"lejekaserner"(矿权)与德语中的"Mietskasernen"是一个意思。参见斯特恩·艾勒·拉斯穆森,《关于克里斯钦尼亚》,哥本哈根:居伦达尔出版社,1976年,第28页。
45. 同上,第29页。
46. 同上,第31—32页。
47. 参见斯特恩·艾勒·拉斯穆森,"生活之城"(Byer til at leve i),作者:斯特恩·艾勒·拉斯穆森,《也是一种催眠剂》,哥本哈根:居伦达尔出版社,1975年,第60—69页。这篇文章写于1963年,也就是廷比约建设时期。拉斯穆森在《从贫民窟到游乐场》(From Slum Quarter to Playground)等早期文章中提出了为解决现代城市社会问题而投资于社会机构的希望,这些文章发表于:斯特恩·艾勒·拉斯穆森,《在丹麦花园中》(I Danmarks Have),哥本哈根:居伦达尔出版社,1941年,第58—74页。
48. 参见尤尔根·哈贝马斯,《交往行为理论》,法兰克福:苏尔坎普出版社,1981年。
49. 见斯特恩·艾勒·拉斯穆森,《关于克里斯钦尼亚》,同前,第35页。
50. 同上,第38页。
51. 同上,第51页。
52. 同上,第7页。
53. 同上,第15页。
54. 同上,第16—17页。
55. 参见斯特恩·艾勒·拉斯穆森,《异想天开的人类思想》(Forunderlige menneskesind),哥本哈根:居伦达尔出版社,1982年,第42—47页。
56. 参见斯特恩·艾勒·拉斯穆森,《异想天开的人类思想》(Forunderlige menneskesind),哥本哈根,居伦达尔出版社,1982年,第26—38页。
57. 斯特恩·艾勒·拉斯穆森,《哥本哈根——历史悠久的城市社会的独特性和发展》,哥本哈根:G. E. C. Gads Forlag出版社,1969年,第277页。
58. 斯特恩·艾勒·拉斯穆森,"我童年的商店"(Min barndoms butikker),载于:《幽默是我们最好的武器》,哥本哈根:居伦达尔出版社,1973年,第115—125页。
59. 斯特恩·艾勒·拉斯穆森,"我童年的商店"(Min barndoms butikker),载于:《幽默是我们最好的武器》,哥本哈根:居伦达尔出版社,1973年,第115页。这篇文章最早发表在《政治家报》(日报),1968年2月8日。
60. 斯特恩·艾勒·拉斯穆森,"我童年的商店"(Min barndoms butikker),同前,第115页和第125页。
61. 斯特恩·艾勒·拉斯穆森,"我童年的商店"(Min barndoms butikker),同前,第125页。
62. 斯特恩·艾勒·拉斯穆森,"我童年的商店"(Min barndoms butikker),同前,第115页。

63. 斯特恩·艾勒·拉斯穆森，“我童年的商店”（Min barndoms butikker），同前，第 118 页。
64. 斯特恩·艾勒·拉斯穆森，“我童年的商店”（Min barndoms butikker），同前，第 125 页。
65. 未来的“公共公园”（Fælledparken）方案，制定于 1908 年至 1911 年之间，再版于拉斯穆森的《哥本哈根》，同前，第 207 页。
66. 斯特恩·艾勒·拉斯穆森，“首都的土地”（Hovedstadens Jorder），载于：《跟鲜花说吧》，哥本哈根：居伦达尔出版社，1976 年，第 104 页。本文最初发表在 1975 年 9 月的《文化批评杂志》上。联邦区位于靠近拉斯穆森的儿童商店的街道旁，厄斯特布罗区的厄斯特布罗街；位于厄斯特港的东北，以前的城市东门。
67. 斯特恩·艾勒·拉斯穆森，“首都的土地”（Hovedstadens Jorder），载于：《跟鲜花说吧》，哥本哈根：居伦达尔出版社，1976 年，第 104—105 页。本文最初发表在 1975 年 9 月的《文化批评杂志》上。
68. 这确实是拉斯穆森职业生涯中关于哥本哈根的论文的一个显著特征，即非视觉感官或城市生活世界并不重要。这些问题充其量只限于一般主题，如《体验建筑》。斯特恩·艾勒·拉斯穆森，《体验建筑》（OM at Opleve Arkitektur），哥本哈根：G. E. C. Gads Forlag 出版社，1957 年；美国译本，《体验建筑》，剑桥，马萨诸塞州：麻省理工学院出版社，1959 年。
69. 根据斯特恩·艾勒·拉斯穆森于 1979 年重印的《剧院》中的一篇文章，本文是在“1929 年 10 月的伦敦”写成的。参见斯特恩·艾勒·拉斯穆森，《剧院》，哥本哈根：G. E. C. Gads Forlag 出版社，1979 年，第 16 页。
70. 斯特恩·艾勒·拉斯穆森，“乘着歌声的翅膀”，载于：《一本关于其他事物的书》（en Bog om Noget Andet），哥本哈根：居伦达尔出版社，1940 年，第 49 页。这篇文章首次发表在 1929 年 11 月 10 日的《国家新闻》晨报上，第 11—12 页。
71. 达格玛·汉森（Dagmar Hansen），1871—1944 年。
72. 1930 年的录音会稍后在一篇题为“百货商店异想天开的奇妙世界”（Stormagasinets forunderlige verden）的文章中进行了描述。该文章发表于：斯特恩·艾勒·拉斯穆森，《幽默是我们最好的武器》，哥本哈根：居伦达尔出版社，1973 年，第 31—43 页，最初发表于《政治家报》（日报），1969 年 12 月 14 日。这篇文章讲述了渔妇穿着她最好的衣服，在哥本哈根的马加辛-杜诺德（Magasin-du-Nord）百货公司内，一个特别专业的录音室场景之中的遭遇。在这样的录音室条件下，这位渔妇结果无法唱出她的街头叫卖声，最后在开放的百货商店里录制了这段录音。
73. 丹麦国家广播电台（Danmarks Radio）的档案中包含了一段简短而富有启发性的录音，记录了达格玛·汉森在街上的叫卖声。
74. 参见亨里克·里赫，《城市维度》，第 3 章，“空间，听觉，城市声音”（Rum，hørelse，

storbylyd)（关于在齐美尔《社会学》拉斯穆森的《体验建筑》中的听觉考虑）。

75. 斯特恩·艾勒·拉斯穆森，“我的巴黎”，载于：《幽默是我们最好的武器》，哥本哈根：居伦达尔出版社，1973年。
76. 同上，第61页。
77. 同上，第68页。
78. 同上，第62页。
79. 同上，第62页。
80. 同上，第59页。
81. 参见斯特恩·艾勒·拉斯穆森，“小社会之梦”（Drømmen om de smaa samfund），载于：《跟鲜花说吧》，同前，第88页。拉斯穆森的这位朋友没有直接解释她在纽约这样一个高感官密度的大城市中的状态。这个城市的重要性是间接的，因为知识分子的环境被认为是圣巴巴拉和纽约市之间决定性的区别：“仅一个设备齐全的实验室是不够的，因为她可能在圣巴巴拉有这样的实验室……不，决定性的一点是墙内的专业气氛……她必须有志趣相投的同事，她可以和他们交谈，必须能很容易地为实验室找到好的合作者”（第89页）。然而，这种差异在很大程度上是与实验室和大学周围的城市相关。
82. 斯特恩·艾勒·拉斯穆森，“小社会之梦”，载于：《跟鲜花说吧》，同前，第89页。
83. 同上，第90页。
84. 在拉斯穆森的描写中，来自纽约市的例子既有消极意义，也有积极意义。拉斯穆森反对纽约华尔街的城市密度策略，而本土化的哥本哈根证券交易所（Christian IV）与之相比，则受到拉斯穆森的称赞。参见斯特恩·艾勒·拉斯穆森，《哥本哈根》，同前，第271页。拉斯穆森在他的书《剧院》(Teater）中提到了另一项对纽约市的否定。在书中，通过评论曼哈顿市中心一个新建的光鲜剧院，驳斥了哥本哈根皇家剧院扩建项目（同上，第118—122页）。在处理具体规划问题时，这两种观点几乎都没有涉及社会和文化方面的城市生活问题。
    从城市文化的角度来看，纽约市具有更积极的作用。在《体验建筑》中，拉斯穆森用一个来自纽约的例子来说明汽车对建筑的感知。参见斯特恩·艾勒·拉斯穆森，《体验建筑》，哥本哈根：G. E. C. Gads Forlag 出版社，1957年，第149页。另请看安德烈亚斯·费宁格（Andreas Feininger）的精彩照片，这张照片在本书的开头，为拉斯穆森的文本提供了一个视觉的序言。这张图片显示了背景中的纽约市天际线，而前景则被皇后区的一个公墓占据。似乎没有适宜的进入城市生活世界的便利通道。
85. 斯特恩·艾勒·拉斯穆森，《世界各国可爱的城市》，哥本哈根：G. E. C. Gads Forlag 出版社，1964年，封面，第4页。

第三篇

表象

第十一章

垃圾箱画派艺术家

新闻传媒、艺术与大都市生活[1]

罗伯特·W·斯奈德（Robert W. Snyder）

在20世纪纽约的黎明中，或许你曾见过他们的身影：在路边观察着过往陌生人脸庞的罗伯特·亨利（Robert Henri）；在杂耍剧院前和人群一起开怀大笑的埃弗雷特·希恩（Everett Shinn）和搏击爱好者们挤坐在拳击场中的乔治·贝洛斯（George Bellows）；注视着华盛顿广场公园散步者的威廉·格拉肯斯（William Glackens）；思忖着东海岸移民生活节奏的乔治·卢克斯（George Luks）和在电影棚的灯光诱惑下沉醉于街角调情的约翰·斯隆（John Sloan）。他们六个都是公认的垃圾箱画派艺术家；他们来到纽约是为了创造艺术：那种根植于他们那个时代特定社会潮流中的艺术；他们来到纽约也是为了创造一种群居记录，在城市生活的历史中相互矛盾而又混杂的瞬间。

他们并非一个正规学派，而且他们所描绘的绝不仅仅是垃圾箱，那种街角路边用来盛放焚化废弃物的金属筒。"垃圾箱"这一称谓出现在他们最多产的那些年之后，以一种幽默的方式概括了他们对粗糙街道场景的迷恋。[2]然而，艺术史学家丽贝卡·祖里尔（Rebecca Zurier）却指出，他们的作品提供了一个截然不同的城市景象，这个景象由于纽约的人们而显得生气勃勃，由于城市的商业活力而变得振奋人心，也由于社区的镶嵌而变得魅力十足。垃圾箱画派艺术家们描绘了对大规模社会变迁的特殊反应。他们的作品对城市整体和局部、对城市本土性和大都市化都有着清晰的敏感。对于学习在陌生都市里巡航的寻常体验，他们留下了不寻常的记录。

垃圾箱画派艺术家们曾有一个伟大的主题：那就是1897年到1917年间的纽约，这个都会此时成了一个现代化大都市的象征。与那些颂扬浮现在曼哈顿天际线的高楼大厦的同时代艺术家不同，垃圾箱画派艺术家们探索着街道生活层面的纽约，并且捕捉到了改变城市日常生活的新的社会潮流：移民、广告和大众传媒、时尚娱乐、巨型公共空间的发展、贫富差距和性别角色的转换。

新闻传媒，正如祖里尔的研究所表明的，是艺术家能否成功的一个重要因素。随着垃圾箱画派艺术家出现在19世纪末叶，他们给艺术带来了新能量和大都市的本土报纸插图，正好在照片成为视觉传媒主导因素之前。与他们相呼应的文学界是马克·吐温（Mark Twain）、西奥多·德莱塞（Theodore Dreiser）、杰克·伦敦（Jack London）和斯蒂芬·克莱恩（Stephen Crane）等作家，他们以一种现实主义精神，从新闻行业转而从事小说和短篇故事创作。[3]

最终，所有垃圾箱画派的艺术家们都离开了新闻行业，部分原因是新闻插画职业的消失，另一部分原因是他们发现了这种工作的程式化和新闻画报过于苛刻的公式化视觉表达。某些情况下，他们通过损害自己，将新闻行业的限制规则带入了自己的艺术中，以至于作品具有一种卡通画的意味。但是他们会尽量让自己的作品更加精炼，以一个新闻工作者的好奇心和一个新闻从业者与广大公众交流的欲望。他们像新闻工作者一样的观察力——对新事物、对社会过程、对权力之间的关系、对城市叙事的欣赏——帮助他们成为艺术家。

垃圾箱画派的画家们跨越了美术（fine arts）和流行艺术之间的传统差别。受委拉斯开兹（Velazquez）和伦勃朗（Rembrandt）的启发，他们创造出了具有自己风格的绘画作品；从曼哈顿的街头生活获取灵感，他们创造了装置艺术。他们还是沃尔特·惠特曼（Walt Whitman）的艺术继承人，惠特曼是报刊作家和编辑，他将他的都市新闻变为诗歌作品，那些作品根植于纽约的生活体验，并且在其感受方面也是民主的，他为普通纽约人的生活而着迷。[4]

与其他一些纽约人一样，垃圾箱画派艺术家们都来自外地。除了贝洛斯，六人中的其余五人都于19世纪90年代在费城奠定了他们的事业基础，亨利就读于久负盛名的宾夕法尼亚美术学院，在欧洲游历和求学，并在费城女子美术学校任教。斯隆、希恩、格拉肯斯和卢克斯都作为插图画家供职于费城出版社。[5]

19世纪80年代，照片凸版印刷的引进，为新闻报道和广告图片的复制提供了一条快捷和廉价的途径。但在那个时候，照片还没有成为大众传媒中的主导视觉要素，而手绘图却给印刷页面带来了戏剧性效果。与同时代的其他大都市一样，费城的现代插画新闻正在城市发展、技术变革和商业文化的动态交汇中成形。数量激增的报纸服务于同样增长的城市人口，它们的特写故事和插图将读者带到城市的各个角落，而那是读者不可能直接了解的。印刷和打字技术的进步大大提升了报纸的生产速度。报纸生产的成本越来越多地来自广告商，特别是百货公司（正在浮现的城市消费文化的代表机构）的老板们，他们热衷于看到自己的商品展示在精心制作的图像广告中。[6]

费城三家主要报刊在周末增刊、粗体大标题、耸人听闻的写作和布置在特定位

图 11.1 埃弗雷特·希恩,《第 24 街的大火》, 1907 年, 奇克伍德(Cheekwood)艺术博物馆提供, 纳什维尔, 田纳西州

置的戏剧性插画等方面都在进行竞争。那些有艺术天分却没钱进行正规培训的人,在报社找到了作为插图画家和报纸图片编辑的工作。然后,更加优厚的薪水吸引他们从一家报社跳槽到另一家报社。[7]

根据希恩的回忆,一家报社的艺术部具有无与伦比的运用记忆力和快速观察的能力。一位被安排去采访火灾或交通事故的新闻插画家,画下一些粗略的细节——火灾建筑的高度、毁坏车辆的形状,回头就在报纸上将这些笔记转化为丰满的插画。格拉肯斯对自己采访事件时不用铅笔和纸张的能力特别自豪。希恩提到,格拉肯斯只需在现场看上一眼,就能提取足够的信息,然后返回工作室创作出一幅完美的精致图片。[8]

插画艺术家们学习以一种快速、简约和标准化的风格进行绘画。它能够快速描绘一栋着火的建筑,通过涂鸦式地画出一团烟雾而不是绘制其背后的建筑结构——并且也能快速地通过回忆、想象以及别人的描述而进行创作。[9]新闻插画提供了一种可视化版本的新闻写作技巧,由记者转向历史学研究的罗伯特·达恩顿(Robert Darnton)发现,许多新闻写作都是把分散的小故事糅合进一个标准的新闻写作模板

中——结果，“用过时的点心模具制作饼干”。[10]

一个报刊插画家的生活节奏是很匆忙的，他的工作就像工厂流水线那样按部就班。为了给他们自己的艺术天赋寻求更大的发展空间并寻找一个艺术团体，格拉肯斯、希恩、斯隆和卢克斯开始参加宾夕法尼亚美术学院课外班的学习。而那种强调石膏模型素描画的课程令人沮丧，于是斯隆和其他一些学员（他们当中许多人都是新闻工作者）离开了学院。他们自己成立了一个非正式的速写绘画班，他们戏称为“炭笔俱乐部”，并且邀请了一位受过正规训练的艺术家作为批评家。俱乐部解散后，他鼓励他们聚集在他自己的工作室，作画、饮酒和畅谈。这位艺术家就是罗伯特 · 亨利（Robert Henri），就在这段时期，他成了垃圾箱画派的核心人物。[11]

无论在思想上还是在实践上，亨利都将古典和流行结合到了一起。他不但是法兰西学院派训练的产物，同时也是它的反叛者。他博览群书：从拉尔夫 · 沃尔多 · 爱默生（Ralph Waldo Emerson）的哲学作品，到托马斯 · 佩恩（Thomas Paine）激烈的政治檄文，再到左拉和托尔斯泰的人文主义小说。更重要的是，他极力颂扬沃尔特 · 惠特曼的生平和作品，惠特曼从记者变成了诗人，他在开庭报告、百老汇漫步和社论作品中为《草叶》（Leaves of Grass）这首诗找到了灵感的源泉。“沃尔特 · 惠特曼，”亨利说道，“似乎从生活中最细微的事物中发现了最宏伟崇高的东西。”亨利以这种精神来作画，也同样如此教授他的学生。“沃尔特 · 惠特曼正是那种我认为真正的艺术学生们应该成为的人。他的作品就是一部自传——不是各种幸运或不幸，而是他最深刻的思想，他真实的生活。”[12]

对亨利来说，艺术是一种高贵的交流方式。“绘画是一种表达思想的永恒形式，”他写道。“它是对事实的展现，也是对我们的生活和环境的研究。”他认为，“真正的艺术家把他的作品看作是与人对话的一种方式，不但是与自己，也是与他人的对话。”[13]

亨利鼓励他的学生将自己的情感和经历直接融入艺术，还要快速地在整幅画布上作画，而不是苦苦纠缠于一些单独的片断。他敦促他们像新闻插画艺术家那样工作：“如果可能，就一气呵成；如果可能，一分钟之内就完成；拖延决不是美德。”[14]

然而，亨利希望他的学生们创作出的作品超越那些用油彩着色的新闻插画。他鼓励他们去跨越高雅艺术和流行艺术之间的隔阂，并创造根植于当代社会场景的作品，就像新闻，但却像传统绘画那样具有恒久的品质。

亨利鼓励学生们在古典大师的作品中寻找灵感——学习伦勃朗捕捉“人们真实而亲密的生活”的能力，学习“委拉斯开兹作品中恒有的美丽高贵”，以及提香作品中的“宏伟”。亨利也让他的学生们去学习过去的绘图艺术家。他向学生们推荐温斯洛·霍默（Winslow Homer）的作品，他说霍默让观众感受到了“大海的力量”。[15] 在亨利看来，艺术家在报社的工作经历和新闻纪实视角是生动感人作品的原材料，这些作品是当代的，独特的，而且完全可以与过去的伟大作品相媲美。

19 世纪 90 年代中期，一些艺术团体已经开始尝试去描绘费城及周围地区的街道场景。但是，为了最大限度地迎接亨利的挑战，包括亨利自己在内的每一位艺术家都不得不搬到纽约。纽约市那时已是美国报业和出版业的中心，也是美国艺术界的中心，而且在这个大都会里，现代生活的推动力——移民潮、性别角色的转换、娱乐产业的出现及其他——在城市街道上成形。此外，纽约也是一个能够给野心提供奖赏的城市——这样的野心在聚集于亨利身边的艺术家们身上绝不缺乏。斯隆在 1898 年给亨利的信中曾经写道：“在纽约做一件漂亮的事情会被宣扬到国外；在费城做一件漂亮的事情仅仅是在费城还不错。”[16]

纽约是一座本土发源文化和舶来文化的中心，然后把这些文化返还给美国的其他地区和全世界。艺术家们被吸引到曼哈顿，因为它是一块吸引天才的磁石，曼哈顿作为出版业中心和艺术世界之都的双重身份赋予了其能量。[17]

19 世纪 90 年代，纽约取代波士顿成了美国图书出版的中心。曼哈顿则成了面向大众读者的廉价图画刊物的国家总部。纽约的报纸行业发展尤其迅猛，它们的报道在国内不同的报刊上同时发表。来自纽约的新闻——关于商贸、时尚、文化事件、政治、邻里和日常生活的故事——需要一批全美的读者。与此同时，艺术新闻业出现了。到 1900 年为止，纽约已经有了好几家艺术杂志。至少有八家城市报社聘请了他们专用的艺术评论家。城市艺术场景是好几家国内出版物文章中的焦点话题。对于那些野心勃勃的艺术家和插画家们来说，纽约是一个博取名声的好地方。[18]

卢克斯和格拉肯斯于 1896 年搬到了曼哈顿，希恩在第二年也来到了这里。斯隆在 1898 年夏天也在纽约待了几个月，但直到 1904 年他才在这里长久定居下来。这些移居到纽约的费城人在纽约的各大报社中从事插画记者的工作。尽管这时照片正开始逐渐取代手绘图画，但周末图片版增刊和画报滑稽版的繁荣为他们提供了很多工作机会。比如，卢克斯为创新性的周末报纸滑稽版绘制了反映出租屋欢闹生活场景的《黄孩子》。这些艺术家们也在逐步壮大的期刊市场中找到了更灵活、更容易赚钱、更适合的工作，其中，卢克斯就为《裁决》（The Verdict）月刊创作讽刺漫画。[19]

不同于那些不得不机械地从事每天绘画工作的画家，自由插画家能够更多地支配自己的时间。在纽约，这些艺术家们可以参观博物馆和画廊，与职业评论人士会面，并且聚会交流对艺术和政治的看法。比如，斯隆把家搬到了格林尼治村附近，在这里他参加了梅布尔·道奇（Mabel Dodge）的沙龙，一个激进分子、颓废文人和文学人士钟爱的聚会。[20]

无论从其尺度、复杂性、色彩还是所蕴含的能量上来看，纽约都是一个适合新闻记者的伟大都市。日常生活就是大量图片和故事的原材料。垃圾箱画派画家创作出了令人难忘的作品，部分原因是像他们在大都市出版业的同行们一样，他们记录了纽约的诞生，而后者定义了这个世纪其余时间里美国的城市生活。1900 年，垃圾箱画派画家们的绘画主题非常像是一本伟大纽约都市报刊的故事主题清单。

两种主要的潮流：多样性和统一性，创造并重塑了这个城市。1898 年，曼哈顿与它的相邻地区被整合成一个五镇联合的自治城区，之后不久，纽约拥有了大规模的交通体系，这个体系将自治城区中的四个结合成为一个功能单元。银行、工厂、股票市场和公司总部都集聚于纽约，让这里的银行家、商人和金融家无论在美国国内还是国际上都变得独一无二的强大。摩天大楼第一次出现了，公寓数目极快地增长，决定了纽约市在 19 世纪剩余时间里的物质规划特征。[21]

多样性在文化领域里尤为突出。成群结队来到这个城市的移民不仅与城市本地人不同,他们彼此间也存在差异。尽管在学校和社区中心里都进行着使他们"美国化"的努力，但他们仍然使纽约变成了这样一个城市：在这里没有任何一个族群可以宣称自己代表主流。在男女关系方面，消费文化为面向两性交往的娱乐活动创造了更多机会，这种交往活动强调一种自我表现而非自我控制。女性进入工作领域，这赋予了她们经济独立的能力和新的社会角色。无论是细微地还是激烈地，19 世纪那种严格规定的性别角色以多种方式瓦解了。[22]

尽管存在差异，但统一化和多样化的力量有时却能够互为补充。地铁把城市各个区域联系在一起，但它们刺激了邻里的建设，在那里，移民和他们的孩子延续了一个多民族的地理结构。起源于喧闹的歌舞杂耍大棚的歌舞剧场，使用一种有着产业化比例的现代售票系统，以保证纽约成为娱乐工业的首都；与此同时，它活泼的歌曲、舞蹈和喜剧有助于消解美国维多利亚文化的拘谨。纽约报刊的大批量发行关注单一的文化权力，然而他们创造了文化形式——比如特写故事——使城市居民了解思考和感知的新方法。[23]

对于本地居民和新来者，或者对于男人和女人，身份总是处于一种持续的变化状态。那些被 O·亨利（O. Henry）称为"地铁上的巴格达"（bagdad on the subway）的城市居住者们努力去诠释他们周围人群的意义，并且试图将自己的住所安放到城市肌理中去。对于垃圾箱画派艺术家和他们的纽约同胞们来说，很难在观察者和被观察者之间划出一条明确界限。[24]

垃圾箱画派的艺术家们以自己的探索精神力图诠释和表现，重塑了纽约不断变化的各种社会力量。这是一项艰巨的任务。美国艺术几乎没有提供可用的先例，而欧洲城市生活的图景也并不总能为美国场景的想象提供有效途径。在努力描绘纽约城市生活的过程中，艺术家们从艺术史和流行影像中寻找灵感。尽管他们的作品涵盖了与报纸、实录影像和娱乐同样的领域，但是他们往往能找到新方法来描述他们的主题，以及对它们独特的思考角度。[25]

艺术家们通常描绘一些瞬间或个别场所。垃圾箱画派的作品标题时常传达出某个特定地点、活动、季节或者个性。他们对城市的接触—— 一个又一个街区、一个又一个事件——类似于当天的指南手册和杂志文章所采用的策略。垃圾箱艺术的图片并不是从上至下地去描绘纽约。相反，他们认为应该去发现各种邻里生活的琐事和观察各种事件。他们的街道水平透视作品沉醉于细节，使得他们的作品超越了美与丑的二元对立，19 世纪的城市指南手册把城市描绘成一系列美德与恶行交织的画面，很少有例外，而垃圾箱画派艺术家们则把人置于绘画作品的中心。艺术史学家伊安·戈登（Ian Gordon）发现，垃圾箱画派的艺术家们想要克服分隔他们主题的、作者自身和观众之间的距离——为了履行对美国民主生活的承诺。与此同时，他们也意识到了这个承诺的困难和缺陷。[26]

尽管他们有着共同的爱好，但每个艺术家都有着自己的激情和技巧。亨利对个人肖像特别感兴趣，他所画的非洲裔美国人《威利·吉的肖像》在技巧上是学院派的，但有着现实主义的记录风格。在充斥着人种和种族偏见的时代，非洲裔美国人

图 11.2　罗伯特·亨利《威利·吉的肖像》，1904 年，纽瓦克博物馆 / 艺术资源馆提供

图 11.3 埃弗雷特·希恩，《足灯挑逗》，1912 年，亚瑟·G·阿尔舒（Arthur G. Altschul）授权

被认为是最低劣的一种（亨利自己曾对许多人说过“我发现种族总是表现在个体当中”），但是《威利·吉的肖像》却由于其温情、明晰和个性化而引人注目。当然一部分功劳在于这个男孩本身，他的尊严和姿态是动人的；但另一部分功劳应该在于亨利，在面对一个真实个体的时候，他总是希望能够避开自己的世俗成见。[27]

希恩专事于大尺度的淡彩画，描绘剧院、城市时尚和一些感人的新闻。他的绘画作品《足灯挑逗》表现了一个女演员，试图用轻浮和热烈的眼神来吸引那些蠢蠢欲动的观众们，这幅作品正是来源于他自己的舞台经验。[28]

格拉肯斯的作品充斥着各种活动，让人想起他的杂志插画。在那个时代，多数插画杂志都有着固定的特征，尤其是处理种族和民族群体的时候，他的一些绘画有着白描卡通的感觉。他针对下东区犹太人社区的绘画作品，往往将移民们描绘成丑陋和令人恐惧的。然而，他对街道人群的素描，是用一个报刊美术家完成一幅完整插图的快速绘制方式完成的，展现了他对人物姿态、手势、形体和行为的非凡敏感性。[29]

斯隆描绘移民和工人阶级的画作中充满了深切的人文关怀，和对幽默、尊严以及在纽约街道上发现的高尚精神的赞赏。他同样也受到了女权主义和反维多利亚主义思潮的影响。斯隆超越了对女性要么贞节要么堕落的传统分类：他笔下的妓女都是强壮的女性，而工厂女工则是感性和自信的。祖里尔发现，在斯隆许多描绘纽约的作品中，比如描写发生在剧场外人行道上的调情的作品《电影》，使人想起从一个男人看见一个女人开始的故事。“女人，”祖里尔写道，“在斯隆的艺术作品中同

图 11.4 威廉·格拉肯斯,《一张草稿》,美国国家艺术博物馆史密森尼学会提供(艾拉·格拉肯斯夫妇赠)

时扮演着几种不同角色：不再作为欲望的对象，她们记录着当代纽约人新的独立性，同时也展现了对传统美学思想的不同理解。”[30]

斯隆是社会党的活跃成员。和贝洛斯一样，他也为激进主义刊物《群众》创作了立场分明的政治插画。然而，斯隆却力图避免在他的绘画中出现引起争议的表达。不过，斯隆的一些描绘城市生活的画作中依然流露出阶级差别的意识，并暗示出一种亲和力:《灰色和黄铜色》描绘了有钱人开着汽车穿过中央公园，好似戈雅在西班牙皇室家族中发现的那种笨蛋，而以工人阶级为主题的作品，比如《阿斯特图书馆的清洁女工》却散发出一种力量和愉快的幽默。[31]

与斯隆不同，贝洛斯作为一名画家、制版人和教师是非常成功的，他只是暂时依靠新闻插画工作来维持生计。然而，通过跟随亨利学习，他具有了与新闻插画家一样快速、生动地捕捉典型主题事件的倾向。罗伯特·休斯(Robert Hughes)发现，贝洛斯有着一种发现一个好故事的新闻记者的本能。他沉醉于拳击，这项运动其时正在由街头斗殴和半合法的俱乐部搏击转变成一项正式职业体育运动的过程中。他的绘画，如《俱乐部的双方》和《沙基的雄鹿》，表现出色彩和激情的爆发。在这两幅作品中，围观的人群是与搏击者本身同样重要的组成部分。[32]

对这些画家作品的比较显示出，试图选取某一位画家或某一幅画作为垃圾箱画派的典型代表是徒劳的——他们有着太多的视角来观察这座城市。然而，乔治·卢

图 11.5 约翰 · 斯隆，《电影》，1913 年，托莱多艺术博物馆提供，托莱多，俄亥俄州

图 11.6 乔治 · 贝洛斯，《俱乐部的双方》，1909 年，切斯特 · 戴尔收藏馆提供，国家美术馆，华盛顿特区

克斯的作品确实表现出一种极限和力量，它们不断出现和重现在艺术家的作品中。卢克斯为人所熟知是由于他的喜剧作品《霍根家的小巷》，它讲述了聪明俏皮的米奇 · 杜根（Mickey Dugan，由于他所穿的工作服而被称为“黄孩子”）和他的一帮朋友在廉价公寓里的冒险。卢克斯曾被下东区的犹太移民社区所吸引，他的作品《赫斯特街》描绘了这个街区内一条著名的街道。这一时期的大多数新闻记者都把这一地区描述成东欧的移植样品，由于古老的传统宗教活动而显得生机勃勃。但卢克斯却看到了一些不同之处。他的画描绘了一个由犹太移民构成的市场场景，他们的圆顶礼帽、大胡子和高高的鼻子正符合那个时代的特征。

然而，在这点上，卢克斯敏锐的洞察能力使这幅作品成为具有启示作用的社会

图 11.7 乔治·卢克斯，《赫斯特街》，1905 年，纽约布鲁克林艺术博物馆提供

档案。这幅画中的一个男人很突出：他的胡子刮得很干净，戴着一顶浅色的软帽，抽着一支雪茄烟。在他的右边是一个身着男式衬衫和戴着一顶奇异帽子的妇女，她的穿着与一个披着披肩、正与一个商店老板交谈的移民女人形成了鲜明对比。在这个场景中，卢克斯抓住了文化移入的过程，以及这种影响在穿着和举止上的反映。卢克斯与所有优秀的插画家一样，把一个故事浓缩成一幅独立的图像。尽管流行文化的那些俗套在他的画作中也有出现，但他的现实感却引导他去描绘一种在邻里中并不总是很突出的同化叙事。[33]

尽管有着这样的成就，但垃圾箱画派艺术家们最具创造力和最多产的时代在第一次世界大战时就走向了终结。他们所熟知的城市在那个世纪第二个十年即将结束之际消失了。在战争期间，来自欧洲的移民数量锐减。在 20 世纪 20 年代，为了保证美国盎格鲁—萨克逊血统的纯正，联邦配额严格限制来自南欧和东欧的移民。曾经改造了这座城市的大规模移民潮结束了。在接下来的几十年里，意大利和犹太移民，以及他们的后裔完全融入了这座城市，以至于到了 70 年代，自由女神就像他们的普利茅斯石，而哑铃公寓就像他们的小木屋。[34]

来自南部的非洲裔美国人成为这座城市廉价劳动力的来源。他们搬到了哈勒姆，一个开发商原本打算发展为中产阶级城郊居住区的邻里，但过度建设导致了哈勒姆房地产市场大量的空房，于是这里对各个阶层的黑人开放了。在 20 世纪 20 年代，哈勒姆成为纽约的一部分，它吸引了许多异国情调的追寻者和曾经聚集在下东区的热心改革者。[35]

这次战争也改变了这个时代的激进主义精神。政府内外的极端爱国者和那些叛国者们同样遭受异议。联邦政府禁止了激进主义杂志《群众》的发行，而正是这本杂志刊登了斯隆和贝洛斯有特色的作品。战争年代的压制蔓延至1919年的“红色恐慌”。那种曾经激发了纽约和一些艺术家们最优秀作品的质疑精神转入地下。

插画新闻刊物从塑造了垃圾箱艺术的这个时代消失了。照片，而不是艺术家们的手稿，成了报刊的主要视觉要素。20世纪20年代的许多新闻小报继续关注那些曾经给了垃圾箱艺术如此多灵感的普通人，它们同时也包含了与垃圾箱艺术气质截然不同的名人文化。例如，贝洛斯和斯隆就画过一些有钱人，但他们总是将其放在解释了有关他们特征的某种社会环境中。另一方面，大量小报照片的出现，迫使插画新闻转向描绘那些为了出名而出名的人。[36]

到20世纪20年代即将结束时，当垃圾箱艺术家们回到纽约，最令他们感到震惊和新奇的是城市生活中熟悉的部分——再不可能激发他们最高层次的艺术灵感了。这个有着5层公寓楼、由煤气灯点亮的城市已经逐渐变成了一个充满电灯和摩天大厦的地方—— 一个与这个因爱德华 · 霍普（Edward Hopper）而知名的城市的匿名性更相称的地方。[37]

对于垃圾箱画派艺术家们来说，具有讽刺意义的是，他们一直把自己视为描绘现代生活的画家，而美国的艺术主流却开始转向抽象。于是垃圾箱画派群体们的现实主义看起来逐渐远离了“现代”艺术。尽管如此，弗吉尼亚 · 梅克伦堡（Virginia Mecklenburg）却发现，垃圾箱画派艺术家还是影响了比如关注时局的画家霍普，充满活力而又粗俗的画家雷金纳德 · 马什（Reginald Marsh），以及其他那些努力想从纽约的城市生活中发现艺术灵感的画家们。20世纪30年代的纪录片摄影师们同样从垃圾箱画派那儿学到了很多东西，因为垃圾箱艺术为它本时代和地区的城市艺术奠定了基础。[38]

正如《华盛顿邮报》的评论家保罗 · 理查德（Paul Richard）指出的，或许垃圾箱艺术家们最大的影响是在好莱坞：贝洛斯笔下的城市全貌和格拉肯斯笔下的麦迪逊广场就是对《第34街奇缘》中喧闹的市中心场景的预演；斯隆的《鸽子》或许为《码头风云》中的屋顶场景提供了灵感；而他创作的《洗头者的窗户》则重现在《金臂人》的场景中；贝洛斯的《帕迪 · 弗兰尼根》似乎又为《吉米 · 卡格尼》和《死巷小子》提供了原材料。垃圾箱艺术走了一个圈：根植于新闻业，在亨利的艺术训练之下发展到顶峰，最后它的能量和洞察力又绕回去鼓舞充实了流行电影——并且恰如其分地继续下去。美国电影——像百老汇的音乐剧、现代舞和叮呼卷音乐（Tin Pan Alley）一样——总是把那些给垃圾箱艺术增添活力的各种高级和低级的东西以某种比例混合起来。[39]

图 11.8 约翰·斯隆,《鸽子》,1910 年,波士顿美术博物馆提供

从 20 世纪早些年起，垃圾箱画派艺术家们的作品就不再是事件的记录，而变成了他们自己的历史文物；对于很多观众来说，那些作品已经有了一种怀旧的古香古色，这种光泽模糊了世纪之交纽约市的动荡不安。与此同时，新闻业和纽约都发生了变化。但这变化中的任何一种，看起来都不可能再次为亨利和同行们提供曾鼓舞了他们的那种灵感了。大都市的日报不再是一种尖端的媒体。世纪之交的新闻传媒和垃圾箱艺术中大量充斥的对移民和工人阶级的迷恋，从我们这个时代的媒体中消失了。为了吸引更多读者，很多报刊几乎已经把工人阶层从它们的页面中删去，取而代之的是对社会名流或难以置信的大规模中产阶级的报道。美国的电视曾向观众们展示过不同的人和地方；今天，它通过用最自我审视的语汇向美国人解释他们自己而获得繁荣。而纽约市，不再是垃圾箱画派艺术家们所熟知的那个城市了：郊区的蔓延、犯罪的阴影、公共空间的私有化、经济的混乱、顽固坚持的偏见，这一切都向他们对城市生活的乐观想象提出了挑战。这座城市，对大多数的美国人来讲，已不再是吸引垃圾箱艺术的新前沿了。

尽管如此，垃圾箱画派艺术家们的生活和创作仍然为当代提供了重要的经验。在 21 世纪，其中最值得赞赏的是他们要把自己置于城市街道上的强烈愿望，习惯性和充满热情地，努力使他们自己和偶遇的陌生人之间的关系变得有意义。垃圾箱艺术家们尽其所能地从与其不同的人们身上去学习。今天，在他们开始从纽约的街头生活中发现艺术一个世纪之后，他们所做的一切都是值得我们铭记的经验。[40]

注释

1. 本章来源于丽贝卡 · 祖里尔（Rebecca Zurier）、罗伯特 · W · 斯奈德（Robert W. Snyder）和弗吉尼亚 · M · 梅克伦堡（Virginia M. Mecklenburg），《都市生活：垃圾箱画派艺术家及其纽约》，史密森尼 / 诺顿（Smithsonian/Norton）出版社，1995 年。要更详细地分析艺术家与新闻和其他形式视觉文化的关系，请参阅丽贝卡 · 祖里尔即将出版的书，这本书来源于她的论文《描绘城市：新闻界中的纽约与垃圾箱画派的艺术，1897—1917 年》，耶鲁，1988 年。

   这里提供的材料得益于 1996 年 11 月 1 日至 3 日在哥本哈根大学举行的“城市生活世界”会议上的评论和问题。在会议之外，詹妮弗 · 凯利（Jennifer Kelley）、丽贝卡 · 祖里尔、伊安 · 戈登和克拉拉 · 亨普希尔（Clara Hemphill）都提出了富有洞察力的建议。凯瑟琳 · 柯林斯（Kathleen Collins）在论文的最终修订期间提供了有用的编辑协助。
2. 关于“垃圾箱画派”一词的起源，见：伊丽莎白 · 米尔罗伊（Elizabeth Milroy），《新世纪的画家：八人画派和美国艺术》，密尔沃基：密尔沃基艺术博物馆，1991 年；罗伯特 · 亨特（Robert Hunter），《垃圾箱画派的奖励和失望》，载于：洛厄里 · 斯托克斯 · 西姆斯（Lowery Stokes Sims），《斯图尔特 · 戴维斯：美国画家》，纽约：大都会艺术博物馆，1992 年，第 35—41 页。
3. 见雪莱 · 费舍尔 · 费舍金（Shelley Fisher Fishkin），《从事实到虚构》，纽约：牛津，1985 年。
4. 见保罗 · 茨威格（Paul Zweig）和沃尔特 · 惠特曼，《诗歌的创作》，纽约：基础图书出版有限公司（Basic Books, Inc.），1984 年，以及史蒂文 · H · 贾菲（Steven H. Jaffe），“惠特曼和新新闻学”，《海港》，1992 年春，第 27—31 页。
5. 威尔 · 詹金斯（Will Jenkins），“美国日报插图”，《国际工作室》，1902 年 6 月 16 日，第 255 页。
6. Wm · 戴维 · 斯隆（Wm. David Sloan），詹姆斯 · G · 斯托瓦尔（James G. Stovall）和詹姆斯 · D · 斯达特（James D. Startt）联合编辑，《美国传媒史》，沃辛顿，俄亥俄州：地平线图书出版有限公司（Publishing Horizons, Inc.），1989 年，第 218—223 页、第 35—36 页。
7. 詹金斯，“美国日报插图”，《国际工作室》，第 225 页。
8. 引用自埃弗雷特 · 希恩：“新闻界的生活”，转载于：“费城新闻界的艺术家”，费城艺术博物馆公告，41，1945 年 11 月，第 9—12 页。
9. 约翰 · 斯隆，引自“费城出版社的艺术家”；另见希恩，“新闻界的生活”和希恩在新闻编辑室的照片（美国艺术档案馆，史密森学会），转载于《城市生活画报，1890—1940 年：斯隆、格拉肯斯、卢克斯、希恩——他们的朋友和追随者》，威尔明顿：特拉华艺术博物馆，1980 年，第 15 页。
10. 罗伯特 · 达恩顿，“写新闻和讲故事”，《代达罗斯》，104，1975 年春，第 188—193 页。
11. 丽贝卡 · 祖里尔，“六位纽约艺术家的创作”，载于丽贝卡 · 祖里尔、罗伯特 · W · 斯奈德和弗吉尼亚·M·梅克伦堡,《都市生活:垃圾箱画派艺术家及其纽约》，史密森尼/诺顿出版社，1995年，第61—62页。

12. 关于亨利的讨论,见丽贝卡·祖里尔:“六位纽约艺术家的创作”,第62—64页;也见罗伯特·亨利,《艺术精神》，纽约：图标出版社（Icon），1984年再版，第84页、第142页。
13. 亨利,《艺术精神》，第116页、第117页。
14. 亨利,《艺术精神》，第26页。
15. 亨利,《艺术精神》，第110页、第171页、第269页、第118页。
16. 斯隆（Sloan）写给罗伯特·亨利的信，1898年10月，伯纳德·帕尔曼（编),《现实主义的革命者：约翰·斯隆和罗伯特·亨利的信》，普林斯顿：普林斯顿大学出版社，1997年，第32页。
17. 祖里尔，“六位纽约艺术家的创作”，第64页。
18. 祖里尔,“六位纽约艺术家的创作”,第64—65页;约翰·特贝尔(John Tebbel)和玛丽·艾伦·祖克曼（Mary Ellen Zuckerman),《美国杂志:1741—1990年》，纽约:牛津大学出版社，1991年，第58页。
19. 祖里尔，“六位纽约艺术家的创作”，第65—66页。
20. 祖里尔，“六位纽约艺术家的创作”，第65—66页。
21. 罗伯特·W·斯奈德，“转型中的城市”，载于《大都市生活》，第29—30页。
22. 斯奈德，“转型中的城市”，第30页。
23. 斯奈德，“转型中的城市”，第30页。
24. 斯奈德，“转型中的城市”，第31页。
25. 斯奈德和祖里尔，“描绘城市”，载于:《大都市生活》，第85页。
26. 斯奈德和祖里尔，“描绘城市”，第85页；克里斯汀·斯坦塞尔（Christine Stansell)，“你在看什么？”,《伦敦书评》，1996年10月3日，第25页；祖里尔，“六位纽约艺术家的创作”，第69页；伊安·戈登，“所有的爵士乐：纽约，现代主义和广告”,《大洋洲美国研究杂志》，1997年7月16日。
27. 斯奈德和祖里尔，“描绘城市”，第129-130页;罗伯特·亨利,《威利·吉的肖像》，亨利,《艺术精神》，第143页。
28. 祖里尔,“六位纽约艺术家的创作”,第70—71页;又见斯奈德和祖里尔,“描绘城市”,第163页;埃弗雷特·希恩的《足灯挑逗》。
29. 祖里尔，“六位纽约艺术家的创作”，第73—75页；威廉·格拉肯斯的“远离清新空气农场”；格拉肯斯的“一场橄榄球比赛”，第24页、第132页、第140页。
30. 祖里尔，“六位纽约艺术家的创作”，第78页。

31. 斯奈德，“转型中的城市”，第 45 页；斯奈德和祖里尔，“描绘城市”，第 112 页、第 175 页；祖里尔，“六位纽约艺术家的创作”，第 79—81 页；约翰 · 斯隆的 “女清洁工，阿斯特图书馆”；斯隆的《灰色和黄铜色》。
32. 斯奈德和祖里尔，“描绘城市”，第 163 页；斯坦塞尔和罗伯特 · 休斯，“城市的史诗”，《时代》，1996 年 2 月 19 日，第 63 页。
33. 斯奈德和祖里尔，“引言”，第 26—27 页；乔治 · 卢克斯，《赫斯特街》。
34. 斯奈德，“转型中的城市”，第 54—56 页。
35. 斯奈德，“转型中的城市”，第 54 页。
36. 卡林 · E · 贝克尔（Karin E. Becker），“小报新闻中的摄影新闻”，载于：彼得 · 达尔格伦（Peter Dahlgren）和科林 · 斯潘克斯（Colin Spanks）编辑，《新闻和流行文化》，伦敦：塞奇出版社（Sage），1993 年，第 140—142 页。杰弗里 · 托宾（Jeffrey Toobin）在 20 世纪末对名声的循环本质的评论告知了我这些观点。
37. 斯坦塞尔，“你在看什么？”，第 25 页。
38. 弗吉尼亚 · M · 梅克伦堡，“制造异议：垃圾箱画派艺术家和新闻界”，载于《大都市生活》，第 212—213 页。
39. 保罗 · 理查德，《华盛顿邮报》，“胆量！胆量！生活！生活！”，1995 年 11 月 24 日，D7 版。
40. 关于公共生活和文化的观点，请参阅：达娜 · 布兰德（Dana Brand），《19 世纪美国文学中的观众与城市》，纽约：剑桥大学出版社，1991 年，第 194—195 页。

第十二章

假想的文明

哥本哈根的文学描绘

彼得·马德森（Peter Madsen）

“让我在这世界中飞舞吧”，我眼中噙着泪水祈求。

——H·C·安徒生

汉斯·克里斯汀·安徒生（Hans Christian Andersen）和索伦·克尔凯郭尔（Søren Kierkegaard）都富于世界声望——并且都居住在同一个城市，它受年代久远的防御工事所限而被束缚在一个狭小的空间内。哥本哈根尚未经历城墙的拆除，以及将它变为一个现代化大都市的城市扩张。他们对狭窄的周边环境却有着不同的反应。克尔凯郭尔去过几次柏林，但除此之外他的活动范围仅限于哥本哈根，只除了偶尔参观过北西兰岛和去日德兰半岛的一次旅行。安徒生——相反——对于这个世界非常好奇。他一次次地旅行，去瑞士、瑞典、德国，去意大利、西班牙和葡萄牙，去英国，去希腊，以及近东地区。[1] 他的第一部小说是罗曼蒂克式的，一部具有文学倾向和传统手法的讽刺剧，精心命名为《1828 年到 1829 年间从霍尔曼运河到阿迈厄岛东端的徒步旅行》。[2] 它并不是关于旅行，而大部分是午夜前后的幻想和文学典故。新年前夜，孤独的作家从他的小房间内凝视着他周围白雪覆盖的屋顶。撒旦引出了一个罪恶的主意：成为一个作家。既然所有的诗歌方式都已经被采用，他就选择了阿迈厄岛“作为我年轻奔放血液的游乐场”。他的体验在这本书中仅限于哥本哈根和阿迈厄岛，即使他想用一双借来的飞毛腿靴暂时将他的一只脚带到德国、奥地利和北海，由于各种原因也只能收回。然而，他当时的旅行更加详尽。从未来的角度来看他那个时代的景象，他被向前推进了 300 年：一幅歌剧海报写着，2129 年，一扇门通向“一个新舞台，以一个巨大万花筒的方式展示了 19 世纪所有的剧场效果”。他最终到达了一个通向“如幻想才能唤起的那般美丽的全景画”的螺旋楼梯，它提供了城市未来的一幅景象：“在那里所有的事物都发生了超乎想象的改变。几乎所有的街道都笔直而规整；每一栋建筑看起来都像一座宫殿。城市大大地扩张了；圆石湖（Peblinge Lake）位于城墙内（该湖实际的位置在城墙外），被散步用的林荫道所环绕……港口挤满了外国的船只，给我一种丹麦繁荣景象的暗示。”在他头上，他感觉到“一个巨大的器官喷出黑色的烟雾，像一道划过的闪电。我很快就意识到它是那个时代所发明的蒸汽船”。

安徒生对时间和空间的感觉是宏大的。他的幻想和技术发明相一致，他在一个被他那个时代的发明所定义的视觉机制内进行操作，那个时代创造了一个包罗万象的景象：全景式和万花筒式的。甚至是城墙和城市的围栏，都向外推移了。从历史上看，安徒生的写作时期，是以英格兰军队于1807年击败丹麦海军导致国家破产为显著标志的一个时代。在接近18世纪末期，港口的繁荣作为一种未来景象可能唤起了从前所谓的“繁荣时代”。

I 公共领域，漫无目的和精神错乱——索伦·克尔凯郭尔的《勾引者手记》

> ……你秘密地离去，像一个陌生人，在所有那些人中间……
>
> ——索伦·克尔凯郭尔

如果说安徒生描绘的景象是宏大的，那么克尔凯郭尔的则不是。它只局限于哥本哈根城墙内狭窄的世界中，尤其是私密的内部。但对他而言，即使是小城镇哥本哈根也被未来贴上了标签，那是一个典型的“首都和王室居住的城市”：“街道上的噪声和交通……聚会和离别，匆忙和着急，在那里最多样的事物都平等地维护着自己……一个嘈杂的社会，在那里每个人都对这种普遍的喧闹有着自己的一份贡献。”在“资本主义的社会性自我（原文是拉丁语‘poscimur’——译者注）（我们被唤起的）中”，“它很容易传播，在那里的任何时刻，一个人都能摆脱自己，随时在公共汽车上找到一个座位，所有地方都被娱乐所覆盖了。”[3] 除了速度和噪声，关键特征与个人的处境相关：很容易迷失自我，仅仅成为“公共汽车”（这里应该采用的不仅仅是字面上，也是象征性的意思）上又一个连续的部分，每一个单独的时刻代表着一个机会，但特别是一个转移或分散注意力的机会（“分散”：离开或引向新的方向）。克尔凯郭尔对城市环境的观点也雄辩地证明在他对罗马的描述中，在一篇署有他自己名字的著作中（自1843年三年建设的论述——同年他出版了《非此即彼》和《勾引者手记》）：

图 12.1 1860 年左右 J·P· 伦德（J.P. Lund）所绘的哥本哈根的街道，表现了安徒生和克尔凯郭尔时代的街道特征。哥本哈根城市博物馆提供

> 世界的首都，骄傲的罗马，那里集中着世界上所有的辉煌和荣耀，在那里所有的事物都能得以实现，所有使有知觉的人类感到吃惊的事物，由人类的智慧和贪婪所引发的绝望焦虑的时刻，在那里每一天都见证了一些非凡的事物、一些可怕的事物，并在第二天看到更加非凡的事物而将其遗忘——在威名远扬的罗马，以任何方式相信自己能够吸引公众注意的每一个人，都快马加鞭地赶向适合他的舞台，为了被公众接受而提前准备一切，因此，尽管陶醉于自信，但他可能会精明地利用分配不足和令人羡慕的大好时机——使徒保罗作为囚犯住在那里……[4]

例如，瞬间（Øieblikke）与持续和永恒的相对，非凡与普通的相对，肉欲与灵性的相对，大众与个体的相对，以及宗教团体（保罗给以弗所的书信成为克尔凯郭尔论述的一个契机）:“充满贪欲和好奇的暴民”与“最孤独和最被遗弃的”相对,在“喧嚣的罗马，那里没有什么能够抵挡肆无忌惮的时间的力量，它吞噬一切就像它呈现一切一样迅速，将一切交付给遗忘，不留下一丝痕迹”。约翰内斯，一个勾引者，恰恰陷入了对令人激动的瞬间、没有结局但让人愉悦的特别时刻、产生焦虑和恐惧的审美姿态等美感的追求。那就是克尔凯郭尔所批判的现代模式的一个方面。另一个方面是公众领域，追寻短暂趣味的大众。审美化的个人和隶属公共领域的大众，两

者都被时间所吞噬，既然他们拒绝和永恒发生联系，那种由他们处理自由的方式所引起的焦虑而可能激发的永恒，而那种自由是作为现代性中的主体条件存在的。保罗是“最孤独和最被遗弃的”，但是他代表了基督耶稣——“当他周围所有的事物都徒劳地匆匆前行，对他来说信念是坚定的。”克尔凯郭尔也是这样，他不再孤独。

在《勾引者手记》中，他描述了一种对现代主体的可能态度，一种美学态度，对一个有魅力的年轻女子的远距离移情，对操纵的幻想。在他的作品里，克尔凯郭尔以某种方式尝试做类似的事，但是以一种想要唤起他的读者对最终通往上帝之路的主观领悟的角度。尽管他讨厌作为一种形成公共舆论和共同利益媒介的公众领域，例如，作为民主的媒介，但他试图以同样的方式通过他的出版物利用这一公众领域，他想象通过与街道上的人们对话，而像苏格拉底式耶稣（Socratic Jesus）一样行事。那是一个小城市，在某种程度上，街道上的人们和广大读者重叠在了一起。在某种意义上，克尔凯郭尔因而成为一个小城市的哲学家和作家。在这种情境下，忙乱人群的绝对反面对他而言是一种公众领域的负面印象。在他的一篇《基督教演讲》[5]中，他在一个星期五向社区致辞：

> 在每个人的眼前既是公开地也是秘密地，单一的个人今天来到教堂……没有人期待上帝知道他的道路；在你前往上帝圣殿的路上不会与任何人相遇……你不要指望，在神圣的一天，有人和你走同样的路，有同样的思想；因此你是秘密地行走，像一个陌生人，在所有这许多人中间。你没有……在一个节日里正式地问候人们。不，路过的人对你而言完全不存在；你低垂着眼睛，秘密地逃离，也就是说，来到这里。

人群在这里指的是路过的“所有这许多人”，但是理想的个人在他通往公众的路上是匿名的，那是由超出公共领域之外的事物所规定的。没有什么可以比“A”更甚，克尔凯郭尔以此为假名发表了《非此即彼》第一卷的文章。[6]《勾引者手记》的主角约翰内斯，代表了一种审美态度，并因此成为克尔凯郭尔的哲学神学观中独特的一方面。但是作为一本小说，《勾引者手记》也是城市特殊生活方式的一个早期范例。约翰内斯属于一种漫游者，对年轻女性有着近乎唯一的兴趣——他的眼睛当然不是低垂的，他没有行走在通往上帝圣殿之路的街道上，他只走在寻觅姑娘们的街道上。

这部小说是讲述他和柯黛莉亚的关系，他如何在街道上与她偶遇，他如何设法接近她的家，他如何与她订婚，设法使她以自由的名义打破婚约，以及他如何最终设法——像书中暗指的——把她弄上床，只是为了立刻离开她。这个故事是通过柯黛莉亚和约翰内斯之间的几封信，最主要是他的日记和给她的信而讲述的。但是日记穿插了描述与反思，以及其他几次偶遇。那些女人——只有一个例外——他并不认识，但他总能够获取她们的信息并设计与她们的相遇："两个小时之内，我就会知道你是谁——否则警察为何要保留人口普查记录呢？"这一陌生和熟悉的奇怪混合物在一定意义上与那个时代哥本哈根的尺度相一致。"那个美丽的季节很快会来到这儿，那时人们就能够在公共的街道和小巷中，对那些在冬季社交生活中的付出小小索赔一下，因为一个年轻姑娘会遗忘很多，只除了一种情境。"一方面，匿名性是一种城市特征，另一方面作为一种社会性，并不妨碍你和任何喜欢的人建立私人关系。是否这确实符合当时哥本哈根的真实情况并不比某种公众领域所暗示的更重要，既然约翰内斯在某种意义上符合克尔凯郭尔自己的作家身份。他的出版物是匿名的，但它们被认为是写给他假想相识的读者们的。约翰内斯对一个年轻女性的侧面一瞥符合克尔凯郭尔对他读者的示意，勾引者约翰内斯和教育者克尔凯郭尔持有同样的双重身份：匿名的和个人的。克尔凯郭尔会走上街道和街上的人交谈。约翰内斯的漫步也是同样，尽管他的意图明显不是："小心，这样从下面的一瞥比直接的注视更加危险！它就像一道围栏；有什么武器像眼睛这般尖锐，这般有穿透力，这般若隐若现地移动，并因而如此有诱惑力呢？"和克尔凯郭尔同时代的某人对哲学家自己眼睛的作用给了如下解释：

> 仅仅对一个路人的一瞥，他就能够不可抗拒地与他"建立一种和谐"，正如他所表达的那样。接收到这一瞥的人也被吸引或感到反感、尴尬、不确定，或者恼怒。我曾经和他走过了整整一条街，那时他解释了通过与路人建立这样一种和谐，从而进行心理研究是多么可行。并且，当他对这一理论进行扩展时，他在与先前我们遇到的每一个人的实践中认识到了它。同时，他能以轻松的方式与如此多人展开交谈也让我大大吃惊。只用很少的几句话，他就从前面的对话越过，将交谈进一步深入，而交谈的每一点都能够在另一场合再次继续。[7]

约翰内斯得到柯黛莉亚最初的一瞥，是当他们走在城墙上的时候，那不仅提供了一个城市场景，也包括周围的环境："太阳失去了它的热力，仅仅用洒在大地上的一丝柔和的微光，追忆着它曾有的辉煌。大自然更加自由地呼吸着，湖面寂静，光滑如镜。布雷丹（Blegdam）宜人的房屋倒映在水中，接下来会变为金属般黑暗……尽管我为此准备了很长时间，但要去抑制某种不平静，一种像附近田野中的百灵鸟扬起和落下的歌声那样的起伏，对我而言是不可能的。”

“环境和背景确实对一个人有很大的影响，有一部分会在记忆中留下牢固和深刻的印记，或者更恰当地说，在整个灵魂中”，约翰内斯写道——相应地，对不同“情景”的设置在细节上进行了描述。特别是室内，就像阿多诺（Adorno）在他关于克尔凯郭尔的书中所强调的。[8]约翰内斯和女人的相遇发生在街道上、商店里、展览会或者类似的公共空间。他在内城中游逛，尤其在最时髦的那些场所：

> 我看见了什么？奇幻物品的公共展示。我美丽的陌生人，对我而言它可能是令人震惊的，但我正沿着一条光明的道路……她已经忘记了发生过的事（例如，他片刻前的一瞥："恰恰在关键的时刻，来自侧边的一瞥落到了它的对象身上。你的脸红了；你的胸中装满了太多，以至于不能一口气将它倾吐出来。"）——啊，是的，当一个人正值17岁，当他在这个幸福的年龄去购物，当每一样他所拿起的或大或小的物品都散发出无以言表的喜悦，那么他就很容易遗忘。目前为止她还没有看到我；我正站在柜台的另一边，一个人远远地。对面的墙上有一面镜子；她没有看它，但镜子在注视着她。它多么忠实地抓住了她的想象啊……

来自侧边的一瞥，镜子的想象：她持续地处于他隐蔽位置的观察之下，就像街道上的人们能够被人从室内的八卦镜子中或街道橱窗玻璃的镜子中所观察到，就像约翰内斯的“反射镜”。勾引者的行为具有一种刑事犯罪专家的技巧（他提到警察的人口普查记录是恰当的），浪荡子个人的眼睛收集到少量信息，但同样重要的是他对女孩心理状态的沉思。他的态度是移情的，但只是为了他自己的目的。

这种对他人心理的远距离想象洞察是一种明显的城市姿态。这在约翰内斯的日记中表现出了不同的具体情形。波德莱尔在他的散文诗“人群”中以巴黎为背景也描述了同样的姿态：“享受人群是一种艺术……诗人享受着这无与伦比的优惠，他可以使自己成为他本人或其他人，只要他愿意……与这些难以形容的狂喜、与献身于诗歌和怜悯的灵魂、与突如其来的一切历险、与陌生的过路人相比，人们所谓的爱情是多么渺小、有限和虚弱啊！”[9]哥本哈根没有巴黎的拥挤，对于他的移情练习，约翰内斯有特殊的原因，但是在这两个案例中，不期而遇、意想不到、与某个陌生人的联系，以及使诗人和浪荡子怀着喜悦分享他人经验的特殊心理状态，引起了我们对城市环境的关注。[10]

II　兴奋和幻灭——赫尔曼·邦（Herman Bang）的《灰泥》

这由煤气、汗味、臭味、香味和葡萄酒的芬芳混杂的气息可能会杀死你，但你仍然活在其中。

——赫尔曼·邦

小说和城市体验密切联系是一件老生常谈的事，某种意义上，许多伟大小说的主题都是关于大城市的生活。但城市体验和叙述结构之间是什么样的联系呢？成长小说的统一结构是由主角的生活所带来的。例如，19世纪两位重要的法国小说家，巴尔扎克和左拉，确实描述了个人生活，但他们小说体系有一个显著特征，《人间喜剧》和《卢贡——玛卡尔家族》都是多种个人生活的交织，形成了符合城市生活复杂性的一种模式。尽管某人的个人生活，或者更确切地说，个人生活的一部分，能够为小说集提供骨架，每一部小说的整体结构都以多种方式与一个系列中其他的小说相互关联，并因此与众多人物的命运相关联。

“只有书本才有结局：生活总在继续”，赫尔曼·邦1887年的作品《灰泥》中的主角这样讲。[11] 那么，在书的结尾，当主角死去，在主角的命运中社会或类似主要舞台的最终融合，看起来与大城市的经验形式有多么不相一致？对于这个问题（这是对城市小说真实结构所提的一个公式化问题）显然没有唯一的答案。但它确实为个人和城市之间的关系提供了一个前景，当然，生活、同时也是小说的一个决定性特征是基于城市体验的。对于来自外省的许多年轻人来说，大城市成了他的命运，在某种意义上，这种命运是不可预见的，当他带着他所有的渴望和幻想来到时：吕西安·德·吕邦泼雷（Lucien de Rupembré）的生活不是唯一的，无论在小说中，还是在真实的生活中。

《堂吉诃德》和之前的这么多小说，都如此频繁地使用主角的名字作为标题是很重要的，更重要的是这类标题并不是个例。通过将“幻灭”作为他小说的标题，巴尔扎克指出了吕西安的命运作为一种生命历史经验的典型特征。标题的一般特征，像《小酒馆》，或者虚构历史性的标题《萌芽》，确实——就左拉而言——不仅介绍了普遍的社会命运，而且对社会阶层作了符号性鉴定。在丹麦小说家赫尔曼·邦的作品中我们发现了各种标题，从以主人公名字命名的《蒂娜》，到历史心理性的《绝望的一代》，再到他的关于哥本哈根的小说《灰泥》。即使可能有一连串其他实例，但没有其他小说容易想到以一种建筑材料——不是以主人公、一个家庭、一种心理体验、一种历史参考、一个虚构的阶层，而只是以一种纯粹的物质来命名（或许除了格拉德科夫的《水泥》),尽管作为关键主题的表现,对其强调是恰如其分的。它确实首先(一种比喻的说法)表现了脆弱,同时也是华丽外表和简单本质的一种结合。而且,它(转喻的)和特定的历史阶段相联系,19 世纪的最后十年,“威廉港”和历史主义建筑在哥本哈根繁荣发展(小说写于 1886—1887 年)。最后一点,也可以说,静态的模棱两可由于小说两部分的不同标题而得到了加倍强化:“黄金的沐浴”和“灰烬的沐浴”。这一从黄金到灰烬的转换,事实上,符合产生出小说主要象征之一的:蒂沃利这个游乐园的焰火。看起来像是建筑实体的装饰灰泥,制造出与短暂狂喜时刻的和谐,随之是失望的体验,由于发现了焰火的绚烂时刻过后留下来的熏黑的管子。焰火所象征的凝练,将大历史时代浓缩融进了一段短短的叙述:“它尝试要将跨越了十年之久的发展,放进一个两年的故事框架中,”邦在一份未出版的后记草稿中这样写道。[12] 这一发展不仅是城市的发展,也是小说中众多人物生活的发展。

在某种意义上,赫尔曼·邦给个人和城市生活的这种缠绕赋予了《灰泥》清晰的主题。在对他成为一个学生之前的生活的回顾总结中,赫尔卢夫·伯格(主人公,如果有的话)回忆道:“现在他开始了生活——与新的哥本哈根一起”,并且当他就要成为一个新的娱乐公司“维多利亚剧院”的主管时,在这一时刻他这样自我解释道:“他所有的能力,他现在确实意识到了,只是将他的生活与这个城市融为一体……”

显然正如可能看起来的那样,它更像是对某个问题的一种隐蔽陈述,既然“这个城市”的含义根本不明确。讲“生活的融入”,是指关于个人和集体之间可能存在的关系,如果不是虚假的(重要章节的主要特征事实上是一个匿名代理装置:集体,“他们 [man],等等。”),那么,不严密的说,因为“集体”作为一个概念指代其他众多个人,而不是小说中的特定要素,像维多利亚剧院、蒂沃利、杂志(Bladet)或者中央银行。主人公的生活,或者不如说他某个阶段的生活,不仅和大量其他人物的生活纠缠在一起,甚至更主要地和决定性机构的“生活”纠缠在一起——“城市生活”意味着人物和机构两方面的生活。《灰泥》是一部“集体小说”(正如巴尔扎克和左拉的小说),但不止如此,它也是一部关于人物和决定了他们生活的机构的小说。

个人和机构之间的关系有很多种,既然机构同时属于公共领域和经济领域。公共领域包括公众意见和可恰当表述为公众关系两者之间的相互作用。经济领域包括娱乐业和世界银行经济之间的相互作用。小说的整体结构就是基于此:一个娱乐机构——维多利亚剧院的故事。那个项目的兴起和衰落就构成了这部小说,正如赫尔卢夫·伯格在那个时代的生活一样。

俄国先锋派作家特雷提雅科夫(Sergei Tretjakov)正在构思一部能以某件事物

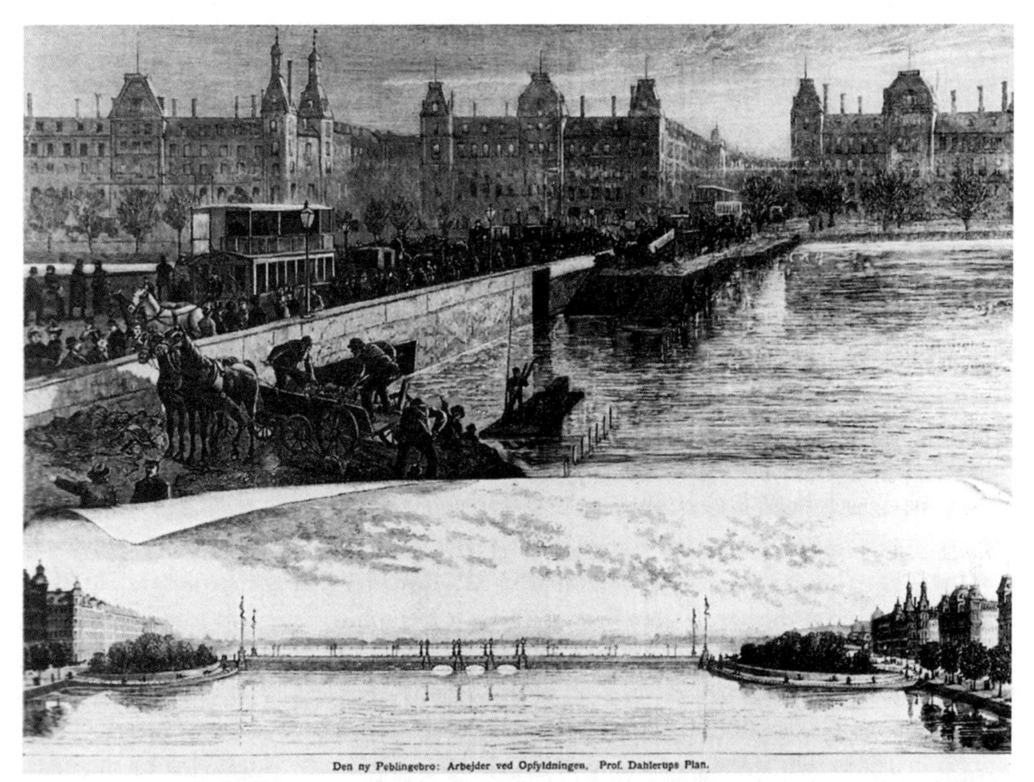

图 12.2　哥本哈根的巴黎，一本非常流行的插画杂志，描绘了老哥本哈根城外一条湖面上桥梁的拓宽工作。拥挤的交通需要更多的空间。下面是建筑师对设计桥梁的绘图。右边是废弃的老城墙外的地区，左边开始是工人阶级区诺布罗。位于湖内侧区域建筑的设计，有着特殊的屋顶，显然表达了一种要将巴黎的气息带入哥本哈根的尝试。这就是建于 19 世纪最后几十年的新哥本哈根（vol. XXVI, no. 23, 1884–1885 年 , 第 301 页）。哥本哈根皇家图书馆提供

而不是某个人作为主人公的小说。他认为，那能使其成为一部唯物主义小说。特雷提雅科夫可能已经欣赏了汉斯·克里斯汀·安徒生关于“衣领”（Fipperne）、“抹布”（Laserne）和“缝衣针”（Stoppenaalen）的故事，或者甚至是赫尔曼·邦题为“时装精品店”（I Modesalonen）的关于女性着装生活的专栏（essay），在那里他提到了安徒生的故事，事实上，不仅探讨了安徒生，还有关于克尔凯郭尔对于优雅精品的描述：

> 镜子是多么诱惑人啊！女人们自我堕落，男人们自我毁灭……他们在那里说出了多少谎言，对于所有美妙衣饰的渴望和梦想。他们血液沸腾，他们渴望着煤气火焰和灯光，渴望着餐厅的热气和舞会沙龙的欣喜。他们有预感，他们在战栗，充满了希望……他们的生活就是一个完全的童话故事，像缝衣

> 针的、衣领的、抹布们的生活一样。尽管最好的还没有到来，但他们知道它：他们还没有看见奇妙的部分。[13]

《灰泥》中的主人公不是一件事物而是某种社会机构，情节可以显示为这一机构和其他机构之间动态的相互关系，像中央银行。如果从这一角度来看《灰泥》，那么主要的结构是社会结构，而不是个人或者某一物质实体。从某种意义上来说，灰泥不仅是单纯的物质，更是一个历史-社会的实质。

这本城市小说在这里暗含着一部地理学：某条路线、某个场所，等等，暗示出一幅哥本哈根独特的"地图"。那儿有来自"公共剧场"（Norregade）和国王新广场（Kongens Nytorv）"皇家剧院"的女演员，并且首先，那儿有阿马雷戈德（Amaliegade）赌场、维多利亚剧院和蒂沃利——娱乐工业的主要所在地。此外还主要有杂志（Bladet）和中央银行。

在另一种意义上，这部小说也是关于"新哥本哈根"的，因为它的主要范围是城市扩展区域[前城墙和护城河，以及区外的老城区，例如法伊玛格斯大街（Farimagsgade）]。因此，赫尔卢夫·伯格作为一个学生时所居住的房间恰好位于老城和新区的交界处就显得如此重要。这里包含着一个历史的动态：建筑物的动态，它的得与失。这部小说的地理学和历史的维度密切地联系在了一起。[14]

但是，这部小说在现实水平上全部重建了——尽管是浓缩的——机构和社会关系的表象。就题目而言，维多利亚剧院，一方面是一个关于民族发展的，另一方面也是一代人心理状态的"象征"或者"隐喻"。剧场的故事和国家经济发展相一致，繁荣和衰落的起伏波动，事实上引入了另一个层面的叙事，也就是在大的历史演进框架中对个人事件的整合。但这是暧昧的，因为表现了国家历史完全不同的一面，例如在1864年对德战争后失去的日德兰半岛南部、"杜波战役的伤口热"。

这种暧昧的历史格局（同时还有市场和国家历史的波动作为阐释框架）就与对赫尔卢夫·伯格那代人和参加了杜波战役那代人心理状态的关注联系了起来。赫尔卢夫·伯格那一代的男性不愿意成为父亲，他们中的许多无法去爱。对这种心理状态的描述，当然是这部小说的直接主题：在赫尔卢夫和其他人那里，精神的、心灵的投资献给了对娱乐业的痴迷。这可以看作是时代的标志，就像维多利亚剧院一样。

这里有一个重要的深层次的组织结构，也许是基本的主题：欣喜若狂和精疲力竭的对立，焰火成为主题冲突的一个化身。但是，对小说的建构极为重要的是汇票经济学，甚至是：伪造账单。在这儿，时间是根本问题：偿还时间的问题。这是一个经济问题，将经济体制与娱乐机构联系起来，并且这是一个潜在的享乐与绝望主题的时间结构。这样，维多利亚剧院总结了整个主题。它建立在松软的土壤上（干腐病在建筑中快速增长），从经济学的角度来看基本是深陷困境——但是短时间内它确实产生了狂欢的喜悦。

偿还的时间，突然中断的狂欢享乐，这就是《灰泥》的基本主题。

城市模式的叙述，就成了——在邦的文本中——根据各种原则得以构建，其中当然包括人物们的生活片断,但伴随着前面的“城市生活”。很长一段时间内,《灰泥》被认为是一部失败的小说。只有在城市体验来到批评关注的最前沿，这本书才开始获得赞誉，被看作一部超前的现代作品。

III 现代性的幽灵王国——亨利克·彭托皮丹的（Henrik Pontoppidan）《死者的王国》

……一个幽暗痛苦之地，在那里无数的幽灵蜂拥而上，追逐着虚幻的幸福……

——亨利克·彭托皮丹

亨利克·彭托皮丹（Henrik Pontoppidan）是他那个时代最重要的丹麦作家。他的主要作品《乐土》（1898—1904 年）[15]，作为一部欧洲经典，已经在他那个时代出版（乔治·卢卡奇在《小说理论》中对“幻灭小说”的谈论中将其作为一个实例）。1917 年，他获得了诺贝尔文学奖，两年后，他出版了另一部重要作品的最后一卷：《死者的王国》（1912—1915 年）。[16] 这里，幻灭的作家对现代性以及对他自己早年间参与其中的态度和思想给予了激烈批判，尤其是“左倾”自由主义，传统上发源于伟大文学评论家乔治·布兰代斯（Georg Brandes）的所谓“激进”思想。小说不仅是关于作为一座城市的哥本哈根，更多是关于哥本哈根所汇聚的城市文化。现代性主要以纽约和意大利的旅游中心为代表，但正是在哥本哈根，它的症状得以呈现。像《灰泥》一样，这部有着众多人物的小说描绘了他们与文化和政治制度，以及与经济活动的关系（尽管两个人物居于前沿）；整个时代是从幻灭的角度进行描绘的。

小说在一个象征性的地理区域内展开，分别展现了丹麦不同地方的历史和民族主题。与哥本哈根相对的是日德兰的领主庄园，在那里，在庄园主蒂默的支持下，在小说结尾形成了一种新的封建价值观。这在两极之间，菲英岛（第二大岛，位于日德兰和西兰岛之间，哥本哈根位于它的东岸）的领主庄园代表了一种战场。在小说结尾，它被一位来自哥本哈根，名叫索赫姆的咖啡批发商占领了：旧的价值观就这样被压倒了，但在同样程度上，它们同时在日德兰岛得到了强化，在那里，蒂默，一位前激进政治家，退回到一种封建农业的乌托邦中。他失去了对现代社会的全部信心：“我确信，我们正在面临一个世界性的大灾难。所谓的文明社会在一个世纪以来像一个疯子一样正在毁灭自己。”作为一个土地所有者，他已经学会了将自己看作“一个渺小的人，一个渺小的人的儿子”（无视阶级差别，在农村地区建立了一个无差别的“领土”来对抗城市），并且他视这种心态的变化为一种回归：“有一天晚上在纽约，我对双脚踩在自己土地上那种感觉产生了一种强烈的渴望。”纽约的人行道和日德兰的土地之间的这种对立，表达了主题内在的一种张力，其中，哥本哈根被赋予了历史和象征性的重要意义。

蒂默的新视野也具有政治意义：“不，你不能在机器上制造人类的幸福。具有议会和政府的这一整套庄严机构，在我脑中变得十分可笑。”蒂默（和彭托皮丹）将自己铭刻在他那个时代广泛的反民主倾向中。

现代主义特征在国际舞台上更加引人注目，尤其是在美国，但丹麦的毁灭是在哥本哈根这一中心。那里是议会和政府所在地，那里也被科学崇拜所占据。

蒂默意识到他正生活在一个“幽灵的王国”，他就是那个能够认识到现代主义是一个幽灵的国度、一个死亡之地、地狱的人。他总结了他在国外长途旅行中所收集的经验：“在欧洲和美国，我都感觉到正位于一个幽暗痛苦之地，在那里，无数的幽灵蜂拥而上，追逐着虚幻的幸福。”

现代世界、现代主义正是死亡之地。彭托皮丹根据这一景象写下了这部小说。对小说人物的描写往往是风格奇异的。典型的人物是佐恩，他被表现为一个大都市知识分子型的总经理，他感兴趣的主要是报纸和政治操控。他被介绍为“一个有黑色胡须的小个子犹太人”，他金色的夹鼻眼镜“安置在他东方式的面部突出处”，他行走时“带着一种来自他所有面部器官的好奇窥探”。蒂默看来记起了他的“嗓音和它那奇怪的粗嘎声音，他的前额那充满热情的皱纹，他每时每刻都要用整个手固定住夹鼻眼镜的方式，最后，还有他对报纸的贪婪，他对世界上一切短暂事物猴子般的关注”——就猴子这方面来说，当然，不仅仅指好奇心，也是指奇怪的粗嘎声音、有皱纹的前额以及使用整个手的结合。

这一时期，标准的反犹太主义不仅对于蒂默而言是可称道的，连作者也深陷其中。但可以认为讽刺同样针对大都市的文化。

美国是国际影响的主要象征，这些影响就是丹麦多方面的堕落，以及佐恩的文学表现。但是在全球尺度下，国际资本主义甚至更为重要。它以批发商索赫姆为代

表:“一开始，正是廉价的咖啡，树立了他的声望，并使他作为美国式的本地商业天才而声名远播。但除此之外，他从事一切有机会进行诈骗的生意，从别针到南非的金矿和那里的人口。”

印刷业是文明最显著的代表。它的读者成了观众，就像过去政治演讲的听众变为了观众。这一观众是（据蒂默认为）伟大的妓女，就像使徒约翰《启示录》中的巴比伦妓女。现代性、大都市和印刷业是同一回事。印刷业没有逃脱破坏性的美国趋向:“美国黑人新闻”被引进，并且新的宗教运动“采取了横跨大西洋的模式……利用了广告服务和娱乐展览来支持信仰……，引进了使用幻灯片的信仰活动，有茶点的祈祷聚会，街道中的游行和美国天主教”。

对印刷业的描述是在几个层面进行的。一个围绕着哥本哈根的艺术生活。代表文化杂志的人物是一个醉鬼，一个失败的、喜欢接受贿赂的诗人。艺术世界是依靠印刷业的，有身份的新闻界人士被描述为“一个由一些过气的天才、文学皮条客组成的幸福的普通兄弟会，像吠叫的警犬般搜索新闻，他们来自大都市的表层，像污水池中的废水般，一起汇聚在报纸的记者室中。”

印刷业的发展有着越来越多经济方面的考虑，而不是政治态度;它成了一个“巨型工业”。但是，正在变化的政治生活特性也有它的影响。政客们不再强调听众，而是公众。这是一个重大的改变。听众是聚集在某一政治场合参与和表达想法的个人。而公众则是一种大众现象，更容易跟随潮流和情绪而动。

卷入新闻业的人中间有一位是麦德斯·韦斯特普（Mads Vestrup），来自日德兰的一位教区牧师，他曾经是自己不守规矩的性冲动的受害者，他的思想中充满了宗教想象。来到哥本哈根之后，他并不认可这座他在其中学习的城市。只有在内城中，哥本哈根古老的中世纪区域内，他才发现了“从前的记忆，他所熟悉的、具有乡土气息的哥本哈根。”作为传统价值所在地的内城和罪孽深重的新区之间的障碍是小说的一个大致主题。

他对新中央车站的最初印象是:“他的一只手中提着毛毡旅行袋，另一只手中拿着雨伞，跟随人流上了楼梯，进入大厅，在那儿，灯光的白色海洋让他瞪大了眼睛，他羞怯地注视着装饰奢华的房间，内心暗自思忖，它可能比这个国家所有的教堂都要巨大和昂贵。”将这个国家与其他国家相联系的交通系统就这样凌驾于上帝的住所之上。正是与其他国家的联系——根据这部小说——毁了丹麦。暴政就是从这里滋生出来。城市从根本上发生了改变:

但是，他在“旅程”的第一个转角再次停下，突然为巨大而嘈杂的交通

> 感到气馁。这真的是哥本哈根吗？他当然已经听说过，这座城市在过去的几年中发生了许多变化，成了一座大都市。但人行道上拥挤的人群，长长的一排有轨电车以火车般的速度移动着，从车轮下冒出含硫的蓝色火花，成群的传动机器像有着血红眼睛的巨型甲虫般飞速而过，这些混乱的号角声和隆隆的钟声就像在市场中一般——这是哥本哈根吗？灯光甚至越过了屋顶。“威士忌是绅士的饮料”，用红宝石般热烈的字母书写在街道对面超过6层楼的建筑上。“热舞在极乐世界，直至凌晨2点”，以一种看不见的方式书写在天空中的某处。突然间，火化从内城的黑暗中绽放出来，整个东方的天空都光芒四射。“索赫姆咖啡，品质最优”以巨大的字体显现出来。

“但这是地狱”，他喃喃自语——这时一个皮条客走近了他。

新哥本哈根作为不公平的汇聚之地，是小说其他地方的主旋律。现在，娱乐机构集中在韦斯特布罗（Vesterbro）的“可爱的混乱林荫大道”。正是在这里，小说的女主人公遇到了她未来的未婚夫，当她正与一位表姐妹进餐时，“她们观看了一场乏味的威尼斯喜剧，每天晚上这个时候都会有哥本哈根的人群涌入，被一个粗俗片段所吸引，那时其中的一位女演员会在观众眼前慢慢褪去她的长裤，随后，在大幕迅速落下之时，她们被剥掉了衣服——所有这一切都伴随着苏格兰音乐，以及从剧场两翼的聚光灯所射出的变幻色彩。”观看之后，她们在餐馆就餐，“各种有特权的女人们带着她们的保镖从街道上进来。”借着故事脉络，同时通过故事场景的历史象征性，新哥本哈根与各种不洁的灵魂联系起来，就像使徒约翰所写的。这一现代的索多玛充斥着税吏和罪人，正如小说第三章和中间卷的标题所指出的。

对政治生活的叙述也没有增强现代哥本哈根的自信。在“税吏和罪人”中，（作者）以描述发生在议会大厦中 [当时位于布莱德大街（Bredgade），在18世纪以腓特烈斯城（Frederiksstad）而知名的哥本哈根兼并区] 的一场争论介绍了政治斗士们：

> 笼罩这个城市的雾气现在是如此浓重，以至于金球奖的白炽灯像雾灯般悬挂在空中。市政广场淹没在幽暗之中。塔钟的发光钟面看起来仿佛一轮苍白的明月飘浮在空中。在斯托耶（Strøget）步行街狭窄的街道上，大商场创造出了一个人工白昼，人行道上挤满了人。正是在这些夜晚时分中的某一刻，人流涌入又涌出剧场、音乐厅和夜总会。公共马车的强壮马匹们冒着热气。汽车轰鸣而过，载着衣冠楚楚的欢乐人群。市政厅时钟庄重的赞美诗的声音在空气中上下浮动。

在国王新广场你再次遇到了黑暗。汽车的车灯反射在湿漉漉的铺装地面上。它们都匆忙地赶往剧院，那里的灯光长廊拥挤得就像蜂窝入口。这是一个歌剧之夜——这个国家的宠儿，强力男高音将演唱一位英雄角色。

在这个朦胧的国度，这个尼夫海姆（Niflheim，北欧神话中的“雾之国”，也指“地狱”——译者注）。这个死者的王国，在那里人们就像昆虫，庄重的赞美诗的声音与衣着光鲜的人群的欢笑和他们的汽车喇叭声相遇在一起，政治呈现为“一个高大、健壮而无耻的形象”，他化身为总理，在和另一个男人的对话中：“他们慢步走着，安静地对话，当有人在同侧的人行道上走近时，他们放低了声音，或者甚至静默下来，直到他们再次单独在一起。”政治对话看起来并不适合局外人的耳朵；政治和阴谋似乎总是联系在一起。

在议会内部，公众座位都满了。政治斗争有一类观众：“为了一件娱乐事件聚集在那儿，希望目睹一个戏剧化的场景。”政治争论就这样与戏剧或歌剧联系起来，著

图12.3　瓦伦西亚，韦斯特布罗主要的娱乐场所，1927年。早先的名字叫作Folies-Bergères。爵士乐是这里首选的音乐。哥本哈根城市博物馆提供

名的政客就像强力男高音一样受欢迎。政治上应该承诺给听众的公众席位，原来是（或者更确切地说，被描述为）一种大众渴求的感觉和娱乐。议会的新入选成员“很难忘记他们正在幕布下表演，一遍又一遍，他们不得不偷偷一瞥楼座中的听众，尤其是留给女士们的包厢”。

政治意见被“投机者和政治冒险”所支配。总而言之，政治被描述为阴谋、个人权力经营和情绪操控——不仅在议会大厅，而且同时主要通过新闻——并且，新闻被商业和宗教原则所控制。正是观众，而不是政治问题或原则，成为政治舞台上主要的参照点。

尽管对大都市哥本哈根有多方面的批判，尤其是它的新闻业，但《死者的王国》荒诞而清楚地表现了在知识分子和新闻业中广泛传播的一种城市情绪或者精神状态。怀疑论在这里是很危险的，也就是说，有一种批判，任何人都不能避免，在各个方向轮换,但并不依附于任何替代物。它知道得更多,但它不知道什么特别的东西。它像是有原则一般发展，但它对人及其特殊性比对原则和政治观点更感兴趣。它本身是自主的，但是不提供任何可替代的立场。它很难将政治议程作为一个严肃的过程来进行。

这就是彭托皮丹为他的读者所准备的一种立场。一种深深根植于城市姿态中的反城市主义。

IV 灵魂、思想和胜利——汤姆·克里斯滕森的（Tom Kristensen）《浩劫》

> ……他感到不安，并意识到夜晚的空气和空旷的人行道所带来的兴奋脉搏。
>
> ——汤姆·克里斯滕森

背景位于哥本哈根的小说中，城市地图是十分重要的。安徒生在时间和空间上抵达了城市之外，克尔凯郭尔的浪荡子在内城转悠着寻找年轻的女人，希望通过他的突然一瞥引起她们的注意。赫尔曼·邦的主人公正居住在新旧城的交界处，他的世界首先是由报纸和银行所勾画出的，其次是遍及从蒂沃利到新剧场的娱乐机构，第三则是正好位于旧城外的私人空间：只有银行和报纸是位于旧城的。在彭托皮丹的小说中，在现实和虚构模式的同时，还包括旧城边界内的新闻和政治场所，内城传统的布尔乔亚生活，以及旧城墙外的可疑倾向：靠近中央车站的娱乐街区有着至关重要的作用，它不仅对旧资产阶级的体面生活，而且对农村的贵族生活扮演着地狱般的反对角色。

在汤姆·克里斯滕森始于1930年的小说《浩劫》中，哥本哈根被描述为几乎完全被新区所排斥。[17]他的小说主人公所在的世界是20世纪。小说有两个重心。一个是他的工作地点，《政治家报》，作为一个左派自由思想论坛的报纸，创立于19世纪80年代，但是现在——根据小说——倾向于投机地迎合公众的心血来潮、维持激进思想，这一问题是小说的一个重要主题。在这种意义上，它延续了彭托皮丹小说的幻灭感。故事从内城移到了新市政广场，也就是位于哥本哈根旧城的外部。另一个重心是主人公和他妻子的公寓，位于伊斯特大街（Istedgade），也就是旧城中心之外，靠近娱乐机构和色情行业区内的新街区。彭托皮丹小说的主题在这方面也比较接近。

小说稍稍地偏离到城市的其他区域。最重要的是位于旧城中心的法院，或者更确切地说是拘留室：主人公被拘捕并死在满是醉鬼的拘留所中。这是一个溃败的时刻：无政府主义知识分子被当局拘禁了。同时他确实，在同一地点（在经历了克里斯蒂安港城墙上一系列象征性的葬礼之后），步行经过了警察总部（靠近港口的一座新修建筑，看起来像一个堡垒）。内城就这样被特意描述为一个集权场所。

内城之外是娱乐、新闻和思想对抗的领域。在赫尔曼·邦的小说中，银行是决定叙事的关键因素。在克里斯滕森的小说中，经济学已成为一个理性的主题。这代表了一个重要的发展：邦对于世界运行方式的真正洞察力在这里被宏伟的主题所替代，像在天主教与共产主义的知性辩论中，意识形态对政治形势没有多少影响力，而政治形势在许多方面是由社会民主、左派自由主义和多样化的保守态度所界定的。

克里斯滕森小说的主人公不仅正经历一场私生活关系上的溃败（他的妻子带着他们的孩子离开了），作为一名文学评论，他也疏忽了工作。结果，溃败不仅发生在他自己的邻里，尤其还发生在报社的隔壁。报纸的世界和隔壁酒吧艺术家的世界就这样相遇了。但这一主题是服从于与政治——意识形态局势相关的主题的。事实上，克里斯滕森描述了他主人公的视野，似乎是在天主教和共产主义之间。基本的主题是溃败、个人瓦解和某种思想之间的对立。格言对人格完整方面没有太多希望，必须有别的东西来完成对个人的拯救："是否提防灵魂并培育它，因为它仿佛是一种罪恶。""共产主义"就这样被糅合进小说，作为知识分子的一种救赎。

城市是一个吸引罪恶的世界，其迷人之处是危险的。在这种意义上，克里斯滕森的小说令人惊讶地接近有基督教色彩的彭托皮丹的小说。但另一种意义上，它又完全不同：它参与了对新城市的迷恋，甚至这被认为是一种冒险。这部小说有一个

图 12.4　韦斯特布罗大街，一个雨夜的娱乐区，1927 年。Tage Christensen 摄影

真正的主人公。正是他的观点，勾画出了对哥本哈根的认知和叙事的发展。在这方面，它不同于《灰泥》和《死者的王国》。在《浩劫》中，形式和经验之间的关系是不同的。这部小说是关于个人危机是如何与城市环境交织在一起，情绪和事态如何合并在一起，城市的脉搏、爵士乐的脉搏和主人公的脉搏如何相互干扰。它也是关于知识分子的危机，但它首先和最主要的是关于这种危机在城市场景中存在和被其塑造的方式。主人公的结局，大概是暂时的，作为激进经济学教授的秘书回到柏林，和《死者的王国》中封建关系的倒退没有任何关系。

《浩劫》是一部形象的小说。它使得城市看起来就像是从主人公坐在他位于德格布莱德（Degbladet）《政治家报》报社办公室的视角所看到的一样：

> 夜雨在窗户上划出长长的、交织的线条，但是透过窗户，摇曳的灯光从下面的广场照射进来。它们投映在顶棚上，一种不安分的、像北极光般活泼闪动的光，一种从电车的彩灯射出的温暖光芒和炫目的汽车前灯的光束混合而成的光。窗玻璃散发着一种混合着雨滴光亮的暗暗幽光，在窗户的光亮面，映出字母“DAGBLADET”反写的轮廓。

“黑暗的光”源自报社窗户，这一景象是表现主义的。外面的空间同样黑暗：“街道铺陈在黑暗和空荡之中”，市政厅广场“在夜间总是看起来异常宽广，有轨电车白天所行驶的道路荒芜地伸展，幽沉的黑暗围绕着市政厅前下沉的‘蛤式’圆形竞技场。在斯托耶步行街和韦斯特布罗大街之间，一列人群排成纵队走过人行道，就像穿过结冰的湖面。”让人联想起但丁——像艾略特的《荒原》——在这儿无法让人不予理会。这个场景很适合遇到一位妓女：“她不是太高，并且非常丰满，宽宽的肩膀，她的脸上涂满浓重的脂粉。但即使从朝向电车轨道投下冰冷眩光的弧光灯的距离处，他们也能够辨认出她眼睛下面深深的阴影。她涂了口红的嘴唇产生了一种浓重黑色条纹的效果。”在白天，则是不同的景象：“街道看起来没有尽头，上午的阳光照射在无数窗玻璃上，好像它们都是闪闪发光的锡箔，靠近安戈夫区（Enghaveplads）的灰色和黄色建筑像远处的山丘一样耸立，直到它们消失在微茫的薄雾中。”正是这种描述使得这部作品成为一部关于新哥本哈根的著名小说。这条街位于建于19世纪下半叶的城区内，主要是尺度不大的公寓建筑。这段描述捕捉到建筑的重复模式，但将它变成了一种强烈的视觉印象。对下午的一段描写也同样令人震撼：“稍后他们斜对角漫步穿过韦斯特布罗大街，经过了方尖碑自由雕像，它闪烁着陈旧的巧克力般的幽暗光泽。太阳悬挂在韦斯特布罗的屋顶上方、午后炽烈的热气之中，即使贾斯托和斯蒂芬森背对着街道，他们还是被来自汽车挡风玻璃和自行车把手的闪烁光芒弄得目眩——玻璃和镀镍的持续反光使他们失明……”

在大选之夜，城市不仅提供了一个视觉的，还有听觉的印象聚集：

> 冷风吹着，贾斯托竖起了他的大衣领子围住耳朵。但是他感到不安，并意识到由夜晚的空气和宽阔的人行道所引起的脉搏加速。热烈的红色和蓝色霓虹灯管闪烁着手写体单冲程的：斯卡拉（Scala）。蓝色的电子灯管闪烁着若隐若现仿佛马车灯笼一般的神秘光辉，做成树叶形的：大理石花园。黄色灯光中的名字，电子新闻公告牌在屋顶上方快速划过，面纱般的薄雾拖曳在每个字母后面。在他前面和后面，几家报社的扩音器中咆哮着竞选结果，在街道上空大显其效，以至于空气中充满了声音。

城市和人融为了一体：“夜晚的空气和宽阔的人行道所引起的加速脉搏。”这种城市情绪绝非云雀的歌声和克尔凯郭尔所描述的约翰内斯心情之间的和谐。一种类似的和谐在一个夜晚场景中加以描述，尽管在这里，感知是由一种精神状态所决定的，就像周围的其他方式一样：

> 出门走到街上总能给他带来活力。夜晚的冷空气和车辆都是一种刺激。但是他的心脏仍然猛烈地跳动着……车辆给了他片刻的慰藉。一排行人，像列队而行的鹅群，沿着伊斯特大街走向火车站，沿着一贯的路线……他半跑半走着，用一种像一位上课迟到的慌乱教师般可笑的步伐……韦斯特布罗大街使他的思绪从纷乱中解脱出来。赶着去剧场的人们慌乱地跳进出租车。匆匆瞥见那些身着晚礼服的人们，裸露的脖颈上围着皮毛和闪亮的宝石，雪白的衬领，高高的礼帽……一定是将近午夜了。人们都匆匆忙忙。几个年轻人大声喊叫着。一个穷困的人倒在人行道边缘，可怜地缩成一团。女人们慢慢地穿过人群，曲折前行，很小心地避开偶尔经过的男人迟迟逗留的审视眼光。丝绸包裹的光滑双腿的轮廓反衬着黑暗的建筑立面……电车轨道像是涂上了一层油，当汽车前灯的光束扫射上去，它们就如漆器般闪亮。是的，所有的这一切都起到了兴奋剂的作用。红色的Scala标志散发着热烈。蓝色灯光的Stadil则谨慎地闪烁着。斜斜望见的市政厅大钟模糊的黄色线圈，高高地悬靠在午夜的天空中。

汤姆·克里斯滕森像一个诗人般开始，在这一系列视觉片段的并置中，诗人的手法十分明显。有时候，对城市的描述包含了语境的直接展示，正如当贾斯托走出法院对拘留所进行巡视时，对市民们在这一天中各个时间点的行为认识的总结：

> 但是在这个清晨，房屋都显得有些不对劲。它们实际上就在原来的位置。然而，他很了解它们，了解它们在一天中几乎每个时辰的样子。在早晨6点钟，市政厅广场在黑暗的腓特烈斯贝街入口前洒满光线；12点钟，当太阳直射街道时，没戴帽子的办公室上班族在午饭时间冲向咖啡馆，不戴帽子的商店女孩们冲向她们自己的购物场所；4点钟，沿着韦斯特布罗大街的漫步者让炫目的阳光照在他们的脸上，或者舒适地敲打着他们的后背；6点钟，当光线更加柔和，骑自行车的人群拥挤之极，都在赶往他们位于郊区的家；然后到了傍晚和晚上，那时贾斯托仿佛能够从人群的步调和灯光的亮度来判断出时间。但是在早晨8点钟——就在此刻——每一样事物对他来说都显得陌生。他对在上午的阳光中显现的事物不再熟悉；阴影看起来也和往日不同。办公室的上班族骑着自行车来到城里……他看着他们的面孔，在一晚的睡眠后容光焕发，但是仍然面无表情。一个又一个人骑车经过他。他们给人的感觉像是木头人，或者电影中的灰色影子，而不是充满了血肉。

关键的一点，是当贾斯托去报社辞职的路上城市印象的改变："快乐地吹着口哨，然而感到悲伤，是的，悲伤，他穿过了市政厅广场。所有的建筑物看起来都那么可爱并变得更美。它们多么美啊！砖块的红色，市政厅，宫殿旅馆，布里斯托尔。红色的栗树。他感到就像在家里，就像他在起居室——他自己起居室里的感觉一样。他感到愉快的轻松，就像一个每天穿越广场的熟悉身影——一个哥本哈根人。就这样吧，贾斯托，见鬼！"。知名或者不知名，克里斯滕森的读者们多数是一边待在哥本哈根的家中，一边翻完他小说的最后一页。

《浩劫》不仅是一部关于存在问题、卷入异教灵魂的风险、思想的辩论或者是关于作者所在时代——"爵士乐时代"的小说，它有着某种节奏和速度，同时也是一部关于哥本哈根、关于在赫尔曼・邦眼前所建立的新哥本哈根、关于围绕着市政厅广场的新城市中心，并且是关于废弃城墙之外的新区的一部小说。在这里，光线（以及黑暗）是极其重要的，太阳和它的反射光的变化，来自电子广告牌的某种新型的光。彭托皮丹小说中来自日德兰岛的教区牧师毫不怀疑："这里就是地狱，"就是他对克里斯滕森在几十年之后所描述的景象的反应。对克里斯滕森的主人公来说，基督教层面的联系是一种有意识的问题。它不会缺席，它也得不到承认，它修饰了对城市的一些描述（并且它们都是通过主人公的双眼），但最后，却给读者留下了城市的多面影像。作为一个 20 世纪的哥本哈根人，在独创性方面，他又向前迈进了一步。

注释

1. 参看伊莱亚斯・布雷德斯多夫（Elias Bredsdorff），《汉斯・克里斯汀・安徒生：他的生活和工作的故事（1805—1875 年）》，伦敦，1993 年。
2. 《走在森林里，1828/1929 年》，法兰克福：欧洲科学院出版社（Insel-Verlag），1988 年。这本书似乎没有译成英语。参考福德雷西（Fodreise）的丹麦版本，哥本哈根：卑尔根出版社（Borgen），1986 年。
3. 摘自"有罪？/ 无罪？"，载于：《生活方式的舞台》，H.V. 和 E. N. Hong 译，普林斯顿，新泽西州：普林斯顿大学出版社，1988 年，第 276—277 页。
4. H・V・洪和 E・N・洪，普林斯顿，新泽西：普林斯顿大学出版社，1990 年，第 80 页；杰根・邦德・詹森（Jørgen Bonde Jensen）在给《勾引者手记》撰稿的文章中指出了这一点，玛丽安・巴林（Marianne Barlyngu）和索尔・休（Søren Scho）编辑，《哥本哈根小说》，卑尔根：瓦尔比出版社（Valby），1996 年。
5. H・V・洪和 E・N・洪译，普林斯顿，新泽西州：普林斯顿大学出版社，1988 年，第 269—270 页。

6.《非此即彼》，由霍华德·V·洪（Howard V. Hong）和埃德娜·H·洪（Edna H. Hong）编辑和翻译，普林斯顿，新泽西州：普林斯顿大学出版社，1987年。
7. 汉斯·布罗辛纳（Hans Brøchner），载于布鲁斯·H·基尔姆斯（Bruce H. Kirmmse）编辑，《与克尔凯郭尔的相遇：他的同龄人所见的生活》，普林斯顿，新泽西州：普林斯顿大学出版社，1998年，第229页。
8. 克尔凯郭尔，《建筑美学》，法兰克福：苏尔坎普出版社，1979年。
9. 查尔斯·波德莱尔，《巴黎的忧郁》，路易丝·瓦尔·塞法（Louise Varèse）译，新方向：纽约，1970年，第20页。
10. 完成这一章后，马丁·泽朗把我的注意力集中在乔治·帕蒂森（Georg Pattison）的新书《可悲的巴黎！》，以及有关克尔凯郭尔对壮丽城市的批判，《克尔凯郭尔研究》，专著系列2，柏林，纽约：沃尔特·德格鲁伊特出版社（Walter de Gruyter），1999年。
11. 德语翻译作品分为三卷，主编：海因茨·恩特纳（Heinz Entner），卡尔·汉瑟，慕尼黑出版（Carl Hanser：Munich），1982年。接下来是我的文章“时代的痛苦和大城市的氛围：记者赫尔曼·邦和他的小说《灰泥》”的一部分。转载于：奥拉夫·哈斯尔夫（Olav Harsløf）编辑，《关于灰泥》，哥本哈根：汉斯·艾泽尔出版社（Hans Eitzel），1977年。参考文献是《作品 / 纪念版》，第3卷，哥本哈根：居伦达尔出版社，1912年。
12.《关于灰泥》，第24页。
13. 赫尔曼·邦，《哥本哈根的描绘》，哥本哈根，1954年，第20页、第22页。
14. 关于小说和地理，参见佛朗哥·莫雷蒂（Franco Moretti）《1800—1900年欧洲小说的地图集》，伦敦：沃索出版社（Verso），1998年。
15. 翻译成多种语言，最近的德语版本，《汉斯很幸运》，有一篇由温弗里德·梅宁豪斯（Winfried Menninghaus）撰写的文章，法兰克福：因赛尔出版社（Insel），1981年。
16.《天国》。德语：Totenreich，由M·曼恩（M. Mann）翻译，莱比锡，1920年。以下是基于我的文章“大城市——亨瑞克·彭托皮丹《天国》中的都市现代性和怀疑论”，载于：《哥本哈根小说》。引用是由第一版翻译而成，第五卷；首字母缩写是指每卷的标题。
17.《浩劫》，由卡尔·马尔伯格（Carl Malmberg）翻译成英文，《Havoc》，威斯康星大学出版社（University of Wisconsin Press），1968年。

第十三章

作为娱乐的城市生活

19 世纪中叶的纽约和哥本哈根

马丁·泽朗（Martin Zerlang）

Ⅰ 城市乌托邦

1630年3月，在登上阿尔贝拉（Arbella）号前往新英格兰时，约翰·温斯罗普（John Winthrop）总督发表了一番训诫，他告诉跟随他的清教徒们："我们一定要相信我们将会到达一座位于小山上的城市。"乌托邦几乎总是被想象为一座城市，从某种角度看，所有的城市，无论是像哥本哈根那样苍老，还是像纽约那样崭新，都可以被阐释为一组乌托邦的集合。乍一看，对哥本哈根和纽约两者进行比较可能会显得很牵强，但是从这一共有的乌托邦维度，就有可能在它们明显的区别之外发现一些重要的共同点。在19世纪中叶，它们对于城市乌托邦都有一些独特的娱乐性的、非清教徒式的看法，一位丹麦企业家乔治·康斯坦森（Georg Carstensen），成为两座城市发展中的关键人物，他在哥本哈根建造了蒂沃利公园，他也是纽约1853年"世界博览会"水晶宫背后的两位艺术家之一。接下来，笔者将探讨在1850年前后哥本哈根和纽约的城市娱乐的一些形式和功能。但首先，是关于城市乌托邦思想的一些一般评论。

西班牙哲学家何塞·奥尔特加·伊·加塞特（José Ortega y Gasset）在他的著作《大众的反叛》（The Rebellion of the Masses）中称：城市的历史始于意义深远的对城市空间的划分：古希腊的集市、古罗马的论坛、城市广场。农夫为防御他人将其财物围合起来，而城市的创建者也围合出城市广场以吸引外来者进行商品或观念的交流。农民保护特定的一片土地，以及它对于农产品特定的潜在价值；比较而言，城市居民的主要目的则是交往和沟通。乡村空间由它的物质潜在所界定，而城市空间则由它的社会潜在所界定。奥尔特加·伊·加塞特所谓的虚无空间是指词语的空间感中的一个情节——但是一个情节可能会转变为词语的叙述感中的情节。因此，所有的城市，在其起源上都有它们自己的乌托邦式的展望。

在乌托邦传统中，美国和美国的城市扮演了重要的角色。托马斯·莫尔(Thomas More)在其1517年所著的《乌托邦》一书中提到了美国，仅仅在发现新大陆25年后；弗兰西斯·培根(Francis Bacon)在他的《新亚特兰蒂斯》(Nova Atlantis, 1627年)中提到美国；康帕内拉也在他的《太阳城》(1623年)中提到美国。对于黄金国的乌托邦幻想则是一些西班牙征服者远征队背后的动力。当绝对的网格结构今天形成了美国划分为州、城市划分为街区的特征时，在托马斯·莫尔的《乌托邦》中，五十四个完全一样的城市几何秩序，论证了乌托邦思想超越地理真实的、非常一致的优越性。美国的征服是空间的征服，而空间在两个方向上被征服：在水平方向是在“去西部”的口号之下，竖直方向则是在“天空无限”的口号之下。

II 乔治·康斯坦森，蒂沃利公园和纽约水晶宫

在19世纪，美国耗资巨大而爆发性的城市化过程中，乌托邦气氛的一个实例可以在乔治·康斯坦森两个广为人知的作品之一当中看到，而康斯坦森的名气就是基于他建造了蒂沃利公园。他的“前进美国加洛普舞曲”是一个动态的音乐片段，包含有对船舶进入纽约的一段描述，一段引自《胜利之歌》(美国20世纪40年代的一部电影，原名《Yankee Doodle Dandy》，此为电影的中译名——译者注)，还加上一把左轮手枪的射击声(有轶闻说，音乐家在演奏这一乐曲时需要获得携带武器的许可)。受这一作品的启发，康斯坦森对“美国生活方式”十分着迷，而且他也是纽约和哥本哈根城市历史中的一位开创性人物，对于比较19世纪中叶这两个城市的巨大变化，康斯坦森是一个理所当然的选择。

1853年在纽约举办的第一次世界博览会管理委员会批准了由乔治·康斯坦森和德美血统的建筑师兼艺术家查尔斯·吉特迈(Charles Gildemeister)所递交的一份展览建筑方案，并且刊登于1853年7月14日博览会开幕当天的《纽约每日时报》上，这位康斯坦森“才来到这里”，就成了“哥本哈根主要公共场所蒂沃利公园和赌场的设计者”。

蒂沃利公园从1843年、纽约水晶宫从1853年起就成了现代主义的先驱和现代城市复杂生活方式的发源地。在这里，市民们能够学习适应新的城市化和工业化的生活；在这里，人们能够熟悉作为一个“陌生世界”的城市。现在，人们可能很难理解，那时的人们最初体验这座城市时是如何充满了困难甚至恐惧，他们需要克服广场恐惧和幽闭恐惧，克服在市场经济中“不稳固的、变化了的荣誉、羞耻、名声等关系

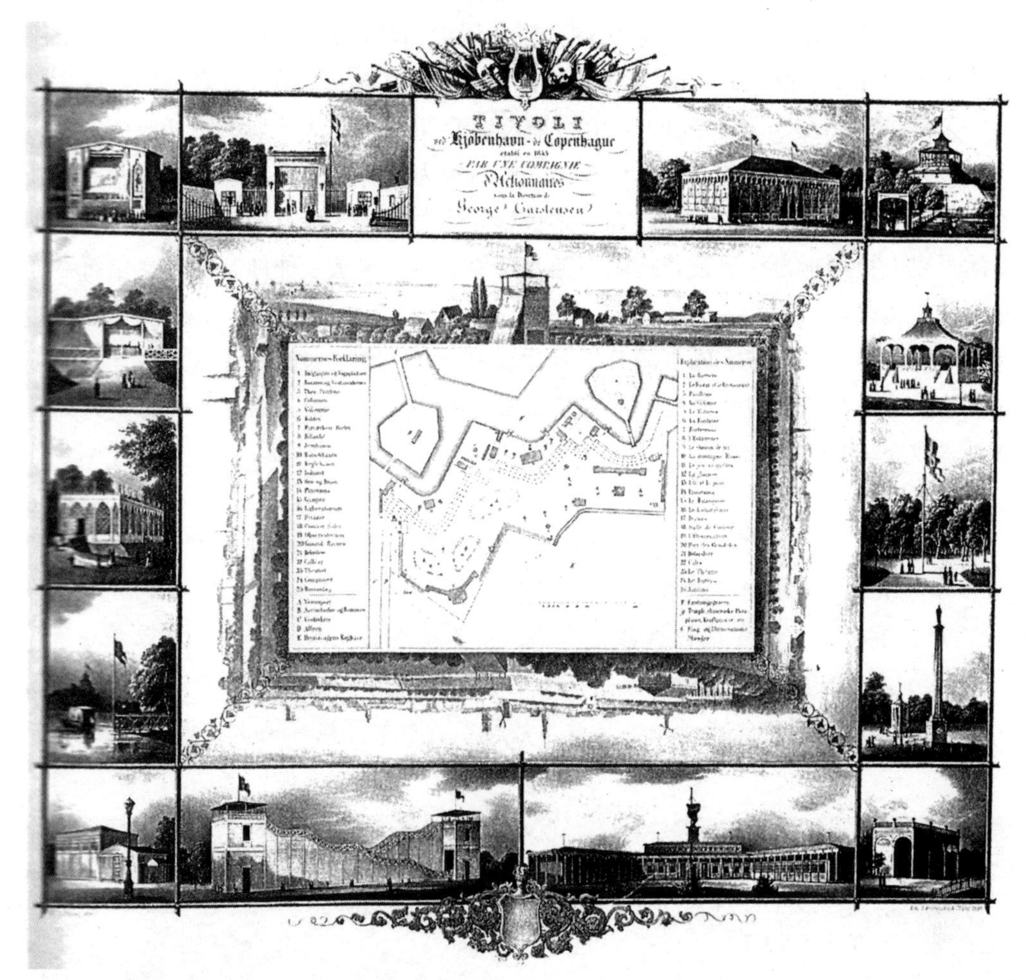

图 13.1　蒂沃利公园的地图和建筑物。哥本哈根 Kunstakademiet，Samlingen af Arkitekturtegninger 提供

所带来的尴尬”（Kasson，1900：114），甚至要学会在公众面前控制身体：如何在拥挤的人群中行走，以及如何训练自己的双眼。在走向文化和精神层面的城市化过程中，像蒂沃利公园和世界博览会这类建设的重要性是无法低估的。

III　蒂沃利公园

在 19 世纪中期的丹麦，有高度影响力的乡村和小布尔乔亚乌托邦可以用这样的句子来陈述：“在乡村没什么人拥有太多，更没什么人拥有太少”，“保持土地的现状对所有人都是最好的。”19 世纪 30 年代，当康斯坦森将现代生活方式引入哥本哈根时，哥本哈根还是一个充满了压制和自我压抑的城市，直到1808年，皇宫通往城市的大门在晚上都是关闭的，只有国王本人才有钥匙。几乎三分之一的人口——这一人口在1800年至1850年间从10万增长到15万——作为从属的宫廷成员、官员、士兵或仆人都为国王服务。简单说来，哥本哈根为社会试验提供了一个环境，明显不同于纽约摩天大厦般的雄心。在“索仁森先生”（Mr. Sørensen）的讽刺画中，典型的丹麦人被刻画为头上戴着睡帽而随时麻烦不断。这是一种抑制性的文化而不是展示性的文化。

环绕哥本哈根的城墙成了城市扩展背景中的一件紧身衣，一种从紧缩开始的扩展。这种压力在城墙的西大门一带尤其强烈。1842年的一份报告指出，每个人都能够理解改变是必须的，当看到以下情景：

> 成千上万潮水般的人群在横跨韦斯特港（西大门）的桥上涌过，同时，所有巨大的公共汽车、邮政马车以及大量的小型交通工具都力图穿过活跃的人群，后者紧张不安地被挤靠在路边，以免被撞倒在车轮下或被马蹄踩伤，当看见人们聚集在有拱顶的大门外面——马车上传来隆隆的噪声——为了赶上在合适的一刻能够冲向一辆正过来的马车背后的开敞空间，他们在危险的

图 13.2　蒂沃利的集市。哥本哈根 Kunstakademiet，Samlingen af Arkitekturtegninger 提供

马步后面是多么跌跌撞撞而又匆忙，拽着哭闹的孩子和喘不上气的老人，急速地穿过黑暗的空间……

在19世纪40年代，物质和精神上的束缚急于被打破，在蒂沃利公园的开幕式上，以烟火和盛大的彩灯来表示庆祝时，最初的“爆发”在韦斯特港发生了。最初，乔治·康斯坦森获得了在韦斯特港要塞建立一个娱乐性公园的权利，这一要塞已经围绕和保卫了哥本哈根几个世纪。准确地说，韦斯特港和蒂沃利公园都位于老城的外围，经验表明城市发展的动态中心总是位于外围——直到外围成为新的中心。今天，在哥本哈根的这一区域，我们不仅能看到蒂沃利公园，还能看到市政广场、哥本哈根交通流线的大动脉、中央车站以及现代建筑纪念碑。

尽管蒂沃利公园的开幕代表着中世纪城墙体系和环绕哥本哈根的护城河的最初开放，但蒂沃利自身却被规划为一个有着东方大门、高高的围墙，以及复杂街道和广场体系的老式城镇。这种过时的城中城的建造方式成了新哥本哈根的特色，但蒂沃利是这种微缩城市中最早的一个，并且是唯一拥有自己报纸的一个。在1844年7月20日，读者能够愉快地看到对作为一个现代城市的蒂沃利的描述：

在西兰岛东北部，靠近丹麦首都，你能够看到建造于克里斯蒂安八世政权第四年的小城蒂沃利，坐落在Kallebodstrand海岸。这是一个美丽而规整的城镇，有着美妙的花园和有趣的公共建筑。城镇被围墙和护城河所环绕，朝向阿迈厄岛和腓特烈斯贝有着广阔的视野，在这儿你能够很舒适地看见哥本哈根钟塔上的时间。

在蒂沃利所有的建筑当中，人们一定会提到蒂沃利市场、蒂沃利音乐厅、两个咖啡餐厅、两个茶亭和两个便餐馆。所有这些引人入胜的建筑——康斯坦森在1857年发现它就像摩尔人的豪华宫殿——都是按照东方样式建造的，没有受到出于尊重摩尔人、土耳其式、中国式风格的差异而产生的不恰当尺度的影响。因此，从大约世纪之交就称为的中国塔实际上是一座日本塔。

《蒂沃利报》(蒂沃利自己的报纸)一再地刊登这类文章——滑稽地——将蒂沃利描述为一个现代化进程中社会和政治试验方面的样本。在题为《地理信息》的一篇文章中，作者指出“从政治上讲这个城市已经占据了领先地位”，事实上，是一个如此显赫的位置，以至于“所有的重要政治人物更为重视蒂沃利胜于俄罗斯”。另一篇题为《蒂沃利的电报》的文章声称“只要某人愿意，可以容易地及时回到过去，但他若想寻找一个国家或地区，那里强有力的社会内部生活有着像盛夏时哥本哈根的蒂沃利那样快的进步速度，将是徒劳。”

当然，任何政治文明的先决条件是公共文明，一种在公众中产生作用并相互作用的能力，一种对保卫前现代哥本哈根精神狭隘的思想堡垒的摧毁。1842年，蒂沃利开幕的前一年，奈尔斯·沃克森（Niels Volkersen），他后来以蒂沃利哑剧的第一位丑角为职业，写过一篇文章，讲述在他哥本哈根同事中由于厌恶公众生活而产生了类似的广场恐惧症：

> 是的，看着人们在公众场所的表现有时似乎是荒谬的，我才拜访过Kehlet咖啡馆，好像大部分客人都由于过度害怕出卖自己或闹出丑闻而吓得不能动弹，难道不是吗？你会看见大部分客人都以一种认真的态度在享用他们的饮料，一份订单就近似于一种焦虑，好像他们正在踩出一条声音之路，好像他们做了什么错事，好像他们正经受不良道德的折磨，或者至少，好像他们希望事情没有发生。

几十年前，另一位评论员——普兰吉（J. Plenge）——写过一本名为《30年前哥本哈根的生活面貌》的书，他简洁地指出了前现代和现代哥本哈根的区别：“在以前，每个人有像在家里的感觉，即使拜访他人时；现在，每个人都感觉像在外面，即使他们在家里。”也许对熟悉世界的打破就是19世纪的丹麦文化被包裹在东方外衣下的原因。异域的东方成了正在经历各种变化的熟悉世界中一种疏离经验的反映。自1844年起，蒂沃利报纸上就有文章描述参观者如何一大早就来到公园，自娱自乐，同时思考他们在东方奢华中的新身份：

> 你不必感到尴尬，好客的咖啡馆会张开双臂欢迎你，根据你的要求，你喜爱的饮品会摆放在你面前，热气腾腾。但是，不！你宁愿在户外享用你的饮料，伊斯兰教徒的饮料、摩卡咖啡，必须以一种真正的伊斯兰风格来啜饮，同时抽着拖着长长烟雾的烟斗。

蒂沃利对未来的哥本哈根起到了一个实验室的作用。这里的人们要学会适应新的现代化的、工业化的、城市化的社会，使自己熟悉新技术，像蒸汽机、火车和摄影术，并且成为新的大众文化的一部分。如果说混合公司从前是一种滥用，人们现在则会全然乐意加入像蒂沃利公园这样在公共街道上有着拥挤人群的机构。即使极端保守的维多利亚主义在私人范围内占统治地位，公共娱乐公园仍然会创造一种人性化并有良好幽默感的氛围。

IV　纽约水晶宫

在19世纪前半期，纽约是一个对参观者来说最无吸引力的地方。1811年的“委员会规划”将华盛顿广场北部的曼哈顿大部分地区分成了格网，这被认为偏向于帮助投机事业，没有公共纪念碑，没有优雅的建筑，只留出了四个小公园和三个大的开敞空间—— 一个阅兵场、一个市场和一个水池供公众使用。1831年，亚历克斯·德·托克维尔（Alexis De Tocqueville）参观了这座城市，那时，纽约有超过20万居民，是美国最大和最繁忙的城市，他在写给朋友的信中说：

> 对一个法国人来说，这个城市是奇异的、不太令人愉快的。既看不见圆屋顶，看不见钟塔，也没有大厦，其结果就是使人有一种好像处于郊区的持续印象。城市中心是由砖建造的，这使得城市显得很单调。房子没有檐口，

THE NEW YORK CRYSTAL PALACE.—FROM A PHOTOGRAPH.

图13.3　纽约水晶宫，发表于1853年8月6日的《伦敦新闻画报》。纽约公共图书馆提供

图 13.4　纽约水晶宫的开幕式，发表于 1853 年 8 月 13 日的《伦敦新闻画报》。纽约公共图书馆提供

没有栏杆，也没有供车辆出入的门廊。街道铺装很差，但是所有的地方都有人行道。

然而，在1853年7月14日，一座有着圆顶的、纪念碑一样的建筑矗立在了“水池广场”，位于城市的北端，第42街内。这就是纽约水晶宫，这座和伦敦水晶宫一样耀眼的建筑的开放，标志着纽约向美国大都市的转变。富兰克林·皮尔斯（Franklin Pierce）总统被欢呼的人群夹道欢迎，就好像他是一位登基的国王，这一重大事件中的一位发言者，担任财政秘书的格思里先生（Mr.Guthrie）这样概括了纽约的这一重大历史：

> 尽管我作为一个公共发言人近40年，但我从来没有像今天这样感到局促。人怎么能够从俄亥俄的银行、从一个相对较新的州，呈献出这样一个集合物：纪念所有的国家工业，纪念和平的艺术，容纳了宗教和政治情感，是商业的延伸，是农业的延伸，是制造业的延伸，是艺术和科学的延伸。除了提供给我的同胞们一个农业艺术的典范，我无话可说。他们砍伐了森林，使耕地如此欣欣向荣。他们为这个荣耀的国家增添了一个又一个州，直到现在我们拥有了31个州。他们建造了一座又一座城市。70年前，我们现在站立着的城市只有1.5英里长，1英里宽，有21000位居民。但是现在，它超过5英里长，2英里宽。原来，它是由一至两层高的木头房子构成的。现在，它是一个有着富丽堂皇宫殿的城市，有4到6层高的房屋，有着坚固和昂贵的结构，有超过600000人口。这个城市给了地球上所有国家一个工业化的样本。
>
> 《纽约每日时报》，1853年7月17日

《纽约每日时报》报道了皮尔斯总统的来访和接待，并指出“整个城市充满了前所未有的兴致勃勃和兴奋的活力”（1853年7月15日）。1851年，约瑟夫·帕克斯顿（Joseph Paxton）的水晶宫在伦敦的首次展出，引发了曼哈顿人的野心：要有一个比前者更壮观的水晶宫。帕克斯顿自己递交了方案，但是他的设计不适合场地。根据新宫殿的竞赛条件，它应该尽可能与伦敦水晶宫不同，因此它应该被“赋予新颖而有创意的魅力”，康斯坦森和吉特迈为他们的水晶宫选用了所谓的“威尼斯”风格，从而在各方面满足了这一需求。《纽约每日时报》的一篇文章对这一建筑进行了大量描述：

> 这座建筑主要的特点如下：除了地板，它完全用钢铁和玻璃建造而成，大厦的主要构思是一个希腊十字，被交叉的圆顶所覆盖。十字交叉的每一个方向都有365英尺5英寸长。有三个相同的入口……每一个有47英尺宽，在第六街上通过一段8步的台阶进入。

圆顶的直径有100英尺，拱顶最高处达123英尺，由24根柱子支撑，它是这座房屋最伟大的建筑特征，有着震撼人心的效果。在开放日里，《纽约每日时报》写道："今天，任何一位身处这巨大圆顶下的有思想的人，如果不被这庄严的感召和多用途的事业所深深感染，那是不可能的。"圆顶唤起了与美利坚的荣耀相连的崇高气氛。《纽约每日时报》的观察员指出了比例本身的巨大：

> 参观者体会到脑海中深深的敬畏所带来的令人兴奋的感觉，当我们看到更多给建筑内部增添光彩的华丽而色彩柔和的装饰，看到无数的艺术和工业制品已经填满了部分建筑，我们就会对这样一座给美利坚的名字增添荣誉的建筑而感到骄傲。

富兰克林·皮尔斯总统在他的开幕致辞中强调了世界博览会民族主义的这一方面：

> 先生们，即使你们没有其他的贡献，但你们从这个国家的不同地方汇聚到这个大都市，或许已经完成了一件最重要的使命——使神圣的美国强大和不朽。

几天后，7月17日，《纽约每日时报》发表了一位舍宾牧师（Reverend Chapin）关于"水晶宫在道德上的重要性"的布道，他将这一建筑作为一个"道德进步"的文本，进行了详细而清晰的"解读"："水晶宫，它的大门刚刚打开，展示了汗水、力量、耐心、勤劳、辛苦管理的成果，并以此为荣耀。但它呈献给我们的远远不止这些，它给了我们一种思想。"

如果所有人造物品都在述说着人类作为"发明家"、"艺术家"、"发现者"，或者甚至"文明的传播者"，那么水晶宫就是我们"当代文明的一面镜子"，依照舍宾牧师的说法，"不仅证明了劳动的神圣高贵，而且有一种思想的力量……巨大的进步，和平和团结。"

水晶宫令人振奋的效果也能够在语句的字面感觉中体会到，如荷兰建筑师兼作家雷姆·库哈斯从一段当代描述中引用的："它纤细的骨架看起来并不适合支撑巨大的尺寸，它给人一种膨胀的气球般的外表，急不可耐地想要飞向遥远的天空。"

在一本有关他们建筑的插图册中，康斯坦森和吉特迈叙述道："建筑是形式的艺术，它构建了人类的社会需求，"但这段引言暗示出这座展览建筑导致了一种对所有禁忌的悬置，令人眩晕的失重不仅是生理上的，也是心理上的、道德上的、甚至政治上的。

库哈斯在《癫狂的纽约》一书中指出，在像科尼岛这样的娱乐公园中，从这种失重到"谵妄"可以划一根连线。在他的评论"月球之旅"中，他提到，在科尼岛的露娜公园，"这个世界上相互强化的整个现实结构——它的法律、期待、禁忌——都被悬置，以创造一种道德的失重，这对发生在月球之旅中的字面上的失重是一种补充。"E·L·多克特罗（E. L. Doctorow）在他的小说《雷格泰姆》(Ragtime）中描述了一个场景，弗洛伊德和荣格在露娜公园探索了一条"爱的通道"。这是一个可能发生任何事情的地方——甚至漂浮。

爱德华·提里欧（Edward Tilyou），科尼岛障碍赛公园建造者的儿子，曾说过，娱乐公园提供了"一个广阔的人类自然天性的实验室"(Kasson，1978：59)，作为一个不负责的眩晕感的样本，他提到了在丹麦我们所谓的"欢乐厨房"，一个提供仿制中国食品的售货亭和一句标语："如果你不能打破自己的家，那么来打破我们的！"(Kasson，1978：59)

另一个广为人知的现代经验的特色就是"所有坚固的东西都烟消云散了"，玻璃房屋的产生看起来用脆弱的、非实质的材料替代了坚固的实体房屋。从理性主义的角度来看，维多利亚文化继承了建筑语言性的思想，即房屋是可读含义的携带者，而伦敦水晶宫和纽约水晶宫的修辞学是对现代主义的赞美：就封建城堡的样式来说，它不是高高在上，而是包容和吸引人的；它不是晦涩的、依赖于解说者的特权，而是开放和透明的；没有涉及防御工事粗鲁的需求，而是考虑到居住舒适的现代理想；有人甚至认为，水晶或者玻璃所表达的信息就是，所有边界，包括内部和外部基本边界的消除。《伦敦新闻画报》宣称："新材料意味着新方法，这将最终跟随时代的精神，引领一种新风格。"在《纽约每日时报》对水晶宫开幕式的报道中，作者对这一人造透明体的乌托邦前景满怀热情，在那里黑暗将不再统治：

> 就这样结束了水晶宫内的一天。这一天在美国历史上是神圣的……这一天孕育着对我们工业化世界的承诺。尽管透过宫殿玻璃闪光的夕阳迅速在西

图 13.5　水晶宫着火，Eno 收藏。纽约公共图书馆提供

边沉了下去，尽管蓝色冰冷的夜晚很快笼罩了被中午的日光加热了的圆顶，然而就在今天升起的、美国工业化的光辉太阳将永远不会沉没，而是会像北极光那样闪亮，即使只在地平线上。

伦敦博览会的反对者担心，放纵的人群会给脆弱的玻璃房屋带来危险，但事实证明，干净而光照良好的水晶宫吸引了成千上万彬彬有礼的参观者。显然，在“欢乐厨房”中的破坏起到了额外的功效，对那些在现代城市中习得了恰当公共行为经验的人们，起到了一个安全阀的作用。娱乐公园的吸引力当然对流行的公共行为观念提出了挑战，但它们也对新规范和标准的巩固做出了贡献。

水晶宫建筑的确是一座奢侈的建筑，虽然如此，但它在玻璃和钢的使用方面是一个有益的启发。康斯坦森的圆顶和吉特迈的威尼斯风格水晶宫是一个建筑学上的借用，来自威尼斯圣马可大教堂的巨大圆顶，但建筑的印象和效果也来自它对全景建筑、马戏团建筑和其他现代庙宇的“快乐圆顶”的联想。在他的《对我们崇高与美的思想起源的哲学追问》（Philosophical Enquiry into the Origin of our Ideals of the Sublime and Beautiful）一书中，埃德蒙德·伯克（Edmund Burke）问道“为什么圆形具有高贵的效果”，他的回答是，来自“连续和均匀”相结合的“人工的无限”，解释了圆形建筑（以及圆顶）的崇高效果。作为一个人造的“无限”，对圆顶的体验更接近于我宁愿称之为壮观而不是庄严的东西，但在任何情况下，圆顶都是两个关键工具之一 ——另一个是塔——这使得创造一个人工世界成为可能，在那里体验能够被复制，并且几乎任何感受都能够被模拟出来。圆顶和塔楼——或是雷姆·库哈斯所说的球和针——是使地球表面与大自然疏远并将其转变成魔毯的装置，一种合成现实，可以弥补大都市中的任何“现实短缺”。

V　19世纪的《伊利亚特》

水晶宫庄严的景象被《纽约新闻画报》的一位记者高度赞扬，在他的颂词中，他宣称“水晶宫可以称作是19世纪的《伊利亚特》，而它的荷马就是美国人民”（Kasson，1990：147）。沃尔特·惠特曼（Walt Whitman）肯定曾是最常来博览会的参观者：“我花了很长的时间（近乎一年）——白天和黑夜——尤其是夜晚——当它被四处点亮，并有着一个宽敞的大型美术展览馆（在夜晚展示效果最佳，我想）……”和新闻记者一样，对惠特曼来说，博览会是一个史诗般的体验，它只有以一种史诗的形式才能得以充分体现。惠特曼自由体的目录，他的一系列不押韵的、长度不等的诗句，对某个人、事物、地方的一些专门、具体、复杂意向的每一个列举或命名——就像迈尔斯·奥威尔（Miles Orvell）所看到的——被想象为“一种形式，在它的头上伫立着古典史诗，使过去情节中常有的一个延长的停顿，成为诗歌的主要内容和结构。”

惠特曼将水晶宫的特征概括为“一个原创的、有美感的、有着完美比例的美国建筑——少有地没有将现代凌驾于旧时代之上，而是将两者置于一个最好的平衡状态的建筑之一。”在他通常的预言式风格中，他宣称“钢和玻璃正越来越广泛地进入建筑的构成中”，对于他自己的“构成法则”，水晶宫则是一个原型：“构成法则——一个有很好透明感的、平板玻璃风格的，朴实的，没有装饰。”富有机动性的展览厅和“来自各国工人的构造、产品和工艺”反映出他自己赞扬新世界所有事物的庞大诗篇的“目录”。

1871年，在第四十次美国学会年度展览会上，惠特曼朗诵了他的“展览之歌”，在诗中，他邀请“缪斯”从希腊和爱奥尼亚移徙而来，用“一个更好的、更新鲜的、更忙碌的世界”来代替“这些庞大的、支付过多的账目，特洛伊和阿基里斯的愤怒，埃涅阿斯的、奥德修斯的漂泊”，这些展览厅“朝向完美人生的一切都已开始，经实验，经传授，经改进，得到明显的展示”，也就是说，像水晶宫这样的展厅：

> 大厦的四处，比以往任何建筑更加崇高、公正、宽敞，
> 地球上的现代奇迹，甚至是历史的超越，
> 一层又一层高高升起的玻璃和钢的立面，
> 使阳光和天空欢快，渲染上最愉悦的色调，
> 古铜色、淡紫色、知更鸟蛋色、海蓝色、深红色
> 在它金色的屋顶上招摇，在自由的旗帜下，
> 在合众国的旗帜以及每一片土地的旗帜下，
> 一群崇高、公正、但更小的大厦将聚集

VI 最现代的世界片段

水晶宫外部的壮丽尺度由它室内的展示物所反映出来，最令人惊叹的是丹麦作品，一组由世界上著名新古典主义雕塑家巴特尔·托尔瓦森（Bertel Thorvaldsen）所作的雕塑作品。据《纽约每日时报》报道，这组雕塑作品——赢得了“比展览会几乎任何别的部分更多的赞扬”——它所有教育的、文明的、“雕琢”的作用是关键，使得它超越了只是一个“仅仅满足眼球”的大型展览事件（1853年7月22日）。

> 很奇怪地注意到它对那些检查它的人产生的影响。优雅的、有教养的参观者走很远的路来观赏它，而同时，有机会接近它的不雅的、粗鲁的劳动者看起来也同样被它美丽的意味所感染。那些看到这一组合体的人们几乎不知不觉地脱下了帽子，就像他们即将进入一座神圣的建筑，静静站立着注视它，或者出于对它意义的尊重而轻声交谈。即使对一个偶然路过的观看者来说，建筑物的这一部分和其他部分的对比也是如此显著。（1853年7月20日）

这样，正如乔治·康斯坦森和巴特尔·托尔瓦森可以被看作是哥本哈根和纽约之间这一对比的媒介人物，如果我们能够依靠那个时代报纸的豪言壮语，那么新的“展示文化”最具特征的方面，就是对新城市景观中城市居民精神的振奋效果。在《癫狂的纽约》中，雷姆·库哈斯明确地指出康斯坦森的纽约水晶宫是现代曼哈顿的起源，将它和19世纪最后几十年的科尼岛娱乐公园相联系，他将后者的特征总结为“曼

哈顿最初主题和早期神化的孵化器”、“这个世界最现代的片段”。

正如蒂沃利对哥本哈根的未来是一个实验室，引用科尼岛建造者儿子的话：科尼岛的露娜公园、障碍赛公园和幻想世界代表了“一个广阔的人类自然天性的实验室”（Kasson, 1978:59）。它是“一个变革的非凡王国”（Kasson, 1978:50），在那里，文明的熔炉在“趣味的滚筒”中呈现出一种最平实的形式（Kasson, 1978:60）；在那里，赞助人的足迹会被印下，而陌生人会被带入一种突然的隐秘接触。在这里，最典型的城市体验被机械化交通工具的狂欢精神所运载。单调或不朽的充满责任感的建筑，被愉悦的、改造自东方、哥特及折中主义的建筑所替代。

正如已经提到的，娱乐行业的东方风格也是蒂沃利的商标，它被解释为浪漫主义诗歌幻想的实现。乔治・布兰代斯（Georg Brandes），丹麦《现代突破》杂志的学术负责人，曾经写道：丹麦浪漫主义著作的主角阿拉丁，亚当・奥伦斯拉格（Adam Oehlenschläger）的阿拉丁或者神灯，可以被比作“照亮海港入口的巨大灯塔雕像”。这一描述不免使人想到照耀纽约港的巨大的自由女神。然而，当我们试图对比纽约和哥本哈根的文脉，最令人震惊的是，事实上美国直到世纪之交才成为丹麦的一个

图 13.6　纽约水晶宫，Eno 收藏。纽约公共图书馆提供

重要乌托邦参照。尽管世界主义的康斯坦森在19世纪30年代就已经在美国生活和工作，但他将蒂沃利构想为一个东方的而不是美国的乌托邦。罗伯特·瓦特（Robert Watt），作为蒂沃利的指挥人康斯坦森的接替者之一，写了三卷本的《越过大西洋：美国描绘》（Hinsides Atlanterhavet：Skildringer fra America）一书，书中有对他在美国漫游的描述，尽管他为纽约的尺度、密度和生活的无尽变化而着迷，但他在创造蒂沃利的内在吸引力方面并没有使用任何美国主题。他对百老汇大街给予了热情的描述——至少是哥本哈根最时髦的大街海滩路（strandvejen）的两倍宽，两侧排列着住宅，比丹麦大多数房屋和地方都要令人印象深刻——但他从未在蒂沃利创造一个微型纽约。

哥本哈根的形态和纽约的形态最主要的区别——或者说蒂沃利和科尼岛的区别——在于新哥本哈根的发展是由原有城市的意向所引导的，一个有城墙围绕的城市；而天空则是纽约发展的唯一限制——正像著名的曼哈顿的天际轮廓线所表现出的。在壁垒环绕的哥本哈根，蒂沃利也被置于了“堡垒”之中，蒂沃利宣告了一个新的时代，但它也宣告了这样一个时代：在那里，新奇甚至异国情调都被这个城市的传统意向所融合。

雷姆·库哈斯认为科尼岛的都市化体验——在1900年至1910年间——将最终导致摩天大楼的建造，它结合了三个明显的都市化成就：对世界的复制、塔的附加和单独的体块。整个世界，至少是整个城市，都包含在摩天大楼之中，在那里，每一个人造的平面都可以看作“仿佛其他部分都不存在”，就像“一堆秘密”。摩天大楼就这样成了奥尔特加·伊·加塞特所设想的假想中“第一城市”的完美体现，因为它的“不确定性意味着：特定的场所不再能够与任何单独的特定目标相匹配”。然而，如果蒂沃利公园里的中国塔、纽约水晶宫的圆顶和科尼岛的摩天大楼计划都被看作是城市乌托邦的实例，那么，就留下一个值得后来深思的问题：奥尔特加·伊·加塞特所想象的政治生活是怎样的呢？

参考文献

Allwood, John: *The Great Exhibitions*, London: Studio Vista, 1977.

Boye, Ib: *Georg Carstensen*, Copenhagen: Fiskers Forlag, 1988.

Carstensen, Georg and Charles Gildemeister: *New York Crystal Palace. Illustrated Description of the Building*, New York: Riker, Thorne, & Co. Publishers, 129 Fulton Street, 1854.

Coleman, Earle: "The Exhibition in the Palace. A Bibliographical Essay," in: *Bulletin of the New York Public Library*, vol. 64, no. 9, 1960.

Giedion, Siegfried: *Space, Time, and Architecture. The Growth of a New Tradition*, Cambridge, Mass.: Harvard University Press, 1974.

Hirschfeld, Charles: "America on Exhibition: The New York Crystal Palace," in: *American Quarterly* 9, 1957.

Kasson, John F.: *Amusing the Million. Coney Island at the Turn of the Century*, New York: Hill & Wang, 1978.

Kasson, John F.: *Civilizing the Machine. Technology and Republican Values in America. 1776–1900*, 1976.

Kasson, John F.: *Rudeness and Civility. Manners in Nineteenth-Century Urban America*, New York: Hill and Wang, 1990.

Koch, Søren: *New York Crystal Palace. En beretning*, Rapport nr. 200 fra Instituttet for Husbygning, Lyngby: Den polytekniske læreanstalt, Danmarks Tekniske Højskole, 1990.

Koolhaas, Rem: *Delirious New York*, New York: The Monacelli Press, 1994.

Landon, Philip: "Great Exhibitions: Representations of the Crystal Palace in Mayhew, Dickens, and Dostoyevsky," in: *Nineteenth Century Contexts. An Interdisciplinary Journal*, vol. 20, no. 1, 1997.

Linvald, Steffen: *Rådhuspladsen i fortid og nutid*, Copenhagen: G.E.C. Gads Forlag, 1950.

New-York Daily Times, 1853.

New York Illustrated News, 1853.

Ortega y Gasset, José: *The Revolt of the Masses*, New York: Norton, 1957.

Orvell, Miles: *The Real Thing. Imitation and Authenticity in American Culture 1880–1940,* Chapel Hill and London: The University of North Carolina Press, 1989.

Plenge, J.: *Nogle Træk af Livet i Kjøbenhavn for en Menneskealder siden*, Copenhagen, 1873.

Rybczynski, Witold: *City Life. Urban Expectations in a New World*, New York: Scribner, 1995.

Steen, Ivan D. "America's First World Fair: The Exhibition of the Industry of All Nations at New York's Crystal Palace, 1853–54," *New York Historical Society Quarterly*, vol. 47, no. 3, 1963.

Tivoliavis, 1843–46.

Watt, Robert: *Hinsides Atlanterhavet: Skildringer fra Amerika*, Copenhagen, 1872–74.

Whitman, Walt: *Prose Works*, vol. 2, edited by Floyd Stovall, New York: New York University Press, 1964.

Whitman, Walt: *The Collected Writing of Walt Whitman. Leaves of Grass. Comprehensive Reader's Edition*, New York: New York University Press, 1965.

Zerlang, Martin: "Orientalism and Modernity: Tivoli in Copenhagen," in: *Nineteenth-Century Contexts. An Interdisciplinary Journal*, vol. 20, no. 1, 1997.

Zerlang, Martin: "Aesthetics and the emergence of the modern city: on the sublime and the spectacular," forthcoming in Ragni Linnet (ed.): *Aesthetic Theory.*

第十四章

时报广场的双重消解

M·克里斯汀·博伊尔（M. Christine Boyer）

为了从时间和衰败中得到安全的救赎，事物必须被反复叙述。[1]

到 20 世纪 90 年代末，曼哈顿显示出正在经历一系列迪士尼化和主题公园仿制品的迹象。例如，时报广场 / 第 42 街，第 42 街的“X”形区域所形成的两个三角形交汇点，曾经是汇聚轻歌舞剧和百老汇戏剧的流行娱乐地区。这个喧闹的游乐场曾经是公共场所的中心，纽约人从 20 世纪早期就在这里庆祝新年前夜。通过错综复杂的地铁系统到达的通勤者们上千次光顾的时报广场 / 第 42 街，密切地联系着整个大都市区。就像其名字所标明的，它曾经是重要的报纸和广播公司总部所在地。但正是这个时候，时报广场 / 第 42 街由迪士尼进行了诠释，变成了一个类似杜莎夫人（杜莎夫人蜡像馆，即伦敦蜡像馆——译者注）的蜡像博物馆。它的管制方针要求必备相当数量的辐射发光体（时报广场的光照单元），并被那些设计了其自发性无计划的城市设计者所控制。时报广场 / 第 42 街，成了迪士尼的“纽约乐园”。由私人警察巡视，它的垃圾桶由私人收集者收捡，它的指示牌由私人拨款进行刷新——在由其商业改造区（BID）所设置的全面方针的指引下——它就像口哨声一样干净和纯粹。

对于这样一个流行文化的地标，这一切是如何发生的呢？时报广场 / 第 42 街能幸存下来吗？它混乱的竞争和粗鄙的吸引力能抵御改进计划的最新冲击吗？或许一个重大的错误已经犯下——这个被恶劣政策所伤害的机能不良的交汇点，正在修改它的真实本性而不是它的堕落吗？时报广场 / 第 42 街已经成了又一个在电视和电影屏幕中反复播放，但却从未直接体验过的空间意象中能够立即识别出但却不存在的地方吗？[2] 它正处于灭绝或消失的危险中——退化为一个任意空间吗？吉尔·德勒兹（Gilles Deleuze）认为，“任意空间不是一个抽象的全称命题，在所有时间，所有地点。它是一个完美的单数空间（像时报广场 / 第 42 街），仅仅丧失了它的同质性，

图 14.1　时报广场 / 第 42 街，从百老汇交叉口沿南边人行道向西看。1999 年夏，摄影：M · 克里斯汀 · 博伊尔（M.C. Boyer）

也就是它的距离关系或者自身各部分连接的原则，因此连接可以通过无限多种方式得以建立。它是一个具有事实关联的空间，作为一个纯粹可能的地点来理解。”[3]

事实上，时报广场 / 第 42 街显得像是一种后现代的“任意空间”—— 一个异位的空间，将几种不同的空间并置于一个单一的真实场所。这一系列无限制的、分离性的场所同时并存，作为一个怀旧剧场区、一个媒体中心、一个迪士尼乐园、一个郊区风格的购物中心、一个广告区、一个公司办公园区，一部电影但同时也是一首歌曲、一部小说、一出戏剧，一条街道和一种生活方式，一个妓女、皮条客、小贩或者少年们与外地来的开会者、剧院观众、企业执行秘书、旅游者以及家庭成员擦肩而过的地方。它也可能是一个视觉艺术中心、一个电子工业发源地、一个与世界其他部分相联系的真正的插电的空间吗？

在沃尔特 · 本雅明（Walter Benjamin）对德布林（Döblin）的小说《柏林，亚历山大广场》的评论中，他问道，柏林的亚历山大广场是什么，以及为什么以“弗朗兹 · 毕博科夫的故事”作为标题？本雅明将这个蒙太奇作品看作是柏林的一个重要纪念碑，一个基于文献证据的开放叙事形式，一个读者沉浸其中并忘却身边和这个场所之外所有事物的王国。亚历山大广场——正如时报广场 / 第 42 街一样——支配着英雄、一个残酷和绝对统治者的存在。本雅明论述道：

> 这是一个过去两年中发生了疯狂变化的地方，在这里，挖掘机和电钻不受打扰地工作，地面从其下部和公交车与地铁的柱间发出震动，在这里，大都市的内脏、后院……比任何其他地方都更深地开放，而且在这里，源于19世纪90年代的街坊比其他地方更为安静地保存着，在未被触及的迷宫中……在这里，书桌……挤塞在出租屋内，并且……在这里，妓女们照老样子在晚上出去……而且，它的社会学副本：小偷们……他们的队伍由失业人员充实扩大……亚历山大广场统治着它的存在。你可以把它看作是一个残酷的统治者，一个绝对的统治者。[4]

伯纳德·屈米（Bernard Tschumi）对这一残酷统治者的回应是通过在《曼哈顿手稿》（1983年）中指出，第42街是一个典型的纽约街道，在那里，许多不同的世界沿着它的延伸部分并存，从东河到哈得孙河，从克莱斯勒大厦到廉价的妓院，从布莱恩特公园到废弃的码头。“每一个边界（存在于街道中分离区域间的门槛）都成了一个空间，其中包含了事件，以及穿越它的运动。‘他从监狱出来；他们做爱，她杀死了他；她自由了。’”[5]“因此当他从监狱出来时，他认为他能够安全地从一个地方到下一个地方……但是，他随后遇见了她。对他而言，她是一个谜——无畏、害羞、放荡同时也是天真的。从他看见她的那一刻起，他就着了魔——对一个看起来美丽，但爱上她却会致命的女人……这条街道。”[6]那么因此，这里出现了一个挑战：如果后现代的城市或者时报广场/第42街是寓言式的蛇蝎美人，那它能够从意图杀死这个场所的致命和统治秩序中获得自由和解放吗？或者对当代的城市空间还有另外的解读？

作为一个媒体中心，自从1961年《纽约时报》卖掉了它始建于1904年的24层三角形时报广场大厦开始，时报广场就处于了一个十字路口。从20世纪20年代中期开始，巨大的霓虹灯标识所营造的旋转电子巫术就将时报广场夜晚的灯光照进了科尼岛的中心区，甚至连“白色大道”也被影响，要求霓虹灯标志装饰每一个新构筑物。“辐射体”在广场上肆意绽放——1987年的条例对此有详细说明，它要求新建筑必须安装一定数量由灯光装饰的标志和一定程度的绚丽。1989年，最早的“辐射发光体”出现在百老汇假日广场饭店入口处巨大的自动唱片点唱机和第48街上。这个城市希望这些新标志尽可能地浮华，广告是明确允许的，它们想要掩盖这样一个事实：那就是，时报广场已经成了一个充满巨型摩天办公楼的沉闷而黑暗的峡谷，这是从1982年到1987年在广场周边区域实行区域红利所带来的意想不到的结果。

图 14.2 辐射体（时报广场的灯光单元），第七大道和第 42 街的西北角。1996 年 10 月，摄影：M · 克里斯汀 · 博伊尔（M.C. Boyer）

自从 1908 年第一个动画特技球在时报广场落成，Artkraft Strauss 招牌公司就保持着时报广场活跃的竞争力。他们甚至曾经承担了向广场喷射烟雾的著名的“骆驼香烟”广告，环绕着建于 1908 年的时报广场塔的移动大标题“zippor”，甚至还有位于第 43 街的富士胶卷装饰墙。Artkraft 公司敷设了广场上大约 99% 的标志，或者说超过 200 英里长的霓虹灯带。在第 47 街和第 48 街之间百老汇的摩根士丹利大厦，它设计了三根新的快速滚动信息条，可以告诉观众最新的财务数据和股票报价。[7] 在广场上可以看见大量的新标志：8 点咖啡冒着热气的咖啡杯、CK（Calvin Klein）的电脑着色乙烯基广告牌、可口可乐（Coca-Cola）的滚动电子标志牌、索尼（Sony）超大屏幕电视。事实上，现在的时报广场在夜晚是如此明亮，以至于从七八条大街外的曼哈顿下城都能看见它的光芒，但 1995 年的新年夜仍然需要一个新的发光球，因为老的那个在耀眼的光照下已经不够突出了。[8] 而互联网上发出了一声呐喊，那就是这个传统的媒体中心正在失去它的活力，并且永远不会从电子信息革命当中得以幸免。[9] 恐怕，作为一个文化脉冲点的时报广场 / 第 42 街，注定要成为一个巨型霓虹灯标志和像《猫》与《美女与野兽》那样的甜腻音乐剧的聚集区，因为广场上的重要词语是怀旧的——或者呈现出混沌状态——而不是对未来的重新定义。

时报广场需要的不是复古标志，而是大量每 30 秒换一次、快速翻过、面孔灵活的广告牌。并且它应该成为一个新的电子艺术的孵化空间，而不是一种推荐更多购物和娱乐的方式。

所有这些所谓的改善已经在自称是“三个巫婆”的目光注视之下发生，它们将目光放在“时报广场的格式塔”：酝酿着“电子化的、至关重要的、华美多彩并且有几分是出现在你脸上的，一种美学的混乱。”科拉 · 卡汉（Cora Cahan）是新第 42 街的主管者，一个非营利组织，它负责恢复位于第七大道和第八大道之间街区的八个过时的剧院；丽贝卡 · 罗伯森（Rebecca Robertson），第 42 街发展计划的首脑，也是负责第 42 街沿线再开发的政府代表；格雷钦 · 戴克斯特阿（Gretchen Dykstra）是时报广场 BID 的总裁，BID 成立于 1992 年，每年有 600 万美元的评估开销。[10] 但是，所有这些改善行为能挽救曾经定义了时报广场单薄生活的毫无用处的、炫目的、艳俗的本质吗？或者，那只是喧嚣的怀旧欲望，格雷钦 · 戴克斯特阿所谓的“罗曼蒂克化的粗俗”？

正如 1933 年的音乐电影《第 42 街》所表明的，当它把它的肖像式标题借用给五个街区以外的斯坦（Stand）剧院首映这部电影时，第 42 街成了一个“顽皮、下流、华而不实并且浮华的”，已完全衰落的地方。[11] 即使这样，第 42 街仍然是世界上最不真实、然而却最富魅力的街道，对于成千上万梦想成为演员或舞蹈演员的人来说，它是整个戏剧世界的中心。“那个小小的通道”在“老纽约的中心”，邀请观众“来加入这些舞步”，随着女主人公开始她轻轻的舞步，合唱队——在巴斯比 · 伯克利（Busby Berkeley ）若干伟大作品中的一部中——转过身爬上楼梯使观众能够看见建筑的壁板，那里形成了一幅生气勃勃的纽约轮廓线的图景。随着建筑的摆动，合唱队开始沿着帝国大厦俯卧的躯干退出。这部电影具有同时代的黑帮电影那种贫乏、穷困、灰暗的景象——像好莱坞所称的“硬汉歌舞剧”（hardboiled musical）——因为它传达了一种与时代对话的社会信息。[12]

第 42 街的景象出现在一场演出或者一场戏中戏里，很大程度上是为了保证在剧院中安排一份工作。事实上，这部电影被称为“……装配线上的时报广场。”[13] 对这部戏剧的论述指出，“……这架机器不能够停下来，去忍受人类内在驱动中被追赶的命运。机器是没有情感的事物，不能指望它内省和反思。所有的驱动力都在朝着一个目标——第 42 街一个成功的首席地位不断地冲击。”[14] 电影拙劣地模仿了齐格弗里德 · 克拉考尔（Siegfried Kracauer）在《大众装饰》（1927 年）中对《农家女孩》的评论：

图 14.3　迪士尼商场，第 42 街和第七大道的西南角。1997 年 10 月，摄影：M · 克里斯汀 · 博伊尔（M.C. Boyer）

> 她们（女孩）不仅是美国制造；同时她们也证明了美国产品的伟大……当她们形成一个蛇形波浪，她们清楚地表明了传送带的优点；当她们快速轻叩她们的双脚，听起来就像：忙碌、忙碌……；当她们以数学的精确高高踢起双腿，她们快活地断言了理性化的进步；当她们重复着同样的动作并且从不中断，人们眼前就会形成一幅不间断的来自世界工厂自动生产链的图景，并且坚信对于繁荣的祝福永不会终止。[15]

电影抓住了大萧条年代的社会特质。它的上映和富兰克林·D·罗斯福的总统就职典礼时间一致，华纳兄弟电影公司抓住了这个有利时机，将“开创娱乐新政”作为电影的广告标语。[16] 上任后，罗斯福说：“如果我了解我的人民目前的情绪，我们现在就会了解在我们独立以前从未了解到的……如果我们要前进，我们必须像一支训练有素和忠诚的军队那样行动，为了共同秩序的利益而做出牺牲。”[17] 合作是一个新局面，而且佩吉·索耶（Peggy Sawyer），电影中的女主人公，体现了这种新景象：她努力工作，抵制诱惑和休息，但她就像一部巨大机器上的小齿轮，配合地服从命令。

在20世纪20年代和30年代的对美国风和福特主义的评论中，葛兰西(Gramsci)指出“美国实业家们关注能维持工人们身体和肌肉神经的连贯性。他们的兴趣在于拥有一支稳定的技术工人力量，一个持久的、具有良好适应性的联合体，因为一个企业中的人类联合体（集体工人）也是一架机器，没有相当的损耗他们就不能频繁地被拆分成块，再与单一新部件进行重新组装。”[18] 娱乐新政，是百老汇的一支催眠曲，从传送带和生产线的重复和分裂中逃避的一个梦想世界。在20世纪30年代的迪士尼动画片中，谢尔盖·爱森斯坦（Sergei Eisenstein）指出了同样的逃离机制，将它们描述为苦难和不幸者们的补偿，那些人的生活以美元为坐标，分成若干块：

> 城市街区像灰色的方块，城市街道像灰色的监狱隔间，无尽的街道上是人群的灰色脸孔。他们有着灰色的、空洞的眼睛，永远受到不是他们自己制定的、无情法律程序的支配，那些法律切割人的灵魂、感觉和思想，就像被芝加哥屠宰场的传送带肢解的猪的躯体。[19]

但是现在，随着全球经济的转变，信息和数据处理过程替代了实物生产，计算机替代了机器，空闲时间而非工作时间在增长。这样，美国精神变成了消费主义，城市景观变成了展示商品的新型影像。而闲暇时间被用于将工人编织进一个充满愉快和天真娱乐的商品网络。很久以前，沃尔特·本雅明就指出，建筑总是被处于娱乐状态的集体所消费；所有的遗忘行为都以娱乐的形式出现，从不允许事物的本质被洞察。这样就不应该奇怪，时报广场/第42街是全球资本主义所塑造的最新城市领域，或者它用真实的符号代替了真实。[20] 我们思绪混乱地忘记了城市中建筑曾经担任的角色。

为什么我们应该对试图比以往传播更多内容的时报广场新景象持批判态度？沃尔特·本雅明警告我们：

> 批判是一种正确的距离。在一个前景和展望都有价值，仍然可能存在立场的世界里，它是一个避难所。现在，事物太紧密地挤压着人类社会。"明朗的"、"无辜的"的眼睛变成了一个谎言，或许所有天真的表现方式全都是无能。今天，最真实的、对事物核心的商业注视是广告……然而，对于街道上的人来说，正是金钱……把他带进与事物的知觉联系之中。而被支付了薪酬的批评家，在经销商的展览室里操纵着画面，他们知道关于此事或许不是更好但更重要的事，比起艺术爱好者在陈列室橱窗中观察它们……最终，是什么使广告对评论具有如此突出的地位？不是移动阅读的霓虹灯标识所讲述的——而是在柏油路上映出的五光十色。[21]

本雅明在这段引语里揭示出金钱的力量对文化工业带来的讽刺性冲击——他指出，较之于艺术，售卖者和内省审美观的关系有着更有优势的联系——但是仍然表达出希望，因为文学评论必须学会利用广告的无意效果，以及它同时具有的消遣性和颠覆性。它们口头传达的形象必须作用于读者的思维，它们必须模仿广告标识并成为可感知的影像。现代生活的节奏——大概就像本雅明所告诫的——不再推行令人信服的旧式冥想风格，而是需一种要取自广告的新型图案书写形式。[22]

广告是一种特有的美国事件，勒·柯布西耶根据他于20世纪30年代对美国的访问猜测：它的起源在于这个国家的巨大——它在巨大开阔的空间中延伸的数百万居民需要不断被告知这样那样的存在。然而广告是平庸的，没有可塑性：

> ……交通信号灯让人晕头转向，在街道上和广阔的高速公路沿线闪耀着，仿佛贴了玻璃纸的海报上——纯美国式的年轻男人和女人，充满健康活力，他们的面颊上有着幸福的反光——水果闪闪发光也像罩上了玻璃纸，全都充满反光；成箱的各种产品、瓶子、汽车，总是罩上了玻璃纸并且反着光……

M · 安格尔（M. Ingres），举着他的手指，对他的学生们说："先生们，反光与伟大艺术是不相称的。"[23]

但百老汇的灯光是诱人的，甚至对于勒 · 柯布西耶所倡导的纯粹主义。因此，他写道：

……我无法穿过好莱坞闪闪发光的广告。每个人都听说过闪光的道路斜切过曼哈顿，在那里，成群的游手好闲之徒和前往观看电影、滑稽表演和戏剧的观众在移动。电统治着一切，但在这里它是动态的，爆发着、移动着，闪耀的光变成白色、蓝色、红色、绿色和黄色。它背后的事物正在消失。这些距离很近的星座，这条你徜徉其中的银河，指向那常常是平庸的娱乐目标。这么多糟糕的广告！那里保留着现代特征的夜的狂欢。我记得那些光曾充斥着我们的心脏，强烈的、有力的色彩使我们激动，给我们愉悦。在百老汇大街上，我被忧郁的感伤和生气勃勃的欢乐所割裂，我沿街漫步，绝望地寻找一场聪明的滑稽表演，在那里，在聚光灯天堂般的照耀下，美丽女人裸露的白色躯体在快速的闪光中涌现。[24]

绝对没有反对理性的强烈愿望，强制的广告图像反对的是高尚艺术的纯粹——不知通往何处的反对力量——沃尔特 · 本雅明进而指出"商品……庆祝它化身为娼妓。"[25] 她既是狡猾的女售货员，算计着销售额，同时也创造出永远不能平息的强烈欲望。她引领城市街道上的漫步者误入歧途，诱使他跨过欲望的门槛进入完全的遗忘。"大都市中……在那里，人站在无尽空虚的门槛上，娼妓们就是这种虚无文化的守护神，像以往那样，它就站在通往经济公寓的入口，和更加柔软的完全是沥青的（广场）台阶上。"[26] 因此，欲望的破坏力必须从当代的时报广场根除，即使它化身为愉悦、天真或使人迷醉但绝不诱人的场所—— 一个可以结合并有效发挥广告标识真正作用的地方，同时分裂性的破坏举动会威胁它的存在。

自从第 42 街两侧的正规剧院衰落，或者说时报广场和第八大道相夹、作为第 42 街一个街区的"堕落街"（The Deuce，美国电视连续剧《堕落街传奇》）的成名，时报广场 / 第 42 街就被看作传播色情的场所，犯罪和卖淫的肮脏暗流占据着这一地区。然而，应该指出的是，第 42 街最后的正规剧场于 1937 年关闭了，在勃兰特集团于 1933 年买下它们之后不久，那条街道上的大部分剧院成了电影院。曾经装点了第 42 街的十三个著名剧院——全都在 1899 年到 1920 年间建成——其中只有五个还存在。1982 年初，约翰・波特曼（John Portman）50 层的万豪伯爵酒店建成，城市发动了一场“清理”这一地区的战斗。但时报广场总是有它的滑稽表演秀、它的 B 级电影、它的肮脏建筑的天堂，并且也有其他的改革者、刑警队和禁令——那么，为什么它的改进者要不断地讲述关于时报广场衰落、危险和肮脏的夸张神话，以及它恢复重建的需要呢？为什么要将这一流行文化繁荣时期的场所从这个城市的集体记忆中抹去？

没有任何其他的美国地区比时报广场更适合作为一座喧闹商业的纪念碑了。经过了数十年的争论后，这个著名的空间已被置于一种悬置状态，只有时间知道它是否被削弱到不可修复，或者是一种新的生活方式。这座城市会足够强大到可以克服对它纯洁领域的破坏和侵略吗？即使这座城市向开发者许诺了四栋主要塔楼，例如时报广场中心——由菲利普・约翰逊（Philip Johnson）和约翰・伯奇（John Burgee）在 20 世纪 80 年代设计过几次——不可置信的大额税务削减作为对他们土地花费的回报，削减会一直持续 50 年[27]，可是在 1992 年，还是决定将这项有争议的计划推迟到 21 世纪，当真正的不动产市场有希望重新恢复实力之际。同时，公众和建筑师有时间重新思考时报广场作为一个十字路口的重要性，在这个十字路口，流行文化的消费者和产品不可避免地相遇。

当然，仍然存在一个开放的争论，关于第 42 街——或者“堕落街”——是否是肮脏的、下等酒馆般充满了廉价气息，或者像一个严厉而又胆怯的提醒者述说着旧式歌舞杂耍的光辉，并且像有些说法坚持的那样具有戏剧性的喧闹。丽贝卡・罗伯森相信“对许多人而言，第 42 街就是一条象征着纽约的街道，但在许多年里，第 42 街意味着每天六七起犯罪事件……它意味着少儿卖淫。有时在我看来，那些为之伤感的人们正高高在上地待在北康涅狄格他们自己的家里。”[28] 开发公司声称，即使是许多合法生意，也几乎等同于毒品贩子或者伪造身份证件者的藏匿之所。第 42 街被看作一个恶性肿瘤，阻碍着时报广场的痊愈，并且，只要有众多个人所有者控制着这条街，罗伯森认为，它就没有机会复兴。[29]《纽约时报》的建筑评论家赫伯特・马斯卡姆（Herbert Muschamp）指出：

> 2000 万美元规划的目的（现在的第 42 街！过去是）……对于为了重建人们对这条街的感知而对其进行整修并不算多……许多的时间、金钱和公共关系进入到对第 42 街意象的建构中，作为一条只有将之撕裂才能得到救赎的恐怖肮脏走廊。这一意象并非与现实无关。堕落、犯罪、毒品、色情和淫乱都是真实的，没有人认为这些是公民的资产。即使在它最具毁灭性的状态，

这条街道仍然源源不断地将那些想要享受耀眼灯光、人群和电影票的人们吸引至此。永远也说不清的是，房地产开发究竟是对肮脏的完美遏制，还是一种犯罪。[30]

我们可以认为，纽约市房地产的真实价值，和在1982年到1987年间建成的城市中心地带的街区，以及沿着百老汇中心、从时报广场到哥伦布商圈允许出现的更高、更大体量的摩天大楼，它们一并毁掉了时报广场并把它变成了一个商务公园。或者我们可能谈到与位于曼哈顿下城的华尔街地区的竞争，那促成时报广场成为一个新的商务公园，因为它靠近城市人口最密集的公共交通中心，并且最靠近位于中央车站和宾州车站的通勤地铁线。当然那里还曾有为推动家庭型娱乐以刺激大众旅游而大规模发展的城市经济开发政策，以及通过将性产业重新分配到城市外围的安全区域，从而清除掉时报广场流淌的肮脏和臭名昭著的附属区的需求。自从这条法律于1996年11月开始生效，时报广场嬉戏娱乐性的建筑就大大减少了。为了怀旧，它会保留六到十家原先的色情商店——但是超过十家就会不可避免地抵消其优势，产生不良的附属效应，如犯罪、毒品和降低房地产价值等。

I 讲述关于消失的故事

房地产价值本身不能解释存在于时报广场的空缺，那使得它的改良者夸大叙述了关于犯罪、色情、毒品以及非法交易的传闻。或许相反，这一公共空间的角色已经存在于这个城市需要审视的公众记忆中，因为人们会发现，这个城市的记忆装置中出现了一个双重缺口—— 一个是在20世纪40年代末，另一个在当代——推动了这个二次叙述的故事的讲述。这些间断使得真实表现和模拟效果之间得以区别。这种区别，反过来，产生了一个二次叙述的故事，延续了对时报广场挥之不去的记忆，试图阻止它改变和毁坏。

德勒兹（Deleuze）认为"任意空间"在第二次世界大战之后开始激增——它们是被毁坏或重建的城镇，未被分化组织的场所，以及未充分利用或闲置的场地，如港口、仓库或垃圾场。[31] 像在电影中描绘的，这些无差别空间成为精神的空间：一种消除那些已发生的事情并对之采取行动的不定型装置，一个充满阴影和深深黑洞的不可叠加的空间。[32] 它们是悲观的场所，不提供安慰或退避的承诺。时报广场作为一个虚无和不确定的漩涡，是二战后"无差别空间"的一个精粹。

在二战后的美国，当最初的记忆发生断裂、最初的故事被讲述，像时报广场这样的中心地带就开始面临消失的危险。很少拥有直接经验的这些场所退化为抽象概念。结果，时报广场，和城市中其他重要的地方一起，简化为能够代表那些不再被步行者探究，也不能从直接接触的细节被回忆起的代表性意象。这是一种纪念它们遗失的方式，没有对它们承诺怀旧式的重新设定。然而，通过讲述一系列技术事实并列举它们的特征，可以实现对这些未知地带某种程度的支配和控制。侦探小说和警察故事是一种以叙事形式提供现实幻象的装置。它们能够被集中用于，尤其是，指出和回忆起这个城市被神秘事件所覆盖的部分。爱德华·蒂门伯格（Edward Dimendberg）在“黑色电影与城市空间”中指出，侦探电影流派的主导性视觉修辞，像黑色电影，就是一个城市的材料变形和视觉实体的消失，它曾经占据一个物理中心或一系列城市空间，那是行人们所熟知的，通过无数次漫步和日常活动，或者是通过典型的套路，像格网式街道、摩天大楼的轮廓线、大众公园或地标。被郊区化所遗弃，被城市更新所碎化，被小汽车所缠绕，二战后的美国城市是一个令人不适和迷失方向的场所，一个观众们越来越不了解的空间。黑色电影中的黑暗城市不仅表现了这种迷失和焦虑的体验，而且提供了一套映射程序、概略观点和其他沟通装置，表现了一种想象中有中心感和易读的城市，并因而使观察者能够获取一份“认知地图”，或者获得对一个不再直接体验的场所的支配和控制。[33]

凯文·林奇（Kevin Lynch）在《城市意象》（1960 年）中用术语“认知地图”解释了心理图像不仅影响着观察者的身份感、舒适感和对特定城市的归属感，而且使城市成为值得纪念和可以意象化的。[34] 一个好的城市形式应该有可读或可识别的节点、路径、边缘、区域和地标。这些可读的符号形成了一幅“认知地图”，在空间和时间上引导着观察者。弗雷德里克·杰姆逊（Fredric Jameson）认为，这一认知框架使得某个观察者对甚至可能被分成几部分的整个城市设想出一幅虚构的图像。观察者随后能够获得一种场所感，构建一种能够保留在记忆中的整体构成，并用于绘制或沿着灵活变化的轨迹再次绘制城市地图。[35] 但二战后的城市问题是：观察者对城市物质结构的感知被破坏了，“认知地图”不再能基于直接的体验。不得不用其他一些装置作为两者之间或使城市可读的媒介。例如，一幅“认知地图”可以通过对在电影中或照片中描绘的城市进行现实的想象而获得。

准纪录片《赤裸之城》（The Naked City，Jules Dassein 于 1948 年导演，中文名为《不夜城》）提供了一个这种媒介装置的优秀实例，它“认知地描绘”了这座城市。这不仅是第一部使用了外景镜头的犯罪电影，而且，通过突出表现作为其主要吸引特色的街道和曼哈顿地标，它产生了一种强烈的逼真感。摄影师丹尼尔（Daniels），从埃里克·冯·斯特劳亨（Erich von Stroheim）那里学到了“现实赤裸裸地陈列，就像一个嫌犯在警长无情的审讯之下进行坦白。”[36] 因此，这一叙事故事试图呈现这座城市本来的样子，赤裸裸并尽可能客观，一座钢铁和石头的建筑与人行道组成的城市，并以这种方式试图去挽救它的记忆，至少不至于连根拔除、彻底消失。[37] 而且，这部电影以一种不同寻常的方式使用了画外旁白：通过借用纪录片所假定的权威，画外音增强了故事的事实基础，同时使罪案侦破方式的现实主义叙述显得崇高。[38] 画外旁白用于说明警察工作的实际过程，并且将在街道上和纽约市的建筑中拍摄到的 107 个不同场景联系在一起。[39] 它描绘出了一个可能曾经早已被观众所熟知的城市——或者它过去对观众的日常生活意味着什么——但是现在，观众获得了一个将城市地标和场所联系到一起的指南。[40] 美国摄影师协会指出“这个城市的几栋建筑最后一次被拍摄到，然后它们就被拆除以腾出空间给联合国大厦了。”室内部分在罗克西影院、《镜报》办公室、蒂尔曼健身房等地拍摄——到 1947 年为止它们无一幸免。此外，第 59 街第三大道的“L”形，就像第 57 街的利文斯顿服装店一样消失了。[41] 电影一开始，就呈现给观众这个城市的一幅鸟瞰图，城市在下面展开，等待审察——就像“手术台上被麻醉的病人”[42]。这是一个诚实的故事，裸露的城市，它的真相将被揭开，它的罪行将被揭露。画外解说，一个街头的声音，它采取这样的信息——原始数据、偷听、谈话、电话留言——把它组合为一座无形的迷宫，而那必定会被侦探所洞悉。“[画外音]是一幅声音的地图——使侦探的旅程穿过迷宫。”[43]

在《赤裸之城》中，画外解说有几个层面，它有助于为观众建立一幅“认知地图”，并提醒观众“在不夜城中有 800 万个故事，而这只是其中之一”。[44] 叙述者/导演马克·海林格（Mark Hellinger）首先是一个故事讲述者，他勾画出了纽约的城市空间地图，而同时也引导着叙述的进展。他的画外音评论着下一个步骤，下一步行动，使这一故事叙述与视觉阐释同步展开。最后，画外音告知了观众们警察的工作程序,并提供了关于人物的背景信息。它使得观众从“典型的”纽约人思维中进出，当他们从事每天的例行事务时。例如，旁白解说词，伴随着电影开始时一系列老一套的凌晨镜头——叙述“一个城市有许多副面孔——现在是凌晨一点钟——这就是纽约的面孔——当它还在炎热的夏夜里熟睡”[45]——当枪声响起在空荡寂静的华尔街，一只猫正钻进一个垃圾桶，一艘拖船正拖曳着哈得孙河上的两艘游艇，让人回想起 19 世纪 90 年代卢米埃尔兄弟探索技术的“真实情景”。[46] 然后，叙述者无所不知地退回到一个沉思的更高层面——重新将视线投回城市——从那里，他让蒙太奇画面和故事情节一同起伏，就像照相机不断转换它的视觉和叙述角度。[47] 海林格告诉正在一幅大玻璃窗后注视着外面城市的年轻侦探哈罗恩，“就是这个场景，吉姆。

杀死吉恩·德克斯特的那个男人就在那儿的某个地方，你能不谴责他的隐藏吗？”[48]当他一直慢慢地一条街道又一条街道地排查，在他对曼哈顿下城的拼凑地图中一步一步耐心地搜索杀人凶手的地址时，这位侦探成功地找到了解决谜团的线索。作为一个封闭系统的城市景框，罪案的侦破就像是观众跟随侦探、穿过城市街道的一次视觉历程，成了重要的“舞台调度”元素。

画外旁白和电影中许多电话交谈或直接的通信装置扮演着同样的角色。电话是将城市联系在一起的看不见的网络之一，它推动着故事脉络的进展。警察局的电话总机、警察接线员、侦探的办公室电话、年轻侦探的家庭电话、地铁站台的电话、老侦探卧室的电话、药店的电话亭都在电影中呈现出来。随着追捕包围圈的缩小，警察总部的接线员对麦克风说：“紧急情况……第 14 街东侧通往威廉斯堡大桥的所有巡逻车，从第一街到第五大道，立即前往埃塞克斯与德兰西之间的里文顿街。分隔并包围街道两侧。立即开始逐户搜查……两个男人——侦探詹姆斯·哈罗恩和威廉姆·加尔萨。哈罗恩 28 岁。”[49]这样，电影实际上就为观众描绘出了城市的一些片断，那些城市片断被城市更新和被那些永远无法幸免于推土机滚滚车轮的街区所威胁。电影结尾处威廉斯堡大桥的镜头是这部电影最好的镜头之一——当杀人凶手发现自己被诱骗到这个建筑物的顶部时，摄像机从这一危险和不稳定的位置移出，给了下部的城市一个大幅全景画面——以这种方式揭示出一个城市对众多相关居民们生死的冷漠。[50]

1960 年，帕克·泰勒（Parker Tyler）对《赤裸之城》做了如下评论：“曼哈顿岛和它的街道以及地标都被展现出来。这样，社会群体作为一个中立的事实，通过建筑符号被揭示出来，可以说既不好也不坏，但是有些东西，像人体本身一样可能会生病——犯罪——这种疾病可能会逃避它的医生……事实是，大城市的许多复杂机构，在某种感觉上，对于警察的侦破工作就是一个严重障碍，同时，它也提供细微的线索，这些线索就像某些隐秘的身体症状对于一位医生受过训练的眼睛一样重要……”[51]编剧马尔文·沃尔德（Malvin Wald）的任务是分解重要的信息，关于骗子如何行动，以及警探如何追踪他们，目的是让这个过程对观众来说有一定智力水平，就像摄影师的工作是建构一系列追随侦探穿行在城市中的镜头，那使得观众将一个又一个街区绘制在他的地图中。这些镜头加上城市的全景轮廓，以及城市上空的远景，除了看不见的远程通信线，城市“认知地图”试图给观众提供一种概要的景象，那就是空间的碎化——二战后美国城市的现实和蒙太奇的电影过程——不可思议地日益呈现出来。

让我们考察另外一种方式，其中“不夜城”的标题，以及连同绘制地图的过程都被重置了，应该指出的是，海林格的电影标题取自 1945 年一本名为《赤裸之城》（Naked City）的摄影图册，由威吉（Weegee）所拍摄，他是一位令人感动的专门拍摄犯罪的摄影师。在这一标题为一部好莱坞电影和随后的电视系列剧添色之前，正是威吉将他相机的窥探之眼转向奇异混乱的纽约生活之时。他记录了它的街道场景：凶杀、残酷的纵火和事故、暴力的生活，以及触目惊心的孤独、无家可归和贫穷的景象。[52] 他抓拍到一次令人震撼的车祸（1945 年），发表在《赤裸之城》中，抓住了一位警察面对一具被纸覆盖的尸体时徒劳的姿态，而同时，就在他上方的一个电影招牌中，讽刺地宣告着“生活的欢乐”。这一画面的仓促和它的不和谐并置，阻碍了照片闪耀的潜力，但那其实已经赋予了它不朽的品质。相反，这幅街道照片设立了一座事实上的纪念碑，为这座城市的死亡、生活的倒退、金钱，以及来自被推土机“杀死”或被一个低劣的资本主义社会所榨取的社区中的人们。《赤裸之城》的黑色照片描绘了这种死亡，这种大城市生活的微光，以及让它窒息和无法消除的黑暗。

到 1957 年夏天，MIBI（“包豪斯想象国际运动”，情境主义国际的先驱之一）已经重新为居伊 · 德波（Guy Debord）所创造的巴黎地图定了一个标题。[53] 这份地图，像它的前一幅一样，强调了在当代城市形态的建设和感知中正逐步显现的一个危机。到目前为止这都是一幅著名的图片，这幅地图由选自一部巴黎导游手册的 19 幅图片组成，那本手册使用黑色墨水印刷，上面有红色的指引箭头联系着每一区域。图片描绘了居伊 · 德波所谓的“协调的气氛”—— 一些特殊的地方，如卢森堡公园、雷阿勒商场、勒杜圆厅或者里昂火车站——往往是一块荒地或者留在现代化过程身后的一个旧街区，它对于漫步者来说具有不同寻常的魅力，而且使未知的相遇得以发生。那些箭头，另一方面，为那些没有具体目的而可能穿越这一地区的漫步者指明了方向。这是一个实验性的“地图”，代表了一个有趣的自发体系，使敏感的参与者能够经历这个城市许多奇妙的事，去记录和获取它的地形。一些“公用设施”，像雷阿勒商场，巴黎中心市场区，是交通枢纽——模仿一个转向的铁路或一个交通场所。铁路系统只能在铺设好的轨道上运行，因此，在资本主义的制约下，现代城市空间中的许多步行活动受到了限制。这样，箭头象征着一位步行者随机改变方向，可能穿过“巴黎，或者一座城市的不同气氛，忽略那些平时指引他的常规联系”[54]。

这样，《赤裸之城》的地图成了对开放可能性的同主题叙述，在那里，每一个追随者必须选择不同的道路穿过城市，并克服城市中的障碍。正如以“赤裸之城”命名的这部电影剥离出了一个裸露的曼哈顿，使它的街道和地标成为电影中的重要角色一样，片段的图片也是巴黎的重要角色。如果纽约这座城市只提供细微的线索来克服那些面对无法解决的犯罪问题的障碍，那么巴黎对一种新型可能性的未来叙述，也只能产生出很少的线索。如果说这部电影扭转了描绘城市地图的一般观点，仅仅增加了它破碎化的现实和解构的危险，那么德波的地图片段对于步行者们也是一种经验或感知，他们从一个选定的"和谐气氛"漂移到另一个，既不知道这些并置的事物是如何联系的，也不知道它们可能提供怎样的城市整体幻象。地图的自我反射意图是要去实现——这样使得观众清楚——空间建构的技巧、城市规划者对于空间分区的武断创造，以及他们将一种虚假的协调强加于城市面孔之上。通过凸显步行者们的体验和他们想要通过穿越城市的专用步道来记录城市的意图，德波的地图同时也勾勒出了资本主义所产生的空间矛盾性，它的虚假的外表和创造，它的涂抹和消解。[55]

在斯坦利·库布里克（Stanley Kubrick）1955年的电影《杀手之吻》中，还可以发现另一个给观众提供一幅二战后美国城市麻烦地区"认知地图"的尝试。电影的大量外景拍摄地又一次放在了纽约市。蒂门伯格（Dimendberg）指出，库布里克的电影场景，如时报广场和宾州车站，都是怀旧的地标，让观众回忆起汽车占据时报广场这样的步行空间，而且作为城市主要门户的铁路车站变得多余之前的早期年代。然而，电影导演可能不知道，随着镜头的开始和结束而构建了叙事框架的宾州车站会在8年后被拆除，这样，它就不仅成为工业城市的一个提醒者，也预示了现代城市将会四处蔓延的没落。[56] 电影开始的一幕表现了戴维·戈登，一个拳击手正从他令人筋疲力尽的生活中走出来，站在灯光耀眼、外表华美的车站，在那里他开始了他的倒叙事。这个镜头向观众保证了故事会有一个幸福的结局，戴维和他的女友格洛丽亚会从这个城市的陷阱中逃离并消失在西部。[57] 毫无技巧的讲述，使得这个幸福结局显得只是一种微弱的辩解，很难缓解观众的恐惧，对于城市中心以及它众所周知的地标所带来的威胁或即将产生的迷失。

但是宾州车站和时报广场也是产生心理-生理反应的瞬时空间。看起来库布里克想要将这些混乱的公共空间并置，与孤独的房间、孤独的存在所构成的个人世界产生强烈对比。文森特·拉帕洛是破旧的"欢乐大陆"舞厅的所有者，在那里，无名的人们梦游般移动着，去寻求某种安慰和陪伴，而他试图通过控制他人的生活来抵御自己的孤独和绝望。[58] 观众看到戴维在他更衣室中准备一场拳击比赛的镜头，那场比赛他几乎没有希望胜出，镜头切换到格洛丽亚也正在准备舞池中的又一次相遇，她是那里的一位舞女。当文森特和格洛丽亚在电视中观看戴维的比赛时，文森特开始虐待和控制格洛丽亚，将私人和公众的气喘吁吁与现代生活的伤害平行地放置一处。当看到戴维在他孤独的公寓中一边打电话，一边试图穿过院子透过窗户看见裸体的格洛丽亚时，这种窥淫癖和性窥探又一次重复了。戴维的努力失败了，由于他的电话线不允许他走到自己的窗前以获得一个完整的视野，因此他只能从镜子的反光中瞥到一角。库布里克在英雄戴维和主要角色文森特之间建立了一个双重镜像，那引发他们在一间充满了被肢解和混乱放置的玩偶与人体模型的储藏室中决一死战。[59]

既然现代城市强加给居住者格外的精神刺激，它就需要知觉和行为两方面防御的发展来对抗现代生活的打击和冲撞。那就是为什么库布里克多次重点表现了拳击手戴维和舞女格洛丽亚所受到的身体冲撞。通过对戴维在拳击比赛中向对手出拳和格洛丽亚被文森特暴力占有的蒙太奇镜头组合，这些体验被强调和再次重复了。蒙太奇序列也获得了超负荷的视觉刺激和瞬时空间所提供的永恒姿态。在电影开场宾州车站的镜头之后，《杀手之吻》审视了一系列的影像：拳击手套的肖像，比赛的广告传单，湿漉漉人行道上被一个行人践踏的海报，映衬在时报广场空旷背景下的一根灯柱上的传单。[60]

贯穿整部电影，时报广场提供了一个促使事件浮现出来的集中景观，要么是在作为传统仪式场所的记忆中，要么是在对它很快将会变成一个荒废中心的期待中。时报广场是故事发生的主要背景，并且戴维和格洛丽亚之间的所有关联看起来都和这一背景存在交叉。[61] 尽管时报广场是以移动方式进行的普通拍摄，它是持续的流动与焦虑的来源，然而它也是一个中立的背景，冲撞的体验被设计出来嵌入这一背景，在格洛丽亚与她的主人公相遇或者戴维受到拳击殴打之后。这是一个景观，想要调解角色和观众对大都市的疏离体验。[62]“在一个郊区化的年代里（蒂门伯格认为），对城市中心的体验不可避免地在吸引和厌恶之间矛盾摇摆。并且，随着城市的物质面孔逐渐失去它的传统地标，我们在影院中所体验到的心理物理感受使我们挽回了城市环境，从一个日益真实而非虚拟的不存在之中。”[63]

II 讲述一个关于时报广场的二次叙述的故事

正如上面所表达的，第一次讲述的故事依赖于对现实主义表现的体验，那来自于正在消失或越来越不可见的城市所带来的一次记忆失败。但是现在，20 世纪 40 年代和 50 年代城市空间的现实主义表现与当代表现主义之间的差别必须区分出来，那显示出一种体验，仿制品、蜡像馆的愉悦、主题公园、复古建筑的辉煌，以及在时报广场的再开发中“规划能够创造出未经规划的景象”这种难以置信的悬置。[64] 换句话说，同时代的空间作品，如时报广场就是一个二次叙述的故事，它依靠第二次记忆的间隙创造出一种不同的效果。我们不再寻求照相现实主义，由于地图绘制技术，由于对正在从我们的生活经验和集体记忆中消失的一种城市纪录片式的渲染。现在，能够使时报广场或者“伟大百老汇”虚幻性重现的技术设备被置于最显著的位置，以它所有的戏剧风格、矫饰、骗局对这一艺术特质进行了高超的展示，成为一出表演。这个再次着魔的世界依靠模仿的力量，并歪曲了所谓的代表现实主义的纯洁性和客观性。

为了考察这个二次叙述的故事，让我们回到 19 世纪晚期，那时模仿作为一种流行的娱乐方式达到了它的顶峰。以巴黎著名的蜡像馆——格雷万蜡像馆为例，我们发现，它于 1882 年刚一建成，就立即成功地吸引了每年 50 万参观者。然而，记者阿瑟・迈耶（Arthur Meyer）和报纸漫画家阿尔弗雷德・格黑文（Alfred Grévin）发现，它的修建有部分模仿了伦敦的杜莎夫人蜡像馆。他们想让这座博物馆像报纸一样，提供一种随意并列的布局，与报纸专栏提供给读者一系列互不相关的故事一样，并且根据流行的口味经常改变这些布局。[65] 组织者承诺，他们的展览将会“以细致的真实和显著的精确表现当前的主要事件……（它会是）一个活的博物馆。”[66] 为了提高对著名客户的现实主义描绘，他们利用了真实的附属品，像维克多・雨果拿着他真正的钢笔，或者在真正的浴盆里的马拉之死。[67] 这座博物馆在苛求熟知的报纸故事、著名人物和事件的细节方面给观众提供了视觉上的新奇，在一个照片不容易被复制，仍然不得不伴随新闻报道的年代。而且，这些景象要求观众欣然承认已知事实或事件与它们的代表物之间的联系。此外，这些仿制品使参观者存在于多重透视之中，去体验从多个不同视点观看场景，或者看见通常不可能看见的景象的惊奇。例如，1889 年博物馆在埃菲尔铁塔正式开放前展出了它的场景模型，作为有一天将会成为奇观的埃菲尔铁塔的一次彩排。观众不仅看见了古斯塔夫・埃菲尔（Gustav Eiffel）和一些博览会官员在建设中间视察铁塔，而且他们也见到了停下来观看这些重要人物的工人们，他们还看到了由于这座第二高的塔而最终闻名于世的巴黎市的全景。三种视野被巧妙地组合进这一特殊景象之中。[68]

这些三维的静态生活场景，与全景摄影、透视画、幻灯显示、照片以及立体视图一起，利用最先进的技术手段，给 19 世纪的观众提供了一种新的视觉现实。[69] 它们不仅如实地表现了所有的细节、肌理和真实事件或事物的外貌，而且它们也是“有记忆的镜子”，反映过去的对象并将其投射到当下。[70] 此外，它们依靠技术手段或视觉设备来组织、管理和制造其效果，使之成为魔术灯笼表演或三维立体幻象的消解。它不只是表现的现实，也是机器或工具的现实，在 19 世纪晚期迷惑了观众。他们聚集在以机械方式生产的戏剧性展览物前，在被机器和技术如魔法般改造了的透视景象前颤栗。这是使维多利亚时代的社会能够习惯与机器和机械作用一起生活的方式之一。技术成就本身成了展示物，因为在那个时代“去呈现、去知道、去改造那些不仅相辅相成，也是一致的活动，物质世界中这三种适应方式不仅产生而且吸收了控制和管理的现代经验。”[71] 现代现实主义能够以一种真实的方式对世界进行描述，不被理论、价值或不可思议的事件所折中，并且它能够使用与制造视觉实体同样的工业技术生产出视觉景象。然而，荒谬的是，一旦世界由于它现实主义的视觉手段而被剥夺了惊奇，一旦由于了解太多而使神秘和超自然的印象被破坏，19 世纪就再次对戏剧化事件、视觉奇观和准魔术表演中的这一景象施加了魔法。它模仿了过程无法解释的魔法和魔术效果，隐藏了展示设备并突出了再造的技术技巧。不论真正的现实细节多么伟大，总有一种压力去推动，从纯粹表现和实际理解到模仿和证明，而不解释幻象和奇迹是如何被有效地制造出来。理性和工具对物质现实控制的另一面，是对疑惑心甘情愿的悬置，以及愉悦地沉浸在空想的模拟世界中。[72]

结果，在 18 世纪晚期，尽管透视画、全景画、甚至蜡像馆都已成为普遍娱乐，它们仍然在 19 世纪晚期（1860—1910 年）才经历了一次复兴。正如上述在格雷万蜡像馆提供的流行展览中所表明的，那个时代表现出一种对公开展览难以抑制的嗜好。然而现在，愉悦不只在于看见一种仿照现实精确复制出的世界，一种证明人能够窃用那个世界，控制它，描绘、设计或重建它的行为——也在于从模仿那个世界的能力和从这一附带的器械或设备中所获得的愉悦，它们创造出这些特效，并显示出一种对物质实体的工具主义控制。人的关注从承认制图技术或者个别配景画家的戏剧技巧的完美——正如在一幅壮观的全景画面前可以确认的，转换到以机械技术的工具能力去制造一种现实表象，一种观众在其中会失去正处于一个已建构世界的感觉的完全幻象。例如，立体视镜——在 1851 年的大博览会上最早展现给世界——创造了三维景深的幻象，使观众“能够”进入一幅图像的表面，看见它周围的物体，并感觉到它们的具体存在。立体视镜和 19 世纪所有其他幻觉奇观通过移动其建构标志而欺骗了感官。[73]

因此，可以说当代时报广场的模仿序列已经证明了一个本体论的混淆，从前的故事在当中已被遗忘，并且不需要再被讲述。模仿在这一场地转换中上演并得到增强，当一种不稳定的关系存在于表象和体验之间时。时报广场，到现在为止，只是通过它的表象、它的符号系统、它在电影中肖像式的出场而闻名。当愉悦来自于对“伟大百老汇”幻象的体验，通过模仿它的 Lutses（时报广场的照明单位），通过规划它的无计划性，通过将制造了这些被操控表象的设备置于前景。自从对现实主义表象——它提供了一幅未知地带的“认知地图”——的需求逐渐减少，作为一个二次叙述的故事的模仿压力增加了。现在，故事的叙述存在于嵌入计算机内存代码中

图 14.4 《现在是第 42 街！》，1993 年《执行摘要》。位于第七大道的第 42 街。Robert A. M. Stern 建筑师事务所提供，纽约

图 14.5 《现在是第 42 街！》，1993 年《执行摘要》。位于第八大道的第 42 街。Robert A. M. Stern 建筑师事务所提供，纽约

的组合重现中，在仿制的技术设备中，在对城市设计的调整控制中。这些装置已经成了这个时代一面有记忆的镜子。

结果，作为美国城市最具代表性的一个公共空间，时报广场变成了一个供商业娱乐的模仿主题公园。负责“现在是第 42 街！”临时计划的罗伯特·A·M·斯特恩（Robert A. M. Stern），果断地给了这项计划一个混乱的定位，希望建筑师们会记得这出戏中真正的明星是时报广场——“我们最民主的享乐之所。”[74]“因为这个世界的十字路口一直以来都是艺术和通信之间一个象征性的交汇点。在这里，广告达到了一个文化纪念碑的高度，而同时剧院维持着断断续续的希望，那就是艺术应该引起更广泛的普遍关注。”[75]然而，看起来第 42 街复兴计划背后的指路明灯就是罗伯

特·文丘里（Robert Venturi）在1966年所宣称的“主要街道几乎都很好。”纽约人将会获得一个机会“向第42街学习”，就像他们曾经“向拉斯韦加斯学习”一样，因为新规划的双重代码——荒谬地建立在无规划的基础之上——是一系列设计准则，从街道的普遍现实和商业面貌推演而来，并将之返还给有特权的观众，他们随之能够欣赏到这些商业幻象，在一个净化了的戏剧化区域中。排列在百老汇和第八大道之间的三四个翻新建筑中的每一个，现在都必须被遮蔽并覆盖上壮观的标志牌，有的栩栩如生，有的被灯光照亮，但从远处看都是清晰的，并表现出强烈的视觉冲击。一个用于协调色彩的图表被开发出来，多样化的风格、尺度、材料都得到鼓励，餐厅和各种零售业的混杂也是预期中的。[76]

> 简而言之，这项规划被用于加强街道现有的特征。过去时代里各种形式的重叠堆积，风格和尺度的混合，视觉协调的缺乏……尤其是，街道将被突出的标志物所统一：电视屏幕、广告牌、影院的招牌、老旧的褪色壁画、发光二极管带所构成的全息图—— 一种连续不断的商业干扰。[77]

这一形式通俗的游戏来自美国充斥着图像的商业景观，有助于动摇建筑曾经在这个城市中所占据的地位，因为建筑不再决定一座城市独特的视觉特征，而被缩减为怀旧的典型。从普遍存在的一系列已然确定和平常的广告、标识和广告牌，甚至依赖于米老鼠和唐老鸭潜在的吸引力，时报广场已经被整合进一个大型的组合空间，在那里它所有的同时性和即时性都能够消失在令人惊异的图像景观中。在这里，像早期的商业娱乐，例如立体模型、全景画和幻灯片演示一样，观众们为再造的真实而激动不已，惊异于能够以假乱真地将也许在现实中从未存在过的事物转化为一种体验性的技术程序。但是现在，在当前这个时代，设计者将他们所有的信息处理能力放进这个游戏，为了证明规划条例和设计调控的技术与组织力量，那能够将城市的物质形式转化为一种有效的幻象。和任何成功的魔术表演一样，当幻象经由无形的方法创造出来，当平凡的世界能够再次被迷惑，而怀疑被暂时搁置一边，观众们加倍地陶醉了。

注释

1. 盖德·芬克（Guide Fink），“从放映到讲述：美国电影中的屏幕外叙述”，《美利坚合众国》3,2，1982年春，第23页。引自莎拉·科兹洛夫（Sarah Kozloff），《看不见的说书人：美国小说电影中的旁白》，伯克利：加利福尼亚大学出版社，1988 年，第 21 页。

2. 马克·奥吉（Marc Augé），《非场所：超现代人类学导论》，由约翰·豪（John Howe）译，伦敦和纽约翻译：维森出版社（Verson Press），1995 年。
3. 吉尔·德勒兹，《电影 I：运动-图像》，休·汤姆林森（Hugh Tomlinson）和巴巴拉·哈伯贾姆（Barbara Habberjam）译，明尼阿波利斯：明尼苏达大学出版社（University of Minnesota Press），1986 年，第 109 页。德勒兹指出，任意空间是保罗·奥吉（Paul Augé）的术语：[电影 I：109][或者帕斯卡尔·奥吉（Pascal Augé）（电影 I：122）]。
4. 沃尔特·本雅明，“小说的危机：关于德布林的《柏林，亚历山大广场》”，《批评文本》，7，1，1990 年，第 12—17 页（引自第 15 页）。
5. 伯纳德·屈米，《曼哈顿手稿》，伦敦：1994 年学术版，1983 年初版，第 8 页。
6. 屈米，《曼哈顿手稿》，24。
7.《纽约时报》，1995 年 12 月 31 日：第 13、17 部分。
8. 目前正在第 42 街和第七大道的东南角建造一个新的时代广场地铁入口：它将具有“玻璃和明亮的灯光，以及彩色圆盘和条带的闪亮外观”。《纽约时报》，1995 年 12 月 10 日：部分时报广场的高科技闪光霓虹视觉狂潮被用作新围栏的模型，这是一个 164 英尺长的艺术品，展示了 35 个亮橙色的表面，用卷钢锻造。这项莫妮卡·班克斯（Monica Banks）的作品将装饰位于第 45—46 街的时报广场，《纽约时报》，1995 年 12 月 27 日，B3 版。
9. 戴尔·赫拉比（Dale Hrabi），“新时报广场够新吗？” dhrabi@aol.com
10. 布鲁斯·韦伯（Bruce Weber），“在时报广场，浮华的守护神”，《纽约时报》，1996 年 6 月 25 日，B1、B6 版。
11. J·霍伯曼（J. Hoberman），《第 42 街》：伦敦：英国电影学院，1993 年，第 9 页。
12. 引自霍伯曼，《第 42 街》，第 19 页。
13. 霍伯曼，《第 42 街》，第 9 页。
14. 罗科·福门托（Rocco Fumento），“引言”，载于：《第 42 街》，麦迪逊：威斯康星大学出版社，1980 年，第 12 页。
15. 齐格弗里德·克拉考尔（Siegfried Kraxauer），“大众装饰”（1927 年）。霍伯曼引用：《第 42 街》，第 34 页。
16. 福门托，《第 42 街》，第 21 页。
17. 霍伯曼，《第 42 街》，第 69 页。
18. 乔纳森·L·贝勒（Jonathan L. Beller），“电视机之城”，《测谎仪》，1996 年，第 8 期，第 133—151 页。
19. 杰伊·莱达（Jay Leyda）编辑，《迪士尼的爱森斯坦》，阿兰·厄普丘奇（Alan Upchurch）译，伦敦：梅休因平装本（A Methuen Paperback），1988年，第3页。

20. 正如纽约市经济发展委员会主席所说，“好的浮华”或“炫耀”从未伤害过时报广场，因此他预见了1996年春天在时代广场开设一家维珍大卖场，里面有世界上最大的唱片、电影、书籍和多媒体卖场（位于第45街和第46街的百老汇）。托马斯·J·卢克（Thomas J. Lueck），“时代广场先驱大商店”，《纽约时报》，1996年4月24日，B2版。
21. 沃尔特·本雅明，《反思》，埃德蒙德·杰普科特（Edmund Jephcott）译，纽约：肖肯图书出版公司（Schocken Books），1978年，第85—86页。
22. 雷纳·罗切利茨（Rainer Rochlitz），《艺术的觉醒：沃尔特·本雅明的哲学》，简·玛丽·托德（Jane Marie Todd）译，纽约：吉尔福德出版社（The Guilford Press），1996年，第118页。
23. 勒·柯布西耶，《当大教堂是白色的时候》，弗朗西斯·E·海斯洛普（Francis E. Hyslop）译，纽约：麦格劳-尔图书出版公司（McGraw-Hill Book Company），1947年，第101页。
24. 勒·柯布西耶，《当大教堂是白色的时候》，第102页。
25. 引用西格里德·魏格尔（Sigrid Weigel）的话：“‘女性一直是’和‘他作品中的第一个出生的男性’：从性别形象到本雅明作品中的辩证形象”，《新形成》，1993年夏季，第20期，第31页。
26. 引用魏格尔，“女性一直是”，第30—31页。
27. 托马斯·J·卢克，“时代广场的融资导致了严厉的批评”，《纽约时报》，1994年7月28日，B3版。
28. 詹姆斯·班纳特（James Bennet），《平手》，《纽约时报》，1992年8月9日，第44页。
29. 戴维·邓洛普（David Dunlop），“时代广场计划暂缓，但计价器仍在运行”，《纽约时报》，1992年8月9日，第44页。
30. 赫伯特·马斯卡姆，“第42街平面图：大胆还是放弃！”《纽约时报》，1993年9月19日，第2版，第33页。
31. 吉尔·德勒兹，《电影Ⅱ：时间-影像》，1992年8月9日，第44页。
32. 吉尔·德勒兹，《电影I：运动-图像》，第111页。
33. 爱德华·蒂门伯格，“黑色电影和城市空间”，未发表博士学位论文，加利福尼亚大学圣克鲁兹分校，1992年。
34. 凯文·林奇，《城市意象》，剑桥，麻省理工学院出版社，1960年。
35. 弗雷德里克·杰姆逊，《后现代主义：晚期资本主义的文化逻辑》，达勒姆：杜克大学出版社（Duke University Press），1991年，第51—52页、第415—417页。
36. 卡尔·理查森（Carl Richardson），《尸检：黑色电影中的现实主义元素》，梅图肯，新泽西州和伦敦：稻草人出版社（The Scarecrow Press），1992年，第94页。
37. 卡尔·理查森，《尸检》，第108页。

38. 画外音使观众能够听到有人在讲述一个故事，尽管这个演讲者从未出现在屏幕上。声音来自另一个时间和空间，而不是电影，因此作为一个叠加，它可以评论和勾勒出故事的部分。科兹洛夫，《看不见的说书人》，第 2—3 页、第 82 页。
39. 在后期制作中添加了画外音，可以将重要的外景或在纽约嘈杂的街道上拍摄的场景包括入内，但随后在没有这种背景干扰的情况下显示出来。科兹洛夫，《看不见的说书人》，第 22 页。
40. 制片人兼配音解说员马克·海林格想捕捉纽约这样一个大城市的激情。因此，在一个完全创新的姿态中，他把这个城市本身作为好莱坞电影的主要特征，把曼哈顿岛变成了一个电影工作室，而不是展示好莱坞通常的彩绘背景或后场街景。马尔文·瓦尔德（Malvin Wald），“后记：一部热门作品的剖析”，载于：马尔文·瓦尔德和阿尔伯特·马尔茨（Albert Maltz），《赤裸之城：电影剧本》，卡本代尔和爱德华兹维尔（Carbondale and Edwardsville）：南伊利诺伊大学出版社（Southern Illinois University Press），1949 年，第 137 页、第 144 页。
41. 卡尔·理查森，《尸检》，第 90 页。
42. 卡尔·理查森，《尸检》，第 88 页。
43. 尼古拉斯·克里斯托弗（Nicholas Christopher），《夜色中的某处：黑色电影和美国城市》，纽约：自由出版社（The Free Press），1997 年，第 9 页。
44. 瓦尔德，“后记”，第 140 页。
45. 瓦尔德和马尔茨，《赤裸之城》，第 3—9 页。
46. 卡尔·理查森，《尸检》。
47. 莎拉·科兹洛夫（Sarah Kozloff）说：“在影片的结尾，我们对叙述者的个性有着非常清楚的认识——他的自我强化，他的愤世嫉俗，他的多愁善感，他对城市和城市居民的奉献。这个叙述者结合了官方和个人的声音，一部分是演讲者，一部分是导游，一部分是酒吧侍者。”科兹洛夫，《看不见的说书人》，第 86—96 页；引文：第 96 页。
48. 瓦尔德和马尔茨，《赤裸之城》，第 31 页。
49. 瓦尔德和马尔茨，《赤裸之城》，第 126—127 页。
50. 卡尔·理查森，《尸检》。
51. 帕克·泰勒，载于《电影的三面性》，瓦尔德引用，“后记”，第 148 页。
52. 海林格花了 1000 美元买下了所有权。瓦尔德，“后记”，第 144 页。
53. 托马斯·麦克多诺（Thomas McDonough），“情境主义空间”，《十月》，1994 年冬季，第 67 期，第 56—77 页和西蒙·萨德勒（Simon Sadler），“情境主义城市”，未出版的手稿，1995 年，第 84—96 页。
54. 麦克多诺，“情境主义空间”。
55. 麦克多诺，“情境主义空间”，第 75 页。

56. 爱德华 · 蒂门伯格，“黑色电影和城市空间”，第 143 页。
57. 托马斯 · 艾伦 · 纳尔逊（Thomas Allen Nelson），《库布里克：在电影艺术家迷宫里》，布卢明顿：印第安纳大学出版社（Indiana University Press），1982 年，第 23 页。
58. 纳尔逊，《库布里克》，第 24 页。
59. 纳尔逊，《库布里克》，第 24—25 页、第 28 页。
60. 蒂门伯格，“黑色电影和城市空间”，第 140—162 页。
61. 蒂门伯格，“黑色电影和城市空间”，第 150—151 页。
62. 蒂门伯格，“黑色电影和城市空间”，第 154 页、第 160 页。
63. 蒂门伯格，“黑色电影和城市空间”，第 162 页。
64. 后者是时报广场规划报告中规定的意图，由罗伯特 · A · M · 斯特恩和 M 公司制作：“现在是第 42 街！第 42 街临时发展计划”，《执行摘要》，纽约：第 42 街发展项目公司，纽约州城市发展公司，纽约市经济发展公司，1993 年。
65. 瓦内萨 · R · 施瓦茨（Vanessa R. Schwartz），“装置前的电影观众”，载于：琳达 · 威廉姆斯（Linda Williams）编，《观看位置：观看电影的方式》，新不伦瑞克，新泽西州：罗格斯大学出版社（Rutgers University Press），1994 年，第 94—105 页。
66. 施瓦茨引用，“装置前的电影观众”，第 94 页。
67. 施瓦茨，“装置前的电影观众”，第 95 页。
68. 施瓦茨，“装置前的电影观众”，第 97—98 页。
69. 以下的描述对表现和模拟进行了区分，这与唐 · 斯莱特（Don Slater）的工作密切相关：“摄影和现代视觉：自然魔法的奇观”，见于克里斯 · 詹克斯（Chris Jenks）编辑，《视觉文化》，伦敦和纽约：劳特里奇出版社（Routledge），1995 年，第 218—237 页。
70. 这就是奥利弗 · 温德尔 · 霍姆斯（Oliver Wendall Holmes）在 1859 年描述银版照相的方式。斯莱特引用，“摄影和现代视觉”，第 218 页。
71. 斯莱特，“摄影和现代视觉”，第 222 页。
72. 斯莱特，“摄影和现代视觉”，第 218—237 页。
73. 斯莱特，“摄影和现代视觉”，第 218—237 页。
74. 斯特恩和 M 公司，“现在是第 42 街！”，第 2 页。
75. 赫伯特 · 马斯卡姆，“情感机器人需要重新思考时报广场，”《纽约时报》，1992 年 8 月 30 日：第 2 版第 24 页。
76. 斯特恩和 M 公司，“现在是第 42 街！”
77. 赫伯特 · 马斯卡姆，“第 42 街平面图”，第 33 页。

第十五章

作为都市生活必需品的音乐剧

迈克尔·伊格维（Michael Eigtved）

通俗音乐剧——从历史上看——直接与现代都市相联系。这些戏剧反映了现代西方城市的都市现实。音乐剧可以追溯到 19 世纪中叶，但是直到 20 世纪早年它才作为一种流派得到认可。因此，正是 20 世纪的现代城市社会和它的显著特征——大都市、大众传媒、高密度、流动性和分裂——构成了音乐剧的坚实基础。下面的文章要指出的是，音乐剧不仅能够作为反映某个特定社会及其变迁的途径，而且也是处理这些问题的一个途径。

对该类型的初步浏览就已经使之与城市生活的联系变得显而易见。恰当的剧目标题，像《街道景色》、《芝加哥》、《西区故事》、《第 42 街》和《在镇上》清楚地表明了故事发生的地点。流行音乐剧表现的音乐，像雷格泰姆、爵士或摇滚，在耳边响起——但并未提及这样一个事实：位于纽约和伦敦心脏地带的百老汇大街和伦敦西区正是各种流派神秘而迷人的中心。

从外部来看，音乐剧是大众娱乐和流行音乐戏剧的杂交品种。具有同样影响力的轻歌剧，像雅克·奥芬巴赫（Jacques Offenbach）的《浪漫的巴黎人》和美国歌舞剧，都拥有专业演员和杂技表演，成为这一流派的根源。它们具有同样的特征：两者都针对现代大都市的观众群，不论我们谈论的是巴黎还是美国西海岸的大城市。它们以不同方式反映了同样的问题：大都市生活所引发的困难。

音乐剧的建构形式反映了它们和城市生活的强烈联系。节目通过包含各种要素的一系列规则变化情节而建构起来。通常，它们是简短的独立场景—— 一首歌、一场舞蹈、一段对话——或者大型音乐作品与合唱曲的交叉。音乐剧是蒙太奇碎片，这些碎片最终建构了故事的情节。另外，音乐剧本质的形式特征就是大量变化。由于这一点，与更加稳定的自然主义戏剧相比较，音乐剧具有与城市特征相似的关系。连续的情绪和生理刺激，或许是城市生活最显著的特点，就这样在节目中合为一体。

图 15.1 《第 42 街》：熟悉的大都会音乐背景，混合着许多强有力的脚后跟敲击人行道的声音，被百老汇的踢踏舞表演队组合成为一种美学体验。在 1933 年的电影《第 42 街》中，纽约的娱乐街区本身起到了领先的作用。华纳兄弟影片公司提供

持续的声音冲击、变化的光线和快速的城市步履在音乐剧中被赋予了美学上的表现形式。

文本、场景、音乐和光线的连续变化也是节目内在含义的一部分，反映了角色的心理或情感变化。场景安排、舞蹈编排和舞台灯光也都是节目整体的一部分。

I 经典的百老汇音乐剧

音乐剧已经成了它那个时代一种敏感的晴雨表。能说明这点的一个实例就是历史上伯恩斯坦（Bernstein）所创作的《西区故事》。当剧目工作开始于 1949 年时，题目是《东区故事》，情节围绕犹太人和天主教徒之间的冲突而展开。但是，在搬上舞台之前，这一问题被另一个更为紧迫的问题所压倒。来自南美和波多黎各的移民大量涌入纽约，20 世纪 50 年代中期的人们都受此影响，因此，故事情节就变为发生在西区的贫民窟，而音乐灵感取材于南美韵律。基本的故事发展一直模仿莎士比亚《罗密欧与朱丽叶》的情节轮廓，文化融合始终是剧目的重要主题。

直到 1968 年，百老汇音乐剧的主题都是建立在爱情故事的基础上，总是发生在相配的两人之间，浪漫爱情的实现只有一个真正的障碍：他们分别来自不同的社会和文化背景。

总体故事框架的安排围绕着使这两人克服困难，最终得到彼此。故事借此反映了对美国大城市大规模移民阶层而言的一个共同问题：适应新的文化环境中的生活，而不完全丧失自己的身份。同化是一个根本的主题。但舞台上每一个角色都根植于社会，波多黎各人、合唱队的姑娘们或者赌徒，没有人作为一个局外人单独存在。

第一部公认的现代音乐剧是《船》，从 1927 年一开始上演，城市化就是一个极其重要的议题。一个年轻姑娘，麦格诺丽娅，和她的赌徒丈夫为了在 19 世纪 80 年代的芝加哥定居下来，离开了她父母在密西西比河上的游船剧场中安全而艰苦的生活。与码头工人乔所代表的简单、辛苦工作的乡村生存状态相比，城市背景生活中的诱惑和乐事，成了剧目的主题。在奥斯卡·小哈默斯泰因（Oscar Hammerstein II）的书中，在对与文明相对立的自然的讨论中，就预见了剧作者与作曲家理查德·罗杰斯（Richard Rodgers）的后续合作。

《船》被认为是最后一部现代美国轻歌剧，在剧中，城市生活的现实最终变得非常不愉快，并且在将近 30 年后，我们看到麦格诺丽娅又回到了游船上的小社会。但是她的女儿，现在是一个成熟的女人，成了著名的百老汇歌手。看起来，从乡村移居后至少需要一代的时间才能很好地适应城市生活，这是解读这一故事的思路之一。

和《船》一并诞生的还有完整的音乐剧。歌曲现在都是根据演出的特定现场而专门谱写的。不像早期的演出，歌曲适合故事内容，但和情节没有必要的直接联系。剧本和台词现在都必须精心编写，使从对话到歌唱的过渡都显得很“自然”。

这一点——音乐剧体裁最重要的特色——经过了多年的提炼，在罗杰斯和哈默斯泰因的时代（1943—1959 年）达到了顶峰。在这里，融合是一个关键词，不仅体现在技术上，而且体现在主题上。在罗杰斯和哈默斯泰因的剧中，对美国价值的宣扬和信仰与前面提到的两个公民要融入新文化环境的需要结合在了一起。通常，故事其实并未发生在城市场景，而总是在不远的城市扩张区域——像在俄克拉何马，这是对征服西部的一种庆贺。在这里，牛仔为了赢得他和乡村姑娘的浪漫爱情就必须去适应。他必须放弃他自由迁移的权利，最后（连同所有农夫和镇上的人们）向将文明（言外之意：城市化）带到这个地区的铁路线致敬。从荒野到文明社会的转变在不到 3 小时的时间内被快速表现出来。

关于上文提到的主要特征的另一个实例是莱昂纳多·伯恩斯坦（Leonard Bernstein）的《在镇上》，在这里有更直接的都市体验，同时也有时间上的限制。在《在镇上》中，三个水手只有 24 个小时来观察纽约和体验大都市生活。像一部活的旅行指南的表演者一样，三个水手连续地从一个场景转换到另一个场景，浏览着城市的无数可能性。剧目十分有趣，在 1940 年首映，正值纽约充满了从纳粹德国逃离的欧洲人。

对文明举止和都市体验的表现在经典的百老汇音乐剧中采用了多种形式，但一直是所有剧目的主导因素。

II 音乐剧中的音乐

在整晚的演出中，音乐剧中每一首歌在众多的演出歌曲中都是独一无二的。音乐剧中音乐的基本要求就是适合于商店橱窗的那些东西。在某种程度上，它需要展示人们期望在那里看到的，但同时也必须突出自身的特别之处，以此吸引观众的注意。从本质上说，音乐必须是动人的，以某种方式将它自己区别于现代人所体验的持续流淌的音乐刺激。

存在于流行娱乐方式中的音乐剧根源，如歌舞剧和音乐歌舞节目，对于理解这一音乐类型的发展是至关重要的。在 19 世纪和 20 世纪之交，歌舞剧和音乐歌舞节目是新歌曲、舞蹈和音乐走向的主要展示方式。歌曲作者和著名演艺人员给观众提供了直接与大都市生活相联系的歌曲。新发明、新的交通方式、新时尚和新设想都给作家和作曲家提供了灵感。歌曲是一种新媒介，也是与生活妥协的一种方式。雷格泰姆音乐是流行音乐反映现代社会现实的一种方式，正好和现代哲学具有同样的主张：生活成了碎片，时间和地点都不再是确定无疑的。

在音乐剧这一体裁形成时，它的大体轮廓得到了高度提炼。作曲家纪约姆·科恩（Jerome Kern）参考了各种音乐流派，他率先采用这一方式并将标准置于《船》一剧中。第一次，在乐谱柜中，出现了美国黑人的流行音乐，像布鲁斯和雷格泰姆，但精心制作的轻歌剧形式则提供了总体框架。显然，这样一来，剧中的音乐就变通俗了，但由于继承了欧洲古典音乐，音乐的表现被拓宽了。关于这一点的一个实例就是，科恩的音乐方式表现了自然的稳固价值与对娱乐产业更轻松的态度之间的联系。在主打的开场曲目《棉花盛开》（一艘船的名字）中，以大合唱形式所表现的音乐主旋律，是一首布鲁斯风格的慢节奏民谣“男人河”旋律的倒置，由一个老黑人乔演唱。

多年以后，百老汇的风格已经发展，吸收了歌舞剧的遗产和后来出现的多种新风格，尤其是爵士、摇摆和布鲁斯。轻歌剧的元素消失了，代之以风格和参考方面的多样性。音乐逐渐担负了两项重要功能。

第一，作为了解歌曲演唱人物的一种途径。当一个场景的张力或情节激化到了顶点，语言不足以表现时，歌曲就要出现。这成了音乐剧惯例的一部分，观众也很乐于接受，一个人要在规定的时间内演唱完歌曲——前提是歌曲是经过精心编排的。这样，从一个阶段到另一个阶段的转换，从现实的对话到具有象征意义的歌舞段落，就被自然地表现了出来。这使得观众能够粗略了解舞台角色的爱情生活或是内心的思考。

第二，音乐作为一种听觉场景，将观众的注意力指向故事发生的时间和地点。《在镇上》中，风格化的汽车喇叭响声无疑营造出了当代城市交通堵塞的场景。通过对流派、风格、形式的选择，音乐也将观众的注意力指向正在唱歌的那个人：例如，民谣大多是表明音乐结束的一种方式。

在经典的百老汇音乐剧中，音乐有意识地去烘托故事，而不将自身作为一种独立的艺术片段去表现。作曲家的任务是写出反映当代文化环境，同时对故事发生的历史阶段或地点也有明显标示的作品。戏剧作曲确实需要更高的技巧。

III　舞台设置

在早些年的百老汇音乐剧中，舞台设置非常有创造力。大型滑稽剧如《齐格非歌舞团》和《乔治·怀特的丑闻》都为大型表演设立了一套百老汇标准，这反映在同时代音乐剧节目的巨大产量上。尽管在古典主义阶段（约 1930—1960 年），主导画面是传统舞台设置和从早期现代主义先锋派中滋生出的舞台设计思想的混合。

直到 20 世纪 50 年代末，传统的手绘背景幕布仍在使用。但不像自然主义幻影式的“在森林中”的景色。更确切地说，舞台背景就像演出本身，像它们自己特定时代的吸墨纸，总是使用城市视觉意象作为它们的灵感。德国导演马克斯·莱茵哈特（Max Rheinhardt）有些荒谬的“风格化现实主义”观念，结合拼贴画和装置手法，形成了显著特色。使用广告的特殊美学方法绘制，或作为报纸大标题树立起来的舞台背景都可以看得到。

逐渐的，老式的舞台布置被三维景物所取代，将舞台设计从平面绘画的蒙太奇变为由现实片段所组成的雕塑或建筑环境——那些来自城市内部的片段：街道、楼

图 15.2 《西区故事》：在纽约废弃地带的混凝土大桥下被捕获的青少年劫匪和骗子团体，他们就领土问题进行了激烈的战斗。从 1957 年上演的《西区故事》是第一部对都市少数族群进行反乌托邦描绘的百老汇剧目。摄影：Fred Fehl。纽约公共图书馆提供

梯、门、人行道、氖灯等等。

在莱昂纳多 · 伯恩斯坦《西区故事》（1957 年）的"打群架"场景中，青少年罪犯与骗子和强盗两群人之间的那场大战，就发生在公路大桥的下面。当观众只能看见桥的下部（这样就必须想象其余的部分），就产生了类似大教堂拱顶的惊人效果。这个教堂是借助城市废弃地上的混凝土建筑和观众的想象而产生出来的。一个表现典型异教徒和宗教之间斗争的优秀场景布置。

风格化现实主义的使用与这一时期音乐剧的叙述结构有关。经典的百老汇音乐剧通过（将事物）理想化和类型化而得以运作。剧目的故事轮廓根据日常生活中的人、有代表性的某个社会或种族群体而制定——类型，也就是说并非特定的个人。舞台上的人物形象化、抽象化，但往往面临共同的问题，而不是个人命运。风格化的舞台布置因此被设计出来以支持这一普遍特征。

一个舞台布置，一旦被使用，就很少陷于一个特定场所，它仅仅制造了一个整

体关系，因此使舞台特征被赋予了一种类似浅浮雕似的效果。就像关于浮雕的案例一样，人物在他们各自属性的基础上成为被感知和阅读的类型。现代人穿越城市人群的方式，可以解读为“匆匆经过”，也适用于理解舞台上的表演。

值得指出的最后一个特征是：在音乐剧中，群众，或者甚至大众本身就是演出的一部分。在音乐剧中，大众以合唱的形式出现在舞台上，这是演出不可分割的一部分。他们作为社会团体被表现出来，主要角色在此基础上得以产生，按照自然规则，他们总是演出的一部分，那些合唱队的姑娘、救援的军队士兵、赌徒或者仅仅是街道上平常的普通人。群众对表演来说是人物的背景，经典百老汇音乐剧的幸福结尾总是发生在某个社会事件当中—— 一场游行、一场社交舞会、一场集会——将观众席上的群众与舞台上的群众合为一体。

IV 从百老汇脱离

直到大约 1970 年左右，音乐剧流派无可置疑的中心都是纽约百老汇。正是在这里，这一流派得以形成，也正是在这里它得到了发展。对人们来说，音乐剧流派作为一个行业而形成是和城市化过程相关的。因此，指出这一点是很重要的：这一流派——它的经典形式——在 20 世纪 60 年代初就失去了影响力。经典的百老汇音乐剧显然不再能够表达它的观众所关注的问题。新一波源于英国的音乐剧——在“摇摆伦敦”（Swingin’ London）时期广泛发展，取代了百老汇。从波普文化的重要中心发展出来的演出，具有它自己的时尚、波普音乐和时髦行为。在那里，城市环境为具有自我意识的年轻人探索新的生活方式提供了背景。

在冷战时期，百老汇大型演出的票价增高了。[1] 剧院从前作为所有人媒体的身份，一个民主的艺术形式，已经被改变了。同时，郊区化逐渐改变了纽约的面貌。观众构成的改变一方面意味着演出要满足观众保守的期待，另一方面，它们不再反映当时的生活条件。结果就是大量的重演和怀旧的新剧目。但是，这一流派最初产生的缘由，那曾使它如此受欢迎，也即它提供了一种理解同时代城市环境的方式的功能，不复存在了。

这与现代城市和西方世界在这一时期普遍的快速变化密不可分。基本的城市特征——密度、速度、独立、文化碰撞，等等——在某种程度上没有改变，但是人们体验它们的方式正在经历变化。深深根植于社会，锚固在阶层、文化和传统中的观念快速地瓦解了。

在流行文化中，这一点已经在 20 世纪 50 年代初开始显现，已经在电影和摇滚乐中的无理性反叛人物身上有所表现。但是，原先被限定在少数青少年罪犯身上的东西开始显得像是一种普遍现象。这就是摇滚乐和波普文化想要涉及的东西。在这里，一个人可以是围绕音乐和思想而展开的社会的一部分，同时也庆祝重新赢得的自由——或者独立——这取决于不同的视角。

1968年以后，演出从根本上改变了。当摇滚乐连同表现“种族之爱”的场景出现在《毛发》一剧中，悲剧、孤独的英雄和叛逆形象就被搬上了舞台，来到剧院。在新一波的音乐剧，像《巨星耶稣》、《棋》和《悲惨世界》中，为生活或社会而进行的英勇战斗构成了故事情节。弱势者成了新的英雄，故事的主要情节是为了说明人群中的孤独，直到那时，剧院中重要的主题才涉及现代戏剧。

摇滚乐的出现，以及摇滚乐作为一种新的可能性，构成了流行音乐剧的一部分。作为城市环境中的戏剧——在那里现代城市引导了舞台设计的风尚，决定了生活方式，在那里角色仍然深深地根植于特定的社会环境；到现在，演出本身成了城市体验的一种清晰呈现。喧闹的、快速的、失败的甚至是悲剧性的戏剧，描述了一种个人对抗群体的战斗或者反抗。作为戏剧，它变得文雅了，这样，音乐剧又再次反映了剧院外的城市现实。

V 功能性

下文中要提出的设想就是，流行音乐剧（就目前为止所描述的）也是一个功能性的过程。为了支持这一观点，可以参考一下美国文艺评论家肯尼思·伯克（Kenneth Burke）。他在题为《作为生活必需品的文学》一文中指出，文学是具有实际功能的。通过分析谚语，伯克得出了这个结论。他认为谚语就是文学，它们不仅仅是文字，同时也具有功能：复仇、安慰、建立名望等。更重要的是：它们涉及了我们经常一再遇到的情形：我们需要“它们的一个名称”。伯克说：

> 社会结构引起了“类型”的情况，对于关系的精细划分包含在竞争和合作行为当中。许多谚语设法去描绘这些“类型”关系，以一种或多或少亲切的、栩栩如生的方式。[2]

谚语因此能够按类别划分，这增强了它们积极的本质（也就是说，安慰、复仇等等）。伯克的观念是，谚语，也包括广义上的文学，是处理事物关系的一种策略。因为某种情境在特定的社会结构中会一再发生，人们于是赋予了它们名称——处理它们的一种策略。

这一观点可以拓展开来,同样包含文化生产。流行文化产品,特别具有这种要素。尤其是当它们使用具有谚语性质的叙事方式时。正如我们观察到的，音乐剧的结构总是能够被缩减为一组在演出过程中得到解决或和解的二元对立物;这种解决方式，在经典的百老汇戏剧中，是通过最终的美满结局，在新的剧目中，通常是通过英雄的死亡或者失踪。在这种意义上，流行文化也是一种工具，我们利用它组织各种可能性，指出解决方案。

在城市关系中，一个大问题就是，除了一再发生的情境之外，还有持续不断的新情况产生。这或许是现代城市生活最根本的状态，同时也是最紧迫的问题。例如，对待新事物的新方法也导致了新词汇的出现，语言的更新与这一事实紧密相连。新的表达方式、俚语或街道行话构成了对新情境的表达。伯克的观点能够适用于文化领域:新形式的产生是对新情况的反映。

美国历史学家阿尔伯特·F·麦克林（Albert F. McLean）在他的著作《作为仪式的美国歌舞剧》中指出了这一点。对于美国各种表演的发展的研究使他得出结论:它（各种表演）激起了对城市现实做出响应的新方法的需求。

> ……城市化的到来就像美国人经历中一个明显的创伤……歌舞剧是一种方式——一种主要方式——通过它，移民的分裂体验和对环境的适应被客观化和接受了。[3]

对20世纪初成千上万来到美国的移民来说——例如，那些来自欧洲乡下的人们——与城市的强烈碰撞，仅用他们本土的宗教仪式和传说是不可能克服的。

但是在现代综艺节目中，快速而真实的数字，城市日常生活中出现的大量新情况，都可以得到例证和处理。魔术师对现实的控制，或者脱逃艺术家从绳套中脱逃的方法是两种恰当的象征性表达。脱离常规可以看作是情境再现的一种战略象征，某种体验模式的反映，它们一再发生，并且如此具有代表性以至于需要一个命名。

以一种纯粹的形式，这一社会学方法将其主要兴趣集中在策略上——即名称上——而不是它们真正的表现。可能会谈及作为工具的文化表现功能，但不会过多关注表现的美学。伯克说道:

> 艺术形式,像“悲剧”或“喜剧”或“讽刺剧”可以被当作是生活必需品，它以不同的方式来衡量形势，并与相应的各种态度保持一致。[4]

在这种情境下，对流行音乐剧的分析就会涉及何种策略可以用于处理大城市的生活。

就这一点而言，必须强调的是，这种纯粹的社会学方法并不能说明全部情况。剧院的魅力当然也在于壮观的场面、表演过程和声音。但是作为一种非常重要的、流行音乐剧的功能指标，这一策略概念或许是很有帮助的。

VI 社会学

社会学方法的提炼和在通俗戏剧中同样直接的应用都是必需的。戏剧社会学家J·S·R·古德莱德（J. S. R. Goodlad）在他的著作《流行戏剧社会学》中给文化下了一个非常简明的定义：人群对于环境的反应和处理。这延续了源自伯克的“功能社会学”的思路，并进一步强调了从两方面看待文化的重要性：作为表现要素和作为工具要素。那无异于一方面询问群体如何表现对其环境的理解，另一方面询问它如何努力去控制和处理这些环境。然而，在实际情况中，古德莱德承认，区分这两者是十分困难的。

那么，有一个问题必须提出来，那就是流行戏剧是否是社会的一面镜子或者社会成员行为的一个典范。依照古德莱德所说，这项研究开始于对正在反复发生的未决冲突的一种考察，类似于伯克所提到的那些“类型”的情况。它们显然是反复发生的，因为它们没有在过程中得以解决。无论如何，并不是一开始就是这样。这会透露一些信息，关于过程是表现性的还是工具性的。

按照古德莱德所说，可以确定的是：

> ……流行戏剧涉及了社会生活领域，其中的社区成员们发现，要在普遍的社会结构中生存下来，遵从必要的道德要求是非常困难的。[5]

这是在限定时间内面临的最迫切的问题：社会成员疑惑最多的这部分生活的意义和处理。因此，它是表现性的还是工具性的并不很清晰。或许，正是表现冲突的方式与观众对它的感受之间的张力才是更有趣的。在这一观念范畴内，将这一过程作为一个整体来理解是可能的，在限定的时间内，去识别某个问题是如何以及隔多长时间在剧院里重复发生。还有，表现这一点的实际方法正经历怎样的变化。

在这一观念中，流行音乐剧不是一个供观众逃离环绕他们的现实或社会的地方。而是，用古德莱德的话来说，一种对真相的质疑：

他们并未从他们的社会束缚中逃离，而是进入了对社会的一种理解当中，那对于他们参与社会是必需的。[6]

VII 特征的转变

正如在本章开头所指出的，经典的百老汇音乐剧表现了深深根植于社会和文化背景中的人们，那些有着自身背景的人们在与现代大都市相遇的过程中面临着冲突。关键是赋予这种相遇、这种情境一个“名称”。这一构成装备——对城市生活来说——是有益的，对这一将要被带进20世纪前半叶的生活方式。

但是正如罗伯特·图尔（Robert Toll）在他的《娱乐机器》一书中所指出的，在接近20世纪60年代末的时候，百老汇总体上失去了它的动力。在这篇文章开头简要概述的那些变化现在变得如此紧迫，以至于文化融合的困难被抛入了后台。现在有新的问题需要考虑。[7]

图尔对百老汇的这一停滞提出了两个可能的原因：首先，制作者很大程度上依赖于拥有消费账户的观众，缺乏一个真正鼓励创新的策略。其次，新兴的摇滚乐和有着内在意识形态的青年文化的兴起给这些事物带来了很大的冲击。

对于由多剧种杂交而产生的传统百老汇音乐风格来说，锡盘巷和好莱坞已不再是流行音乐创作力的中心。音乐人在剧场外所听到的歌曲和它们所涉及的事物，看起来或听起来与剧院内所发生的是如此不同。音乐剧再也不能反映它自身领域之外的社会——也不再能够用于处理各种变化的情形。

然而，来自伦敦的新一波摇滚乐却能够做到。在这里，波普文化的多元折中主义在舞台上上演。而且更为重要的是：他们给了这种新情境一个名称。正是悲惨的英雄神化强化了演出效果。幸福的结局，以及明显的乌托邦都消失了。但关于控制的讨论也开始了，在演出中往往是以大众媒介影响的方式，不仅涉及我们对自己生活的控制，而且涉及以各种形式强加于我们的控制。一个典型的例子就是劳埃德·韦伯（Lloyd Webber）的戏剧《艾薇塔》。最为突出的是，对公众和传媒的控制在舞台上得以表现，还有她如何通过对公众言论的机智利用，使人们追随她。

在某种程度上，这是一个关于一个光芒四射的个人如何成为群众统治者的故事。它是对社会新特征的一种反映和讨论，尤其与现代大众社会相关，并被大众传媒的繁荣所强化。

戴维·里斯曼（David Riesman）在他的《孤独的大众》一书中对此进行了命名。对里斯曼来说，这个特征就是：

> ……或多或少永久性的、基于个人驱动力和满意度的、具有社会和历史条件的组织——利用某种“装置”，他得以接近这个世界和人们……“社会特征”是指那些在重要的社会团体中共同拥有的特征，并且它……是这些社会团体的经验的产物。社会特征的概念允许我们表达……阶级特征、群体特征、地区特征和民族特征。[8]

换句话说，特征由一个人处理事情的策略所构成。但它也是由这些对于确保里斯曼（与从埃里克·弗洛姆那儿获得的概念一致）所谓的一致性所必需的共同特征所构成。

在这两种特征中，变革对于现代社会中的社会特征变化是至关重要的。

早期工业化是意义重大的，在这一过程中，新的（未知的）情况不断涌现出来，这是以前的传统社会文化编码所无法预知的。因此，个人选择变得十分重要，在很大程度上超过传统社会中由严格的社会组织所控制的选择。最重要的是：这些选择是由一个固定但仍然高度个性化的人物所做出的，一个坚定的人物。人们被内在的目标所引导，在幼年早早就被灌输——有主见的特质。这正是 1968 年之前的音乐剧舞台上出现的一类人。

但随着向消费社会的转变，制造领域的工作人数减少了，工作时间也缩短了，物质丰富度和闲暇时间都增加了。在这种社会中，受内在引导的人们的毅力和进取心，同等程度上也不再是必要的了。现在，构成“问题”的更多是他人而不是物质环境。

人们越来越多地混合，在这一过程中，他们变得对彼此更加敏感。同时，残存的少量传统更进一步地被冲淡了。官僚和白领工人所构成的新兴中产阶级受过良好的教育，他们阅读并有钱消费。这带来了文字和图片消费的增加，主要是通过大众传媒。一种新的“类型”出现了，根据里斯曼的说法：他人引导的人们。

他们的共同点就是，控制存在的正是与他们同时代的人，那些你实际认识的人，或者人们通过文化表现和媒体与之发生非直接关联的人。这种引导会被内化，只要从幼年时期就灌输对它的依赖。当然，他人引导的人们所寻求的目标也是不稳定的。只有争取某个目标的过程，以及调和来自他人信号的过程，在生活中是保持不变的。

里斯曼对于新的社会特征的意见，确实在音乐剧的重大变化上找到了一种共鸣——反之亦然。新一波的音乐剧，从大众传媒、波普、青年文化及其相关事物中获取了大量灵感，明显地反映了与里斯曼的描述相符合的一种特征。舞台上所呈现的（很显然或多或少）就是《孤独的大众》成员之间的戏剧性。而且，对于观众而言，这种戏剧性提供了引导他们自身的一种可能性。那么，音乐剧，从 1968 年直到如今一直都在调整自己，使之保持对生活的足够反映，或者，像它曾经扮演的，一种恰当的生活必需品。

VIII　标识和城市布景

一个独特迹象非常明显地标志着这种发展。它实际上就是向后指向物质的、城市现实自身的某种东西。音乐剧中重要的变迁在演出市场上也变得很明显。它意味着这样一种变迁：从海报作为最重要的视觉特征，到标识的使用，现代营销的大众速记的一种表现。

向后回溯约40—50年，大型音乐剧的演出由海报所描绘，并且用剧院招牌上氖气灯照耀下的明星们来预告。海报常常是描绘剧目某个场景中主要角色的一幅图画。这一图像能够直接地反映时代，以及剧情设置的环境。甚至，字母拼写出的标题也会以一种能够表明时间和地点的排版式样印刷出来。像在演出中一样，文化和社会背景都被表现在海报上。

随着摇滚乐的到来，更多大规模的市场技术被应用于音乐剧。从1978年起，《艾薇塔》是第一个使用标识的作品。灯光的闪烁像晕环（或者天线发出的无线电波），从埃娃·贝隆自己的侧面剪影和其下部的剧目标题上辐射出来。在接下来的几年中，使用简单符号描绘主要人物，结合以一种富于特征的方式书写的表题，成了一种惯例。从1981年围绕《猫》一剧的宣传，空袭式营销，轰炸了城市公交车、地铁和广告牌的标识，成了介绍剧目的标准方式。

更近距离地观察《猫》的标识，可以发现在猫的眼睛里有两个舞蹈者的影像。从这时候开始，图像的使用不再取自演出场景，而具有潜在含义的象征表现则变得普及。标识成了一种隐喻，阐释着剧中的故事。

图像和文本放置在一起，共同讲述一个故事。《悲惨世界》的标识向我们讲述了在这出剧中会有过去时代的一个小女孩（有着惊恐的眼睛），对抗着飘扬的法兰西旗帜。女孩是主题——不是法兰西、社会或者革命。看一下《西贡小姐》的标识，它描绘了一个美丽的亚洲姑娘，消失在美国直升机的气流中。两个标识都向我们讲述了一个身陷困境的个人。法国女孩脸上的惊恐表情和破烂的旗帜当然不是暗示着和谐与幸福。那个亚洲女性也一样，因为她正在蒸发成为稀薄的空气，而直升机和"西贡"一词也暗示着战争的悲剧。

一句话，这暗示出，流行音乐剧核心的功能性任务——提供策略和命名场景，再一次呈现出来。1968年后的剧目描绘了在一个破碎和持续变化的世界中寻找意义的孤独的悲剧人物，这甚至在剧场外也表现出来。

这是流行音乐剧中的一个惯例：就像在犯罪小说中，情节总是在第一幕就展开。她或他所反对的个人和群体在序曲之后的第一幕中就表现出来。

但是随着标识作为表现戏剧的完整部分，故事总是开始于城市外部。第一场第一幕，是在街道外面表演的。城市现实仍然提供了素材并构成了戏剧场景。

注释

1. 杰拉尔德·伯德曼（Gerald Bordman）:《美国音乐剧院——编年史》，纽约，1992年，第642—644页。
2. 肯尼思·伯克（Kenneth Burke）的文章在《文学形式的哲学》一书中，伯克利：加利福尼亚大学出版社，1973年，引文：第294页。
3. 阿尔伯特·F·麦克林，《作为仪式的美国歌舞剧》，肯塔基大学，1964年，第3页。
4. 伯克，第304页。
5. J·S·R·古德莱德，《流行戏剧社会学》，伦敦：海尼曼出版社（Heinemann），1971年，第9页。
6. 古德莱德，第178页。
7. 罗伯特·托尔（Robert Toll），《娱乐机器》，纽约：牛津大学出版社，1982年，第152页。
8. 戴维·里斯曼：《孤独的大众》，耶鲁大学出版社，1989年（1961年），第4页。

第十六章

时报广场的珍妮·霍尔泽和芭芭拉·克鲁格

安妮·R·彼得森（Anne Ring Petersen）

当纽约的艺术家珍妮·霍尔泽（Jenny Holzer）第一次来到这座城市，视野中充斥着都市人群时，她发现这里的俗语是那么陈腐，比如“滥用权力毫不令人吃惊”、“金钱创造品位”以及“认为能掌控自己生活的人一定是蠢蛋”。她并不想通过她的海报和后来显示在电子公告牌上的文字来影响那些艺术鉴赏者，相反，是为了那些每天都存在的漠然的人群。当他们无序地穿过曼哈顿的街道或在时报广场的人群中挤出通路的时候，霍尔泽希望他们能短暂地驻留。通过她所谓的“自明之理”（Truisms），霍尔泽想引起人们的注意，在他们等待下一班列车时，或者他们正提着行李箱从机场匆忙走出，即将进入这个大都市的时候。一些“自明之理”作品听起来好像一些极端保守主义政治家的口号，或者一些广告语中的末日审判预言，还有一些就像是平凡和气的谚语，或者是批判性的、带有讽刺意味的少数派革命宣言。从表面上看，霍尔泽的“自明之理”似乎非常令人困惑，因为这些相互无关的句子总是一堆堆地重复，以至于形成了一个由不同声音组成的复调，一个排除了追寻到信息背后某个单独作者可能性的复调。而且，这些陈述相互之间的差别和完全的不相容摧毁了这样一个观念，那就是，言语是真理的媒介。就像美国哲学家兼艺术评论家亚瑟·C·丹托（Arthur C. Danto）指出的那样，霍尔泽将文本和图像融合在一起，从而提出了关于真实和虚假的问题，以与修辞和诗歌领域有关的方式，而非视觉艺术的迷幻领域的方式。[1]

花言巧语及其劝诱意味，以及真实对抗虚假的平衡在日常生活中的应用范畴，正好就是由广告和海报构成的城市文本景观，而霍尔泽将自己的文本嵌入了其中。尽管她的作品必须考虑到口头语言、演讲行为和平面设计的形式，但她并没有采用书籍页面作为她的艺术表达手段。她更偏爱非语言的表面，她的方式是将它们作为图形表面来处理，这产生的视觉效果和节奏混合使霍尔泽成了一名视觉艺术家。无论她的文字是被刻入抛光的大理石长凳，或是复制在普通的不干胶贴纸上，还是通过电子屏幕显示出来，她都有意地选择在西方文化中具有特定含义的表面，并获得了一系列独特的使用内涵——这些内涵明显增加了对霍尔泽的文本来说重要的意义层面。[2]

就如同芭芭拉·克鲁格（Barbara Kruger）一样——另一个常被拿来与霍尔泽相比较的纽约艺术家[3]——珍妮·霍尔泽是介于先锋派传统的继承者和创新者之间的艺术家，这种传统曾经一度被认为是一种试图将娱乐和流行文化要素糅合到典雅艺术框架中去的异端。这两类艺术家都声称，他们对于城市生活的兴趣就是一个由意义建构的框架，通过逐步突破博物馆和画廊的白色立方体，进入到正四处蔓延穿过街道的符号和意义的巴别塔中。这样看来，他们是在冒险，把自己的作品淹没在城市的视觉喧闹之中，或者简单地消失、隐匿在大都市公共空间典型符号的疯狂循环之中。从 1981 年开始，克鲁格就开始对传统思维模式展开了游击战，对这些由广告所创立并依靠自身力量而强化的传统思维。如同她讽刺性地表现男女平等的照片剪辑画《无题》（我是你的姿态容器，1983 年）所表明的，克鲁格试图使人们的个体意识变得敏锐，对那些被用于在潜意识水平上侵犯信息接收者私人领域的操作技巧。（广告制造业）依靠着颠覆性和侵略性的广告方式、它诡诈的口号、具有震撼力的图像以及老套的角色模式等，她试图揭露广告业的这些心理机制。克鲁格以她源于俄国构成派的引人注目的图案设计而知名。她经常把年代久远的照片年鉴中的黑白照片剪辑和白色粗体印刷的短句嵌在插入画面的红色边框中。她的设计很快成了图像编辑中一种让人能够立刻留下深刻印象的方式，一种广义的“签名”，这首先归因于这样一个事实：克鲁格不断重复这一设计以确认自己的风格，这类似于一个跨国公司把自己的专利标识印制在它所生产的每一件商品上。

接下来对艺术家干涉城市公共空间的思考，是霍尔泽和克鲁格在 20 世纪 80 年代初期所展示的，她们开始放弃了小体量作品，这些巨大作品被安放在面对时报广场的时代大厦立面上的巨型展示牌上。选择这样一种非正统的艺术展示地点引发了这样的问题：是什么使得时报广场——这样一个城市外部空间——成为一个对临时艺术装置来说充满吸引力的场所，以及在这样一个嘈杂的环境中，这些艺术作品实际上是如何被观众所感知的。在 1982 年，霍尔泽将经过挑选的“自明之理”作品通过发光二极管的闪光灯饰写在了巨型展示牌上，而且在 1985—1986 年，她的文本又一次出现在了时报广场的公告牌上，这次的文本选取自《生存系列》（The Survival Series）。据笔者所知，芭芭拉·克鲁格仅仅使用了一次巨型展示牌，那是在 1983 年，她当时展示的是纯粹的文字作品，标题叫作“我不打算卖任何东西给你”。出现在显示屏上的第一句话——就呼应了作品的标题——在本质上是反消费主义的，然而，

图 16.1　珍妮·霍尔泽，《自明之理》，1977—1979 年，壮观的标志牌，安装：时报广场，纽约，1982 年。《公众消息》，公共艺术基金等发起。珍妮·霍尔泽与 Cheim & Read 美术馆提供。© 珍妮·霍尔泽

文本的其余部分却使用了一种连贯的言辞，陈述了关于战争与男性性征之间关系的一些平和甚至平庸的信息。[4]这些展示被安排为由公共艺术基金会赞助的一项名为“公众信息”的十年计划的一部分，项目周期是十年。公共艺术基金会为艺术家们购买了巨型展示牌的展示时间。每个月，一位新的艺术家都会展示 30 秒长的一组彩色图片。作品每天出现 50 次，夹杂在普通广告的中断之间，结果，这一系列作品在城市社会生活的完整断面中显得日常化了。[5]

1980 年，霍尔泽和克鲁格发展了一种新的自我意识和批判式的公共话语，它将概念艺术的宗派遗物与大众传播策略融合在一起，对时报广场汹涌的人群来说，它也易于被接受和沟通。正如亚瑟·C·丹托对霍尔泽作品的评述所说，她在时报广场的那些设计看起来像是美国文化“象征性的缩影”，“技巧上前沿、格式上平实、口气上说教”。丹托还简要补充说，这些灯光形式的文本信息“在精神含义上是创新的”[6]——我随后还会再回到这种创新的潜力。由于这些作品在城市的核心地带以文本形式展示出来，在某种程度上，其信息就直接被导入了城市环境。相反，周围的商业和社会城市景观的表象与内涵也会不可避免地干扰人们对这些作品的接受。这篇文章主要关注的就是这种相互影响，一方面，艺术家以一种批判的方式利用大众传媒技术的野心；另一方面，这一符号帝国能够消除广场个体标识的能指，并且将它们融入一个伟大的集体能指中。这种冲突也引出了一个艺术真实性的问题，也就是，特定场所的作品与环境对艺术作品地位和功能的影响，以及两者之间的辩证关系。

I 场所特征与感知形式

克鲁格和霍尔泽反复思考的关于艺术与公共领域之间关系的一个重要方面就是她们对场地的选取。她们常把自己的作品展示在热闹混杂的街道和广场中，这些空间充满潜在的观众，但几乎很难像占据时报广场巨型展牌时拥有那么多观众。巨型展牌高悬于时代大厦顶端，如同一个巨型的视觉扩音器，每天对着大约150万路过时报广场的人群进行宣讲。[7]为了使艺术工作室设计的展示作品保证一个较高的品质，艺术家们必须经过深思熟虑的筛选之后才把作品呈现给公众。而霍尔泽和克鲁格以这种方式安排了她们的公共空间作品，这些作品都符合艺术批评家布赖恩 · 奥多尔蒂（Brian O'Doherty）曾经命名的“日常浏览”——即通过快速和习惯性的城市扫描方式，几乎无意识地记录和筛选出最主要和大部分的视觉信息。布赖恩 · 奥多尔蒂是在讨论罗伯特 · 劳申伯格（Robert Rauschenberg）的丝印画中提出这个概念的，据他所讲：

> 日常浏览是我们在这个城市里每天都能体验到的——是一种几乎无意识的或者注意力分散的观看模式。在我们一般的行走中，它标记出意想不到的信息，并使它很快变得熟悉，将多余的信息归档到安全类别中。利己主义随意出现，它就会将不可思议纳为惯例。它的利己主义变得这样习以为常，以至于成为无私的了。这与19世纪田园牧歌式的“行走”正相反，在这里，人们习惯性的好奇心唤起了惊奇，然而除了城市的丑陋却一无所获。日常浏览并不认可美丽和丑陋的归类。它只探讨那里有什么。易于沉溺于对一些重大场合进行嘲讽，日常浏览延伸出一种对所有事物的体验，它常常关注或创造出片刻的幽默，但并不深究。对那些不寻常的并置，它也不会稍作停顿给予评论，因为不寻常只与识别相关，而无须思考……日常浏览将世界看作是一个超市。有点像动物的本能，它是精辟、机敏而唐突的，就像俚语。它是多方向的……它的杂乱不需要秩序，因为它不需要思考或者“解决”……从最

合适的角度来讲，它是感觉极其良好的一种肤浅。[8]

对日常浏览的适应必须发生于艺术在海报、公告牌、电子广告和商场标识的丛林中将要开始生效时，它们为了吸引人们的注意力而展开竞争，基于广告商人的达尔文进化论原则——只有适者才能生存。正如玛乔瑞·帕洛夫（Marjorie Perloff）所指出的，“在20世纪晚期的广告牌文化中，‘成功的’文本是将高速通讯和最大信息量相结合的那一个。”[9]珍妮·霍尔泽和巴巴拉·克鲁格在时报广场的作品就充当了日常浏览的感知模式，但只是为了哄骗观众，让他们接受可选择的但彼此区别的两种感知模式。日常浏览本身不会获取任何信息，因为，正如同布赖恩·奥多尔蒂所评论的，它既不追究场合，也不会停下来评论那些不同寻常之物。就像使用两种不同焦距来观察拼图中的格式塔图案一样，需要两种不同的凝视来感知时报广场作品中两种区别明显的视觉和语义次序。感知到哪一种取决于焦距，这两种次序不可能同时被感知，但通过改变焦距，有可能看到这两者。这样一来，任何观众都有可能在两种选择之间摇摆，将两者都拾取，只要仔细观察一份拼图。

一种可能性是，目击者能够专注于巨型展示牌上的文本信息，这将预示文本与环境的感知隔离。而一些偶然的步行者会成为或多或少试图去解析和阐释这些文本的读者。然而，它仍然存在一个开放和不可解的问题，那就是，在广告业和流行娱乐文化环境的强势压力之下，这些作品是否真的能够支持它们的颠覆性意图。当一个人不得不对这些作品的鲜明性表示出怀疑时，那是由于时报广场中个人能指的影响逐渐淡出，让位给了作为一种公共景观的时报广场。情境画家的代表者居伊·德波（Guy Debord）将晚期资本主义社会刻画为一种“公共景观社会”，以至于它们完成了对社会生活的全面侵占。就像德波所宣称的，“这些公共景观不是图像的汇集，而是人们之间的社会关系，只是以图像为媒介。”[10]

当然，霍尔泽和克鲁格的作品试图融入城市闪光标志景观中的意图，是由于她们对同种材质的偏爱——电灯和流行的街道媒体——计算机处理的布告牌。另外，当观察者以分散的目光注视时报广场，并屈从于色彩绚烂的灯火无法抵抗的冲击时，选择性的感知模式就这样形成了。在这种情形下，时代大厦的电子广告牌不是作为一个独立的对象被感知，而是作为一种由城市灯光的动态荟萃所产生的总体心理和美学印象的一个组成部分被体验到。

巨型展示牌用于艺术展示引发了一个普遍问题：为什么像霍尔泽和克鲁格这样的艺术家要把自己的艺术作品置于完全的城市空间中？为什么她们不喜欢为观察和沉思提供宁静的公共机构艺术空间？通过把她们的作品嵌入到大众媒体和街道公共

空间的回路中，霍尔泽和克鲁格揭示了艺术和艺术作品是如何与城市相互交织的，不仅仅作为一种物质构造，同时也是一种社会和精神空间，一个弥漫着商业化与政治利益，以及信息技术与大众传媒所形成的中介现实的生活世界。[11] 显然，它不属于那种所谓的综合艺术流派，只是她们的作品以这种方式被置入。在某种意义上，所有的艺术，无论在哪里陈列，都是深深嵌入社会文脉的。尽管如此，艺术作品的陈列场所，在它与场地关联的方式上有着非常大的区别。在博物馆和画廊的展览空间内，公共机构总是作为一个首要的象征性框架和一种建筑物质环境而在那里存在。它的功能之一是设立一种感知过滤器，它将艺术作品与外部世界脱开一定距离，并将作品与它所涉及的各种文脉隔离开来。在将艺术作品搬出博物馆和画廊进入城市公共空间的案例中，机构的过滤就不存在了。因此，综合性艺术倾向于让观众忙于阅读场地——它的历史、它的功能、它的地形特征以及它的心理共鸣——正如它让观众去破解艺术作品自身。这适用于所有以场地为特征的艺术作品，不论它们被置于公共广场和街道这样的室外空间，或者是安置在现在或以前作为城市日常程序一部分的城市公共空间中。但这并不意味着城市艺术设计从艺术机构的评论中解放了出来。尽管这些作品表现出了一种对制度化的展览空间和画廊市场的逃离，但它们并未使自身从这种制度中脱离。它们的实现是依赖于概念参数，以及艺术世界的组织、经济、分配和信息结构。这种情形的一个明确表现可以在批评家詹姆士 · 加德纳（James Gardener）以相当反动的立场对精英主义和“内行沙文主义”进行的指责中发现：

> 这些艺术作品有两类观众，实际的观众和真正的观众。后者注视着前者，尽管前者并未意识到它被注视……（后者）通过杂志、书籍和言论了解到霍尔泽的艺术片段。因此，只要霍尔泽的文本艺术闪烁在烛台公园或皮卡迪利广场、时报广场的时候，一想到所有那些不知道正在发生最不可思议的观念的人们，所有那些不去美术馆、不阅读艺术评论、也不在开玩笑的人们，艺术世界就会经历兴奋的颤栗。[12]

腹背受敌的困难摸索需要艺术家们在公共空间里的操作努力去抓住更广阔和多样化的观众群体。一方面，高级艺术的精英主义痕迹不能太过明显，因为他们要冒着陷入先锋艺术的赫尔墨斯主义或自恋圈套中去的风险。另一方面，设计的艺术本质、它们在形式和意图上的不同以及它们对适应环境话语的抵抗，都必须明确表述清楚。如若不然，艺术家们将会如艺术评论家霍尔 · 福斯特（Hal Foster）指出的，逐步陷入一个将艺术转变为旨在审查和揭露艺术合作者的圈套——就像在霍尔泽和克鲁格案例中的媒体奇观。引用罗兰·巴特（Roland Barthes）神话学观点，优势文化被看作通过挪用来运行，霍尔·福斯特将意识形态批判与挪用艺术中的固有解构看作是荒诞的融合[13]，例如克鲁格与霍尔泽艺术作为一种"反挪用"。根据巴特的观点，优势文化吸收了社会群体中的一些特定能指，并将其变为普通能指，然后作为文化神话被消费。通过挪用、拆解这些虚构符号，最终以一种批判性的蒙太奇重新书写，艺术家们就能够把它作为一种人造的颠覆性神话进行传播。[14] 然而，对艺术家和类似的观众们来说，这种意义制造上的战略性颠覆却引发了一个问题——霍尔·福斯特在他的文章中尖锐地总结道：

> 在什么时候蒙太奇会重组商业标志的分裂，更不用说救赎，什么时候使其恶化？什么时候挪用使神话符号批判性地加倍，什么时候又会复制它，甚至是讽刺性地强化它？它究竟完全是这一个还是另一个？[15]

在这一点上，珍妮·霍尔泽在时报广场区域的不同作品是一个很好的实例。1980年，她参加了一个名为"时报广场秀"的组织展。这个展览由一个50名年轻艺术家所组成的、被称为Colab的半组织性团体发起。展览被安排在第七大道和第41街转角处一栋摇摇欲坠的4层建筑中——以前的公共汽车站和按摩院客厅变成了6月的一个艺术游乐场。尽管这个展览被故意弄得像是临时准备和简陋低廉的，但它的广告却做得很专业——时报广场秀——由琼·迪克逊（June Dickson）在时代大厦的电子公告牌上免费作了整整一个月的广告。[16] 总的来说，习惯了所有人都熟知的纽约街道意象的参与者都会认可。艺术评论家杰弗里·戴奇（Jeffrey Deitch）的观察报告指出："这种现象，如媒体的大肆宣传、性饥渴的大屠杀、愚蠢的电视情节以及无用的塑料消费品在图像中占据主要位置。找到的目标……正好陈列在'真正'的艺术品旁边，没有任何区分的意图。"[17] 对这种意象的接受，以及故意模糊艺术与城市环境的边界，是这一设计中非常重要的概念要素。在20世纪80年代早期——时报广场秀和霍尔泽的《自明之理》作品出现在公告牌上的历史背景——这一地区从60年代开始便被毒品和色情文化所带来的犯罪和卖淫活动所困扰。[18] 因此，正如戴奇所观察到的，社会政治环境使得为传达关键信息而被过分批判变得不必要："大部分艺术作品都是受政治控制的。与此同时，大部分艺术家都足够聪明地意识到，时报广场的人群几乎不需要被过度告诫这个社会的不公平，那已经是非常清楚明了的。"[19]

图 16.2 珍妮 · 霍尔泽,《自明之理》中的文字，1977—1979 年，以及剧院招牌上的《生存系列》，1985—1986 年。第 42 街艺术展，1993 年，摄影：Maggie Hopp。Creative Time 提供

尽管时报广场秀是建立在左派艺术家们一个普遍假设的基础之上，就是说艺术革新和政治颠覆的场所位于制度中心之外的别处，确切地说，位于其他的社会和文化领域[20]，1993 年的第 42 街艺术计划并没有提供这样的不同亚文化领域。第 42 街艺术计划的展示地址是在百老汇大街和第八大道之间的西第 42 街。这是一个合资项目，由 Creative Time—— 一个已有的非营利艺术机构、一个著名的设计公司（M. & Co）、第 42 街发展计划公司和新第 42 街公司等发起——这个非营利组织的建立是为了使街道剧场恢复以往的繁荣——而这个展出却使珍妮 · 霍尔泽变成了明星、国际知名的参展人。根据艺术评论人罗伯塔 · 史密斯（Roberta Smith）的观点，霍尔泽的《自明之理》和《生存系列》中出现在老电影院屋顶招牌上的格言 "看起来好得不能再好，贴切得不能再贴切"，当这些作品很好地映衬在那些商店标识中并创造了 "街道肌理中几乎察觉不到的裂缝和矛盾" 时。[21] 然而，正如克里斯汀 · 博伊尔（Christine Boyer）在她给本文选的稿件中写道的，20 世纪 90 年代中期的时报广场周边地区与 80 年代早期的状况全然不同。在 1982 年，纽约市发起了一场 "净化" 这个区域的战斗，可以说是前无古人的清理工作。被迫接受的改进计划逐渐抹去了

这个标志性场所的独特个性，把时报广场和第42街变成了一个它自己传奇历史的怀旧模仿物。因此，1993年出现的专业化艺术公司并没有给参与者带来相同的街道信誉，就像从前在转角处破败的多层建筑中进行的亚文化展示那样。相反地，与有权对这个地区的城市发展实行调整控制的发展项目的合作，使艺术家们的阵地从远离中心的批判立场转移到了同谋的中心位置。因此，霍尔·福斯特对于第42街艺术展的评论正中要害。他断定，尽管这次展览包含了一些个人成分的颠覆性意图，但这些艺术却“被用于提升这片号称再开发的、声名狼藉的地产的形象”[22]。尽管深知为了激活失落的文化空间而安排的特定场所艺术中“人种学”的潜在象征，并且提出一种“历史反记忆”，霍尔·福斯特还是强调了艺术家可能失去其诚实的风险，当他们以一种可疑或者屈尊的身份，参与一个旨在重塑人们场所感知的赞助项目时：

> 特定场所的艺术作品可以用于使这些非空间再次显得特别，使它们重新成为一个有场地感的场所，而不是抽象的空间，以一种历史和（或）文化的语境。本土性和日常生活作为文化被扼杀了，但能够以影像的方式复活……特定场所的艺术品能够被置于本土性和日常生活的巫术之中，这一迪士尼版本的特定场所艺术品。后现代艺术中的禁忌，像真实性和创意评估，以及独创性，能够还原为艺术家被要求说明或修饰的场地道具。这种还原本身没有错，但是，赞助商可能会把这些道具正好当作是场地的开发价值。[23]

II　炫目和危险

对城市公共空间的艺术干预很容易转化为城市政策和商业利益的微妙运输工具，这一事实让人想起珍妮·霍尔泽和芭芭拉·克鲁格一定有其他比政治目的更引人注目的动机，当她们想要在时报广场展示自己作品的时候。这样，又出现了另外一个问题：霍尔泽和克鲁格事实上是如何看待时报广场给其艺术提供的这个环境的呢？

《自明之理》的起源揭示了霍尔泽的艺术与时报广场联系得多么紧密。在1977—1979年最早的海报版本里，《自明之理》完全按照字母顺序排列。至于这一作品的起源，在访谈和文章中最常被重复的解释就是[24]，它滋生于霍尔泽想要制作关于她的东、西方思想的个人版《读者文摘》，那些思想都是基于她在1972年参加的惠特尼博物馆独立学生项目中的晦涩书单目录。[25]然而，她的灵感还有另外一个来源：海报。这在好几则关于《自明之理》的评论中被提到过，但只是作为霍尔泽为什么决定以海报方式来发布她的“街道谈话”的一个解释，那些海报密集地贴满了整个曼哈顿，而她能回忆起迄今几乎已经完全被世人所遗忘的海报媒介这一发现，具有更宽泛的含义。霍尔泽自己是这样解释的：

> 我的想法部分来自某个人——我假设他是一个男人——他在时报广场周围张贴警告其他人远离这个地区的罪恶的海报，警告他们如果越过了他想象中围合的这个假想区域，他们将会感染麻风病和肺结核。我很吃惊于海报上“麻风病”这一词语如何让人突然止步，以及海报会有怎样的效果。他是不知疲倦的。他们无处不在……我也想看到其他人被他们自己所震惊。[26]

通过对麻风病海报和前面提到的《自明之理》海报进行比较，显示出霍尔泽所吸收同化的绝不仅仅是媒介。她的文本以一种权威性的粗体字印刷在裸露的白色表面，如《自明之理》。此外，对妓女和流浪汉这些疾病携带者发出警告的匿名作者也用短句传达了他的信息，这些短句倾向于被分解为相互孤立的陈述。然而，这类海报最重要的共同特征与其粗体版面与简明言辞无关，那显然只是霍尔泽在纽约任何一条街道上所学到的一种表达方式。[27] 重要的相似性存在于对危险和恐惧的感知中，不仅存在于《自明之理》中，这些感觉也遍及霍尔泽一些最精华的文本。无论谁是这些海报的真正作者，这些观念一定已经印在了读过它的过路者的脑海中，词首的签名——N.Y.——应该解释为纽约的一般缩写。这样，这些海报可能被解释为一种“城市之音”——城市反对作为堕落之城的一种自我警告，因此，我们可以把这些海报当成是一个来自城市自身的针对各种城市丑行的警示；反对纽约作为一个传奇娼妓的当代关联物，一座巴比伦城。

芭芭拉 · 克鲁格对待时报广场地区的态度或多或少与珍妮 · 霍尔泽有所不同。在 20 世纪 80 年代晚期，在一篇未发表的对时报广场周边戏剧性装饰风格的评论文章里，克鲁格把纽约的特征描述为短暂、不安和杂乱刺激的缩影，在其中央，时报广场点亮了“一个高电压的壮丽景观”，它闪烁着火花，如同“伟大场景中一颗神话般的钻石”。[28]

> 一个像纽约这样的城市可以看作是一个文明的高密度集群：一切的一切都在肆无忌惮地来来去去，装饰着忙于生存和死亡的人们的喧闹和紧迫。在这一切之中，时报广场以一场无耻而又令人激动的灯光秀而存在……时报广场曾经是，而且可能再次成为这种巨大而无所不包的景观，永远挑逗着我们的

惊奇和愉悦感受。[29]

这个地区神话般的绚丽和一浪又一浪的危机，也就是，面对着恐怖深渊般的城市，从而吸引了这两位艺术家并促使她们使用时代大厦上计算机化的展示方式——那曾经是纽约时报的总部，1904 年也以此为这个广场命名，当时它确信这里会发展为媒体总部与大都市公共生活交汇的枢纽，而不是它随后很快就成为的华而不实的娱乐中心。[30] 从 20 世纪 20 年代中期开始，时报广场成了纽约最重要的娱乐中心，同样也是美国各种商业展览的象征，它在夜晚极其炫目，装饰着霓虹灯广告五光十色的光晕。因此，时报广场不仅仅结合了新闻和娱乐业。它过去是——现在仍然是—— 一个壮观的橱窗，展示着将时报广场推向美国城市生活视觉前沿的、侵略性的电子"商业美学",在那里它深刻地影响了人们经历现实的方式。除了产品和公司宣传，这种商业美学的目的是为了制造一种金钱氛围，并刺激"得到"的欲望。与此同时，它拥有一种传达惊奇和敬畏的潜力。[31] 时报广场变幻不定的特质正是由于这种商业美学。在夜晚，框架建筑物的实体看起来好像溶解成了一种电子标识的喧闹杂乱，从表面上看好像悬浮在空中，替代了本来的黑暗。建筑史学者雅达·路易斯·赫克斯特伯（Ada Louise Huxtable）明确指出，时报广场是一个有着非常强大"场所意象"的"非建筑场所"。[32] 在这里，随着交通和人群制造着地表的移动，城市的动态被强化了，同时，商业标识则把静态的建筑线条转化成了动态的电子装置。作为一条惯例，霍尔泽和克鲁格对这些电子招牌的使用故意要制造一种震动效果，但是，是一种与现代主义相联的"新事物的震动"不同的冲击。她们作品的这种冲击效果与现代主义与广告共享的新奇价值拜物教无关。这种冲击效果与作品内在的张力有关，就像霍尔泽在一段为什么她倾向于使用电子展示牌的解释中所表达的：

> 由于商业标识是这么浮华，当你把它们放在公众场合时，可能会有成千上万的观众……因此，我感兴趣的是这些符号的功效，以及用作我项目的特殊材料时这些符号所带来的震撼效果。这些标识用于广告，也用于银行。我认为将它放入不同的主题会是很有趣的，一种曲解的内容，以这种方式，这一普通的设备。[33]

霍尔泽和克鲁格对于与激进创新相遇所带来的震撼不感兴趣。相反，她们试图把注意力固定在两个极端之间。她们的目标是对抗性的冲突，或者像沃尔特·本雅明所说的“静止的辩证法”[34]。在那一段引文中，霍尔泽对一种冲撞进行了评论，也就是，人们对从电子标识牌上所获取的信息的期望，和实际上所遇到的被艺术家扭曲和错置的信息之间的对立所引起的冲突。尽管这代表了震惊体验的一种美学形式，但她的标识所具有的“震撼价值”却有意要释放出一种正常唤起的响应，不是通过艺术沉思，相反却是通过与大型工业城市快速变化的生活的相遇。由于霍尔泽所讲到的那种冲撞反应本身并非一种审美反应，冲撞要素使得艺术和现实之间的差别变得模糊，或者使其更加简明：它让审美体验集中在城市的敏感性上。[35]

沃尔特 · 本雅明的文章《机械复制时代的艺术作品》[36]中一个著名论点就是：达达学派、摄影尤其是电影，能够通过冲撞刺激的方式把观众从习惯性的思维序列和根深蒂固的刺激反应模式中唤醒。至于霍尔泽和克鲁格的公共空间作品，冲撞美学在观念上想要有意制造本雅明所假设的这种效果，那就是，机械复制技术的艺术使用将会具有，也就是，激起一种启迪的闪光，一种来自社会、文化和商业奇观中的瞬间和批判性唤醒。霍尔泽和克鲁格对冲撞刺激的使用与她们对感知模式的老练操纵有紧密联系。在下文中，笔者将会继续有关两种注视方式的话题，以聚焦阅读型的注视方式开始。艺术家们自己给这种感知模式授予了优先权，因为他们打算转变人们的意识范围。

III　启发性的挪用

奥地利裔美国哲学家兼社会学家阿尔弗雷德 · 舒茨（Alfred Schütz）曾经分析过社会成员依靠并联结阐释模式的方式——在社会化过程中传播给个人，并认为是理所当然的一种界限。舒茨的社会现象学理论是由埃德蒙德 · 胡塞尔的现象学发展而来的。他的关联性理论不像对自然态度的理念那样详细阐释了胡塞尔生活世界的概念。以这种天真的态度来关注世俗生活，世界及其内容的典型性都作为一种无可非议的给定被接受，直到使其出问题的情况发生。根据阿尔弗雷德 · 舒茨的看法，个人在接近这样一种境况：那就是怀着基于假设世界结构恒常不变的期待，他或她对世界内部生活期待的有效性是虚假的。[37]在他的《生活世界的结构》一文中，舒茨讨论了认知过程和视域的改变，那发生在当个体面临着与预期相分离的结构状况时，他（她）便不能利用他（她）的“实际知识储备”来进行理解了。[38]舒茨区分了几种不同类型的现象能够获取的主观意识关联。这些区分有效性的概念工具，对于解释霍尔泽和克鲁格作品的路线，特别是那些在巨型展牌上的作品，像丹托所观察到的，“在精神意图上具有创新性”。

舒茨使用了一个术语"动机关联"来划定兴趣和方向，这两者决定了世界本体结构和个体预见两方面的要素，引导了特定个人的感知、解释和行为。舒茨把这种关联性描述为"有动机的"，因为它是一种主观体验，而且个体对既定情形或感知的理解是由主观动机所决定的。由于个体的知识储备也是受文化性和社会性的限制，那么主观兴趣范围就不可避免地同样由群体视域所决定。或者，就像舒茨所写的，"在我们的文化内……什么是公认无可置疑的，什么能够变得可以置疑，而什么又是值得提出疑问的。"[39] 主体的预见不会总是满足新的情况。用舒茨的术语来讲，这意味着这个不充分视域的一部分不再被认为是不容置疑的了，而需要"主题关联"。它变成了一个强烈关注的对象。[40]"那些曾经被认为是不可置疑的假设，后来却变成了一个问题，一个理论上、实践上或情感上的问题，这个问题必须得到阐明、分析和解决。"[41]

笔者承认，这正好就是当人们与珍妮·霍尔泽和芭芭拉·克鲁格的文本不期而遇时所发生的情形，那些安置在时报广场商业化的文本和混乱图像中的作品。当发现一条令人不安的陈述，像"私有财产产生了罪恶"，在一个你本来以为会放置跨国公司广告的地方。或者，被一声绝望的尖叫"请保护我远离我所想要的东西"所打扰，在某个特别为满足人们欲望而创建的区域的中心。通过对媒体内容进行重构，这些陈述在场地中创造出了一种矛盾的张力。就像舒茨提到的，"这种情形可以说不能被当作对可识别出的从前任何一种典型相似情形的合成，因为它从根本上就是新的。"[42] 到 20 世纪 80 年代初期，它便成了一个陈腐的艺术话题，使这种景象的流出屈从于一种情境主义者的挪用，也就是，一种转换、偏移或者劫持，适合于破坏那些使其面临自己意识形态颠覆景象的权力结构。[43] 但是，在时报广场的商业文脉中，它看起来一定更加奇怪和令人吃惊。[44]

当一个现象获得了主题关联时，它便屈服于诠释、讨论和挪用。这一过程涉及对与实际主题相关的主体视域特定方面的引用。因此，这出现了第三种关联——舒茨将其指称为"解释关联"。当主体试图通过引入有关熟悉的对象和事件的普遍知识，来理解某种奇特现象或者某种非典型情形时，"解释关联"便发生了。这种比较行为可能会导致主体的表达和解释模式发生转换或者扩展，因为"主题-问题"被转换成一种知识，"从今以后将被认为是不容置疑的"[45]。霍尔泽和克鲁格旨在发起这样一个变革过程，这一野心最尖锐地表现在霍尔泽"我不打算卖给你任何东西"的开场白中。通过挪用的手法，霍尔泽和克鲁格创造了一种迫使观察者改变自己习惯性视域的情景，为一种更具批判性的前景——完美地——铺平了道路。

IV 崇高的启发

像前文提到的那样，除了要求对这些作品进行视线集中的、单独的注视，巨型展示牌也要求一种视线分散的、广泛的注视。最主要的理由只是在于周边环境破碎和惊人的混乱。观众能够轻易地被引诱进入第二种沉思的感知模式这一事实，更应该归功于招牌的亮度和周边的标识环境。这一点被这样一个事实所证明,那就是“白色大道”（The Great White Way）的灯光一直在迷惑所有的人们。在《公众消息》这一项目之前，它长期以来都是艺术家灵感的源泉。最令人印象深刻的作品是在 1920 年和 1922 年之间由意大利裔美国画家约瑟夫 · 斯泰拉（Joseph Stella）所绘制的。在《诠释纽约》（城市之音）这个系列中的一幅作品《光明大道》中，约瑟夫 · 斯泰拉将百老汇浓缩为抽象的能量——纯粹的光和节奏。斯泰拉对电子化城市景观的动态视觉诠释预见了霍尔泽和克鲁格作品同样的“干预”行为。尽管斯泰拉把灯光的炫目和变幻转译到了画布上，而霍尔泽与克鲁格则利用了电子灯光——直接地——作为一种原材料，她们的作品集中在对灯火通明的大都市同样的心理和美学回应上。

在《美利坚的技术崇高性》这本书里面，历史学家戴维 · E · 奈伊（David E. Nye）把对时报广场“白色大道”的体验，和对康德《判断力批判》中的动态崇高性概念的体验进行了比较。[46] 动态崇高性关注的是对无法抗拒的、可怕的自然力量的沉思，通过一个脱离了当前危险的主题。奈伊认为崇高性——在他所认为的它那些最新的、人造的、都市化的变量中——“技术崇高性”——正是敬畏和惊奇的核心，常常夹杂些许恐惧的要素，那就是美国人所感受到的，当面对巨大的建筑和技术成就，如巨型桥梁、摩天大楼和壮丽而灯火通明的城市景观的时候。奈伊指出，在一个日益世俗化的世界中，技术崇高性代表了“一种重新赋予人类作品伟大意义的方式”[47]。

在夜晚，城市被人造的灯饰重新塑造。建筑看起来融化在了空气之中，而灯光却把各种标识和竞争信息的混杂变成了没有文字意义的文本，将城市改写成一种崇高的景观。奈伊总结道，“电子化景观的意义恰好在于这样一个事实，那就是它看起来超越了所有已知的规范……它变成了一个左右摇摆的、不确定的文本，这个文本逗弄着人们的眼球，并屈服于不确定的文本阅读。”[48] 因而，对于艺术家为什么会想要把自己的艺术作品展示在时报广场这个问题有两个答案：阿尔弗雷德 · 舒茨的主体视域转换理论的内容是想要澄清，而珍妮 · 霍尔泽和芭芭拉 · 克鲁格有着社会学的目的。她们的设计意在重塑人们的视域，以便锐化人们对作为一种意义框架的城市生活的意识。巨型展示牌提供了一个交流信息的机会，那些信息对于大多数观众

图 16.3　约瑟夫·斯泰拉，《城市之音》系列中的《光明大道》，1920—1922 年。油画和蛋彩画，纽瓦克博物馆收藏，Felix Fuld 遗产基金。摄影：Armen。纽约纽瓦克博物馆提供

来说既是颠覆性的，也是变革性的。然而，霍尔泽对时报广场多项艺术项目的参与证明了，对城市肌理的干涉使艺术家很难维持他们的美学和 / 或批判的完整性，因为渗透是双向的。当艺术家们渗入公众谈话，为了动摇它的意义和价值，他们的作品反而变成了一个对于他们要揭穿的这同一个价值的间接传输工具。第 42 街艺术计划正是这样一个案例。就像与约瑟夫 · 斯泰拉(Joseph Stella)的绘画作品《光明大道》的比较所揭示的，崇高性的概念遍及霍尔泽和克鲁格对光这一材料的使用。通过将她们的作品置入克鲁格所谓的时报广场“高电压景观”之中，这些巨型展示牌上的作品将会成为灯火通明的城市景观完整的一部分，这就是崇高性的表现。通过干预策略，艺术不仅被转换为一种更有效的批判式大众交流方式。它也会显得超越规范，对观众形成一种冲击，超越文字、信息以及对真实和虚假的质疑。

注释

1. 亚瑟 · C · 丹托，“珍妮 · 霍尔泽”，载于《国家》，1990 年 2 月 12 日，第 213—215 页。
2. 亚瑟 · C · 丹托，同上，引自第 214 页。
3. 例如，在霍尔 · 福斯特关于两位艺术家的文章中，“颠覆性的迹象”，载于：《美国艺术》，1982 年 3 月，第 70 卷，第 88—92 页。
4. 随着时间的推移，电子布告牌已经成为霍尔泽最喜爱的媒体之一，而今天她的名字主要与 LED 显示屏的应用有关。正如迈克尔 · 奥平（Michael Auping）所观察到的，这已经成为她“标志性的媒介”（迈克尔 · 奥平，“读霍尔泽或说方言”，载于：卡伦 · 李 · 斯波尔丁（Karen Lee Spaulding）编，《威尼斯装置》，布法罗：布法罗美术学院，1990 年，第 25 页）。相反，克鲁格为 Spectacolor 公司董事会所做的项目对她来说仍然是个例外。个人展示的文字都是大写的，内容如下：“我不想卖给你任何东西。/ 我只是想让你想想你在电视上看新闻时看到了什么。/ 战争发生时，领导世界各国的人自我受到伤害。/ 一个人说他是最强的，因为他有最大的武器。/ 他的竞争对手会说，‘不，我的更大，我不会缩小它的尺寸，/ 因为那样我的力量就会减弱。/ 我越强大，我就越富有。’/ 这些争论会把我们炸成碎片。/ 我们都被一群贪婪的家伙挟持为人质，他们担心他们武器的大小：担心他们的男子气概。/ 所以我猜电视新闻真的是最热门的性节目，而且比在街角花 5 块钱拍一部电影要便宜得多。”引自凯特 · 林克的《爱销售：巴巴拉 · 克鲁格的文字和图片》，纽约：哈里 · N · 艾布拉姆斯出版有限公司（Harry N. Abrams Inc.），1990 年，第 27 页。
5. 弗吉尼亚 · 马克斯莫维奇（Virginia Maksymowich），“穿越后门：公共艺术的另类方法”，载于：W · J · T · 米切尔（W. J. T. Mitchell），《艺术和公共领域》，芝加哥和伦敦：芝加哥大学出版社，

1992年，第147—157页；第154页。与它曾经展示的作品一样，Spectacolor展示牌现在已经成为历史。它已经被更先进的技术所取代，即用于视频商业广告的索尼大屏幕。按照霍尔·福斯特的说法，霍尔泽在1982年3月15日至30日的40秒序列中展示了9条自明之理。霍尔·福斯特，1982年，同上，第92页。我从这项工作的照片中，只了解到6个，部分说明在霍尔·福斯特的文章中，部分在目录：《珍妮·霍尔泽》，巴塞尔：巴塞尔美术馆（Kunsthalle Basel）；维勒班：新博物馆（Nouveau Musée），1984年。他们的解读如下："金钱创造品味"、"你经常应该做无性行为"、"私人财产创造犯罪"、"酷刑是野蛮的"、"父亲经常使用太多的武力"和"为爱而分手是美丽但愚蠢的"。

6. 亚瑟·C·丹托，同上，引自第213页。
7. 弗吉尼亚·马克斯莫维奇，同上，引自第154页。
8. 布赖恩·奥多尔蒂（Brain O' Doherty），"劳申伯格与白话文一瞥"，载于：《美国艺术》，第61卷，1973年9月至10月，第82—87页；第84页。另请参见奥伊斯坦·约尔特（Øystein Hjort），《纽约时报》，"艺术，低俗作品，关于媚俗"，载于：《批评》第88期，1989年，第86—103页；第96页。
9. 玛乔瑞·帕洛夫（Marjorie Perloff），《激进的技巧：媒体时代的诗歌创作》，芝加哥和伦敦：芝加哥大学出版社，1991年，第93页。
10. 添加了斜体。居伊·德波（Guy Debord），《景观社会》（1967年），第4段。英文翻译引自马丁·杰伊（Martin Jay）对居伊·德波的"景观"概念的介绍，《沮丧的眼睛：20世纪法国思想中对视觉的否定》，伯克利，洛杉矶，伦敦：加利福尼亚大学出版社，1993年，第427页。关于景观概念和壮观概念之间的区别，见：马丁·泽朗，《19世纪的城市壮观》，第9篇论文，城市与美学，哥本哈根，1995年。在他的书（《表现的对象：1970年以来的美国先锋派》，芝加哥与伦敦：芝加哥大学出版社，1989年，第199页中），亨利·M·赛尔（Henry M. Sayre）简要地提到居伊·德波的"景观社会"概念，这与霍尔泽和克鲁格在户外城市空间展示的作品有关，但没有放大这一点。
11. 正如玛乔瑞·帕洛夫所强调的那样，"即使'高'和'低'之间的'大分水岭'断裂，艺术和大众媒体的话语也无法交换；相反，它们是一种巨大的变化和复杂性的关系。"根据帕洛夫的观点诗歌——还有，可以加上一般的艺术——已经被它所创造的电子文化所定型。没有一个景观不受声音字节或计算机字节的影响，没有一座山峰或孤零零的山谷能超出手机和微型盒式播放器的辐射范围。玛乔瑞·帕洛夫，同前，第xiii页。
12. 詹姆士·加德纳（James Gardener）对霍尔泽艺术的态度存在的问题是，他把观众对她的艺术概念框架的认识——将她的信息发现为艺术——作为她作品的整体观点，从而否定了文本的内容以及这些内容对观众/路人的影响——不管这些内容有什么意义。詹姆士·加德纳，《文化或垃圾：当代绘画、雕塑和其他昂贵商品的挑衅视角》，摘自《纽约时报》，1994 年 1 月 9 日艺术版，第 34 页。

13. 霍尔 · 福斯特，《真实的回归》，剑桥，马萨诸塞州：麻省理工学院出版社，1996 年，第 118—119 页。
14. 霍尔 · 福斯特，1996 年，同前，第 92—93 页。
15. 霍尔 · 福斯特，1996 年，同前，第 93 页。玛乔瑞 · 帕洛夫也对艺术家们对广告业话语的解构是否受制于自身的简化表示怀疑。她特别提到芭芭拉 · 克鲁格的作品，"所谓的解构主义往往和它的对象一样老套"，玛乔瑞 · 帕洛夫，同前，第 130 页。虽然帕洛夫对克鲁格的批判和她看来的艺术家作品一样简单，但她的结论却揭示了这一点："事实上，90 年代更为严格的美学认识到的是，鉴于广告业自身的自我意识，它有能力消除自己现有的陈词滥调……艺术话语必须行之有效，不仅是为了扭转'商业'的刻板印象，而且是为了消除其自身对有关刻板印象的预设。"同上，第 133 页。
16. 有关此次活动的更多详情，请参阅杰弗里 · 戴奇（Jeffrey Deitch）的《时报广场的报告》，载于：《美国艺术》，第 7 期，1980 年 9 月，第 58—63 页。展览的所有资料均取自戴奇的评论。我对霍尔泽作品选址的发展和影响的讨论是"城市生活世界"会议期间富有成效的讨论的一个分支，以及克里斯汀 · 博伊尔、理查德 · 普伦兹、格温多琳 · 赖特和安德烈 · 卡恩等人提出的观点和信息。关于霍尔泽为时报广场展览所作的具体作品，目前还没有确切的资料，但在戴奇的文章中复制的展览所谓的"纪念品商店"的装置图显示，印刷的纸上有她一些较长的文字，可能来自《煽动性文章》（1979—1982 年）或《生活系列》（1980—1982 年）——被列入展览。
17. 杰弗里 · 戴奇，同前，第 60—61 页。
18. 雅达 · 路易斯 · 赫克斯特伯（Ada Louise Huxtable），"重新发明时代广场：1900 年"，作者：威廉 · R · 泰勒（William R. Taylor）编辑，《发明时代广场：世界十字路口的商业和文化》，纽约：贤者罗素基金会（Sage Russell Foundation），1991 年，第 356—370 页。
19. 杰弗里 · 戴奇，同前，第 60 页。
20. 关于当代艺术中普遍存在的"另一个"的左派假设的讨论，见霍尔 · 福斯特 1996 年，同前，第 173 页。
21. 罗伯塔 · 史密斯（Roberta Smith），"在华丽、下流的第 42 街，一天 24 小时的演出"，载于《纽约时报》，1993 年 7 月 30 日，C 版第 26 页。根据罗伯塔 · 史密斯的评论，显示有以下文本："去人们睡觉的地方看看他们是否安全，""同样地培养男孩和女孩，""什么样的冲动能拯救我们，既然性不能"和"无聊让你做疯狂的事。"1993 年，纽约创意时间公司出版的关于第 42 街艺术项目的小册子，包括几幅戏剧字幕插图，其中有珍妮 · 霍尔泽创作的文本："一个男人不知道做母亲是什么感觉，”“随着时间的推移，懒散的思想会变得更糟，”“你被困在地球上，所以你会爆炸，”“找到一种非常温柔的方式符合你的自身利益，”“谋杀有其性的一面，”“隐藏你的动机是卑鄙的”，“将恐惧分类是冷静的。”

22. 霍尔·福斯特，1996年，同前，注释41，第281—282页。关于《第42街艺术项目》的信息手册实际上强调这确实是目的。介绍指出，“时报广场和第42街的重建旨在恢复一些繁荣和光鲜的日子，那时该地区有更多的剧院在建筑物内而不是在外面。为了启动这项工作的一部分，几个政党聚集在一起，要求20多名艺术家为重建过程中留下的空地创作作品……第42街可以成为我们文化腐朽的象征。但在它的可怕和危险中，我们还能找到希望吗？我们可以改变事物的顺序，我们可以重新发展——艺术家们，用才智、知识和热情，可以帮助我们做到这一点。”有关城市和国家援助重建计划的更多细节，请参阅：雅达·路易斯·赫克斯特伯，同前，第361—362页。
23. 霍尔·福斯特，同前，第197页。
24. 迈克尔·奥平，《珍妮·霍尔泽》，纽约：宇宙，1992年，第26页。
25. 在一次采访中，霍尔泽解释了《自明之理》的由来，如下：“（阅读清单）包括大量的书籍，所有这些书都很有分量的，所以仅仅是涉猎它们，其前景就足以让我完成珍妮·霍尔泽的《读者文摘》版的东西方思想。我喜欢所有这些关于西方文化的伟大思想，但我觉得我相当聪明，受过良好的教育，如果我不能艰难地完成它，当然很多其他人也不能。我意识到这些东西很重要也很深奥，所以我想也许我可以把这些东西翻译成一种可以理解的语言。结果就是“自明之理”。珍妮·霍尔泽，见布鲁斯·弗格森（Bruce Ferguson），“语言大师：与珍妮·霍尔泽的访谈”，《美国艺术》，第12期，1986年12月，第109-115页、第153页；第111页。
26. 珍妮·霍尔泽，见布鲁斯·弗格森，同前，第111页，海报同样在前文，第18页。
27. 珍妮·霍尔泽在20世纪70年代后期将曼哈顿市中心描述为一个“海报社会”，这表明她已经熟悉了海报作为适应城市环境的沟通方式的可能性和效率。霍尔泽引用：迈克尔·奥平，同前，第78页。
28. 巴巴拉·克鲁格，“一个‘不悦目’的场所”，载于芭芭拉·克鲁格，《遥控器：权力、文化和表象世界》，剑桥，马萨诸塞州：麻省理工学院出版社，1993年，第16—19页、第17—18页。
29. 巴巴拉·克鲁格，同前，第16—17页。
30. 威廉·R·泰勒（William R. Taylor），“引言”：威廉·R·泰勒（编辑），《发明时代广场：世界十字路口的商业和文化》，纽约：贤者罗素基金会，1991年，第xii页。
31. 威廉·里奇（William Leach），“商业美学。介绍性文章”，见威廉·R·泰勒（编辑），《发明时代广场：世界十字路口的商业和文化》，纽约：贤者罗素基金会，1991年，第234页、第238页。根据电子广告的先驱之一O·J·古德（O. J. Gude）的说法，发光的广告牌对人们产生了催眠效果，它实际上迫使人们阅读广告信息，因此，“……每个人都必须阅读、吸收广告信息，并自愿或不情愿地吸收广告客户的训导。”O·J·古德，“电力加入的艺术与广告”，载于:《时代的标志》，1912 年 11 月，第 3 页。引自：威廉·里奇，同上，第 236 页。至于这些迹象的内容，几乎没有任何东西可以阻止人们与所存在问题的意外冲突。霍尔泽在一次采访中强调了这一点，“如果你想接触到普通观众，并不是艺术问题会迫使他们在去吃午饭的路上停下来，而是生活问题。”詹妮·霍尔泽引自：迈克尔·奥平，同前，第 16 页。作为一个例子，她实际上提到了上面提到的针对麻风病的匿名警告：“据我所知，这不是艺术，但我印象深刻的是：如果一篇文章讲述一些不寻常的话语，人们就会注意到。”詹妮·霍尔泽引用:同上，第 21 页。

32. 雅达·路易斯·赫克斯特伯，同前，第 358—359 页。
33. 添加了斜体。詹妮·霍尔泽引用珍妮·西格尔:“詹妮·霍尔泽的语言游戏”，载于:《艺术杂志》，1986 年 12 月，第 64—68 页；第 65 页。
34. 在分析巴洛克寓言的辩证结构时，沃尔特·本雅明详细阐述了“一种静止的辩证法”的概念，他的论文《德国悲剧的起源》，载于沃尔特·本雅明《著作集》，罗尔夫·蒂德曼（Rolf Tiedemann）和赫尔曼·斯威彭霍查（Hermann Schweppenhäuser）编，法兰克福：苏尔坎普出版社，1974 年，第 I.1 卷。特别适合视觉美学的是，多尔·约根森（Dorthe Jørgensen）对这个本雅明概念的指定，指的是知觉的双重性或接近 / 距离、梦想 / 现实、短暂 / 永恒、物质性 / 抽象、破坏 / 救赎、现象 / 理念的二分法的经验。多尔·约根森，《近在咫尺——沃尔特·本雅明经验本体论的痕迹》，奥胡斯（Århus）：莫迪克出版社（Modtryk），1990 年，第 7 页。
35. 沃尔特·本雅明在《波德莱尔的一些动机》（1939 年）一文中提到了冲撞美学与城市现实感知的密切关系。他将摄影，尤其是电影的破坏氛围的冲撞效应，定义为以冲撞的形态感知的审美形式，类似受到快速变化的意象导致的感官超负荷威胁下的城市感知。沃尔特·本雅明，《波德莱尔的一些题材》，载于《采集到的文字》，罗尔夫·蒂德曼和赫尔曼·斯威彭霍查（编），法兰克福：苏尔坎普出版社，1974 年第 I.2 卷，第 630—631 页。在文章“向时代广场学习：关于大城市与当代艺术关系的一些考虑”[载于:《文化与阶级》（Kultur & Klasse），第 82 期，第 24 卷，第 2 期，1996 年，第 87—115 页] 中，我已经分析了霍尔泽的《自明之理》，它是非常理想化地旨在参考沃尔特·本雅明的注意力分散和集中的概念。
36. 沃尔特·本雅明，《机械复制时代的艺术作品》（第二版），载于:《采集到的文字》，罗尔夫·蒂德曼和赫尔曼·斯威彭霍查(编)，法兰克福:苏尔坎普出版社，1974 年第 I.2 卷，第 471—508 页。
37. 阿尔弗雷德·舒茨（Alfred Schütz），“生活世界的一些结构”，载于:托马斯·卢克曼编辑的《现象学和社会学:选读》，纽约:企鹅出版社，1978，第 257—274 页;第 257—258 页。另见彼得·马德森的引言文章：“都市生活世界：分析城市体验的方法”。
38. 阿尔弗雷德·舒茨，同前，第 264 页。在对阿尔弗雷德·舒茨的介绍中，阿伦·古维奇（Aron

Gurwitsch）强调了以下重要概念，“凭借他的‘现有的知识储备’的概念，舒茨……做出了重要贡献，进一步阐明了我们对日常经验世界的特别熟知，胡塞尔与科学知识（尤其是现代意义上的知识）相区别的熟知。普遍意义上的世界被认为是理所当然的——不仅是它的存在，而且也在于它被解释的方式——是一种后果，也毫无疑问是接受‘实际知识储备’的另一种表达方式”（斜体字补充）。阿伦·古维奇（Aron Gurwitsch），“引言”，载于：阿尔弗雷德·舒茨，《论文集Ⅲ：现象学哲学研究Ⅰ》，舒茨（编），海牙：马蒂努斯·尼霍夫出版社（Martinus Nijhoff），1966 年，第 xviii 页。

39. 阿尔弗雷德·舒茨，同前，第 260 页。
40. 阿尔弗雷德·舒茨，同前，第 265 页。
41. 阿尔弗雷德·舒茨，同前，第 258 页。
42. 阿尔弗雷德·舒茨，同前，第 265 页。
43. 马丁·杰伊，同前，第 424 页。
44. 在广告领域或许仍然有可能激起一种先锋艺术不再能够引发的精神冲击，这可能是艺术家干预城市商业文本景观的一个促成因素。
45. 阿尔弗雷德·舒茨，同前，第 268 页。
46. 伊曼努尔·康德（Immanuel Kant），《判断力批判》，第二本，“升华的分析”，第 24 章和第 28 章，载于：伊曼努尔·康德，《作品六卷》，威廉·魏施德（Wilhelm Wieschedel）编，第五卷，达姆施塔特（Darmstadt）：科学图书出版公司（Wissenschaftliche Buchgesellschaft），1983 年。
47. 所讨论的艺术品是消费资本主义的结果，正如时报广场的情况一样，并没有削弱它唤起崇高概念的力量。戴维·E·奈伊（David E. Nye），《美国技术的崇高》，剑桥，马萨诸塞州：麻省理工学院出版社，1994 年，第 xiii 页。
48. 戴维·E·奈伊，同前，第 196 页。

译后记

“生活世界”是胡塞尔于1935年在维也纳和布拉格的演讲中提到的概念，在这两次著名演讲中，胡塞尔谈到欧洲人性的深刻危机。他非常敏锐地察觉到了近代理性主义和科学主义对“生活意义”或“生命意义”的剥夺，即面对现代科技、政治与历史的力量，“生活世界”越来越被排除在视线之外，人的具体存在没有了任何价值与意义。这一理论的提出将哲学的使命延伸到现实经验世界的领域，在对现代性的普遍反思当中引发了持续广泛的关注和讨论。

对完美世界的想象是人最深的渴望，源于对天堂的宗教情感，也是反抗不完美现实的动力。近代的理性与科学主义及其产生的成就让人看到这一梦想似乎有了实现的可能，并最终演化为20世纪初的乌托邦理念。乌托邦的浪漫想象一旦脱离超验的领域进入经验的世界，就自行演绎出各种形式，它导致了20世纪几次重大的社会革命和西方社会的思想危机，具有宏大叙事的现代主义城市是这一极端理性主义在城市空间领域表达的高潮。然而，社会不是个人在想象中构建出来的，这一点很快得到验证，仅仅为着抽象的历史目标，除了引发巨大的人类灾难，也带来了城市与人的精神的虚无。

都市生活世界是乌托邦的反面。近一个世纪过去，现代主义的极端理性在城市中被逐渐摒弃，人们逐渐告别宏大的历史目标、想象中抽象的城市理想，开始发现平凡生活的价值，回归日常生活。对生活世界的重视意味着不能把某一种特定的美学模式或浪漫情感强加于现实生活，同时意味着不一致的、多样性的、丰富的日常生活经验，而非被某一种理念所扭曲的单一而压抑的生活。在这个意义上，城市生活世界值得持续的关注和研究。

都市生活世界是日常性的。人们在缓慢的时间流动和空间展开中发现城市的戏剧性，这种戏剧性不是刻意制造的，来自于对生活中平凡、看似无价值的事物与时刻的尊重，是真实生活在城市中自然而然的流露和表达。城市生活世界既复杂多变，又充满了隐喻，它提醒我们，一个在任何意义上被简化了的世界都是危险的，无论是现代主义早期的乌托邦城市，还是后工业时代的消费型城市。

生活世界意味着城市不应该专一于宏大的历史叙事，这种空洞的乌托邦理想和线性的历史目标，是对意义与抒情的过度解读。生活世界也不意味着仅仅执着于日常生活，被物质世界所封闭和迷惑，这种过度的实用主义所造就的往往是高潮迭起然而平庸的城市。城市生活世界不是两者中任何之一，城市生活世界既非乌托邦，又不能将人仅仅囚禁于现实，它透过世俗生活的复杂多样与自由开放，满足人对于生存意义的追寻。

社会生活的需求是多元、独立和无法预料的，这是人性的本质，城市是物质的，同时也是精神的，生活世界既包含日常生活的物欲，更指人对精神生活的需求，在城市生活世界中，除了提供生活设施和环境，还应该容纳人对于自由、公正和尊严的向往。城市以多种不同方式形成，以表象的方式为我们所感知，生活世界在其中展开，城市的各种物质结构组织和联系着我们的生活，同时也影响着我们对生活的理解和对意义的感知。通过城市，人们和古老的过去相联系，它既包含人们的共同记忆，也有对未来命运的期待，这是对时间的认识；同时有在宇宙星空之下对“场所”的体验，通过在城市中的漫步游走、生活工作，知道自己属于这里，生命的栖身之地。

本书从形成、感知和表象三个层面对纽约和哥本哈根的都市生活世界进行解读，多维度地展现出这两个现代城市的复杂、多变和丰富。从根本上说，每个城市都是各不相同的，这正是世界的广阔之处，然而对问题的思考方式应该是类似的，中国城市或许从中可以得到另一视角的观察。

译著的出版要感谢师姐李东女士，她推荐翻译此书，使译者徜徉在精彩的“都市生活世界”之中，收获颇丰；她全程支持完成所有的工作，不辞辛苦。感谢向铭铭和袁也两位老师，在初译时提供了重要的帮助。感谢出版社老社长李根华先生，抱病之中仍一丝不苟地对本书精心编审。还要感谢董苏华等老师严谨认真的编辑工作和对本书漫长的翻译过程的宽容。

在译本完成后有稍许感悟，是为记。

译者
2020 年 9 月